7

군사학 총서 제 7 권

THEORY OF ARMS CONTROL

군비 통제론

김성진

백산서당

Theory of Arms Control

Kim Sung Jin

BAIKSAN Publishing House

프롤로그

『군비통제론』은 교육기관, 일반대학교의 군사학과 및 부사관학과, 군장학생, 사관생도, 그리고 국방・안보 분야 연구자들을 위해 작성한 군사학 총서(叢書) 제7권이다.

국제사회엔 항시 '정글의 법칙'이 난무하기에 분쟁(갈등)이 끊이지 않는다. 러-우・이-하 전쟁은 종전(終戰)될 기미나, 출구 전략은 보이지 않은 채 어제의 적이 오늘은 우방이 되는 마법을 보여주고 있다. 어떠한 유형의 국가일지라도 비정한 리그(league)에서 벗어날 수 없는 구도여서다. 따라서 국가의 존립과 국익을 추구하려면, 과감한 결단력과 지혜로움, 올바른 전략적 판단, 내구력(耐久力)을 갖춰야 한다. 강한 용기와 진정한 힘만이 적국(잠재적국)의 도발 의지를 억제(최소화)할 수 있다고 함이 올바른 표현이다. '힘이 있는 척하는 국가'와 '진정한 힘을 가진 국가'가 경쟁하면, 완전히 다른 결과물이 나오는 것은 이러한 연유에서다. 병아리가 껍데기를 깨고 나오려면, 스스로는 내부에서, 어미 닭은 외부에서 서로가 끝없이 쪼아대는 '줄탁동시(啐啄同時-동시・연속・지속성)'가 되어야 새로운 세상을 맞이할 수 있는 이치와 다를 바 없다.

중세 지배계층(통치집단)은 국가안보를 기치(旗幟)로 내걸었으나, 그들만의 이익을 챙기는 데 급급하였다. 프랑스 혁명(1789)이 총력전(Total War) 양상으로 변화되자 국가는 국민적 호응을 높이기 위한 명분이 필요했다. '절대 안보' 개념이 형성되었고, '공동・협력・포괄적 안보' 개념으로 진화하였다. 이러한 과정에서 국가 존립과 국익 추구를 명분으로 하는 '군비증강', '군비 감축(군비축소 또는 군축)', '군비통제'의 개념이 등장하였다.

'자국 우선주의 법칙(各自圖生)과 진영 논리'가 득세하는 엄혹한 국제관계에서 국가의 존립과 국익을 추구하기 위해선 '군비(軍備)를 증강할 것인가?', 아니면, '국민의 안정된 삶(民生)을 위해 군비를 감축할 것인가?'라는 안보 딜레마에 직면하게 된다. 이때 힘으로 힘을 견제하는 게 '억지 이론(Theory of Deterrence)'이며, 싸울 수 있는 수단을 통제하는 게 '군비통제 이론(Theory of Arms Control)'이다. '군비통제(軍備統制-Arms Control)'는 군사력의 부정적 효과를 최소화하기 위한 안보정책이자 국가전략이다. 초기엔 '군비(軍備-Arms 또는 military preparedness)'를 '군비(軍費-military spending 또는 war expenditure)'라고 해석하였지만, 점차 포괄・복합적인 의미로 발전하고 있다. 다만, 이 과정에서 쌍방(다자) 간 군사적 피해를 예방 및 최소화하기 위해서는 서로가 신뢰해야 하고, 반드시 검증 절차를 거쳐야 함을 잊지 않아야 한다.

1987년 '미-소 중거리 핵전력 협정(INF)'을 체결할 당시 로널드 W. 레이건 대통령은 미하일 S. 고르바초프 서기장에게 "믿는다. 그러나 검증한다(Trust. But Verify)."라며 군비통제의 본질을 강조하였다. 간단하게 표현한 이 문장이 적국(敵國)과 협의할 땐 상대의 선의(善意)도 필요하지만, 객관적 검증을 통한 신뢰 구축(CBM)이 중요함을 일깨워주고 있다. 2023년 11월 북한의 군사 정찰위성(만리경-1호)이 발사되며, 2018년에 체결한 <9・19 군사합의>가 파기되었다. 문서화 노력은 하지 않은 채 상대의 선의에만 의존하는 재래식 군비통제의 취약한 허점이 드러난 결과라고 할 수 있다.

문득 "협상 여건이 무르익었다고 판단될 때는 정작 군비통제를 추진할 필요가 없고, 군비통제가 필요할 땐 협상하는 자체가 쉽지 않다(When achievable, Arms Control is not needed. and when needed, it is not achievable)."라고 한 군사전문가의 말을 되새겨 본다. 각박한 국제 현실에서 군비통제 협상으로 원하는 목적을 달성하기엔 갈 길이 멀다. 평화(Peace)라는 이상(Idea)을 추구하기보다 현실 정치의 갈등을 관리하는 게 목적이고, 국가 간 영토(권익)의 보장을 최종 상태(End-State)로 보고 있어서다. 결국, 안보위협에 대한 부담은 최소화하되, 국익이 최대한 보장되도록 노력하는 게 군비통제가 존재하는 이유이지 않나 싶다. 제2차 세계대전 말기에 가공할만한 파괴력의 핵무기가 히로시마와 나가사키에 투하되면서 인류 공멸(共滅)의 위기만큼은 막겠다는 절실함이 '억지 전략(Deterrence Strategy)'을 등장시켰으나, 실질적인 논의로 진전되진 못했다. 1960~1970년대 들어서면서 국가 존립-국가안보-군비통제의 관계가 어느 정도 설정되었고, 국가목표(국익+민생)와 안전보장을 군비통제 협상으로 해결하자는 인식이 커지면서 변화와 발전이 시작되었다.

이 책은 다섯 가지의 특징을 가지고 있다. 먼저, '군비통제'의 개념적 정의와 이에 관한 용어들을 이해하기 쉽게 엮었다.

둘째, '군비통제' 협상을 하려면, '왜, 무엇을 이해하고, 어떻게 행동해야 하는지?', '쌍방 또는 다자간 변화 및 새로운 갈등에 어떻게 대처해야 하는지?'에 관하여 사례를 병행하여 제시하였다. 이를 통해 민간·군사과학기술의 융·복합적 연계가 필요하며, '정책(전략)·기술적 측면이 왜! 탄력적으로 운영되어야 하는지?'를 이해하게 될 것이다.

셋째, 군비통제에 관한 논제(agenda)는 유럽 지역에서 가장 먼저 발전하였기에 이들의 용어를 사용할 수밖에 없다. 따라서 용어의 생경(raw)함과 혼란을 줄이기 위해 앞 문단에선 소개와 배경 위주로, 해당 장(chapter)에선 내용 전반(全般)을 다뤘다.

넷째, 최대한 일반 용어를 사용하여 메라비언(55:38:7) 법칙과 story-telling 형식으로 풀어가되, 역사적 배경과 사례를 같이 제시함으로써 지적 호기심을 높였다.

다섯째, 공개된 자료를 활용하여 대표적인 군비통제 과정과 레짐(regime)을 분석하였고, 약자(略字)와 관련 사례 등은 각주를 이용하였다. 특히 한반도에 관한 내용은 최대한 학문적 틀에서 벗어나지 않고자 고심에 고심을 거듭하였다.

이 책은 군사학도와 국방·안보 분야 연구자들에게 군비통제의 기본 개념과 원리를 제시하고, "어떻게 이해 및 실천해야 하는지?"를 안내하기 위한 개념서다. "무엇을 숙지해야 구체적인 행위와 연계할 수 있는지?", "태도와 행위는 어떠해야 성과를 낼 수 있는지?" 등을 담았다. 책을 완성하기까지 다양한 경험과 식견으로 도움을 주신 선·후배 전문가들께 감사드린다. 항시 곁을 지키는 동반자에 감사하고, 아들 내외의 이쁜 공주님(址侑) 출산과 백일(2월 15일)을 축하한다. 성원해주시는 향군 안보전략연구원, (사)통일협력연합, (사)대한민국ROTC통일정신문화원, 경기북부보훈지청, (재)한국군사문제연구원, 평생8중대(821)회, 출간에 노력해주신 백산서당에 감사드린다.

고봉산 자락에서

학습 진행개요

기대역량

1. 군비통제의 학문적 기본 개념 및 변천(變遷) 과정 이해와 국가 간 갈등을 해소 및 협의를 통한 기여도와 한계를 이해시킨다.
2. 국가 및 군사 리더로서 갖추어야 할 군비통제 전반(全般)에 대한 안목을 증대시켜 관련 지식 배양과 기초 소양을 배양한다.

학습 개요

1. 군비통제의 역사 탐구를 통한 개념적 정의와 의미를 이해한다.
2. 군비통제의 이론적 기초 확립, 단계 및 절차, 환경적 요인과 여건 탐구를 통해 군사전문가로서의 토대를 이해한다.

진행 및 평가방법

1. 진행방법: 강의 60%, 토의/토론 20% 개인/팀별 발표 20%
2. 평가방법: 출・결석 10%, 과제발표 20%, 태도 및 참여도 10%, 중간・기말고사 각 30%

학습 목표

1. '군비통제'라는 용어의 태동 계기를 이해하고, 이론적 기초와 토대를 마련하는 데 있다.
2. 주요 국가들의 군비통제 추진과 수행 능력 전반(全般)을 비롯한 군비통제의 상・하위 개념과 의미를 이해함으로써 관련 분야에 대한 기초 지식 배양과 탐구 성과를 높이는 데 있다.
3. 주요 분쟁 간 군비통제 단계 및 절차-검증-촉진 요인과 한계 등의 군사전문가가 되기 위한 기초 소양을 함양하는 데 있다.

학습 진행방식

1. 군비통제의 이론적 배경과 기초 지식을 습득할 수 있도록 핵심 사례 위주로 진행하되, 자유로운 시각에서 토의할 수 있도록 진행 여건을 조성한다. 동영상 자료는 적절하게 사용하되, 기본 인식의 발전과 정치·군사적 사고력이 배양될 수 있도록 노력한다.
   * '코이의 법칙(Koi's Law)' 활용도 바람직함.
2. 군비통제의 본질과 특징을 중심으로 탐구하면서 L&T 기법을 준용하되, 양(兩)방향 논쟁 방식을 통해 가능한 시사(時事) 분야까지 아우를 수 있어야 한다.

학습 단계

<table>
<tr><th>구 분</th><th colspan="2">주요 과제</th><th>구 분</th><th colspan="2">주요 과제</th></tr>
<tr><td>1과제</td><td rowspan="2">군비통제의 정의와 개념 이해</td><td>I</td><td>7과제</td><td>유럽의 재래식 군비통제 협상 사례</td><td>II</td></tr>
<tr><td>2과제</td><td>II</td><td>8과제</td><td colspan="2">중-러의 신뢰 구축사례</td></tr>
<tr><td>3과제</td><td colspan="2">군비통제의 기능과 한계</td><td>9과제</td><td rowspan="2">국제 군비통제 체제와 현황 이해</td><td>I</td></tr>
<tr><td>4과제</td><td rowspan="2">군비통제가 등장한 이론적 배경 및 기초 이해</td><td>I</td><td>10과제</td><td>II</td></tr>
<tr><td>5과제</td><td>II</td><td>11과제</td><td rowspan="2">한반도 군비통제 요건과 원리 이해</td><td>I</td></tr>
<tr><td>6과제</td><td>유럽의 재래식 군비통제 협상 사례</td><td>I</td><td>12과제</td><td>II</td></tr>
</table>

참고할 사항

1. 국제역학 관계가 급변하는 이때 진영 논리가 앞서고, 군비통제의 기본 개념에 관한 기초 소양과 토대가 부실할 경우, 국익을 추구하기는 쉽지 않다. 따라서 먼저, 기본 개념과 의미를 정립한 다음 양(兩)방향으로 토의를 진행함이 바람직하다.
2. 탐구와 논쟁(論爭)의 실효성을 담보하려면, 각자의 인식과 철학을 바탕으로 적극적으로 논박(論駁)에 가담하는 노력이 필요하다.

차 례

√ 사전에 이해 및 탐구해야 할 과제는?

제2장 군비통제의 일반적 기능과 한계(限界)

√ 사전에 이해 및 탐구해야 할 과제는?

제3장 군비통제의 이론적 배경과 기초 이해

√ 사전에 이해 및 탐구해야 할 과제는?

제4장 유럽의 재래식 군비통제 협상 사례

√ 사전에 이해 및 탐구해야 할 과제는?

제5장 중국-러시아 간 신뢰구축(CBM · CSBM) 사례

√ 사전에 이해 및 탐구해야 할 과제는?

제6장 국제 군비통제 체제 및 관련 현황 이해

√ 사전에 이해 및 탐구해야 할 과제는?

제7장 한반도의 군비통제 요건과 기본원리 이해

<그림 차례>

<표 차례>

도 입 군비통제는 어떠한 개념이며, 무엇을 의미하는 것인지부터 이해합시다.

학습하기 이전(以前)에 요구되는 사항

1. 군비통제(Arms Control)의 어원(語源)과 본질을 이해하시오.
   * 군비통제라는 용어가 등장한 배경과 원인은?
   * 군비(軍備)와 군비(軍費)의 차이점과 변천(變遷) 과정은?
2. 국가와 안전보장의 본질적 개념을 이해하시오.
   * 기능적 관점에서 볼 때 국가가 존재하는 의미는?
   * 안전보장(Security)은 무엇을 의미하는가?
   * 국가안보(National Security)란 무엇인가?
3. 국가안보와 군비통제의 상관성을 이해하시오.
   * 군비의 필요성과 유해성(有害性)이란?
4. 국방정책과 군비통제의 상관성을 이해하시오.
   * 국방정책과 군비통제의 차이점과 수준은?
   * 전쟁-평화 사이에서 안보 · 국방정책과 군비통제의 관계는?
5. 군비통제에 관한 용어의 정의 및 개념을 이해하시오.
   * 군비통제의 기본 개념은?
   * 분쟁국 간에 군비통제가 실현될 수 있는 조건이 있다면?
   * 군비통제 가능성에 대한 조건은?
   * 군비통제 협상이 성공할 수 있는 요건은?
6. 영화 《오펜하이머-Oppenheimer(2023)》, 《엑스맨: 퍼스트 클래스(2011)》, 《D-13-Thirteen Days(2001)》, 《아라비아의 로렌스(1998)》, 《찰리 윌슨의 전쟁-Charlie Wilson's War Trailer》를 시청하시오.

제1장

군비통제(軍備統制)란 무엇이며, 왜! 등장했는가?

제1절 개요

제2절 군비통제 검증(verification)에 관한 이해

제3절 논의 및 시사점

제 1 절

개 요

1. 군비통제가 등장한 배경은?

인류 역사를 전쟁의 역사라고들 한다. 인간은 본능적으로 고대시대부터 수렵(사냥)할 때 또는 외부 침략(약탈)에 피해를 최소화하기 위해 다양한 방법과 수단을 이용하여 방비(防備)해왔다. 당시에도 전쟁이 일어난 다음에야 피해를 줄이기에 급급해하기보다 아예 전쟁이 발발할 요인 자체를 예방해야 한다는 인식이 존재하였다. 점차 집(가정)과 마을을 지키기 위한 칼과 창, 활 등 개인이 사용하는 무기부터 공성무기(攻城武器-Siege engine)를 비롯하여 현대의 지상 · 해상 · 공중 · 우주 · 사이버 영역에 이르기까지 각종 무기 및 무기체계가 다양한 유형(pattern)과 차원(dimension)으로 발전하였다.[1] 이때 전쟁과 직접 연관된 '군사력(Military Power)'은 적국(잠재적국)과의 전쟁에서 국가 이익과 국민의 안정된 삶을 실현하는 데 필요한 방법이자 수단이었고, 전쟁에서 승리하거나, 전쟁을 억제하는 과정에서도 중대한 역할을 감당하였다.[2]

군비통제는 19세기 말 이전까지는 군사력(戰力)에서 무장이 차지하는 비중이 작았기에 광의적 의미의 군비 통제보다는 협의의 의미인 병력 중심으로 통제하는 활동을 핵심 요체로 판단하였다. 칼과 창, 활 등 개인이 휴대한 무기를 주로 사용하던 시대는 무기의 수와 병력 규모가 같았기에 '전장에 투입된 무장병력을 전력(戰力)의 전부'라고 인식하였다. 그러다가 점차 과학기술이 발달하며 무기가 급격히 고도화되었다. 이

1) '유형(pattern 또는 type)'은 '외형적으로 드러나는 공통된 모습 및 특징을 묶은 하나의 틀'이며, '차원(dimension)'은 '지상 · 해상 · 공중 · 우주 · 사이버 영역의 공간적 의미와 성질'을 나타내고 있다(김성진, 『군사혁신론』 (서울:백산서당, 2023), pp. 48~60.; 김성진, 『군사전략론』 (서울:백산서당, 2022), pp. 203~204, 211.; 김성진, 『국가위기관리론』 (서울:백산서당, 2021b), pp. 27~32.; 김성진, 『전쟁사와 무기체계론』 (서울:백산서당, 2020b), pp. 23~25, 148~150.).

2) 김성진, 앞의 책(2022), pp. 58~59, 201~202.

* '공성무기(攻城武器-Siege engine)'는 '성문(城門-castle gate), 두꺼운 성벽(城壁-castle wall), 기타 요새를 파괴하거나, 약화할 수 있도록 설계한 장치 또는 장비'를 뜻하고 있다.

로 인해 군사력을 구성하는 요소가 개인 즉, 병력 중심에서 벗어나 무기의 비중이 거의 100%를 차지하게 되었다. 이로 인해 군비(軍備-military preparedness)의 관심도 무기와 무기체계를 아우를 수 있어야 한다는 개념으로 확장되었다.

1900년대 중반 양차 세계대전이 종결된 직후 창설된 국제연합(UN)은 국제사회 차원의 집단인보 협의체가 필요하다는 인식의 산물이다. 더욱이 국방과 국가안보의 개념 및 영역이 확장되면서 제2차 세계대전 말기인 1945년 8월 6일과 9일, 일본의 히로시마와 나가사키에 투하된 핵무기의 절대적 파괴력은 무분별했던 군비경쟁에 경각심을 가지게 한 결정적 계기였다.[3)] 당시는 미・소가 주도하는 냉전기와 양극화가 치열하였고, 패권 국가가 존재하였다. 그러나 안보와 경제, 동맹 관계를 유지하는 외교적 수단 등을 결정할 때 군비경쟁의 논리에서 벗어나진 못했다. 다만, 안보와 경제를 동일시하던 냉전적 사고(Thinking of Cold War)가 경제와 안보를 분리하는 유연한 사고(Thinking of Cool War)로 전환이 필요하다는 인식이 기지개를 켜기 시작했다. 즉, 국가 존립과 국익을 위해서는 군비경쟁에 치중하기보다 서로 협력해야 한다는 논리가 힘을 얻었다. 경제・안보 분야를 일괄적으로 묶어 모든 사안에 대처하기보다 정치・경제・외교 분야를 구분하여 협력함이 국익을 추구하는 데 더 유리하다는 표현이 정확하다.

한편 20세기 이전까지만 해도 동맹국 간 군사적 결속력으로 국가안보가 보장된다는 믿음은 절대 무변(無變)의 사상이었다. 특히 군비경쟁에서 우위를 선점해야 식민지 쟁탈에 도움이 된다는 인식과 함께 무기 및 무기체계의 발달이 인류의 공멸(共滅)을 재촉할 수 있다는 우려가 커지면서 점차 '군비통제(Arms Control)'라는 용어를 사

3) 양차 세계대전이 끝난 직후 UN이 결성되었고, UN 헌장에 군축(Disarmament)과 무장(Arms)의 규제를 명시하였다. 인류가 세계대전이라는 끔찍한 비극에서 공멸(共滅)을 피하려면, 무분별한 군축과 군비경쟁을 규제해야 한다는 지극히 이상주의적 규정이다. 미국 정부는 일본의 비(非) 타협성에 참을성을 잃고는 뭐라고 항의조차 할 수 없을 정도의 결정적인 방식으로 전쟁을 끝내고 싶은 유혹에 내몰렸다(존 키건 著, 류한수 譯, 『2차 세계대전사-The Second World War』 (서울:청어람미디어, 2016), p. 856.).

용하기 시작하였다.[4)]

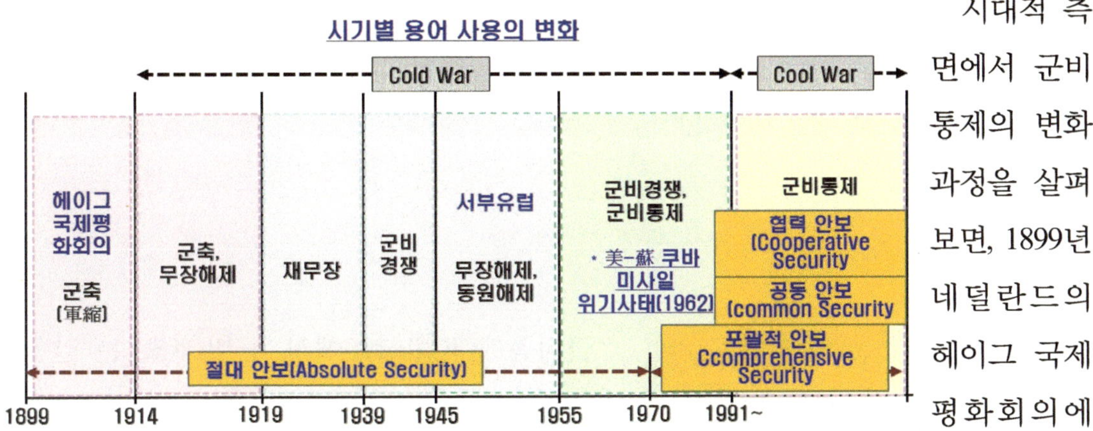

시대적 측면에서 군비통제의 변화 과정을 살펴보면, 1899년 네덜란드의 헤이그 국제평화회의에서 '군축(軍縮-Disarmament, 군비축소의 줄임말)' 용어가 처음으로 사용되었다. 그러다가 특정한 무기 또는 무기체계를 감축하는 게 쉽지 않은 현실을 고려하여 조금 더 융통성이 있는 용어 즉, '군비통제'로 전환되었다.[5)] 여기에 제2차 세계대전(1939~1945)이 종결된 직후부터 그간 군축이 실패한 사례를 참고하여 '공포의 균형'을 유지할 수 있는 '핵 억지 전략'에 관한 연구가 본격적으로 시작되었다.[6)]

'군비통제'가 등장한 결정적 계기는 1962년 발생한 미-소 간 쿠바 미사일 위기사태다. 핵무기에 관한 군비(軍備) 협상을 통해 핵 군비경쟁을 자제 및 위기를 안정시키기 위한 적극적인 조치가 필요함을 인식하면서다.[7)] 이후 1970년대부터 절대 안보

---

4) 초기는 군사력에 의존하는 성향이 컸기에 독자적인 군비증강 정책을 채택하였다. 이로 인해 경쟁국과 전략적 관계를 맺더라도 상대적 우세가 확보될 때까지 군비증강에 몰두하는 폐단이 발생하였다. 즉, 상대적 우세가 반복되는 가운데 '군비경쟁(Arms Race)'이 시작되었다.

5) '군비통제'와 '군축'의 의미 및 개념에는 상당한 차이가 있지만, 배타적인 관계는 아니다. 제2차 세계대전 이전까지는 '무장해제 또는 군비축소(Disarmament)'라는 용어를 사용했으나, 점차 '군비통제(Arms Control)'로 전환되었다. 이 두 용어는 엄격히 적용하면, 다른 의미이지만, 같은 뜻으로 이해돼왔다. 여기서는 군비통제가 더 광의의 뜻을 가졌다고 이해하면 된다.

6) 1945~1955년까지 국제사회는 군축에 실패하며 수많은 분쟁이 일어났다. 분쟁(전쟁)이 종료되자 서유럽 지역은 무장·동원해제를 희망했으나, 또다시 엄혹한 냉전기로 접어들었다. 1949년 미국이 주도하여 NATO를 결성하였다. 당시 서방국가들은 재무장하기를 꺼리는 분위기였으나, 1950년 한반도에서 6·25 전쟁이 발발하면서 재무장이 필요하다는 분위기로 바뀌었다.

7) 1957년 세계 최초로 구소련(이하 소련)이 인공위성(스푸트니크-1호)을 발사하면서 군비경쟁이 가열되는 양상을 초래하였다. 그러나 1963년 미·소 Hot-Line을 개설하였고, 1968년 미-소 간 핵전력이 균형을 이루었다고 판단했으나, 군비경쟁의 한계 또한 절감하였다. 미국에선 베트남 전쟁(1955~1975)으로 인해

(Absolute Security) 개념에 변화가 감지되었다. 경제와 안보를 동일시하던 '절대 안보' 개념은 새로운 감염병과 비전통적 안보위협이 비군사・초국가적 영역으로 확장되면서 또다시 변화를 거듭하였다. 2000년대로 진입하면서부터 점차 '공동・협력・포괄적 안보' 개념으로 발전하였다.8)

2. 군비통제의 일반적 정의 및 개념

'군비통제(軍備統制)'에서 '군비(軍備)'는 일반적으로 '무기 또는 군사비(軍事費-military spending 또는 war expenditure)'로도 해석하지만, 실제로는 '국가의 영토와 권익을 보장하기 위한 군사시설 또는 장비 등을 포함하는 군사력'을 뜻하고 있다.9) 즉, 무기와 병력의 생성 및 유지, 배치, 사용 등과 관련된 자원과 자원을 준비하는 일체를 의미하는 '국가와 국권을 지키기 위한 군사설비 즉, 군대의 병력, 무기, 장비, 시설 등을 총칭'하고 있다.10) 바꿔 말하면, 전선에 배치 혹은 투입이 가능한 상태

국민의 염전(厭戰-War-weary) 사상이 확대되고, 전쟁 피로도가 극대화되자 이를 타개하기 위한 출구 전략이 필요했다. 다만, 소련이 중국과의 불화(不和) 관계를 이용해 극동전력을 증강할 수 있다는 우려가 같이 커졌다(김성진, 앞의 책(2021b), pp. 227~277.).

* 자신과 상대의 파멸을 동시에 강요한다는 측면에서 허드슨 연구소의 도널드 브레넌(Donald G. Brennan)이 주장한 공포의 균형 즉, '상호확증파괴(MAD)전략'과도 궤를 같이한다고 볼 수 있다(Donald G. Brennan, "I. strategic Alternatives," 『New York Times』(1971.03.24.), p. 31.).

8) 경제와 안보를 동일시하던 전통적 안보 즉, 절대 안보 개념은 유지하였으나, 반복되는 새로운 감염병의 등장과 테러, 국제범죄, 마약, 자연・사회 재난 등 비군사・초국가적 위협요인에 직면하며 경제와 안보를 분리하여 대응하는 공동안보(Common Security), 협력안보(Cooperative Security), 포괄적 안보(Comprehensive Security)라는 개념이 생겨났다. 1973년부터 1990년까지 유럽은 '상호균형 감군협상(이하 MBFR)'과 '유럽안보협력회의(CSCE)'를 병행하였고, MBFR은 이후 '재래식군사력 감축 조약(CFE)'으로 발전하였다(김성진, 『군사협상론』 (서울:백산서당, 2020a), pp. 23~26, 205~254.).

* 'MBFR'은 'Mutual and Balanced Force Reductions'의 약자다.

* 'CSCE'는 'Conference Security and Cooperation in Europe'의 약자다.

* 'CFE'는 'Conventional Force in Europe'의 약자다.

9) 일본은 '군비관리(Arms Management)'라는 용어를 사용하고 있으나, 이 또한 '군비통제'를 뜻한다(한용섭, 『한반도 평화와 군비통제』 (서울:박영사, 2015), p. 82.).

의 병력과 무기체계, 전쟁에 동원할 수 있는 인력과 경제・과학기술력 등을 망라하고 있다. 따라서 현존(現存)・잠재 군사력을 준비 및 사용하는 전반(全般-overall)을 아우르는 포괄적 개념이다. 현실에 존재하거나, 잠재된 외부 위협으로부터의 위해행위・침략을 억지 또는 분쇄함으로써 영토와 권익을 보전하기 위한 용어라고 이해하면 될 듯싶다. 이론화 작업은 구(舊) 냉전기(Cold War Period)를 거치며 대량살상이 불가피해진 핵무기 위협에 직면하고서야 본격적으로 시작되었다.

'통제(統制-Contol)'는 "일정한 방침 및 목적에 따라 행위를 제한하는 즉, 위해 요인을 제거 및 감소하기 위해 행해지는 행위"를 뜻하고 있다.[11]

'군비통제(Arms Control)'는 학자들의 시각이나, 연구기관에 따라 '군축(Disarmament)'과 비교할 때 어느 게 상・하위 개념인지에 대한 주장은 엇갈린다. 대표적으로 UN을 비롯한 국제기구와 공산주의 진영은 '군축'을 '군비통제'가 등장하기 이전부터 통용(通用)되어 온 용어이기에 군비통제를 포괄하는 의미라고 주장한다. 반면에 미국과 NATO, 대한민국(이하 한국)은 '군비통제'가 '군축'을 포함한다는 주장이다.

한편 냉전기에 미-소를 주축으로 한 동・서진영은 상대의 침략을 억제함과 동시에 무력을 강제하는 방편으로 군비경쟁에 집중하였다. 그러나 어느 일방도 안전을 도모하지 못한 채 오히려 안보 딜레마(인류 공멸)에 빠지게 되면서 평화적 공존이라는 현실적 대안을 모색하기 시작하였다. 전 세계를 한 번에 멸절(滅絶-extinction)시킬 수 있는 핵무기의 숫자가 많아졌을뿐더러 미-소 간 핵전력이 상호균형을 이루었음을 알게

---

10) '상대에게 어떠한 물리적 손상을 주기 위해 사용되는 모든 형태의 폭력 도구'다(The Hoover Institution on War, *"Revolution and Peace: Arms Control Arrangements for the Far East,"* (Stanford University Press, 1967), p. 1.).; '무기와 병력의 생성, 유지 및 배치, 그리고 사용 등과 관련된 자원과 자원의 준비를 총칭'하는 의미다(Patric M. Morgen, *"Elements of a General Theory of Arms Control," in Paul R. Viotti, 3rd. ed., Conflict and Arms Control: An Uncertain Agenda* (Boulder:Westview Press, 1986), p. 283.).

11) C2(Command, Control), C4I(Command, Control, Communication, Computer & Intelligence)에 포함된 통제(Control)와 같은 뜻이다(합동참모본부, 합동교범 10-2 『합동・연합작전 군사용어사전』 (서울:합동참모본부, 2014), p. 549.).

되면서부터다.[12] 이 시기에 등장한 게 '군비통제'다. 기습 및 선제공격으로 인해 전쟁이 발발할 위험성을 감소시키고, 핵 억제력의 균형과 동시에 상호 생존능력을 향상해야 한다는 현실적 의도를 내포하고 있다.[13] 아울러 제2차 세계대전이 끝난 다음 핵전력이 열세인 국가가 더 강한 적국(또는 잠재적국)에 굴복하지 않기 위해 '억지 이론(Theory of Deterrence)'도 등장하였다.[14]

잠깐! 여기서 '군축(또는 군비축소)'과 '군비통제'에 대한 개념적 차이가 존재하고 있음을 먼저 이해할 필요가 있다.

> 문제1) 국제사회에서 군비통제란 용어를 사용하는 데 있어서 국가군(群)마다 사용하는 의미의 차이점을 설명하시오.
> ① 군축=군비통제 ② 군축 > 군비통제 ③ 군축 < 군비통제

*** key-word**

-1960년대 이전까지는 '군축'을 '군비증강 또는 확산'의 상대적인 용어로 사용하였다.

-1960년대 이후부터 미-소의 대결 구도가 선명해지면서 '군비경쟁'과 대비되는 개념으로 사용하고 있다.

-UN, 국제기관, 공산주의 진영은 '군축'이 '군비통제'를 포괄하는 개념으로 보고 있다.

-미국, NATO, 한국은 '군비통제'가 '군축'을 포괄하는 개념으로 보고 있다.

미국 MIT 국제문제연구소의 링컨 P. 블룸필드(Lincoln P. Bloomfield)는 "군비통제는 통제와 제한이라는 의미를 모두 내포하고 있으며, 상대의 반응을 유도해 내는 행위"라고 주장하고 있다.[15]

---

12) 1962년 발생한 미-소 쿠바 미사일 위기사태를 겪으면서 군비통제 협상의 필요성을 체득하였다(김성진, 앞의 책(2021a), pp. 247~255.).

13) 2022년 2월 24일 러시아의 기습침공으로 촉발된 러-우 전쟁은 블라디미르 푸틴(Vladimir Putin)의 전략·작전적 오판으로 인해 발생한 사례이기에 예외로 하였다.

14) 미-소 간 핵무기 경쟁이 완화되지 못한 채 대다수 국가가 다시 군비증강에 돌입하면서 조그만 성과라도 거두어야 한다는 현실주의적 시각이 대두되면서 등장하였다. 대표적인 학자는 토마스 C. 셸링(Thomas C. Schelling)과 모튼 H. 핼퍼린(Morton H. Halperin)이다(한용섭, 앞의 책(2015), pp. 78~81.; 프랑스의 피에르 M. 갈로이스(Pierre M. Gallois)가 제안하였고, 샤를 드골(Charles de Gaulle) 대통령이 채택하였다(김성진, 앞의 책(2022), p. 39.; 김성진, 앞의 책(2021b), p. 247.).

한국 국방부는 "군비통제는 군비경쟁에 대한 상대적인 용어로서 군비경쟁을 안정화 또는 제도화시킴으로써 군비경쟁을 통해 야기될 수 있는 위험 부담을 감소 또는 제거하거나, 최소화하려는 모든 노력의 총칭"으로 정의하고 있다.

<합동교범 10-2(합동・연합작전 군사 용어사전)>는 "잠재적국 간 군비경쟁의 안정화 즉, 군사력 운용과 구조를 통제하고, 합의사항 위반을 제재함으로써 전쟁의 위험과 부담을 제거 또는 최소화하여 안보를 증대시키는 모든 노력으로 군축, 군비제한, 신뢰구축 등을 포괄하는 개념"으로 정의하고 있다.[16)]

미국의 후버연구소(Hoover Institution)는 "상대에게 물리적 손상을 주기 위해 사용되는 모든 형태의 폭력 도구 즉, 국가의 목적과 이익을 지키기 위한 군사설비로서 군대 병력과 무기, 장비, 시설 등의 총칭"으로 정의하고 있다.[17)] 이때 '군비(軍備)'는 'Military Preparedness'라는 의미도 있지만, 군사력 전체를 관리 및 통제한다는 의미에서 'Arms'라는 단어를 사용하고 있다.[18)]

제임스 E. 도거티(James E. Dougherty)는 협의적 시각에서 '특정한 무기의 생산・배치・이전, 사용을 제한 및 규제하는 것'이라고 해석하였고,[19)] 요제프 골드블랫(Jozef

---

15) Lincoln P. Bloomfield, *"Arms Control, in Walter R. Fisher and Richard Dean Burns, (eds.), Armament and Disarmamemt:the Continuing Dispute,"* (California, Belmont:Wadsworth Publishing Company, Inc., 1962), p. 259.

16) 합동참모본부, 합동교범 10-2(2014), pp. 72~73.

17) The Hoover Institute on War, Revolution and Peace, *"Arms Control Arrangements for the Far East,"* (CA:Stanford University Press, 1967), p. 1.

18) '군사력(Military Power)'은 상비병력, 예비병력, 잠재전력으로 구분할 수 있다. '군비(軍備)'를 협의(狹義)적 의미로 보면, '상비병력'으로 한정할 수 있으나, 광의적 의미에선 예비(동원)병력과 국가의 잠재전력까지를 포함하게 된다. 여기서 '예비(동원)전력'은 '전쟁이 발발한 직후 동원이 가능한 인・물적 자원을 포함한 동원전력'을, '잠재전력(War Potentials)'은 '전쟁을 수행하기 위해 동원할 수 있는 인력과 경제・과학기술 능력 등을 포함한 잠재 군사력'이다.; 다르게는 현존전력, 동원전력, 연합전력으로도 구분할 수 있다(김성진, 앞의 책(2022), p. 58.).

19) James E. Dougherty, *"How to Think Arms Control and Disarmament,"* (New York:Crane,Russak,and Company, 1973), pp. 29~30..

James E. Dougherty[美] Jozef Goldblat[둘]

Goldblat)은 광의적 시각에서 ① 특정 무기 체계의 동결(Freeze), 제한(Limit), 감축(Reduce), 폐기(Abolish), ② 특정 군사 활동 제한, ③ 군사력의 전개를 조정·통제, ④ 중요한 군사 물자의 이전(transfer) 규제, ⑤ 특정 무기의 사용 제한 또는 금지, ⑥ 우발적 전쟁 방지책, ⑦ 국가 간 군사적 투명성 확보를 통한 신뢰 구축을 포함한다고 해석하였다.[20]

광의적 측면에서 접근하면, 군축 또는 군비축소(Arms Reduction), 군비제한(Arms Limitation), 무장해제(Disarmament), 신뢰 구축(Confidence Building) 등은 모두 군비통제가 포용하는 의미로 볼 수 있다. 고전·보편적 사고의 보유자로 평가받는 토마스 C. 셸링(Thomas C. Schelling)과 모튼 H. 핼퍼린(Morton H. Halperin)은 "잠재적국 간 전쟁이 발발할 가능성과 전시(戰時)에 그 확산 범위 및 파괴력을 제한하며, 평시(平時)엔 전쟁에 대비하는 정치·경제적 기회비용을 감소시키기 위해 벌이는 다양한 형태의 군사적 협력"으로 정의하고 있다.[21]

Thomas C. Schelling[美] Morton H. Halperin[美]

한국 국방부는 "일방, 쌍방, 다자 등 관련 국가 간 상호 협의를 통해 특정 군사력을 건설, 배치, 이전, 운용, 사용의 확인 또는 제한, 금지, 축소하여 군사적 투명성의 확보와 안정성을 제고(提高)시킴으로써 전쟁 위험을 감소케 하고, 안보를 증진하려는 포괄적 의미의 전략개념"으로 정의하고 있다.[22] 이는 군비경쟁에 대한 상대적 측면의 용어로 군비경쟁을 안정화 또는 제도화함으로써 야기될 수 있는 위험 부담을 감소 및 제거하거나, 최소화하기 위한 모든 노력을 의미하고 있다.

---

20) Jozef Goldblat, *"Arms Control:A Guide to Negotiations and Agreements,"* (Oslo:International Peace ReachInstitute, 1994), pp. 24~25.

21) Thomas R. Schelling & Morton H. Halperin, *"Strategy and Arms Control 2nded,"* (Washington D.C.:A Pergamon-Brassey, 1985), p. 2.

22) 국방부는 1991년부터 관련 정책과 제도를 발전시키면서 비정기적으로 <군비통제 정책서>를 발간하고 있다(국방부 정책기획관실, 『2022 국방백서』 (서울:(주)다나기획, 2022년 12월), pp. 100~101.; 국방부, 『군비통제 업무관리 규정(안)』 (서울:국방부, 2008), p. 1.).

군비통제의 역할을 한계적 측면에서 바라보는 주장도 있다. 헤들리 불(Hedley Bull)은 국제관계이론의 세력균형론적 시각에서 “국제 안보의 세력균형이라는 측면에서 접근하고 있으며, 군비의 재조정이 요구되므로 군비통제를 진행할 필요성이 제기된다.” 라고 주장하였다. 티에리 말레레(Thierry Malleret)는 탈냉전 시대로 접어들면서 美 의회와 행정부를 중심으로 하여 소련의 핵무기 해체 및 러시아(소련이 붕괴한 1991년 이후의 명칭)의 군수산업을 민수산업으로 전환하기 위해서는 경제적 지원이 필요하다고 주장하였다.[23)]

헨리 A. 키신저(Henry A. Kissinger)는 중재적 외교를 전개하는데 군비통제 협상의 역할이 중요하다고 보았다.[24)] ‘평시 적국 또는 잠재적국, 주변국 간 상호 협의를 통해 군사적 위협요인을 감소(약화)함으로써 국가안보를 위해 벌이는 모든 협력 행위’라고 요약할 수 있다. 적국이나 잠재적국, 주변국과의 협력적 관계를 통해 군사적 신뢰를 먼저 구축하려는 정책・전략적 활동이라고 인식해서다. 즉, 낮은 수준에서부터 군사적 안정성을 증대하여 투명성과 신뢰성을 높임으로써 전쟁이 발발할 가능성을 낮출 수 있다. 동시에 전쟁이 발발하여도 피해를 최소화하고, 군사비 지출을 줄일 수 있기에 국민의 안정된 삶과 경제활동에 투자를 보장할 수 있는 협력적 안보정책이라고 이해할 수 있다. 따라서 저자는 ‘군비통제’란 ‘군사력의 건설・배치・운용・사용을 확인하여 이를 제한・금지・축소하고, 합의사항을 위반하는 행위엔 제재를 가함으로써 전쟁 발발의 위험성을 감소시켜 국가안보를 유지할 수 있게 하는 광의・실천적 의미 및 활동’이라고 정의할 수 있다.

실제 군비통제라는 개념은 고대부터 존재하였기에 근・현대국가로 발전하는 과정에서 처음 등장한 개념은 아니다. 다만 방법과 수단을 체계화하고 있는 데도 투자(투

---

23) Thierry Malleret, *“Conversion of The Defense Industry in the Former Soviet Union. Occasional Paper Series 23,”* (New York:Institute for East-West Security Studies, 1992),

24) 무력을 도외시하는 도덕적 분개보다 신중하고 세심하며 고도의 기술적 협상에 대한 의지가 있어야 한다(Henry A. Kissinger, “Years of Upheaval,” (Boston:Little, Brown, 1982), pp. 634~636.).

입)한 노력에 비해 성과를 거둔 사례가 많지 않다는 측면이 아쉬움으로 남는다. 또한, 국가 간 상황 및 여건이 다르기에 군비를 감소(조정)하고자 추진하는 협상(협의)의 성과에 대한 확신이 어렵다는 측면도 약점이라고 할 수 있다. 양극화로 치닫던 냉전기 미・소간 정치적 데탕트와 미-소 쿠바 미사일 위기 사태(1962)를 거치면서 군비통제 협상을 성공적으로 마무리한 사례가 있긴 하다. 이러한 사례 등을 통해 상호 신뢰와 안정적 관계를 유지할 수 있는 계기가 서서히 마련되고 있음은 고무적인 현상이다. 더욱이 한반도를 비롯한 중남미, 아프리카 지역 등지로 확산하고 있음도 긍정적인 신호(signal)로 볼 수 있다.

다만, 유념해야 할 대목은 군비통제의 목적이 국가 간 더 높은 정치적 수준의 긴장완화에 한정되어 있다는 점이다. 국제정세가 급변하고 있지만, 국가안보와 경제발전을 같이 추구해야 하는 어려움 속에서 군비경쟁에만 몰두하기는 결코, 쉽지 않아서다. 따라서 군비통제가 국제사회에서 국가안보를 증진하고, 다양한 협력관계를 조성할 수 있기에 국가안보와 안정화를 달성하는 중요한 정책 수단으로 평가받는다.

2.1. 군비통제가 실현되는 데 필요한 만족・충족요건은?

패트릭 M. 모건(Patrick M. Morgan)은 무정부주의적 국제정치 구조에서 분쟁국 간 군비통제 협상을 원만하게 진행하려면, 다섯 가지 만족・충족요건이 필요함을 주장하고 있다. <표 1-1>은 그가 주장하는 다섯 가지의 만족・충족요건을 제시하였다.

<표 1-1> 패트릭 M. 모건의 다섯 가지 만족・충족요건

첫째, 당사국 간 정치적 현상 유지에 대한 상호 공감대의 존재 여부
둘째, 분쟁국 간 정치적 갈등을 우선 완화할 경우
셋째, 분쟁국의 군사비 부담이 자국의 독립성 유지에 치명적일 경우
넷째, 쌍방이 분쟁국에 대하여 최소한의 군사적 억제능력을 보유할 경우
다섯째, 강대국의 동맹 결성 및 동맹 관계가 급격히 약화 또는 단절될 경우

첫째, 일방의 정치적 독립성을 해치는 경우나, 군사 전략적 균형이 무너질 수 있는 분야를 군비통제로 제안할 경우, 실현될 가능성이 크지 않다.

둘째, 분쟁국 간 정치·외교적 갈등이 생겼을 때 문제의 본질은 무시한 채 군비통제만으로 갈등을 해결하고자 함은 본말(本末)이 바뀐 것과 같다.

셋째, 국가 경제가 침체되는 데도 높은 수준의 군사비를 계속 투자할 경우, 정권의 안정성을 해치게 된다. 따라서 정권의 불안정성을 예방하거나, 극복하는 정치적인 방법의 하나로 군비통제 협상을 추진할 가능성이 크다.

넷째, 어느 일방의 군사력이 경쟁국의 군사력보다 강하고 우세하여 불균형이 심각할 때 군사력이 우세한 국가에서 일방적으로 양보하지 않는다면, 군비통제 협상이 추진될 가능성은 극히 줄어들게 된다.

다섯째, 당사국은 자국의 안보를 보호하기 위해서라도 적국(잠재적국)과의 군비통제 협상을 추진하는 데 관심을 두게 된다. 즉, 쌍방 또는 다자간 안보를 위해서는 적국(분쟁국)과도 제한적 또는 조건부의 군비통제 협상을 추진하는 노력이 필요하다.

2.2. 적국(분쟁국) 간 군비통제 협상이 실현되기 위한 성립요건

군비통제는 어느 한쪽이 일방적으로 진행할 수 없다. 그러함에도 A 국가의 군사력이 B 국가의 군사력보다 월등히 우세하거나, 어느 일방이 막다른 길목에서 모험(위험한 도박)이라도 해야 할 절박한 시점에 요구된다. <표 1-2>는 군비통제 협상이 성립하기 위해 요구되는 일반적 요건을 정리하였다.

<표 1-2> 군비통제 협상이 성립되는 데 필요한 요건

첫째, 자국 안보에 대한 자신감이 확실해야 한다. 둘째, 군비통제 필요성에 대한 공통의 인식이 있어야 한다. 셋째, 관련국 모두에게 공통의 이익이 존재해야 한다. 넷째, 준비-협상-실천 등의 과정에서 상호 신뢰가 존재해야 한다.

첫째, 무력을 감축하더라도 상대국의 기습공격 및 군사도발을 격퇴할 군사력을 보유하고 있다는 전제(前提)가 필요하다.

둘째, 경제적 부담이 가중되고, 군비경쟁에서 오는 피로감에 대한 거부감을 군비통제로 해소할 수 있다는 공통의 인식이 필요하다.

셋째, 경제성과 더불어 전쟁의 위험성 감소 및 긴장 완화, 국민 복지와 안전보장의 증진 등 여러 가지 이익을 공유할 수 있어야 한다.

넷째, 신뢰가 없다면, 합의하기가 힘들뿐더러 합의가 성사되어도 이행되지 않거나, 합의 자체를 위반하는 사례가 많음을 인식해야 한다.

2.3. 군비통제 협상을 할 때 여섯 가지의 성공 요인

군비통제는 현실에 적용할 수 있을 때 그 의미와 효과를 찾을 수 있다. 그렇지 않을 경우, 사상누각(沙上樓閣)에 불과하다는 사실을 이해하고 접근해야 한다. <표 1-3>은 군비통제 협상 성공에 필요한 요건을 정리하였다.

<표 1-3> 군비통제 협상이 성공하는 데 필요한 요건

첫째, 군비통제 추진이 가능한 역량(capability)과 기술(skill)이 있어야 한다. 둘째, 국제정세가 군비통제 협상에 유리한 방향으로 조성되어야 한다. 셋째, 안보에 관한 인식과 군사체제의 성격에 공통성이 존재해야 한다. 넷째, 군비통제에 대한 절실함과 인식이 공통으로 작용해야 한다. 다섯째, 군비통제 문제를 취급하는 데 있어서 유리한 국내 정치적 상황(여건)이 조성되어야 한다. 여섯째, 군비통제를 허용하는 특수한 조건이 존재해야 한다.

첫째, 협상에 합의한 이후 진행될 검증(verification) 단계에서 감시기술 수준이 협상의 성공 여부에 상당한 영향을 미치게 된다. 따라서 실질 · 심리적 측면에서 성공하려면, 분명한 기준이 필요하다. 가공할만한 파괴력을 가진 새로운 기술은 군비통제를

추구하는 충동적 욕구를 추동(推動)할 수 있다는 측면에서 장점이라고 할 수 있다. 다시 말해 과학기술의 발전이 전략적 기습이나, 전격전[25]의 위력을 증대시켜 경계심은 늦추지 못한 채 부담스러운 규모라도 상비군을 유지할 수밖에 없기 때문이다.

둘째, 러-우・이-하 전쟁 등의 불안한 안보정세는 국제관계에 적대감과 진영 논리를 격화시키고 있다. '군비통제'는 대량살상무기(이하 WMD)의 급격한 발전에 따라 분쟁의 규모가 확장되어도 극단적인 분쟁(갈등)을 자제시키는 역할을 한다. 더욱이 공동의 이익 산출이 가능한 존재라는 점에서 군비통제 자체에 대한 심각한 적대감은 아직 나타나지 않고 있다.

셋째, 서로 긴밀한 의사소통 채널을 확보 및 협력할 수 있어야 공통분모를 만들 수 있다.

넷째, 주권국가의 독립성을 보장한다는 궁극적인 목표를 가지고 있기에 이성적으로 국익과 민생을 챙기는 정부가 존재한다면, 언제든 추진할 수 있다.[26]

다섯째, 국내 선거에 영향을 미치기에 강한 정치적 의지와 국민적 결속이 없고서는 불가능하다.

여섯째, 전쟁이나 군비경쟁, 무기 개발 등의 주제(agenda)는 복잡한 정책 결정 과정을 거치며 완성되기 마련이다. 따라서 처음 시작할 때부터 정책・전략적 수준의 접근이 필요하다. 완성되고 나서는 정책 변경이 곤란해서다. 다만, 정권이 교체된 직후일 경우, 새로운 정치지도자가 이를 계기로 정책을 변경할 수 있겠지만, 사회적 현실이 그다지 녹록지 않다.

3. 군비통제의 역할과 목적

3.1. 군비통제-군비증강(Military Build-up)의 관계 이해

국가는 자체 능력(ability)과 역량(capability)으로 내부 체제를 보호함과 동시에 외부

25) 김성진, 앞의 책(2022), pp. 76, 101, 115, 117, 195, 207.; 김성진, 앞의 책(2021a), pp. 66, 288, 337.

26) 김성진, "북한 급변사태와 한국군의 민군작전(CMO)에 관한 제언," 『월간 KIMA』 Vol. 67. (성남:한국군사문제연구원, 2023년 9월), pp. 52~53.

위협으로부터 생동력을 유지할 힘까지 갖추었을 때 국가안보를 확립하고, 국익도 추구할 수 있다. 이를 위해 두 가지 측면을 고려하여야 한다.

첫째, 외부의 위협과 내부 혼란으로부터 국가를 보전할 수 있는 물리적인 힘(군사력 또는 국방력)을 보유해야 한다.

둘째, 내부 혼란의 원인을 제공할 수 있는 체제 및 구조상 무기력 현상과 경제적 빈곤에서 벗어날 수 있는 유기체적 힘을 유지해야 한다.[27] 대표적으로 소련이 1980년대 추진한 군사기술혁명(MTR)을 들 수 있다.[28] 이들은 "모든 권력은 총구에서 나온다."라는 논리에서 군사력 증강에만 지나치게 집착(투자)함으로써 실패하였다. 이후 생동력을 상실하면서 공산주의 종주국에서 밀려났고, 국가체제마저 붕괴한 지난(至難)했던 역사를 되짚어볼 필요가 있다.[29] 따라서 국가 존립을 보장하려면, 두 가지의 전략적 측면을 과감하게 추진할 수 있어야 한다.

① 군사력을 사용하여 상대를 제압하는 전략, ② 군사력 자체를 통제함으로써 위협의 본질을 제거 및 감소하는 전략이다. 여기서 ②번이 '군비통제(Arms Control)'다. ①·②번은 서로 대치되는 개념이라 할 수 있지만, 국가안보를 증대시키려는 측면에선 같다. 군비증강(Military Build-up), 군비경쟁(Arms Race)은 상대국과 갈등 관계로 인해 전쟁(분쟁) 가능성을 높였기에 오히려 국가안보를 위태롭게 하는 결과로 이어지는 사례가 많았다. 이에 따라 점차 경쟁국 간에도 국가 존립(생존)과 국익을 위해 공동으로 무엇을 추구해야 한다는 인식이 서로 합치되면서 새로운 패러다임으로 등장하였다. 즉, 대척점에 서 있기보다 협상을 통해 해결하려는 방안으로 등장한 게 '군비통제'다. 정치 논리적 측면에서 평화정책에 도움이 될 수 있고, 전쟁 가능성도 예방 및 감소시킬 수 있다는 점을 높이 평가받고 있다. 여기에 전쟁을 회피할 수 있다는 '도덕적 측면', 평화를 추구한다는 '논리적 측면'은 국제사회에서 상당한 설득력이 있다.

---

27) '유기체(有機體-organism)'는 '선천적으로 방사(放射-radiation) 능력을 갖추고 있으며, 점차 환경에 적응하는 능력을 갖춘 유기물로 이루어진 생활 기능을 가진 조직체'다.

28) 김성진, 앞의 책(2023), pp. 29~30, 39~40, 42.

29) Paul Kennedy, *"The Rise and Fall of the Great Powers,"* (New York:Random House, 1987), pp. 56~59.; 김성진, 앞의 책(2023), pp. 29~35.; 김성진, "한반도를 둘러싼 5대 안보위협 변수와 지정학(地政學)," 『KONAS』 안보칼럼 (2023.03.09.).; 김성진, "군사비 부하(負荷) 공략으로 북한의 핵·미사일 도발역량 고사(枯死)시켜야," 『KONAS』 안보칼럼 (2023.02.16.).

3.2. 군비통제 협상(negotiation)이 진행되는 기반(基盤)

'군비통제'는 관련 국가 중 일방이 군사적 우월성을 확보할 수 있다는 우려를 고려하여 정치・군사적 불안정성의 예방을 강조하고, 현상을 유지하는 데 있음을 이해할 필요가 있다. 즉, 군사적 우월성의 확보에 중점을 두는 군비경쟁이 위험하다는 인식에서 군비통제 협상을 추진하며, '억제(deterrence)'는 안정과 최저 수준의 군사력을 유지할 수 있다는 데 방점을 찍고 있다. 따라서 군사적 우월성을 추구하지 않는다고 확신시켜주는 방법을 찾아야 한다. 이때 세 가지 요소가 전제되어야 한다.

첫째, 군비통제 협상이 타결될 경우, 당사국 간 안보 환경이 개선될 수 있어야 한다.

둘째, 위기가 악화하는 현상이 회피 및 억제되어야 하고, 발전적인 기회가 증대됨으로써 전쟁 위험이 감소할 여지가 분명해야 한다.

셋째, 예측이 가능해야 하며, 검증(verification)할 방법과 수단이 분명해야 한다.

이러한 전제가 성립될 때 국가 간 정치적 분쟁(갈등)이 현실・정치적으로 관리될 수 있다는 확신과 믿음을 줄 수 있다.

3.3. 군비통제의 군사적 기능과 정치적 역할

<표 1-4>는 군비통제의 군사적 기능과 정치적 역할을 정리하였다.[30)]

<표 1-4> 군비통제의 기능과 역할

구분	군사적 기능	정치적 역할
주요 내용	・우발전쟁의 가능성 감소 ・지역 및 세계 군비경쟁 완화 ・적대국 간 불신 감소, 군사적 예측성 증대	・분쟁국 간 군사안보에 관한 대화의 장(場)을 마련, 공감대 형성

30) Jozef Goldblat, 앞의 논문(1994), p. 5.; Joseph Nye, *"Arms Control and International Politics, in Emanuel Adler, ed., The International Practice of Arms Control,"* (Baltimore:The Johns Hopkins University, 1992), p. 162.

주요 내용	· 심각한 군사적 불균형을 완화 · 국가 분쟁을 평화적 방법으로 해결 · 경제 및 사회복지를 위한 투자 재원 마련 · 분쟁 발생 시 파괴범위 및 후유증의 축소 · 환경파괴의 위험 감소 · 군사적 측면에서 상호 이해 및 신뢰 증진	* 외교채널 확립 · 유지 · 당사국 내부의 정치적 안정감을 제고 · 국가 간 정치적 변화 과정을 조정 및 통제하는 수단으로 작용

1975년 유럽국가들은 '유럽안보협력회의(CSCE)'를 설립하여 전후(戰後) 질서를 안정시키는 계기로 삼았다. 이를 통해 구(舊) 냉전기가 종식되었고, 1990년 동 · 서독이 통일되자 통일된 독일의 역할에 관한 정치적 합의 및 협력의 계기가 마련되었다. 군비통제의 기능과 역할은 군사적 측면과 정치적 측면을 같이 고려해야 한다.[31)]

3.4. 군비통제의 대상과 목적

군비통제의 궁극적인 목표는 각국이 군사력으로 공격하기는 제한되지만, 방어는 충분할 정도로 조정하는 데 있다. 다시 말해 '방어에 충분하도록 조정하다 보면, 방어무기가 증가할 수 있으나, 일반적 의미의 공격무기를 제한'하는데 두었다. 따라서 전쟁을 억지하고, 집단안보가 가능하도록 각국의 전력(戰力-military strength) 규모 및 종류, 배치를 인위적으로 조정(調整)하는 행위로 이해하면 된다. 평화와 질서를 확립 및 유지하기 위한 적극적인 노력과는 비교할 수 없지만, 소극적 측면에서 현실적 관리를 통해 전쟁을 억지하려는 인식이 군비통제 전반(全般)을 관통하는 기본 정신이라고 할 수 있다.

군비통제 대상은 전쟁 수단과 관련한 모든 장비 · 시설, 전력 구성, 운영체제 등과 같은 Hard-ware와 Soft-ware를 모두 포함하고 있다. <그림 1-1>은 군비통제 대상을 제시하였다.

31) 여기서 주목해야 할 지점은 미국을 중심으로 하는 서방의 군비통제 협상 노력은 상호 군사력 비율을 통제하기 위한 기술적 접근(technical approach) 방식으로 진행한다는 점이다.

① 전력 규모 (Military Strength) | ② 장비의 질(質) (Quality of Armament) | ③ 배치 규모 (Deployment) | ④ 전력 구성 (Composition of Armed Forces)

<그림 1-1> 군비통제의 대상

① '전력 규모(Military Strength)'는 일반적인 의미에서 병력과 장비의 수를 뜻하며, 최종 목적은 국가를 방위(防衛)하기에 충분한 최소 규모를 보유하는 데 있다.

② '장비의 질(Quality of Armament)'은 장비의 성능을 의미한다. 일정한 사거리 이상의 유도탄 또는 일정한 작전반경을 초과하는 전투 항공기를 보유하지 않거나, WMD의 보유 및 공격무기를 제한하기 위함이다.

③ '배치 규모(Deployment)'는 전력 구성요소의 위치를 지리적으로 통제하기 위함이다. 일정한 지역 이내에 전투병력과 장비를 두지 못하도록 비무장지대(DMZ)를 설치하거나, 전선(戰線) 지역에서 일정한 거리 안쪽으로는 미사일 기지를 두지 못하게 하는 등이다. 대표적으로 1987년 소련의 미하일 S. 고르바초프 서기장이 일방적으로 철군(撤軍-withdrawal of troops) 및 감군(減軍-military manpower reduction)하였다.[32]

④ '전력 구성(Composition of Armed Forces)'은 공격형 전력 구성을 제한하기 위함이다. 방공포 부대는 방어전력으로, 폭격기 부대는 공격전력으로 구분하지만, 이외의 전력을 구분하기는 쉽지 않다. 따라서 해당 전력의 구성을 규모 이상으로 편성하면, 지대한 영향을 끼칠 수 있기에 중요한 통제대상으로 간주하는 분위기다.

군비경쟁을 종식하려면, 전쟁에서 승리하거나, 우세한 군사력을 앞세워 압박하거나, 투명성을 확보하여 안보 딜레마를 약화하게 만드는 방법 등이 있다. 이때 마지막으로 던지는 경우의 수가 '군비통제'다. 군비통제는 무정부주의의 국제체제에서 존립 또는 독립을 유지하기 위해 노력할 때 등장하는 안보 딜레마(security dilemma)로 인해 나타났다. 군사력의 증강을 촉진하는 요인일 뿐만 아니라 우발적 또는 고의로 전쟁을

32) 1979년 소련군은 아프가니스탄을 침공했지만, 미국과 서방의 적극적인 무기·재정 지원으로 철군할 수밖에 없었다. 1987년 미하일 S. 고르바초프 서기장은 침공한 지 9년 만에 이를 인식하자 곧바로 결단하였다(2007년 미국에서 상영된 영화 <찰리 윌슨의 전쟁-Charlie Wilson's War Trailer>을 시청하면, 이해에 도움이 될 듯싶다.).

일으킬 가능성까지 높여주었기 때문이다. 국가에 따라 다소의 차이는 있겠지만, 이로 인해 경제활동에 심각한 한계로 나타나기도 한다.

이상우(2001)는 군비통제가 두 가지 목적을 가졌다고 주장하였다.[33]

첫째, 불가피하게 전쟁이 발발했을 때 피해를 최소화하는 데 있다. 특히 전투원을 비롯하여 일반 국민의 피해가 발생하지 않게 하되, 전투원들의 희생도 최대한 줄이는 데 있다.[34]

둘째, 전쟁이 일어나지 않게 예방하는 데 있다. 즉, 자기방어엔 충분하지만, 상대는 공격할 수 없도록 전쟁 수단을 통제하는 데 있다.

남만권(2006)은 일반·전문적 관점으로 목적을 구분하고 있다.[35] <그림 1-2-1>은 일반적 관점에서의 군비통제 목적을 정리하였다.

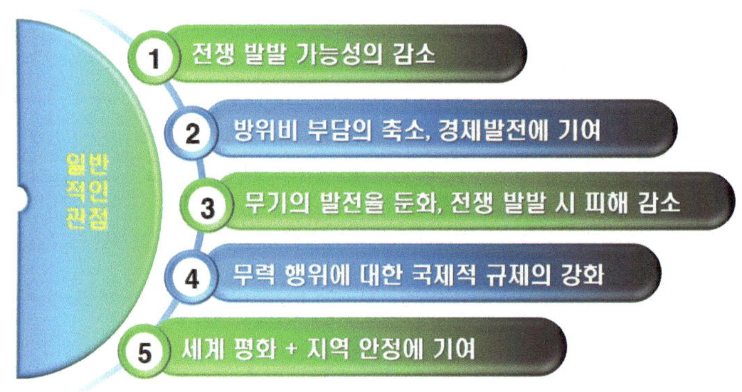

<그림 1-2-1> 일반적 관점에서 바라본 군비통제의 목적

① 군사적 긴장 상태를 고조시킬 수 있는 분쟁은 엄격히 규제하되, 대규모 기습공

---

33) 이상우, 『국제관계이론: 국가 간의 갈등원인과 질서 유지』 (서울:박영사, 2001), pp. 427~428.

34) 방어하지 않고 있는 도시에 대한 공격은 금지하고, 덤덤탄(dumdum bullet, 할로우 포인트(Hollow Point) 탄의 별칭) 또는 독가스의 사용을 금지하는 등의 내용은 피해를 최소화하기 위한 군비통제 협상의 결과라고 평가할 수 있다.

dumdum bullet
발사 이후(以後)
발사 이전(以前)

* 덤덤탄(dumdum bullet): 19세기 영국이 식민지(인도) 내란을 진압할 때 공업 도시인 '덤덤'의 무기공장에서 생산된 총탄을 사용하면서 불린 명칭으로서 '인체나 동물의 몸에 명중하면 보통의 탄알보다 상처가 크게 나도록 만들어진 특수 소총탄'이다. 탄두 앞부분에 열십자(十)형으로 흠집을 내어 신체 조직을 심하게 손상한다.

35) 남만권, 『군비통제의 이론과 실제』 (서울:한국국방연구원, 2006), pp. 427~428.

격 능력을 제한함으로써 군사적 안정성을 달성하는 데 있다. 즉, 정치·군사적 합의를 통해 공동안보(Common Security)를 추구함으로써 전쟁 발발의 위험성을 감소시키기 위함이다.

② 군비경쟁을 규제함으로써 국방 분야의 예산 부담은 줄이고, 제한된 국가자원을 효과적으로 이용함으로써 경제발전에 기여하는 데 있다.

③ 상호 합의 및 협상(negotiation)을 통해 군사력의 사용 범위와 방법을 통제하는 등으로 전쟁을 억제하는 데 있다. 만약 실패한다고 해도 전쟁이 확산할 가능성을 줄이고, 파괴 수준과 범위는 최소화하는 데 있다.

④ 국가 간 합의 및 협상을 통해 얼마나 불신이 감소하고, 관계개선이 이루어졌는지를 느낄 수 있게 하는 데 두었다. 필요하면, 일부를 전용(轉用)할 수 있기에 경제 분야에 투자하는 효과를 증대시킬 수 있다.

⑤ 경쟁국 간 우발적 또는 고의로 전쟁을 유발할 수 있는 유인(誘因)을 억제 및 예방하는 데 있다. 군사협상에만 국한된 게 아니라 정치·경제·외교·문화를 비롯한 국가사회 전반을 대상으로 한다. 따라서 협상이 당사국 간 제로-섬 게임(Zero-Sum Game)에 젖었던 사고에서 탈피하는 노력이 중요하다.[36)]

<그림 1-2-2>는 전문적 관점에서 바라본 군비통제의 목적을 다섯 가지로 정리하였다.

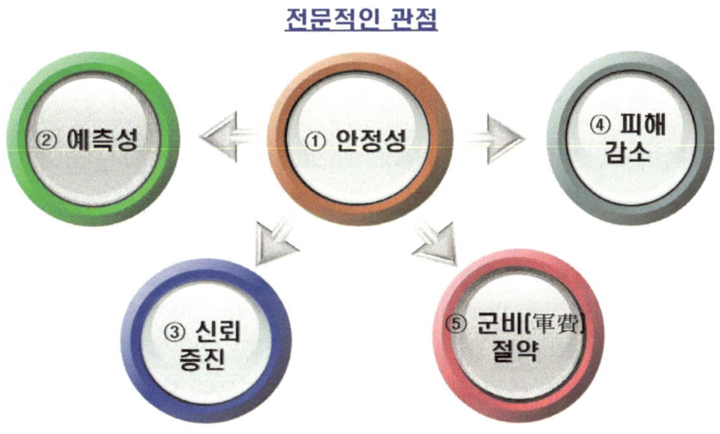

<그림 1-2-2> 전문적 관점에서 바라본 군비통제의 목적

36) 김성진, 앞의 책(2020a), pp. 56~57.

① ‘안정성(stability)’은 다양하고 복잡한 국제관계로 인해 군비(軍備)의 경우 부분적인 역할에 한정되지만, 급격히 악화할 수 있기에 마냥 무시하기는 어렵다. 물론 “모든 군비를 반드시 감소해야 한다.” 또는 “반드시 같아야 한다.”라는 한정된 의미만으로 접근할 수는 없다. 그러나 국가들의 지정학적 조건이 모두 다르기에 협상 간 서로의 상황에 부합할 수 있으며, 비대칭적으로 결론이 날 수 있다는 포괄적인 시각이 필요하다.[37)]

② ‘예측성(predictability)’은 협상국 간 의무규정을 준수하게 함으로써 상대에 대한 기만(欺瞞-deception) 또는 불신을 초래할 수 있는 불씨 자체를 예방할 수 있다. 대표적으로 1922년 미국 워싱턴 D.C.에서 5개국이 체결한 ‘워싱턴 해군 군축조약(WNT)’은

WNT 조약 체결(1922)
ABM 조약 체결(1972)

전함과 항공모함 등의 보유 수량에 제한을 두는 조약으로 협정참가국들이 계획을 수립하는 과정에서 ‘특성치(종속변수-결과)’를 명확히 하였다.[38)] 그리고 1972년의 ‘탄도탄 요격 유도탄 조약(ABM)’은 30년간 미-소의 전략 핵무기에 관한 감축 기획을 수립하는 기초가 되었다.[39)] 이는 상대에 대한 기만과 불신을 예방할 수 있는 토대가 되었다.

③ ‘신뢰 증진’은 국제사회 차원에서 ①·②를 진행하는 것만으로도 신뢰를 증진하는 효과가 있다는 의미다. 협상으로 의사소통 채널을 확보하고, 이를 통해 공동의 이익을 인정하고 있다. 다만, 용어의 구체적인 뜻과 의미는 알고 사용할 필요가 있다. 예를 들면, 군비통제 협상을 진행할 때 확증(confirmation)을 하기 이전에 ‘신뢰(confidence)’라

---

37) 김성진, 앞의 책(2022), pp. 352~370.; 김성진, 앞의 책(2020a), pp. 52~53.

38) ‘워싱턴 해군 군축 조약(WNT)’은 ‘Washington Naval Treaty’의 약자로서 1921년 11월 11일부터 1922년 2월 6일까지 미국의 워싱턴 D.C.에서 약 3개월간 진행된 해군 군축 토의에서 채택하였다. 핵심은 미국, 영국, 일본, 프랑스, 이탈리아가 전함, 항공모함 등을 제한적으로 보유하는 데 합의하였다. ‘특성치’는 ‘실험에서 데이터의 형태로 측정되는 모든 결과치’를 뜻하고 있다.

39) ‘탄도탄 요격 유도탄 조약(ABM Treaty, 일명 탄도탄 요격 미사일 조약)’은 ‘Anti-Ballistic Missile Treaty’의 약자로서 1972년 5월 26일 미국과 소련이 모스크바에서 체결한 탄도탄 요격미사일의 수량을 제한하는 조약이다. 이 조약은 일방이 핵무기로 상대를 선제공격하면, 상대로부터 핵 보복공격을 당하게 된다고 가정(假定)하고 있다. 2002년 미국이 일방적으로 파기했다.

는 용어를 사용한다. 이때 '신뢰(confidence)'는 일반적으로 통용되는 의미로서 '믿음(trust-상대의 뜻에 전적으로 맡기다)'의 뜻과는 의미가 다름을 이해해야 한다.[40)]

④ '피해 감소'는 전쟁이 발발했을 때 피해를 줄이기 위해 초기부터 내세운 개념이다. 핵무기가 출현하면서 전략무기체계에 대한 피해 감소가 중요함을 부각하는 중요한 계기가 되었다. 대표적으로 1899년과 1907년에 체결한 <제1・2차 헤이그 협약>, 1925년에 체결한 <제네바 의정서(일명 독가스 의정서)>를 들 수 있다.[41)] 지역 차원의 피해 감소를 위한 평화지대 또는 비핵화 지대에 관한 각종 구상도 이에 해당한다. 즉, Zero-sum 인식에서 탈피하자는 취지에서 시작되었다.[42)]

⑤ '군비(軍費) 절약'은 대다수 국가에 군대가 존재하는 이유가 군사력 사용이 불필요한 상황을 추구하기 때문이다. 군사력이 강할수록 사용할 가능성이 작아지기에 군비(軍費)를 일종의 보험으로 인식하고 있다.[43)] 이에 따라 사상과 활동의 자유를 제약하거나, 이질적인 문화 및 제도를 강요하는 환경을 예방한다는 측면에서 국내 자원의 일정 부분(±5%)을 군사비용으로 지출하는 것이 어느 정도는 용인(容認)되고 있다. 다만, 국방비 지출과 자원의 규모가 커질 경우, 상대적으로 국민 복지가 줄어드는 데

---

40) 예를 들면, '신뢰구축(CBM)', '신뢰 안보구축(CSBM=군사적 신뢰구축)'은 군사 활동을 진행하는 국가에서 관련국에 안도감을 주려는 의도를 가졌거나, 군사 활동을 제한 및 노출케 하려는 목적이 있다.

* CBM: Confidence Building Measures

* CSBM: Confidence and Security Building Measures

41) 19세기 후반 군사비(軍事費-military expense 또는 군비-軍費)가 급증하여 국가별 재정부담이 늘어나게 되자 1899년 5월 18일부터 7월 29일까지 네덜란드 헤이그에서 제1차 회의를 개최하였다. 26개국이 국제분쟁에 대한 평화적 처리 조약(유독 가스 또는 덤덤탄 등의 특수탄환 사용금지 선언 포함)을 조인하였고, 서명한 국가는 총 32개국으로 늘었다. 제2차 회의는 1907년 6월 15일부터 10월 18일까지 네덜란드 헤이그에 44개국이 모여 군비축소 및 평화 유지책을 협의했으나, 독일의 반대로 협상에 실패하였다. 이를 군축(Arms Reduction) 또는 무장해제(Disarmament) 단계라고 한다.

* '제네바(일명 독가스) 의정서'는 1925년 6월 17일 스위스의 제네바에 40개국이 모여 체결한 '전시 생물학 무기와 화학무기의 사용을 금지한 다자조약'이며, 미국과 영국은 비준하지 않았다.

* '화학무기 금지조약(CWC)'과의 차이점은 생산-보유-이동을 금지하는 데 있다. 제네바 의정서는 생산-보유-이동은 허용하되, 전시에 사용하는 행위를 금지하고 있다. 한국은 1988년에 가입하였다.

42) 'Zero-sum 게임'은 '분배적 협상(Distributive)' 또는 'Win-Lose 게임' 또는 '1.0 협상'과 같은 의미이다(김성진, 앞의 책(2020a), pp. 56~57, 186.).

43) 여기서 '군비(軍費)'는 최근의 '군비(軍備-military preparedness)'와는 완전히 다른 '군사비(military spending 또는 war expenditure, military expense)'를 뜻하는 용어다.

대한 비판과 불만은 생겨나기 마련이다. 따라서 군비(軍費)를 제한하는 문제는 자연스레 합법적인 목표가 되었다. 여기서 유념할 대목이 군비통제가 단순히 비용을 절감하는데 비중을 두기보다 국가안보가 전제될 때 협상을 추진할 수 있음을 간과해선 안 된다. 물론 군비통제의 기능(역할)과 목적이 긍정적이지 못하다는 시각도 존재하고 있다. <표 1-5>는 군비통제의 기능과 목적에 관한 비판적 시각을 정리하였다.[44]

<표 1-5> 군비통제의 기능과 목적에 관한 비판적 시각

첫째, 현재 보유한 무기의 양(量)을 제한하고, 성능이 우수한 첨단무기의 대체에 합의했을 때 군사적 안정성을 유지할 수 있는지?
둘째, 핵무기와 같은 WMD 개발이 오히려 살상 범위와 규모를 확대하는 게 아닌지?
셋째, 첨단 과학기술의 발전과 무기체계의 개발(도입)이 평시 국방 재원 투자를 더 가중(加重)하는 결과로 이어지는 건 아닌지?

군비통제의 기능과 목적이 본래의 효과를 발휘하려면, 정치・경제・사회 분야 등 비군사적 교류와 정보교환을 진행할 수 있는 신뢰구축 행위가 병행되어야 한다는 주장도 있음을 잊지 않아야 한다. 그래야 최근 러-우・이-하 전쟁과 같은 기습침공이나, 전면전이 발발할 가능성을 대폭 줄이고, 불확실성은 최대한 제거할 수 있다. 이를 통해 국가의 위기 요인을 더 낮출 수 있다.[45]

4. 군비통제의 촉진 요인

4.1. 군비통제 협상을 촉진하는 요인

<표 1-6>은 군비통제 협상을 촉진케 하는 요인을 정리하였다.

44) 김태현, "남북한 재래식 군비통제: 평가와 발전방향," 『한국군사』 제4호 (성남:한국군사문제연구원, 2018), p. 6.

45) 김성진, "러-우크라이나 전쟁의 전략적・작전적 추세와 한국군의 인식 전환," 『월간 KIMA』 Vol. 62. (성남:한국군사문제연구원, 2023년 3월), pp. 38~43.; 김성진, "동북아 안보정세와 한반도의 지정학적 상관성:당단부단 반수기란(當斷不斷 反受其亂)의 지혜," 『국민정책평가신문』 (2023.05.02.).

<표 1-6> 군비통제 협상의 촉진 요인

첫째, 전쟁을 도발하도록 유혹 및 오판하게 하거나, 전쟁을 도발하려는 기도를 억제 및 예방할 수 있을지? 둘째, 전쟁을 도발하는 능력 자체를 감소 또는 제거할 수 있는지?

첫째, 군사력 현황, 부대 이동 및 기동훈련 등의 군사 활동을 노출 및 공개하되, 상대가 관련 내용을 언제든 확인할 수 있게 조치함으로써 예측 가능성을 높여 신뢰 및 안정감을 주는 조치이다.

둘째, 군사력의 증강을 제한, 동결 및 감축하는 등의 방법으로 균형을 유지함으로써 상대에게 안정감을 주는 조치이다. 그러나 군비통제가 "성취할 수 있는 여건에선 불필요하고, 정작 필요할 때는 성취하기 어렵다(When achievable, arms control is not needed, and when needed, it is not achievable)."라고 하는 아쉬움도 있다.[46)]

결과적으로 군비통제는 군사적 신뢰의 토대를 구축하고, 군사력 균형을 유지함으로써 국가안보를 강화하는 과정이자 수단이다. 브루스 부에노 드 메스키타(Bruce Bueno de Mesquita)와 로버트 D. 퍼트넘(Robert D. Putnam)은 '윈-셋(win-set) 개념'을 강조하였다.[47)] 이를 정부의 전략에 빗대어 알아보자. <표 1-7>은 일반적 수준에서 A 국가가 B 국가와의 협상을 추진하는 전략을 예시(例示)하였다.

---

46) 주(駐)제네바 대한민국 대표부, 『군비통제, 군축 및 신뢰구축 편람』(제네바:유엔군축연구소-, 2003), p. X.; 김강녕, "군비통제의 이론적 고찰: 전쟁 방지·억지 논의를 중심으로," 『군사논단』 제98호 (서울:한국군사학회, 2019), p. 116.

47) '윈-셋(win-set)'은 주어진 상황에서 국내 비준을 얻을 수 있는 모든 합의의 집합으로 '협상 당사국이 양보를 통해 타협할 수 있는 범위'를 의미한다. 즉, '국내의 정치지도자가 국내 정치적 측면과 국제 압력에 대응하기 위해 상호 작용한 결과를 고려하여 외교정책을 결정하는 개념'이다(Bruce Bueno de Mesquita, *"Principles of International Politics:People's Power, Preferences, and Perception,"* (Washington D.C.:Congressional Quarterly Press, 2000), p. 282.; Robert D. Putnam, *"Diplomacy and Domestic Politics:The Logic of Two-Level Games,"* 『International Organization』 Vol. 42, No. 3. (Summer, 1988), pp. 430~437.).

<표 1-7> A 국가-B 국가 간 협상 시 A 국가(주체)의 추진 전략(예시)

주 체	객 체	추진 전략	전략 추진 목표
A 국가 정부	A 국가의 국민	발목 잡히기	공개적으로 대국민 약속을 해놓고 협상을 진행 * '이미 루비콘강을 건넜다'라는 의미, 스스로 win-set 개념을 축소
		정치 쟁점화	사회적으로 거부하는 분위기를 조성
		고삐 늦추기	사안의 성격을 새롭게 정의 * 스스로 win-set 개념을 확대
	B 국가의 국민	표적 사안과 연계	사안(事案)을 연계시켜 B 국가의 비활성 집단을 활성화하여 세력 간 균형에 변화를 도모 * B 국가의 win-set 개념을 확대
		image-making	사안을 일반적인 이미지로 변화를 시도 * B 국가의 win-set 개념을 확대
	B 국가 정부	정부 간 담합	정치적 자산을 서로 교환, 합의 가능성을 증대 * A-B 국가 간 win-set 개념을 확대

유념할 대목은 국가 간 협상 시 특정한 국가 내부의 정부-사회계층 간 협상이 같이 진행되는 경제학적 측면에서 '게임 상황(Game Situation) 또는 게임이론(Theory of Game)'이라고 한다. 로버트 D. 퍼트넘은 이를 국제적 차원의 협상이라고 하며 '양면 게임이론(Theory of Two-Level Game)'을 주창하였다.[48] 즉, 시민사회 여론이 중요해졌기에 외교적 사안을 협상할 때도 국회와 시민사회의 승인을 받는 지경에 이르면서 교섭 과정부터 이들을 의식할 수밖에 없다. 따라서 이슈들이 서로 연계될 경우, 행위자(actor)들이 왜! 정책을 선택했는지에 대하여 설명하는 과정이 매우 중요하다. 예를 들면, 미국의 정치지도자가 특정한 군비통제 정책을 추진하고자 할 때 협상에 성공하려면, 국제환경 즉, 동맹국들의 지지를 비롯하여 미국 내부의 지지 및 선호도를 긍정적으로 결속시켜야 한다.[49] <그림 1-3>은 군비통제의 촉진 요인을 국가의 내

48) 일반적으로 운동이나 오락 게임(recreation)을 할 때 진행하는 '가위바위보 게임'처럼 '심리전'의 하나로 이해하면 된다. 즉, 게임이론은 한 문장으로 "네가 생각하는 것을 내가 생각하고 있다고 네가 생각하고 있음을 나는 생각하고 있다."라고 요약할 수 있다. 대표적인 사례로는 한국이 미국과 체결한 자유무역협정(FTA, 2007)을 들 수 있다.

49) 한용섭, 앞의 책(2015), pp. 87~91.

· 외부 측면에서 정리하였다.

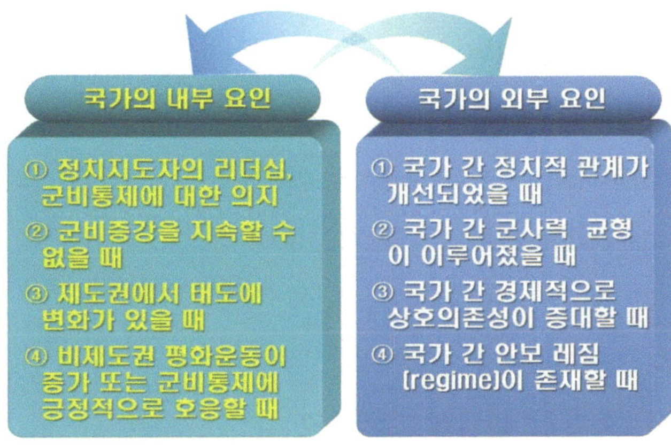

<그림 1-3> 군비통제를 촉진하는 요인

먼저, 국가의 내부 요인은 네 가지로 요약할 수 있다. ① 자유민주주의 국가이든, 공산주의 국가를 불문하고 최고지도자가 상대국과의 군비통제 협상을 우선 추진할 경우, 합의에 이를 확률은 높아진다. 이때 정치지도자가 가져야 할 리더십의 핵심이 각기 다른 처지에 있는 행정부처-국회 간 이견을 해소하고, B 국가 지도자에게 군비통제의 당위성과 필요성을 설득할 수 있어야 합의에 이를 수 있다. 대표적으로 1991년 11월 미국의 조지 H. W.부시(George H. W. Bush) 대통령은 의회가 발의한 넌-루거 법안(Nunn-Lugar Act)을 수용하였다.[50] 그리고 러시아, 벨라루스, 우크라이나, 카자흐스탄에 미국 예산을 지원하는 '협력적 핵 위협 감소 프로그램(CTR)'을 이행하였다.[51]

50) '넌-루거 법안(Nunn-Lugar Act)'은 'Nunn-Luger Cooperative Threat Reduction'의 약자다. 소련이 붕괴하기 직전인 1990년 초기에 우크라이나의 핵무기 보유 수준은 세계 3위였다. 당시 미국의 샘 A. 넌(Samuel A. Nunn Jr.)과 리처드 G. 루거(Richard G. Lugar) 상원의원이 '협력적 핵 위협 감소 프로그램(CTR)'을 통해 소련과 우크라이나가 핵무기를 해체하면, 막대한 경제적 지원을 추진하겠다는 법안을 발의하였다. 그러자 소련도 미국의 경제 지원 정책에 공감한다며 1994년 1월 미-소-우크라이나 간 핵을 포기하고 경제적 지원을 받겠다는 '리스본 약정서'를 체결하였다(한용섭, 앞의 책(2015), p. 89.).

51) '협력적 핵 위협 감소 프로그램(CTR)'은 'Cooperative Threat Reduction'의 약자로서 핵무기의 폐기와

② 냉전기 시 미・소는 경쟁적 관계에 있을 때 핵무기를 대량으로 생산하며 전쟁 준비에 몰입했으나, 제2차 세계대전 말기 일본에 투하한 핵무기의 파괴력이 인류의 공멸(共滅)에 대한 공포를 불러왔다. 이때부터 핵무기가 상대를 위협하는 용도 이외엔 사용하기가 어렵고, 비효율적이라고 판단했다. 이후 군비(軍費-war expenditure)를 절감하고자 1986년 아이슬란드의 레이캬비크(Reykjavik)에서 핵 군축 협상을 진행하였으나, 성공하지 못했다. 그러나 이듬해 '중거리 핵전력 조약(INF, 1987)'을 체결하면서 중거리 지상 발사 미사일을 모두 폐기하는 데 성공하였다.52) 아울러 미사일 개발 경쟁을 줄이기 위해 우주무기의 개발을 금지하는 데 공감했다. 결국, 국가경제가 침체되는 시기에 많은 군비(軍費)가 지출될 경우, 정권이 위태로운 지경에 이를 수 있기에 적국과의 군사협력을 시도하게 된다.

BGM-109G 그리폰
(길이19.9m(길이)×2.44km(폭), 중량: 36t, 사거리: 2,500km)

핵 개발에 종사하는 전문인력을 관리하는 두 가지 부문으로 구성되었다. ① 핵무기 폐기는 러시아 등 4개국이 보유한 핵무기를 검증을 통해 폐기하고, ② 핵물질을 안전하게 회수하기 위한 정책이다. 미국은 이를 위해 2000년 말까지 매년 60억 $를 지원했다. 이의 결과로 5,000개 이상의 핵탄두와 400여 개의 미사일이 해체되었고, 수백 기의 미사일 발사대와 폭격기를 해체하는 성과를 달성했다.

52) '중거리 핵전력 조약(INF)'은 'Intermediate-Range Nuclear Forces Treaty'의 약자로서 1987년 12월 8일 워싱턴 D.C.에서 로널드 W. 레이건 대통령과 소련의 미하일 S. 고르바초프 서기장이 중거리 지상 발사 미사일 폐기에 합의한 조약이다. 동구(東歐) 유럽국가에 배치한 소련의 MRBM과 IRBM 핵미사일(SS-20 세이버)에 대응하기 위해 1983년 미국의 제너럴 다이내믹스(General Dynamics)에서 개발한 재래식 순항미사일(BGM-109G 또는 GLCM 또는 그리폰, 사거리: 2,500km)을 의미하고 있다. 이때 중거리 탄도미사일(IRBM)과 지상 발사 순항미사일(GLCM)의 사정거리는 1,000~5,500km로, 단거리 탄도미사일(SRBM)은 500~1,000km로 규정하였다.

* 'MRBM'은 'Medium-Range Ballistic Missile'의 약자다.

* 'IRBM'은 'Intermediate Range Ballistic Missile'의 약자다.

* 'GLCM'은 'Ground-Launched Cruise Missile'의 약자다.

* 'SRBM'은 'Short Range Ballistic Missile'의 약자다.

* 일반적으로 사용되는 '토마호크(Tomahawk)'란 용어는 원래 아메리카 원주민이 사용하는 전통적인 도끼의 이름에서 유래하였으며, '순항미사일'이란 뜻이다. 1991년 제1차 걸프전에서 가공할만한 파괴력을 나타낸 이후 모든 순항미사일의 상징적인 의미이자 대명사로 존재하고 있다.

③ 군부(軍部)는 태생 · 전통적으로 군비통제 협상에 부정 · 소극적이다. 다만, 미국의 경우엔 의외의 현상을 접할 수 있다. 미 · 소간 군비통제 협상을 진행할 때 정부에서 질적 차원의 무기 경쟁을 허용하기로 하자 군부도 무기 및 무기체계의 협상 결과에 수용하는 태도를 보여서다. 이는 군부가 군비통제 협상에 부정적이지만은 않음을 보여준다. 즉, 적국의 군사정책일지라도 투명성과 공개성, 예측 가능성이 커지고, 위협적인 무기들을 줄이는 데 도움이 될 경우, 적극적으로 지지하는 현상이 나타났다.

Randall C. Forsberg(美)

④ 1980년대 초반 미국에서 랜달 C. 포스버그(Randall C. Forsberg)를 중심으로 하는 여성들이 주도한 핵무기 동결 운동이 범국민적 운동으로 확산하면서 압박을 받은 로널드 W. 레이건 행정부는 '중거리 핵전력 조약(INF)과 전략무기감축협상(START)'을 빠르게 추진할 수밖에 없었다.[53)]

국가의 외부 요인은 네 가지로 요약할 수 있다. ① 국가 간 정치적 관계가 개선될수록 군비통제 협상이 상호 합의될 가능성이 커진다. 쌍방이 적대적 감정에서 호의적 감정으로 변하거나, 전반적으로 긴장 완화와 더불어 관계가 호전될 경우, 공통의 이익이 높아진다고 믿기에 군비통제 협상으로 진전될 가능성은 커지게 된다.

② 국가 간 군사력 균형이 이루어지면, 군비통제 협상을 추진할 가능성이 커진다. 로렌스 D. 프리드먼(Lawrence D. Freedman)은 "군사력의 가시적인 대등성(對等性-equivalency)이 군비통제 사안(事案)에서 군비경쟁을 안정시킬 수 있는 요인이다."라고 주장했으며, 폴 M. 도티(Paul M. Doty)는 "미 · 소의 군비통제 협상이 특정 군사력 분야에서 어느 정도 균형을 이루게 되면서 핵무기 감축 협상으로 진전되었다."라고 주장하였다.

---

53) '전략무기감축협상(START)'은 'Strategic Arms Reduction Treaties'의 약자로서 1962년 10월 미-소 쿠바 미사일 위기사태가 발생하면서 전략 핵무기를 제한할 필요가 있다는 인식이 힘을 얻기 시작했다. 대륙간 탄도미사일(ICBM)과 전략 핵잠수함에서 발사하는 잠수함 발사 탄도미사일(SLBM)로 인해 하루아침에 전 세계가 쑥대밭이 될 수 있다는 위기감이 나타나면서다. 1991년 7월 31일 조지 H. W. 부시 대통령과 소련의 미하일 S. 고르바초프 서기장이 서명하였고, 2010년에 체결된 'NEW START'까지 총 3회에 걸쳐 진행하였다. 초기에 체결한 '전략무기제한협정(SALT)'의 문제점을 개선하여 핵무기에 대한 근본적인 감축을 시도한 사례다.

* 'SALT'는 'Strategic Arms Limitation Talks'의 약자로서 '전략 핵탄두의 운반 수단을 제한하는 협정'이다.

③ 로버트 O. 코헤인(Robert O. Keohane)은 "경제적 측면에서 협력 분야를 확대함으로써 군사 분야에 집중된 관심을 더 다양한 이슈로 전환할 수 있기에 군비통제 협상이 가능하다."라고 주장하였다.[54]

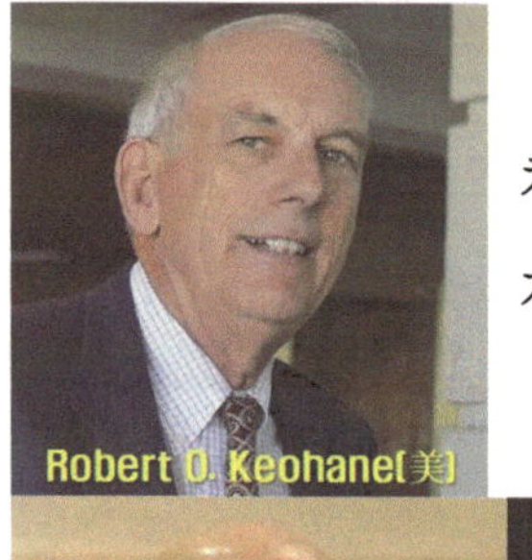

④ 조셉 S. 나이(Joseph S. Nye Jr.)는 "국가 간 안보 레짐(regime-체제)이 존재하기에 군비통제 협상이 가능하다."라고 주장했다. 제임스 C. 몰츠(James C. Moltz)는 미하일 S. 고르바초프 이후 미·소가 협력적 군비통제 협상을 추진하게 된 계기를 '상호 학습의 결과'로 보았다. "쌍방 간 형성된 안보 레짐이 군비통제 협상을 촉진하는 요인이 되었다."라고 강조한다. 즉, 레짐을 형성하는 자체가 군비통제 협상을 촉진하는 요인으로 보고 있다.

군비통제 협상은 국가안보전략의 하나다. 국제사회의 긴장 완화와 전쟁 방지, 전쟁 발발 시 예상되는 피해를 최소화하고, 군비경쟁에 드는 비용을 절감하기 위해 적국 또는 잠재적국 사이에 행해지는 모든 군사협력의 형태다. 따라서 국가 간 나타나는 군사적 차원의 갈등(경쟁)이 전쟁을 통해 해결되기도 하지만, 대화(중재-仲裁)를 통해 해결함을 원칙으로 정립하여야 한다. 어떠한 형태의 국가라도 군비통제 협상을 추진할 준비가 되어야 한다. 긴장이 높은 지역일수록 군비통제의 효용성과 가치는 매우 크며, 협상을 통해 협력·공동·포괄적 안보를 추구하려면, 능숙한 외교(교섭)적 기법(technique=method)과 기술(skill)이 필요하다.

---

54) Robert O. Keohane and Joseph S. Nye Jr. 著, 이호철 譯, "현실주의와 복합상호의존," 김우상 외 編譯, 『국제관계론 강의 I』 (서울:한울 아카데미, 1990), pp. 393~405.

4.2. 군비통제 협상의 성공 요건

군비통제 협상을 구상하거나, 필요성에 관한 여부는 현실에 적용할 수 있는지, 없는지에 따라 의미가 달라진다. 따라서 협상의 목적을 달성하려면, 다양한 요인들이 갖추어져야 한다. <그림 1-4>는 군비통제 협상의 성공 요건을 정리하였다.

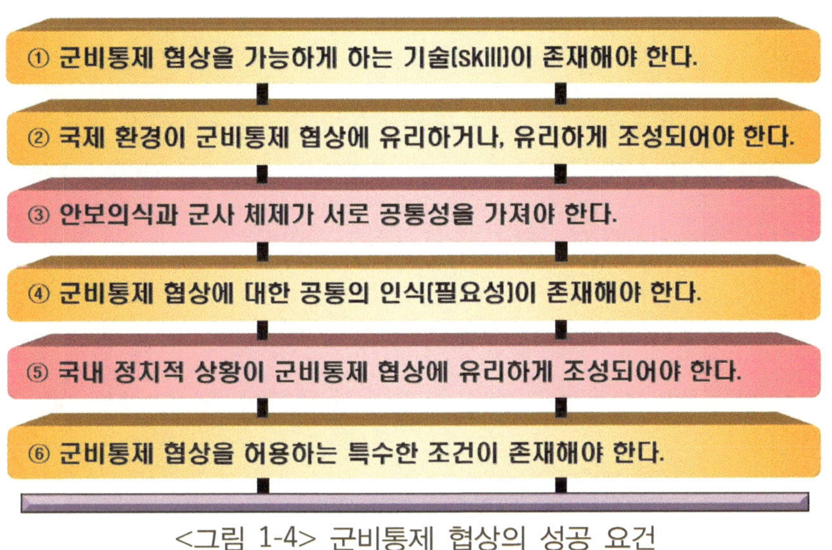

<그림 1-4> 군비통제 협상의 성공 요건

① 감시 기술(skill)의 수준이 검증의 성공 여부를 결정하게 된다. 이때 수준은 협상의 추진에 영향을 미치게 되며, 실질・심리적 측면이 중요하게 작용한다. 과학기술의 급속한 발전으로 기습침공 및 전격전(電擊戰-Blitzkrieg)의 위력이 커지면서 경계심은 더욱 높아졌다. 이로 인해 경제적 측면에서 부담이 가중되어도 상비군 규모를 유지할 수밖에 없다.[55] 결국, 기습침공의 공포에서 벗어나고, 군사비용도 줄이기 위한 협상을 추진하는 견인력으로 작동한다.

② 국제관계를 살펴보면, 적대관계와 진영 논리가 격화되면서 합리적 논거도 없는 상태에서 집단 경쟁의식에 몰입되는 측면을 주목할 필요가 있다.[56] 군비통제 협상은

---

55) 김성진, 앞의 책(2022), pp. 115, 117.; 김성진, 『세계전쟁사』 (서울:백산서당, 2021a), pp. 337~339.; 김성진, "걸프 전쟁(페르시아만 전쟁)의 역학 구도와 韓・美 동맹," 『KONAS』 안보칼럼(2023.01.12.).

극단적인 군비경쟁과 분쟁을 자제시키고, 공동의 이익을 지키기 위함이다. 따라서 극심한 진영 논리와 적대감의 고조는 군비통제의 협상 요건에 부적합하다. 다만, 기존의 경쟁 대상국보다 새로운 경쟁 대상국이 더 유리할 수 있다. 협상을 추진하면서 서로가 긍정・부정적 인식에 익숙해져 있고, 군비(軍費) 지출 항목은 명확하며, 갈등 관계가 낯설지 않다. 적대감이 생성된 원인과 배경도 비교적 분명하다.

③ 군비통제 협상은 적국(잠재적국) 간 의사소통과 협력이 요구되기에 유사한 안보문화・군사체제에서 성공할 가능성이 크다. 이때 장기간의 군비경쟁은 오히려 유사한 관점을 공유할 유인(誘因)이 될 수 있다. 대표적으로 미-소 간 핵 관련 협상과 유럽의 재래식 군비통제가 성공한 사례 등을 들 수 있다.

④ 정부 관료들은 국제체제를 '약육강식(弱肉强食) 또는 강자존(强者存)의 법칙'이라는 현실・정치적 세계관에 익숙해져 있다. 이로 인해 "군비통제 협상에서 유리한 위치를 선점하기 위해서는 상대적으로 군사력이 우세해야 한다."라는 논리를 맹종하고 있다. 즉, 힘에 의한 협상만을 고집할 수 있기에 지각과 결단력, 이성・합리적인 사고를 보유한 정부 관료들이 군비통제를 추진해야 실현될 가능성도 그만큼 커진다.

⑤ 적절한 정치적 지지와 기반이 없다면, 아무리 정보수집 능력(ability)과 역량(capability)이 뛰어나도 협상을 추진하기는 쉽지 않다. 제한된 환경에서는 군축과 군비통제 중 어느 쪽을 반대하는 측보다는 상대적 우위를 점해야 하는 조건이 추가로 필요해서다. 아무리 국가 차원의 과제일지라도 국내의 진보・보수 진영 간 정쟁(政爭) 논리는 각종 정책(전략)에 영향을 미친다. 따라서 군비통제 협상과 정치적 환경(여건)은 깊은 상관성이 있다.

⑥ 전쟁이나 군비경쟁, 무기 개발 등은 그 자체로 복잡한 정책(또는 의사-mind) 결정 과정을 거쳐야 하기에 곧바로 정책을 변경하기는 상당히 어렵다. 다만, 정권이 교체된 경우, 새로운 정책으로 변화하기가 기존의 여건보다는 수월하지 않나 싶다. 다

56) 김성진, "한・미 동맹 70주년과 6・25전쟁, 북한의 핵・미사일 위협," 『글로벌국방』 (서울:글로벌국방연구포럼, 2023년 6월), pp. 41~45.

만, 군비통제가 군비경쟁의 주변적 특성만 취급하다 보니 핵 개발 잠재국가의 수는 계속 증가 추세에 있고, WMD의 개발과 생산에 멈춤 현상은 보이지 않는다. 군비제한은 여전히 당사국 간 준수하는 여부를 확신할 수 없고, 국제사회는 정치・군사적 특성상 흐름이 모호하며 불투명하다. 협상이 체결되어도 북한 등의 불량국가(rogue-state)는 빠져나갈 방법을 모색하기 마련이다. 따라서 이러한 국가들까지 군비통제 레짐(regime)에 동참할 수 있을 때 유의미한 결과를 도출해낼 수 있다.

참고로 이성적인 국가들과는 협력을 통해, 비이성적인 국가들과는 다가올 전쟁에 대비하기 위해 군비(軍備)를 개선하거나, 군비를 증강할 수밖에 없다는 측면에서 현실적으로 모순(矛盾-paradox)이 존재하고 있다.

5. 군비통제와 관련되는 용어 이해

5.1. 군비(軍備-Military Preparedness)

국제체제의 현실과 역사적 측면에서 폭력 도구는 인류의 지혜 및 과학 문명(문화)의 발전과 함께 해왔다. 석기시대의 돌로 만든 무기부터 청동기시대-철기시대-디지털 시대로 진화하면서 가공(可恐)할만한 파괴력을 가진 무기가 잇달아 등장하였다. 즉, 인류를 편리하게 만든 문명의 이기들과 인류를 대량으로 살상할 수 있는 무기들이 함께 발전하였다. 가장 행복하면서도 불행한 현실은 과학 문명의 발전이 인류를 이롭게 했지만, 통제가 어려운 WMD까지 다양하게 발전시켰다는 아이러니가 함께 하고 있다.

초기는 '군비(軍備)=군사비(軍事費)'로 해석하였지만, 점차 '군비(軍費-military spending 또는 war expenditure)'에서 '군비(軍備-Military Preparedness)'라는 포괄적 의미로 쓰인다. 즉, "국가와 주권을 지키기 위한 군사설비 즉, 군대의 병력, 무기, 장비, 시설 등을 총칭"하고 있다.[57)] 무기와 무기체계를 비롯하여 전쟁을 수행하는 데 필요한 지

57) '군비(軍費)'는 '군사상 목적에 사용하는 모든 경비(spending 또는 expenditure)'를, '군비(軍備)'는 '전쟁을

원시설(facilities)까지 포함하는 개념으로 확장되었다는 뜻이다. 이전의 재래식 전쟁에서는 무기들을 사용하여 전쟁(분쟁)의 승패를 가를 때 항공기지(Air Base), 군항(軍港-Naval Base), 수리창(정비창) 등의 지원시설은 문제가 되지 않았다. 자본재의 구성비가 커지고, 지원시설이 군사력을 투사(投射-projection)하는 결정적 요소로 변하며 시각도 달라졌다.

미국의 후버연구소(The Hoover Institution)는 "군비(軍備-military preparedness 또는 military preparation)란 상대에게 어떠한 물리적 손상을 주기 위해 사용되는 모든 형태의 폭력 도구"로 정의하고 있다.[58] 이때 군비의 의미는 초기 도입하여 사용하던 단순한 도구적인 의미로만 분석하는 단계를 넘어섰다. 한국 외교부의 <군축・비확산 편람 2021>은 '국가 간 군사력 전반 또는 특정 무기체계의 개발・배치・운용수준을 상호 협의하여 조절하는 것'이라고 정의하고 있다.[59] <그림 1-5>는 군비를 결정하는 대표적인 요소를 다섯 가지로 정리하였다.

<그림 1-5> 군비(軍備)를 결정하는 대표적 요소

수행하는데 필요한 무기 및 무기체계, 군사시설과 관련된 장비 일체'를 의미하고 있다(합동참모본부, 합동교범 10-2(2014), p. 72.).

58) '군비'는 일반적으로 무기(weapon) 또는 군사비(military spending)로 이해하는 경향이 있지만, 분석적 측면에서 '군비(軍備-military preparedness)'로 해석하고 있다(The Hoover Institute on War, 앞의 논문(1967), p. 1.).

59) 외교부 군축 비확산담당관실, 『군축・비확산 편람 2021』(서울:외교부, 2021년 1월), p. 10.

① ‘지리적 요소’는 국가의 지리적 위치가 대륙, 해양, 열대, 한대(寒帶)인지에 따라 군비를 결정할 수 있는 요소가 달라지고 있다. 2000년대로 진입하면서 단순히 지리적 위치로 판단하기보다 지정학(地政學-Geopolitics) · 지경학(地經學-Geoeconomics)적 측면을 우선적인 결정 요소로 인식하고 있다.

② ‘지휘 능력’은 군대의 주요 간부들이 가진 전략 · 작전 · 전술적 지휘 통제 능력(ability 또는 expertise)과 지휘통솔 역량(capability), 리더십 등에 따라 결과도 달라지게 된다.

③ ‘자연자원’은 식량과 지상 · 지하에서 나오는 모든 자원이라고 할 수 있다.

④ ‘군사력’은 군대의 규모와 군대의 질 · 운영적 수준까지 포함하고 있다. 특히 병력과 화력, 장비를 비롯하여 무형전력으로 일컫는 사기(士氣-morale) 등까지 망라한다.

⑤ ‘산업 능력’은 산업 능력과 기술 능력을 망라한다.

5.2. 군비경쟁(軍備競爭-Arms Race)

‘군비경쟁(Arms Race)’이란 “서로 적대적 관계에 있는 국가나, 어떤 지역 내에서 패권을 노리는 국가 간에 일정한 기간을 쌍방이 경쟁의식을 가지고 군비(軍費-군사비용)를 증대시키며 군사력을 증강하는 행위”이다. 즉, 특정한 국가와 동맹을 맺은 A 국가가 경쟁 관계에 있는 B 국가와 그 동맹국을 상대로 하여 군사비용을 상호 경쟁적으로 증강하는 행위를 뜻하고 있다.[60] 이때 군비경쟁을 촉발하는 요인은 크게 내 · 외부 요인으로 구분할 수 있다. <그림 1-6>은 군비경쟁이 촉발되는 요인을 정리하였다.

60) 다른 한편으로는 ‘군비증강(Military Build-up)’이란 용어도 사용하고 있다. 이는 ‘국가안보를 군사적 수단으로만 해결하려는 국가 행위의 결과로서 적국(잠재적국) 간 상호작용에 따라 발생하는 행위’를 뜻하고 있다.

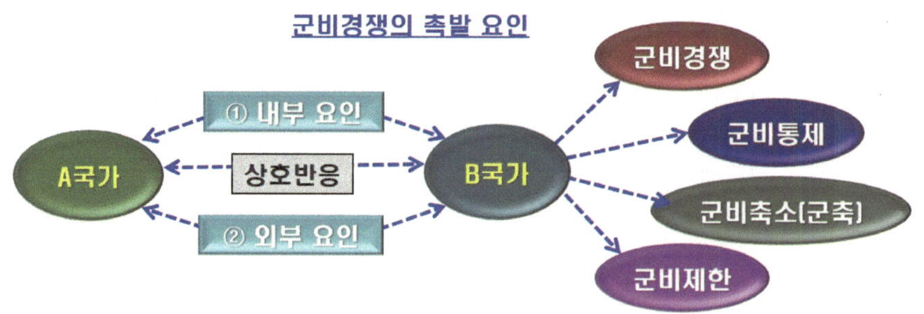

<그림 1-6> 군비경쟁이 촉발되는 요인

① '내부 요인'은 정치지도자의 리더십 수준과 경제·사회적 요인 등을 포함할 수 있다. 국가 내부의 이익집단(interest group)들이 군비증강을 선호하고 있다는 인식에서다.[61)]

② '외부 요인'은 경쟁국(또는 적국)과 군사적 동맹 관계, 국제정치적 환경 등을 포함할 수 있다. 이때 국가 간 작용-반작용 법칙 또는 다른 국가의 군사비가 증강하여도 특정 국가에서 즉각 반응하지 않는다는 점이다. 상대국의 위협을 분석하여 위협이 전쟁으로 확대될 수 있다는 최악의 시나리오를 상정한 다음 군사전략 설정-국방기획과 무기체계 획득을 결정하고 나서야 비로소 군비경쟁을 시작한다는 측면에서다.[62)]

새뮤얼 P. 헌팅턴(Samuel P. Huntington)은 "군비경쟁이 두 개의 국가 또는 국가군이 갈등적 목표를 추구하거나, 공포심을 갖게 되면서 평화 시에 군사력을 점진·경쟁적으로 증강하는 행위"라고 정의하였다.[63)] 콜린 S. 그레이(Colin S. Gray)는 "군비경쟁이 적대관계에 있다고 생각하는 양자 또는

61) '이익집단(interest group)'은 하나 이상의 공통된 관심에 따라 특수한 목적을 증진하기 위해 모인 개인들의 결집체로서 정치·경제·관료적 집단, 군 관련 이익집단 등으로 구분할 수 있다. 여기서 경제적 이익집단은 대표적으로 지배층, 산업, 노동자, 지역사회 등을 들 수 있다.

62) Craig Etcheson, *"Arms Race Theory:Strategy and Structure of Behavior,"* (New York:Greenwood Press, 1989), pp. 47~57.

63) Samuel P. Huntington, *"Arms Races: Prerequisites and Results," in Robert J. Art and Kenneth N. Waitz eds., "The Use of Force,"* (Boston:Little Brown and Company, 1971), p. 366.

다자가 과거와 현재, 미래에 상대의 정치·군사적 행위들에 대비하여 군비(軍備)를 급속도로 향상 또는 증가시키는 행위"라고 정의하였다.[64)]

가장 큰 문제점은 군사력을 늘리면서 경제적 부담이 초래된다는 점이며, 군비증강으로 인해 국가 간 긴장과 위협이 고조되면서 군비경쟁을 부추기게 된다. 이로 인해 신뢰와 협력을 떨어뜨릴 수 있기에 상당한 악영향을 미칠 수 있다.

5.3. **군비축소(軍備縮小**-Arms Reduction)

'군비축소(Arms Reduction, 이하 군축-Disarmament로 통일)'는 1960년대 이전까지 사용된 용어로서 "군비경쟁을 종결시키기 위해 군비를 완전히 축소한다." 라는 의미다. 외교부의 <군축·비확산 편람 2021>은 '보유 중인 군사력의 전반 또는 특정 무기체계를 감축 또는 폐기하는 것'으로 정의하고 있다.[65)]

초기엔 현재 보유 중인 군비(軍備)의 감축만을 의미했으나, 점차 국제적 합의에 따라 군비축소 및 제한, 폐지, 무장해제까지 망라하고 있다. 군축협상도 군비의 규제와 억제, 국제적 긴장 완화, 의사소통 조치 등을 의제로 포함하고 있음을 이해해야 한다. 즉, 군축은 전쟁에 사용되는 모든 수단의 억제에서부터 폐지에 이르는 다양한 조치까지 망라하고 있다.[66)]

1960년대 이후 군비통제가 등장하기 이전까지는 군축이 대세였다. 강한 국가만이 살아남는 국제관계엔 항시 갈등이 존재하기 때문이다. 온전히 평화를 달성하기 힘든 무정부체제에서 정치적 갈등을 관리하여 전쟁이 발발할 가능성을 줄이려면, '군축'이라는 프레임(frame)으로 접근하기보다 '군비통제'를 채택함이 더 유용하다는 시각이 많아졌다. 대표적인 사례가 1922년 2월 6일에 체결한 <워싱턴 해군 군축

64) Colin S. Gray, *"The Arms Race Phenomenon,"* 『*Journal of Conflict Resolution*』 Vol. 24, No. 1. (October, 1971), pp. 39~40.

65) 외교부 군축 비확산담당관실, 앞의 편람(2021년 1월), p. 10.

66) 김강녕, 앞의 논문(2019), pp. 96~97.

조약(WNT)>이다.

5.4. 군비제한(軍備制限-Arms Limitation)

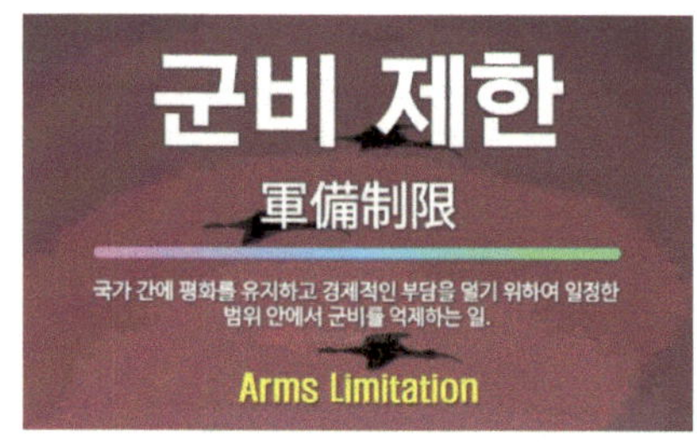

'군비제한(Arms Limitation)'은 "군사력 수준을 양·질적 측면에서 일정하게 제한하는 행위"다. 이는 "특정 또는 비(非) 특정 기간에 군비 수준을 일정한 규모 이상으로 늘리지 않도록 규제"한다는 뜻이다. 기능은 크게 크게 두 가지로 요약할 수 있다.

첫째, 군사적 측면에서 내포하고 있는 위험을 줄임으로써 전면전(Total War)이 발발할 가능성을 줄인다.

둘째, 분쟁(충돌) 시 신중하게 해결책을 마련할 가능성이 증대된다. 즉, 무기 생산을 금지하기는 어렵지만, 군비제한은 억제하는 효과가 있다. 다만, 무장해제나 무기 제한과는 의미가 다름을 이해해야 한다. 무장해제는 패전국의 무기를 폐기 또는 감축을 강제하는 일종의 처벌행위와 같아서다. 대표적인 사례가 1817년 미국과 영국이 맺은 러시-배것 협정(Rush-Bagot Agreement), 1962년의 미-소 쿠바 미사일 위기사태다.[67] 이후 미-소는 전략 핵무기로 인해 전 세계가 엄청난 피해를 볼 수 있음을 자각하면서 두 차례에 걸친 '전략무기제한협정(SALT)'을 체결하였다.[68]

Rush-Bagot Agreement(美-英, 1817)

---

67) 1812년 미-영 전쟁 시 미국은 이리 호수(Lake Erie)와 온타리오 호수(Lake Ontario)의 지배권을 획득하였다. 전쟁이 끝나자 양국은 해군력을 제한하여 과도한 군사비 지출을 줄이는 협상을 진행하였다. 1817년 駐美 영국대사(Charles Bagot)와 美 국무장관(Richard Rush)이 체결한 '러시-배것 협정'은 1818년 상원에서 만장일치로 비준하였다. 이는 미국과 캐나다가 국경 관계를 평화롭게 유지하는 바탕이 되었다.
* '북아메리카의 5대호와 샘플레인호(Lake Champlain)에서 미-영 간 해군력을 제한하기 위해 맺은 협정'이다(김성진, 앞의 책(2021b), pp. 227~277.; 김성진, 앞의 책(2020a), pp. 259~301.).

68) 'SALT'는 'Strategic Arms Limitation Talks'의 약자로서 제1차 조약(SALT-Ⅰ)은 1972년 5월 모스크바에서, 제2차 조약(SALT-Ⅱ)은 1979년 6월 비엔나(이하 빈)에서 체결하였다.

5.5. 신뢰구축(信賴構築-Confidence Building Measures)

'신뢰구축(Confidence Building Measures 또는 Confidence Building)'은 초기부터 위기를 통제 및 예방하기 위한 군사작전 및 전력 배치 등을 분쟁 당사국이 조정 및 규제하는 '운용적 군비통제(Operational Arms Control)'의 일부로 간주해왔다. 1975년 8월 1일 헬싱키 유럽안보협력회의(CSCE)에서 공식 의제로 채택한 이후 군비통제, 군축과 별개의 개념으로 다루어지기 시작하였다.[69] 군비통제나 군축은 억지 전략에 기반하여 전쟁 수행 능력을 제한-축소-조정하는 노력의 전반(全般-all)을 포함하고 있다. 신뢰구축은 군사 억지부문에서 Soft-ware(의도 및 의지) 측면에서 화해 및 공감대를 형성함으로써 전쟁 가능성을 줄이며, Hare-ware(군비통제 또는 군축) 측면을 합의하기 위한 노력이라고 할 수 있다. 즉, 상대에게 위협이 없음을 실질·심리적 측면에서 공략함으로써 신뢰도를 높이는 데 있다.

5.5.1. 신뢰구축을 실현하는 데 필요한 세 가지 목표

신뢰(confidence)의 의미는 상대국의 의도와 능력(역량)을 어떻게 인지하는가에 따라 달라지며, 성패(成敗)가 갈라진다. 신뢰구축은 군사위협을 야기(惹起-cause) 또는 야기되지 않게 하는 객관적 요인으로서 실현목표를 어떻게 설정하는지가 중요하다. 따라서 세 가지 분야는 보장되어야 한다.

① 불가침(nonaggression)의 보장
② 투명성(transparancy)의 보장
③ 예측성(predictability)의 보장

① 분쟁 당사국들이 먼저 침략 및 기습공격을 감행하지 않도록 '제도적 차원에서 불가침(nonaggression)을 보장'할 수 있어야 한다.

② 쌍방 또는 다자(多者) 간 군사 상황을 상대

69) '유럽안보협력회의(CSCE)'는 1995년 1월 1일부로 'CSCE→OSCE'로 명칭을 변경하였다.
* 'CSCE'는 'Conference on Security and Co-operation in Europe'의 약자다.
* 'OSCE'는 'Organization for Security and Co-operation in Europe'의 약자다.

에게 공개함으로써 서로 기만(欺瞞-deception)하거나, 허위의 의사가 없는 '투명성(transparency)'을 보장할 수 있어야 한다.

③ ②와 밀접한 상관관계를 갖고 있다. 전력 구조, 편성 및 배치, 군사작전, 무기체계 등에서 쌍방 간 투명성을 높여 전쟁 또는 안보위기가 발발할 개연성에 대한 '예측성(predictability)'을 보장함으로써 무력으로 충돌할 가능성이 줄어들어야 한다.

5.5.2. 신뢰구축의 현실적 한계와 문제점 이해

신뢰구축 과정에서 나타나는 현실적 문제점과 한계를 마냥 무시하기는 어렵다. <표 1-8>은 신뢰구축 간 나타나는 현실적 한계와 문제점을 정리하였다.

<표 1-8> 신뢰구축 간 나타나는 현실적 한계와 문제점

첫째, 신뢰구축 방안은 긴장 상태가 고조될수록 가장 필요한 요소다. 둘째, 신뢰구축 방안의 약점은 상대에 대한 편견을 얼마나 없애는지에 따라 성공 또는 실패가 결정된다. 셋째, 위기의 근본을 치유함이 최종 목적임을 잊지 않아야 한다.

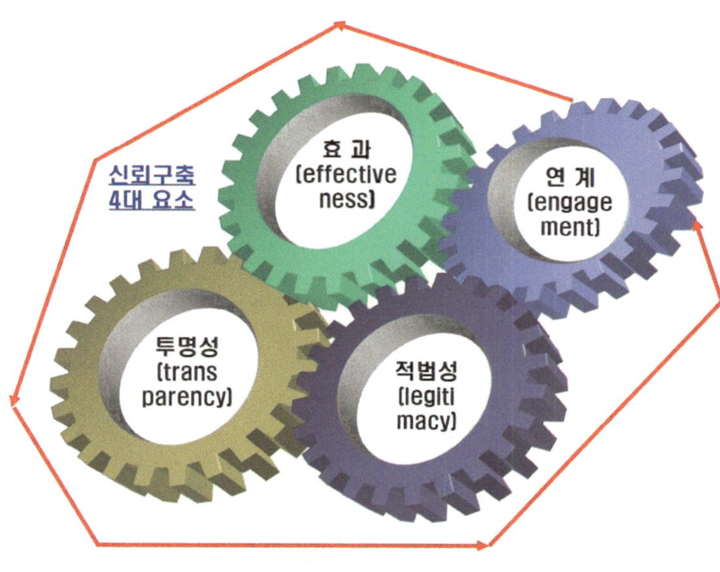

첫째, 긴장 상태가 고조될 때 상대에 대한 신뢰가 중요하게 작용하지만, 상대를 믿지 않는 확률도 존재하기에 실패할 가능성이 증대되기 마련이다.

둘째, 상대에 대한 편견으로 인해 합리·논리·현실적 측면에서 부정적인 사고와 의심은 상대의 주장을 긍정적으로 수용하기 어렵게 한다. 즉, 오해와 착각을 누적(accumulation)시켜 쌍방의 관계가 더욱 악화할 수 있다.

셋째, 신뢰구축은 위기(사태)의 본질이 무엇인지를 식별하고, 치유하는 방안의 하나다. 그러나 국가나 사회마다 핵심 가치와 '국가 이익(national interest)'을 바라보는 시각이 다르고, 종교, 이념, 민족, 전통 및 관습 등도 다르기에 신뢰구축 방안을 제시하는 것만으로 성과를 기대하기는 어렵다.[70] 따라서 일부에 국한된 정보교환과 인적교류, 사전(事前) 통보, 제한된 검증 등으로 상대와 진심을 공유했다고 이해하기는 쉽지 않다. 즉, 외형적인 모습으로 신뢰를 구축할 수 있다고 과신하면, 군비통제 협상을 실패로 돌려세우는 방식임을 사전에 이해(인식)하고 접근해야 한다.

5.6. 무장해제(武裝解除-Disarmament)

'무장해제(Disarmament)'는 '전쟁을 일으킬 수 없을 정도로 현존하는 군비를 완전히 제거 혹은 폐지하는 것'을 의미하고 있다. 군축(軍縮)과 함께 1899년 헤이그 만국평화회의에 처음 등장하였다. 전쟁 준비에 들어가는 비용을 줄임으로써 군사력 운용과 유지의 효율성을 증대시키되, 군사력은 균형을 유지케 함으로써 전쟁을 예방할 수 있다. 비인간적인 살상 무기를 모두 없애야 한다는 차원에서 급진적이고 이상적(idea) 측면 위주로 진행되었으나, 합의에 이르지 못했다.

제1차 세계대전 이후 국제연맹을 통해 이상주의적 시각에서의 완전한 무장해제 즉, 완전한 군축의 필요성이 절실했지만, 강제할 수 있는 세계정부가 없었기에 해법을 찾기는 쉽지 않았다. 국제연맹 규약 제4항(군비삭감)과 제14항(국제연합체 형성)을 시도했지만, 미국의 불참과 일방적인 군비제한의 강요로 합의는 불발

70) '국가 이익'은 '국가가 추구해야 할 이익으로서 모든 국가 정책을 추구할 때 최우선으로 고려돼야 할 가치'임을 이해할 필요가 있다(김성진, 앞의 책(2022), pp. 48, 183~185.; 김성진, 앞의 책(2021b), p. 330.).

되고 말았다.[71]

5.7. 검증(檢證-Verification)

군비통제나 군축 협정이 발효되면, 공식적으로 그 규정을 준수할 의무를 부담하게 된다. 여기서 '준수(遵守-compliance)'란 당사국이 협정 규정을 이행함을 뜻한다. 초기엔 협정을 맺은 당사국이 신의성실 원칙에 따라 행동하고 그 약속을 존중할 것으로 기대하였다. 그러나 의구심이 커지면서 점차 통제하는 방향으로 발전하였다. 이때 당사국이 협정 규정을 준수하고 있는지를 확인하는 과정을 '검증(verification)'이라고 한다.[72] 초기엔 '사찰(査察-inspection)'이라고도 하였다. 인공위성이 등장하면서 군비통제 분야의 공식 용어로 사용되었고, 1980년대로 들어서며 협상 이슈로 채택되었다. 1988년 5월 UN 군축위원회가 채택한 16개 검증 원칙 중 첫 번째 조항에 "적절하고 효과적인 검증은 모든 군비제한과 군축 합의의 기본요소다."라고 적시하였음은 항시 검증이 논란의 대상이어서다.

다만, 검증에 대한 공식적 또는 대표적인 정의는 존재하지 않는다. 검증을 바라보는 시각 및 접근 방법, 여건에 따라 각기 해석이 다르고, 국제환경 변화에 민감하게 반응하여서다. 몇 가지의 대표적인 주장을 간략하게 정리하였다.

Andrzej Karkoszka(폴)

안제이 카르코슈카(Andrzej Karkoszka)는 "군비 검증은 조약에서 규정한 의무를 수행하는 정도(程度)를 결정하기 위한 과정으로 조약의 당사자들이나, 공인된 국제기구의 인·기술적 방법을 통해 행해지는 것"이라고 정의하고 있다.[73]

---

71) 1934년의 뮌헨 협정 당시 영국의 아서 N. 체임벌린(Arthur N. Chamberlain) 수상은 장밋빛 환상에 젖어 프랑스와 함께 유화정책을 취함으로써 독일이 재무장하는 빌미를 제공하였고, 제2차 세계대전 발발의 직접적인 계기가 되었다(김성진, 앞의 책(2020a), pp. 183~184.; 김성진, 앞의 책(2021a), pp. 303~307.).

72) Steve Tulliuy & Thommas Schmalberger 著, 신동익·이충면 譯, 『군비통제, 군축 및 신뢰구축 편람』 (스위스:UN 군축연구소(UNIDIR), 2003), p. 271.

엘리스 모리스(Ellis Morris)는 “군비 검증은 한 국가의 행위가 특정한 군비통제 조약과 일치하는지에 대한 정치적 판단을 내리기 위한 과정(過程)”으로 정의하고 있다.[74)]

미국의 ‘군비통제협회(ACA)’는 “국가 수준 기술체계(NTM), 현장검증(OSI), 기타 협조적인 감시체계를 사용하여 조약 내용의 준수 여부를 확인하는 행위 전반”으로 정의하고 있다.[75)]

앨런 S. 크라스(Allan S. Crass)는 “군비 검증은 다양한 기술·제도적 수단에 의해 얻어진 증거나 정보에 따라 조약이 준수되는 여부를 증명(證明)하는 행위”로, 노엘 게일러(Noel Gayler)는 검증을 사법·정치·군사적 검증으로 구분하여 정의하고 있다.[76)]

기록상 ‘검증’이 처음 언급된 회담은 1899년 헤이그 평화회담이었다. 당시 영국 대표(John C. Ardagh 소장)는 “모든 서명국이 국제사회 차원에서 합의사항을 준수하고 있음을 확인할 감시방법이 필요하다.”라며 제안하였으나, 소련대표단이 군비해제를 주장하면서 더는 논의가 진전되지 못하였다. 제2차 세계대전이

---

73) Andrzej Karkoszka, *“Strategic Disarmament, Verification and National Security,”* 『SIPRI』 (1977), p. 13.

74) Ellis Morris, *“Comparision of United States and Sovet Approach to Verification, in John O'Manique(ed.),”* 『A Proxy for Trust, Carleton University』 (Ottawa, Canada, 1985), p. 45.

75) ‘군비통제 협회(ACA 또는 무기 통제협회 또는 군축협회)’는 ‘Arms Control Association’, ‘국가 수준 기술체계(NTM)’는 ‘National Technical Means’, ‘현장검증(OSI)’은 ‘On-Site Inspection’의 약자다.

76) ① 사법적 검증(juridical verification)은 “합의사항 중 법적 내용과 차이는?” 즉, 합의사항 중 법적으로 차이가 나는 내용을 탐지하는 활동, ② 정치적 검증(political verification)은 “적절한 정치적 보장에 근거한 합의 위반사항은?” 즉, 정치적 보장에 따라 합의를 위반하는 내용을 탐지하는 활동을, ③ 군사적 검증(military verification)은 “합의한 군사적 조건에 위배(違背)되는 사항은?” 즉, 군사적 조건에 위배(違背)되는 내용을 탐지하는 활동이다(Noel Gayler, *“Verification, Compliance, and Intelligence Process,” in Arms Control Verification:The Technologies That Make It Possible,* Kosta Tsipis, et al., eds. (N.Y.:Peragamon-Brassey's Publishers, 1986), pp. 3~7.; Allan S. Crass, *“Verification: How Much Is Enough?,”* 『SIPRI』 (London:Taylor and Francis, 1985), pp. 6, 37~62.).

끝나자 군비해제에 관한 논의가 활발해지며 법적 기준을 적용하는 단계까지 갔으나, 당시 동·서진영의 시각이 너무 달랐다. 1946년 6월 14일 미국의 버나드 M. 바루치(Bernard M. Baruch)에 의해 제안된 'Baruch Plan(모든 핵시설에 국제적 통제를 시행)'과, 1955년 드와이트 D. 아이젠하워(Dwight D. Eisenhower) 대통령이 '영공개방(기습공격 예방 및 각국 영공에 철저한 사찰을 허용)'을 제안했지만, 양대 진영이 서로 경직된 논리를 주장하며 실질적인 논의로 발전되지는 못했다.

학자들의 주장을 정리하면, 안제이 카르코슈카는 군비 검증을 '조약 준수의 정도'로, 알렌 S. 크레스는 '증명'으로, 엘리스 모리스(Ellis Morris)는 정보를 수집 및 분석할 때 기술적 측면에 더하여 '정치적 측면'이 포함되어 있음을 강조하고 있다.

1960년대 초기까지 사용되던 '사찰(inspection)'이란 용어는 '검증(verification)'으로 변했으나, 본래의 의미는 많이 퇴색되었다. 1986년 미하일 S. 고르바초프 서기장이 권력의 전면에 등장하면서 미-소 간 해빙 분위기가 도래하였다. 이러한 과정에서 1987년 12월 워싱턴에서 개최된 미-소 정상회담 시 로널드 W. 레이건 대통령이 미하일 S. 고르바초프 서기장에게 언급한 "Trust, but Verify" 즉, "신뢰하지만, 검증한다." 라는 대화는 검증의 중요성을 잘 나타내고 있다.77) 당시에도 소련이 협정을 준수하는 여부와 미국의 검증책임 문제는 가장 큰 정치적 이슈이자 논제(agenda)였다. 이러한 현실은 군비통제 협상을 지지부진하게 만드는 결정적인 원인으로 작동하였다.

어느 한 국가의 군비경쟁은 상대국으로부터 위협받는 상황을 제거하기 위해 불가피한 선택이다. 그러나 비용에 대한 부담이 커지며 점차 군비통제라는 화두(話頭)로 전환하였다. 다만, 국가안보 일부를 상대의 정치적 약속(군비통제)에 맡기는 격이 되기에 '검증'을 요구하게 되고, 이것이 또다시 군비통제를 촉진하는 전제가 되었다. 이때 신뢰의 정도는 데탕트(detente) 또는 긴장(tension) 관계에 따라 상당한 영향을 받는

77) Robin Ranger and Dov S. Zakheim, *"More Than Ever, Arms Control Demands Compliance,"* (ORBIS, Spring 1990), pp. 211~225.

다. 즉, 검증의 정도가 불신의 크기에 따라 달라지는 아이러니를 동반하게 한다.

당시 동·서진영으로 갈라져 불신이 깊은 상태에서 군비통제 협상을 시작하다 보니 검증 문제는 방어계획, 정보체계, 대외정책 등을 수립하는 데 있어서 최대의 뜨거운 감자였다. 특히 1962년 미-소 간 쿠바 미사일 위기사태의 해법을 고민하는 과정에서 나타나게 된 전략 핵무기를 제한할 필요성을 절감하는 결정적인 계기가 되었다. 결국, '전략무기 제한협정(SALT-Ⅱ, 1979)'과 '중거리 핵전력 조약(INF, 1987)' 등을 논의하는 과정에서 '검증'이 얼마나 신중하게 다루어졌는지는 각종 관련 자료를 통해 느낄 수 있다.[78] 이러한 군비통제 검증은 1970년대 과학기술(무기 및 무기체계의 개발과 발전)이 급속하게 진보함에 따라 중요성이 더욱 부각(浮刻)되었다.[79]

전략무기제한협정(SALT-Ⅱ, 1979)

따라서 '검증(verification)'은 '국가 간 군비통제에 대하여 합의·협정·조약을 체결한 다음 합의(체결)한 내용에 기반한 일방적 또는 상호 협력적 방법 및 수단으로 협상 상대국이 조약 의무사항을 이행하는지에 관한 여부를 증명하는 과정'으로 정의하고자 한다.

78) 1969년부터 미-소 간 협상을 시작하여 1972년에 최초로 '전략무기 제한 협정(SALT-Ⅰ)'이 체결되었다. 여기에 나오는 '전략무기 제한협정(SALT-Ⅱ)'은 'Strategic Arms Limitation Talks-Ⅱ'의 약자다. 1979년 6월 18일 오스트리아 빈에서 두 번째로 조인된 협정으로 핵무기 운반용 전략 미사일 제조를 제한하기 위해 미국의 지미 카터(Jimmy Carter) 대통령과 소련의 레오니트 I. 브레즈네프(Leonid I. Brezhnev) 서기장이 맺은 협약이다.

79) 반대론자들은 검증의 불확실성과 합의를 위반할 가능성이 크다면서 긍정적 측면을 작게 평가하고 있으며, 회의론자들은 소련의 협정 준수 가능성이 매우 작기에 엄격한 검증 조치가 되어야만 군비통제가 진전될 수 있다고 주장한다. 그러함에도 검증이 시작한 이래 수십 년 동안 검증의 중요성은 강조되어 왔고, 정치적 논의는 활발하게 진행되고 있다.

제 2 절

군비통제 검증(verification)에 관한 이해

1. 개요

'검증(檢證-verification)'은 '검사하여 증명'한다는 의미로 증명과 큰 차이가 없어 보인다. 과학적 방법론의 시각에서는 '증명(證明-proof)'보다 약한 개념으로 읽힌다. 그러나 정치적 현실을 관리하는 게 목적이기에 그나마 효과를 보장할 수 있는 최적의 조합이라는 생각이 든다. 1987년 12월 미-소 간 '중거리 핵전력 조약(INF)'[80)]을 체결할 당시 로널드 W. 레이건(Ronald W. Reagan) 대통령은 미하일 S. 고르바초프(Mikhail S. Gorbachev) 서기장에게 "Trust, but Verify"라고 하며, 조약에 명시된 검증의 필요성을 강조하였다. 그러나 이후에도 소련의 위반 사례가 증가하자 다시 "Distrust, and Verify"를 재차 강조하였다. 즉, 상대를 신뢰하는 여부와 상관없이 검증해야 함을 정제된 표현으로 강하게 부각하였다.

80) 'INF 조약'의 정식 명칭은 '아메리카 합중국과 소비에트 사회주의 공화국 연방 간의 중거리 및 단거리 미사일 폐기 조약(Treaty Between the United States of America and the Union of Soviet Socialist Republics on the Elimination of Their Intermediate-Range and Short-Range Missiles)'로서 'Intermediate Range Nuclear Forces Treaty'로 약칭하고 있다. 舊 냉전기(Cold War)인 1976년 당시 소련이 중거리탄도미사일(IRBM) SS-20을 동유럽에 배치하자 서유럽국가들에 비상이 걸렸다. 사거리가 5,000㎞인 핵탄두 3개를 탑재하는 소련의 SS-20에 대응할 무기가 없어서다. 서독의 헬무트 슈미트(Helmut Schmidt) 총리가 소련과 협상을 벌였지만, 소득이 없자 1983년 11월 22일 북대서양조약기구(NATO)는 서독에 퍼싱-Ⅱ 미사일(준중거리 미사일-MRBM:Medium Range Ballistic Missile)을 배치하여 7분 이내에 모스크바를 타격할 수 있는 핵 수단으로 '공포의 균형' 카드를 가졌다. 이후 미하일 S. 고르바초프 서기장이 등장하였고, 미국과의 협상이 진행되었다. 1987년 12월 8일 워싱턴에서 로널드 W. 레이건 대통령-미하일 S. 고르바초프 서기장 간 '중거리 핵전력 조약(이하 INF)'에 서명하였다.

초기의 군비통제 협상 간 검증은 가장 중요한 과정이자 단계였다. 국제사회의 대다수 핵 및 재래식 무기에 관한 감축 협상에서 논란의 중심엔 항시 검증이란 용어가 등장한다. 1985년 5월 UN 군축위원회(UNDC)에서 합의한 16개 검증 원칙 중 첫 번째 조항이 "적절하고 효과적인 검증은 모든 군비제한과 군축의 기본요소이다."라고 적시하고 있음은 이유가 아닐까 싶다.81)

그러나 역사적 경험을 통해 군비통제 합의가 국익을 추구하는 데 도움이 되지 않았음은 일반적인 사실이다. 통일 독일의 첫 수상인 헬무트 J. 콜(Helmut J. Kohl)은 검증이 군비통제 협상의 중요한 평가 기준이라고 하면서 "모든 군비통제는 신뢰할만한 수준에서 검증할 수 있도록 보장되어야 하고, 검증만이 신뢰 구축을 가능하게 한다."라고 강조하였다. 프랑스의 미셸 로카르(Michel Rocard) 수상도 "군축협상은 검증할 수 있을 때 신뢰가 높아진다."라고 강조하였다.

Helmut J. Kohl(獨) Michel Rocard(프)

어떠한 형태의 협상에서도 검증이 필수 조건이라는 데는 인식이 같았으나, 각론에서는 다른 시각도 나타났다. 대표적으로 美 의회가 INF 조약의 비준을 토의할 때 검증은 중점 논의 대상이었으나, 의견은 일치하지 않았다.

1973년 오스트리아 빈에서 개최된 '상호균형 감군협상(이하 MBFR)'이 타결되지 못한 결정적 원인 중의 하나도 검증이었다.82) 이후 'MBFR'을 대체하여 '유럽 재래식

81) 'UN 군축위원회(UNDC)'는 'UN Disarmament Commission'의 약자로서 1978년 제1차 UN 군축 특별총회 결정으로 설립되었으며, '주요 이슈에 대한 국제사회의 합의와 방향, 원칙 등을 도출하는 심의기구(deliberative body)'이다. 매년 4~5월, 뉴욕에서 정기회의를 개최하며, 의제별 심의 기한은 3년이다.

82) 'MBFR'은 'Mutual and Balanced Force Reductions'의 약자로서 1970~1980년대 미-소 간 유럽에 배치된 재래식 전력 수준을 동등하게 만드는 것을 목표로 하는 군비통제 협상 즉, '상호균형 감군협상 또는 상호균형 감축 협상'이라고 한다. 1975년 8월 1일 헬싱키 최종협약(HFA)에 따라 '유럽안보협력회의(CSCE)'에서 추진하다가 1995년 1월 1일부로 '유럽안보협력기구(OSCE)'로 명칭을 변경하였다. 군축·비확산 분야의 주요 이슈 3개를 선정하여 검토한 결과 보고서를 UN 총회에 제출하고 있다.

* 'MBFR'은 1973년에 시작되어 1976년에 발효된 군축회담으로 NATO와 바르샤바 조약기구(이하 WTO-Warsaw Treaty Organization) 간 첨예한 군사적 대립 구도를 줄이기 위한 신뢰구축의 대표적인 사례로 볼 수 있다. 1960년대 말부터 미국이 주도하는 NATO의 '동쪽으로의 문호 개방정책'을 시도하는

무기 감축 협상(이하 CFE)'이 새롭게 시작되었다.[83] 1989년 3월 당시 美 대표단장(Stephen J. Ledogar)은 "동・서진영 간 정치적 화해가 없는 한 CFE의 검증에 도전하는 행위는 엄청난 사건이다."라고 강조하며 이후의 재래식 군비통제 협상이 상당한 난관이 있을 것을 예견하였다.

잠깐! 여기서 군비통제 협상을 진행 및 최종적으로 체결하는 데 성공하기 위한 핵심변수는 무엇인지 먼저 이해할 필요가 있다.

문제2) 군비통제 협상 간 최종적으로 체결에 성공하기 위한 핵심변수는 두 가지로 '검증의 목적'과 '검증 기능'이다. 이를 이해하기 쉽게 설명하시오.

1) 검증의 3가지 목적은 무엇인가?
① 탐지 ② 억제 ③ 신뢰구축

2) 검증의 3가지 기능은 무엇인가?
① 정보의 수집 ② 경고를 제공 ③ 군사적 투명성을 제고

* **key-word**

-'검증'은 틀릴 가능성이 없다는 점을 경험적 검사 방법과 수단을 통해 밝혀낸다는 의미로서 증명보다 약한 개념이다.

-군비통제는 현실의 위기(위험)를 정치적으로 관리하기 위함으로 국익 추구를 위해 어쩔 수 없다는 견해가 지배적이다. 국가안보에서 군사적 위협이 되는 요인을 정치적 측면에서 조율하거나, 협상으로 해결하기 위한 일종의 '안보적 타협'이라고 볼 수 있다.

데 대하여 소련이 주도하는 WTO는 별다른 이견을 제시하지 않다가 1973년부터 자신들이 만든 '유럽안보협력회의(CSCE)'에서 군비통제 협상을 진행하자고 주장하면서 회담은 개점휴업 상태가 되고 말았다. 결국, 지루한 줄다리기 끝에 1989년 '유럽 재래식 무기 감축 협상(CFE)'으로 재탄생하였다.

83) '재래식군사력 감축 조약(CFE)'은 'Conventional Forces in Europe'의 약자로서 군축협상을 진행한 참가국 수와 목적, 범위, 적용지역 등 변수(變數-variable)가 상당히 많았던 협상이다. 비판적인 대표적 사례가 2021년 한국 정부에서 추진한 '종전선언'을 들 수 있다. 북한 지역에 전진 배치되어있는 병력이 비무장지대(DMZ)로부터 한국에 기습공격(위협)을 할 수 없는 위치로 후퇴하는 등 상당한 수준에서 선의(善意)가 증명되어야 하지만, 이러한 선제적 조치는 없이 일방적으로 종전(終戰)선언만을 추진하였다는 측면에서 '국내 정치용'이라는 시각이 크다.

2. 군비통제 검증의 기본 개념과 발전 과정

2.1. 군비통제 검증(檢證)의 기본 개념과 역할

군비 검증은 군비통제 협상에서 합의를 통해 조약을 이행하는 과정으로 군사・기술적 차원에 더하여 정치・경제적 차원까지 포함하는 매우 복잡다기한 의제(agenda)다. 그러나 군비 검증에 대한 개념적 정의와 고유의 성격 및 역할, 검증 방법 및 관련 전략에 관하여 유의미한 연구는 다소 부족한 실정이다. 실질적으로 검증은 세계 질서가 재편되는 과정에서 자연스럽게 발전되었다고 봄이 타당하다. 대표적인 사례가 유럽의 '상호균형 감군협상(MBFR)'과 미-소 간 '전략무기감축협상(START)', '재래식군사력 감축 조약(CFE)'이다. 국가 간 군사적으로 합의한 분야를 공식적인 확인 절차를 거치며 초기 단계의 신뢰구축(CBM)과 군사적 신뢰구축(CSBM) 수준을 제고(提高) 하는 과정에서 스스로 조약 위반사항에 대하여 억제하는 기능을 가지게 되었다.

검증은 조약의 준수 여부를 확인하는 과정에서 신뢰를 구축하고, 상대국의 준수 여부를 탐지하는 활동 전반(全般)이다. 이때 위반사항이 식별될 경우, 준비한 대응책에 따라 군사적인 안정을 유지하고, 조약 준수를 유도하는 임무를 수행하게 된다.

2.2. 군비통제 검증의 시기별 발전 과정

군비통제 전망이 어두울 때는 검증에 대한 합의 자체가 이루어지지 않았고, 전망이 밝을 때는 검증에 합의하는 게 문제가 되지 않았다. <표 1-9>는 시기별 군비 검증이 발전한 단계를 정리하였다.

<표 1-9> 시기별 군비 검증의 발전 단계

구 분	주요 시기(사건)
① 제1단계(1899)	헤이그 평화회의
② 제2단계(1920~1930)	군비축소(이하 군축)의 필요성 인식

③ 제3단계(1945~1962)	군축 논의
④ 제4단계(1963~1979)	동・서 화해시대
⑤ 제5단계(1980~1986)	적대・긴장감 고조 시대
⑥ 제6단계(1987~최근)	동・서 화해 및 협력시대

① 1890년 네덜란드 헤이그에서 개최된 평화회의(Hague Peace Conference)에서 처음으로 군비통제 검증에 관한 의제가 상정되었다. 영국 대표 존 C. 아더는 "국제협약의 준수 여부를 확인할 조치가 필요하다."라며 제안하였다. 그러나 러시아에서 다른 이면이 있다며 거부하였다. 따라서 구체적인 토의나 논의로 발전하지 못했다.

② 제1차 세계대전 이후의 유일한 검증으로 '베르사이유 조약'을 들 수 있다. 국제연맹 차원에서 독일(패전국)의 무장해제를 확인하기 위한 절차였다. 그러나 독일이 의도적으로 위반하였음에도 실제 검증으로는 이어지지 못했다.[84] 1922년 2월 6일 '워싱턴 해군조약(WNT)'을 체결하였지만, 검증에 관해서는 논의되지 않았다.[85]

③ 제2차 세계대전이 종결된 이후부터 1960년대 초기까지 군축에 대하여 논의를 진행하였다. 이때는 사소한 조약 위반사항도 사법적으로 다뤄진 데다 동・서의 정치적 관계에 따라 이를 바라보는 시각의 차이도 극심했다. 서방측은 군비통제 이전에 검증을 먼저 해야 한다는 주장이었고, 소련 측은 이를 반대했다. 이때 투명성을 주장하는 두 가지 제안이 등장하였다. 바로 '바루치 계획(Baruch Plan)'과 '영공개방 제안(Open Skies Proposal)'이다.[86]

84) Harald Von Riekhoff, "Compliance and confirmation," 『Carleton University』 (Ottawa, Canada, 1985), p. 13.

85) Harald Von Riekhoff, 앞의 논문(1985), p. 14.

86) '바루치 계획(Baruch Plan)'은 1946년 美 행정관리(Barnard M. Baruch)가 UN에 상정한 내용이다. 국제통제기구에서 자유롭게 검사를 수행하고, 위반했을 경우, 제재를 가하는 협약이 체결된다면, 미국의 핵기술 독점을 포기할 수 있다는 계획이다. 그러나 미국과 비교할 때 핵기술이 낙후된 소련이 거부하였다. '영공개방 제안(Open Skies Proposal)'은 1955년 7월 스위스 제네바에서 전후 4대 강국이 정상회담을 할 때 미국의 드와이트 D. 아이젠하워(Dwight D. Eisenhower) 대통령이 제안하자 소련 수상 니콜라이 A. 불가닌(Nikolai A. Bulganin)이 곧바로 거부하며 핵무기의 사용을 금지하고, 위험한 군사 활동의 조기경보를 위해 항구와 철도, 공항 등에 통제소를 설치할 것을 주장하였다.

Nikolai A. Bulganin(蘇)

④ 포괄・구호적인 제안보다 검증하기 쉽도록 범위를 축소하자는 제안이 많았다. 즉, 인공위성을 활용하는 원거리 정찰 기술이 발달하며 위반 활동을 예방 및 방지할 수 있다고 보았다. 인공위성의 탐지시스템은 원거리에서 작동할 수 있기에 상대국의 영토・영공・영해를 직접 침범하지 않아도 된다는 측면이 작용한 것으로 판단할 수 있다.

⑤ 로널드 W. 레이건 행정부는 지미 카터 행정부가 채택한 '적절 검증(adequate verification)'에서 '효과 검증(effective verification)'으로 바꿔 보다 엄격한 기준과 강력한 검증을 요구함으로써 협상 진행에 어려움이 많았다. 그러나 이때 '전략무기제한협정(SALT)'을 기본 개념으로 하는 '전략방위구상(SDI)'을 추진하였다.[87)]

⑥ 1987년 12월 로널드 W. 레이건 대통령-미하일 S. 고르바초프 서기장 간에 체결한 '중거리 핵전력폐기협정(INF)' 은 미-소 관계가 화해 및 협력관계로 변화하며 새로운 시대를 맞이하였다. 특히 조지 H. W. 부시 대통령 당시 체결한 '유럽 재래식군사력 감축 조약(CFE-Ⅰ, 1990)'과 '전략무기 감축 조약(START, 1991)'은 INF와 비교할 때 더 강력한 검증시스템으로 제도화되었다.[88)] <표 1-10>은 1988년 UN에서 결의한 군비 검증 16개 원칙을 제시하였다.

<표 1-10> UN의 군비 검증 16개 원칙(1988)

구 분	주요 내용
검-1	적절하고 효과적인 검증이 군비통제조약의 필수요건이다.
검-2	검증은 그 자체가 목적이 아니지만, 군비통제 과정에 필수적인 요소다.
검-3	검증은 군비통제 조약의 이행을 촉진하여야 하고, 신뢰를 구축하며, 조약이 모든 당사자에 의해 준수된다는 확신을 주어야 한다.
검-4	적절하고 효과적인 검증을 위해서는 국가기술수단, 국제기술수단, 기타 국제적 절차 및 현장검사와 같은 다양한 방법이 사용되어야 한다.
검-5	군비 검증은 사회가 개방화됨으로써 많은 도움을 받을 수 있다.
검-6	군비통제 조약에는 합의된 검증 방법 및 절차, 기술이 방해받지 않도록 명확한 조항이 포함되어야 한다.
검-7	군비통제 조약에는 검증을 방해하는 계획적인 은폐장치를 사용하지 못하도록

87) '전략무기제한협정(SALT)'은 'Strategic Arms Limitation Treaty'의 약자이고, '전략방위구상(SDI)'은 'Strategic Defence Initiative'의 약자다.

88) '전략무기 감축 조약(START)'은 'Strategic Arms Reduction Treaty'의 약자다.

	하는 조항이 명시되어야 한다
검-8	검증시스템의 지속적인 적절·효율성을 검토하고 평가하기 위한 절차 및 장치가 군비통제 조약에 포함되어야 한다
검-9	검증에 관한 논의는 특정한 군비통제 조약의 협상을 시작할 때부터 단계마다 논의되어야 한다
검-10	모든 국가는 그들이 체결한 조약의 국제적 검증 과정에 참여할 수 있는 동등한 권리를 가져야 한다
검-11	적절하고 효과적인 검증은 적시에 준수 여부에 대한 확실한 정보를 줄 수 있어야 하며, 준수에 관한 확신은 신뢰를 쌓는데 필수적인 요소다.
검-12	특정 검증 방법의 적절·효율성, 수용할 가능성에 대한 결정은 개별 군비통제 조약의 내용 안에서만 이루어질 수 있다.
검-13	검증은 군비통제 조약 가맹국에 의해 혹은, 가맹국 동의하에 관련 기구의 요청에 따른 행위로서 가맹국의 주권(主權) 표시다.
검-14	군비통제 조약에 따라 검사의 실시나 정보를 요청하는 행위는 검증 과정의 정상적인 구성요소로 간주해야 하고, 요청은 준수 여부의 결정에만 쓰여야 하며, 남용(濫用-abuse)되어서는 안 된다.
검-15	검증은 각 대상국에 차별 없이 행해져야 하며, 대상국의 내부 문제에 필요 이상으로 간섭하거나, 경제·기술·사회발전을 저해하는 행위는 피해야 한다.
검-16	적절하고 효과적인 검증이 되려면, 특정 군비통제 조약에서 채택된 검증제도가 모든 관련 무기·시설·장소·설비 및 행위를 남김없이 다루어야 한다.

UN 특별위원회(UNSCOM) 활동

검증의 원칙 제시는 국제사회에 긍정적인 인식을 심어주었다. 1990년대 들어서며 대규모 전쟁의 가능성은 줄었으나, 인종·종교·영토 등의 지역 갈등(분쟁)이 증가하였다. 대표적인 사례가 1990년 국제사회와 미국은 이라크가 쿠웨이트를 침공하자 이를 불법으로 간주하였다. 1991년 미국은 다국적군을 구성하여 제1차 걸프전이 발발하였다.[89] 이후 UN 특별위원회(UNSCOM)가 이라크의 WMD에 대하여 강력한 사찰을 진행하였다.[90] 이러한 일련의 과정을 통해 지역 및 다자 간 군비 검증체제는

89) 김성진, 앞의 책(2021a), pp. 387~407.

90) 'UN 특별위원회(UNSCOM)'는 'United Nations Special Commission'의 약자다.

꾸준히 발전하고 있다.

3. 군비통제 유형별 구분 및 추진 방식

군비통제는 평시 적국(잠재적국)과의 협의를 통해 군사적 위협요인을 감소 및 약화하게 만드는 행위이다. 유럽 지역은 냉전기 때도 일방・쌍무・다자간 협상을 복합적으로 추진하여 공산 진영의 몰락을 부추기고, 평화 분위기를 조성하였다. 이러한 흐름 속에서 미-소 양극체제는 정치적 긴장을 완화하는 분위기(detente=Relaxation of Tensions)와 더불어 협상을 통해 생성된 신뢰와 안정을 바탕으로 우호적 관계를 유지해 나갈 수 있었다. 유럽의 군비통제 방식은 탈냉전 이후 아시아-중남미-아프리카 등지로 확산하였으며, 한반도에도 상당한 영향을 미치고 있다. 즉, 국제 안보의 증진과 다양한 협력을 유발하는 변수이자 중요한 정책 수단으로 평가받고 있다.

군비통제는 접근하는 시각과 관련 기준에 따라 다양하게 구분할 수 있다. <그림 1-7>은 군비통제를 유형별로 구분하되, 일반적인 방식으로 정리하였다.

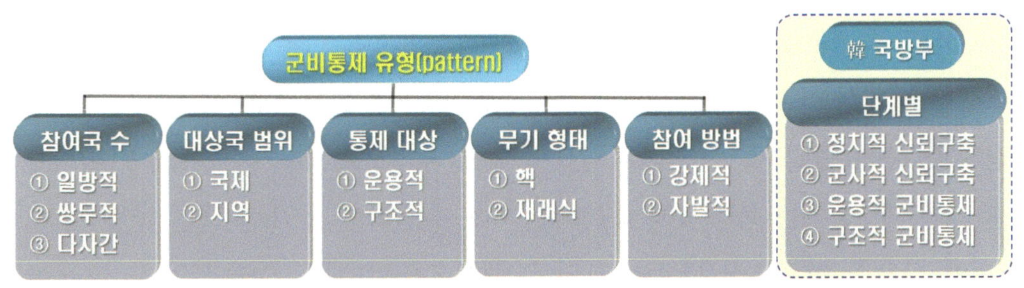

<그림 1-7> 군비통제의 유형별 구분

3.1. 참여국 수에 따른 구분

군비통제는 참여하는 국가의 수에 따라 세 가지로 구분할 수 있다.

① '일방적 군비통제(Unilateral Arms Control)'는 분쟁 당사국이 판단한 결과 "우리가 줄이면, 상대도 줄일 것이다."라는 일말의 기대감을 통해 스스로 군사력에 제한을

가하는 행위이다. 즉, 쌍방 또는 다자 간 합의에 따라 군비통제를 진행하는 게 아니라 어느 일방이 먼저 군비통제를 실천하는 데 있다. <표 1-11>은 네 가지의 대표적인 사례를 제시하였다.

<표 1-11> 일방적 군비통제의 대표적인 사례

①-1. 1962년, 미국이 대기권 핵실험을 일방적으로 중지하며 소련의 협력을 유도[91]
①-2. 1987년, 소련이 동구(東歐)에서 실시한 일방적인 철군(撤軍-withdrawal of troops)과 감군(減軍-military manpower reduction)
①-3. 1991년, 한국의 일방적인 비핵화 선언으로 북한의 협력을 유도
①-4. 1992년, 한・미 팀스피리트(T/S) 훈련을 일방적으로 중단

①-1. 미국은 1958~1962년까지 4년여 동안 7차례에 걸쳐 핵실험을 하였고, 소련은 우주 공간에서 4차례에 걸쳐 핵실험을 실시하였다.

①-2. 1985년, 소련의 미하일 S. 고르바초프(Mikhail S. Gorbachev) 서기장은 집권한 이후 서방을 대상으로 유화정책을 추진하면서 1987년 동구(東歐)에 배치된 군대를 서방 진영과 사전 협상 및 논의하지 않은 채 일방적으로 철군(감군)을 단행하였다.

①-3. 노태우 정부는 북방정책(北方政策)[92]을 추진하며 1991년 12월 13일 남북 기본합의서에 합의한 이후 1992년 1월 31일 일방적으로 '비핵화 공동선언'을 발표하였다.

①-4. 노태우 대통령은 북한이 제4차 남북 고위급 회담을 앞두고 한・미 팀스피리트(T/S) 훈련으로 트집을 잡자 일방적으로 훈련 중단을 결단 및 선언하였다.

---

91) 김성진, 앞의 책(2021a), pp. 69~73.; 김성진, 앞의 책(2021b), pp. 247~248, 253~254, 272~274.; 김성진, 앞의 책(2020b), p. 358.; 김성진, 앞의 책(2020a), pp. 259~301.

92) '북방정책'은 1983년 6월 당시 외무부 장관(이범석)이 국방대학원에서 강연할 때 처음 사용하였다. 여기서 '북방'은 중국, 소련, 동구(東歐) 공산국가 등 사회주의권 국가를 포함하는 용어로서 '노태우 정부(제6공화국)의 대(對)공산권 외교정책'이다. 동구가 개방되고, 동북아 안보정세가 급변함에 따라 사회주의 국가들과의 관계를 정상화하고, 국제 시장을 확보하기 위함이다.

② '쌍무적 군비통제(Bilateral Arms Control)'는 당사국이 서로 합의하는 전통적인 방식이다. 적대적 관계인 당사국이 서로 방안을 마련 및 이행하는 전반(全般-overall)을 의미하고 있다. <표 1-12>는 대표적인 사례를 제시하였다.

<표 1-12> 쌍무적 군비통제의 대표적인 사례

②-1.1969~1979까지 두 차례에 걸쳐 진행된 미-소 '전략무기 제한협정(SALT)' 체결

구분	미국	소련
ICBM	1,054기	1,618기
SLBM	710기	950기

②-2. 1990~1992년, NATO-WTO 간 '재래식군사력 감축 조약(CFE)' 체결

②-1. 1962년 미-소는 쿠바 미사일 위기사태를 겪으며 전략 핵무기를 제한해야 한다는 필요성에 공감하였다.[93] 양국은 핵무기 위력이 더 강력해지고 '대륙간 탄도 미사일(ICBM)'과 전략 핵잠수함에서 발사하는 잠수함발사 탄도미사일(SLBM)이 개발되면서 엄청난 압박감과 위기감에 시달렸다. 결국, 1972년 5월 26일 모스크바에서 전략 핵무기 제한을 위한 제1차 조약(SALT-Ⅰ)을 체결하였다. 1979년 6월 18일, 오스트리아 빈에서 제2차 조약(SALT-Ⅱ)을 체결하였다. 이후 2001년 아프가니스탄 전쟁 등이 발발하면서 우여곡절이 많았으나, '전략무기 감축 조약(START-Ⅰ~New START, 2010)'으로 발전하였다.

②-2. 1990년 NATO와 소련이 주도하는 바르샤바 조약기구(이하 WTO)가 '재래식 군사력 감축 조약(CFE)'을 체결하였다. MBFR이 실패한 원인을 분석하여 전차, 전투기, 장갑차, 대포 등 재래식 전력의 보유 상한선을 마련하고, 초과하는 분야는 해당 전력(戰力)을 파괴하거나, 민수용으로 전환하였다.

93) 김성진, 앞의 책(2021b), pp. 269~277.; 김성진, 앞의 책(2020a), pp. 294~301.

③ '다자간 군비통제(Multilateral Arms Control)'는 3개국 이상의 국가가 상호 합의를 통해 집단으로 협상을 진행하는 방식이다. <표 1-13>은 대표적인 사례를 제시하였다.

<표 1-13> 다자간 군비통제의 대표적인 사례

③-1. 1899/1907년, 두 차례에 걸쳐 진행된 '헤이그 평화회담(Hague Peace Conference)' 체결
③-2. 1930년, 5개국이 참여한 '런던 해군 군축조약(LNT, 또는 '런던 군축조약')' 체결[94]
③-3. 1968년, '핵확산 금지조약(NPT)' 체결
③-4. 1972년, 다자간 체결한 '생물무기 금지 협약(BWC)' 체결[95]
③-5. 1987년, '미사일기술통제체제(MTCR)' 체결[96]
③-6. 1993년, '화학무기금지협약(CWC)' 체결

③-1. 최초로 개최된 군비통제 회담으로서 다자간 국제회의의 형식을 취했으나, 다수 국가가 참가하고도 기대한 성과는 달성하지 못했다.

런던 해군 군축 조약(LNT, 1930)

③-2. 1922년 워싱턴 해군 군축조약(WNT)에서 합의하지 못했던 보조함 제한 등은 영(10)·미(10)·일본제국(7)의 비율로 합의하였다.[97] 이때 프랑스와 이탈리아는 자국의 요구가 거부되었다며 합의하지 않았다. 결국, 보조

94) '런던 해군 군축조약(LNT)'은 'London Naval Treaty'의 약자로서 1922년 체결한 '워싱턴 해군 군축조약(WNT)'에서 합의하지 못했던 내용을 추가로 합의하였다. 1930년 1월부터 개최되어 4월 22일에 서명했고, 12월 31일 발효되었다. 런던에서 진행된 이 회의는 당시의 5대 해군 강국(영·미·일·프·이탈리아 왕국)과 6개국이 참가한 해군 군축조약이다. 2차 회의를 계획하였지만, 일본이 WNT 조약의 폐기를 주장 및 탈퇴하면서 실패로 끝났다.

95) '생물무기 금지 협약(BWC)'의 원문(原文)은 '세균(생물) 및 독소 무기의 개발, 생산 및 비축 금지와 그 파괴에 관한 협약'이지만, 줄여서 'Biological Weapons Convention'으로 사용하고 있으며, 세균무기 및 독소 무기 전반을 규정한 다자간 군축조약이다. 한국은 1987년 6월에 가입하였고, 북한은 1987년도에 가입하였으나, 규정을 준수하지 않고 있다.

96) '미사일기술통제체계(MTCR)'는 'Missile Technology Control Regime'의 약자로서 미사일기술의 확산 방지에 관한 국제조약이다. 한국은 2001년 3월 26일 가입하였다.

97) '워싱턴 해군 군축조약(WNT)'은 'Washington Naval Treaty'의 약자다.

함 제한에 동참하지 않은 국가들이 독자적으로 군함을 제조하여 협정국가의 안전에 영향을 끼치기에 군함제조를 인정하는 단서 조항을 다시 포함하였다.

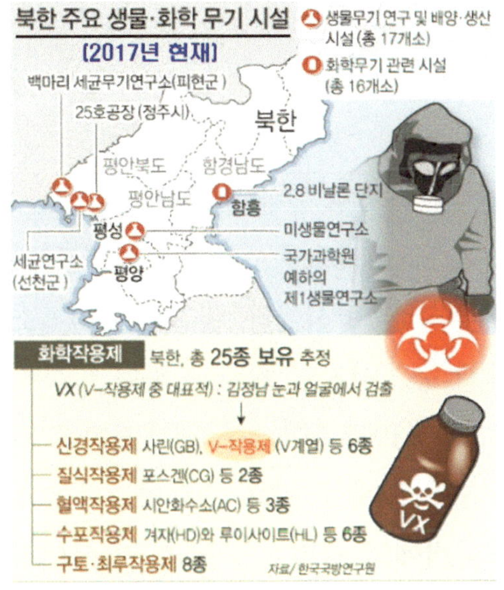

③-3. 핵무기와 무기 관련 기술의 확산을 방지하고, 원자력의 평화적 이용을 위한 협력을 촉진하며, 핵 군축 또는 일반적이고 완전한 군축을 달성하려는 국제조약이다. 1970년에 발효되어 1995년 무기한으로 연장하였다. 이를 통해 군비통제의 안정성과 투명성, 예측 가능성을 높이면서 군비경쟁의 가능성을 줄였다.

③-4. 생물학 무기는 질병을 유발하는 유기체나 독소로 인간, 동식물을 해치거나 죽음에 이르게 한다. 즉, 이와 관련한 생물 및 독소 무기의 개발-생산-획득-이전-비축-사용을 금지하는 다자간 군축조약이다.

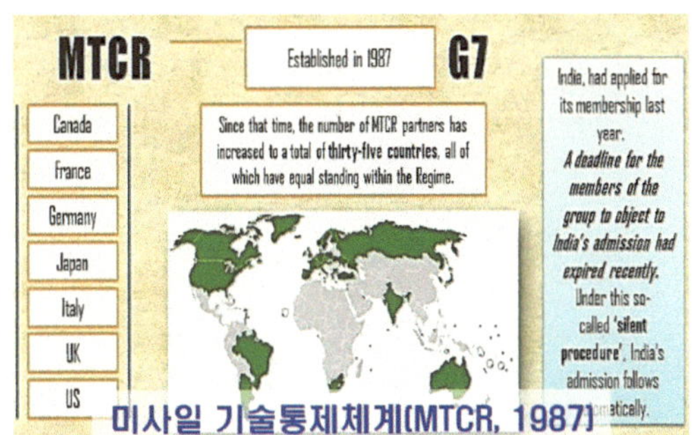

미사일 기술통제체계(MTCR, 1987)

③-5. 핵무기(탄두 중량: 500kg, 사거리: 300km를 초과)의 무인 운반시스템 확산을 막기 위한 조약 즉, 미사일기술의 확산을 방지하기 위해 1987년 4월에 만든 국제조약이다. 1992년 모든 WMD와 무인 항공기(UAV)에 관한 기술 수출도 금지하였다.[98]

③-6. 화학무기는 베트남 전쟁을 계기로 하여 제네바 군축회의(1969)에서 토의된 이후 1974년 미-소가 '화학무기 금지를 위한 공동선언'을 채택하면서 결실을 보았다. 1997년 4월 29일 발효된 협약으로서 모든 WMD는 검증을 통해 금지하자는 국제조약이다. 당시 미국과 러시아, 북한은 세계 3대 화학무기 보유국이었다. 미국과 러시아는 1997년에 가입했지만, 북한은 아직 가입하지 않고 있다.[99] 이는 협약에 가입하건, 가

98) 김성진, 앞의 책(2020b), pp. 314~325.

99) '화학무기 금지 협약(CWC)'은 'Chemical Weapons Convention'의 약자로서 1997년 5월 초에 협약의 이행을 관리·감독하기 위해 '화학무기 금지지구(OPCW)'를 발족하였으며, 정기 사찰과 강제사찰 권한을 행사하고 있다.

입하지 않건, 화학무기를 보유하는 데 큰 제한이 없는 국제사회의 취약한 현실을 여실히 보여주고 있다.

3.2. 대상국 범위에 따른 구분

군비통제는 대상국의 수(數) 또는 범위에 따라 두 가지로 구분할 수 있다.

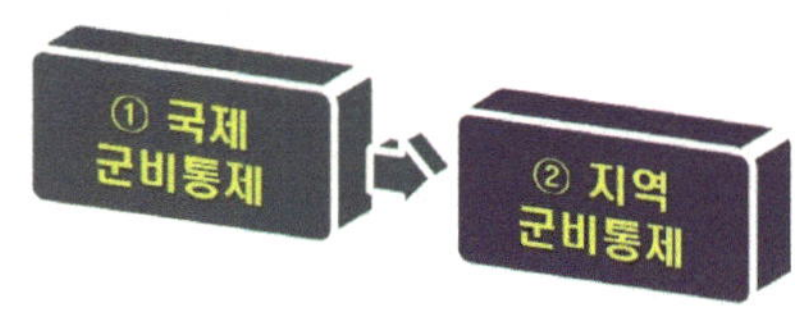

① '국제 군비통제(International Arms Control)'는 모든 국가가 참여할 수 있는 방식이다. 냉전기는 미・소 또는 유럽 지역에서 동・서진영 간 추진하던 쌍무적 군비통제 협상을 대표적인 사례로 인식하였다. 그러나 1990년대 초기 탈냉전기로 진입하며 쌍방・다자간 군비통제의 필요성에 공감하였다.

그러나 강대국은 국제사회에서 영향력을 발휘 및 상대적 측면에서 상대적 우위를 점하기 위한 수단으로, 이외 국가는 자국의 안보이익을 보장받기 위한 수단으로 활용하고 있다. <표 1-14>는 국제 군비통제의 대표적인 사례를 제시하였다.

<표 1-14> 국제 군비통제의 대표적인 사례

①-1. 1968~1970년, '핵확산 금지조약(NPT)' 체결[100]
①-2. 1996년, '포괄적 핵실험 금지 조약(CTBT)' 체결[101]
①-3. 1997년, '국제원자력기구(IAEA)'의 안전조치 강화
①-4. 2005년, NPT의 '핵분열물질 생산 금지조약(FMCT)' 합의[102]

---

* '화학무기금지기구(OPCW)'는 'Organization for the Prohibition of Chemical Weapon'의 약자다.

100) '핵확산 금지조약(NPT)'은 'Treaty on the Non-Proliferation of Nuclear Weapons'의 약자로서 1968년 7월 1일 UN 총회에서 채택하여 1970년 3월 5일 발효된 다국간 조약이다. 1960년 프랑스, 1964년에 중국이 핵실험에 성공하자 제2차 세계대전에서 패전한 국가들의 핵무장을 우려한 미국이 주도하여 성립되었다. '비핵보유국이 핵무기를 보유하는 것과 핵보유국이 핵 비보유국에 핵무기를 양여(讓與-transfer 또는 Concession)하는 일체를 금지하는 국제조약'이다.

101) '포괄적 핵실험 금지 조약(CTBT)'은 'Comprehensive Nuclear Test Ban Treaty'의 약자로서 '모든 핵실험을 금지하여 새로운 핵무기를 개발하거나, 기존 핵무기의 성능 개선을 방지하기 위한 국제조약'이다.

①-1. 핵무기의 무분별한 제조 및 사용을 방지하기 위해 UN 총회에서 채택한 조약이다. 냉전기 군비경쟁을 통한 핵확산을 방지하여 국제적 우려를 없애는 동시에 군비통제를 주장하는 국가들에 상당한 호응을 얻었다. 1995년엔 무기한으로 연장되었다.

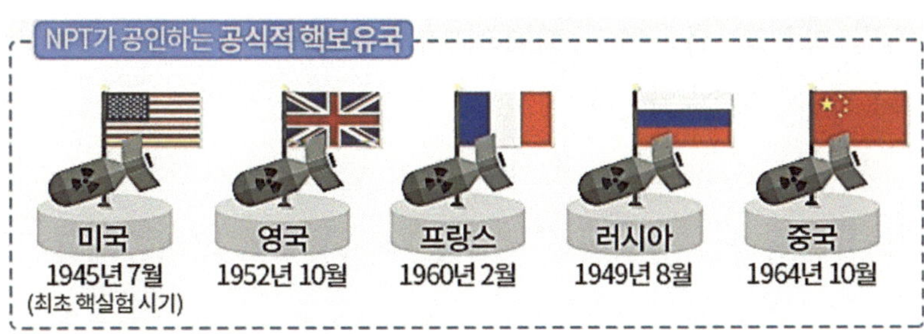

여기서 주목할 대목은 핵보유국인 UN 안보리 5대 상임이사국만 핵 보유를 용인하고 있으며, 이외 국가는 핵을 보유하는 자체를 아예 동결(凍結-freeze)하고 있다는 점이다.

9대 핵보유국의 핵탄두 보유 현황(추정치)

국가	보유	국가	보유
러시아	5977(1588)	파키스탄	165
미국	5428(1744)	인도	160
중국	350	이스라엘	90
프랑스	290(280)	북한	20
영국	225(120)	합계	1만 2705

* 출처: SIPRI(2022년 1월 현재)

①-2. 모든 공간(수중 및 지하, 대기권, 우주를 포함)에서의 핵폭발 또는 핵실험을 금지함으로써 새로운 핵무기의 개발과 기존 핵무기의 성능 개선을 방지하자는 목적으로 체결한 조약이다.[103] 그러나 1998년 5월 인도와 파키스탄의 자체 핵실험과 핵 보유 선언으로 의미가 퇴색되었다. 이스라엘은 아직 모호한 상태를 유지하고 있고, 북한과 이란 등이 핵 보유를 선언했거나, 보유했다고 주장하기에 관련 조약의 실효성에 대한 의구심이 커졌다.

①-3. 1990년대 핵무기의 통제에 관한 조치들이 강화되었고, 1997년 5월에는 국제원자력기구(IAEA)도 기존의 안전조치를 더욱 강화하는 추가 의정서(93+2 제도) 등을 채택하였다.[104]

---

102) '핵분열물질 생산 금지조약(FMCT)'은 'Fissile Material Cutoff Treaty'의 약자로서 '무기용 우라늄과 플루토늄 등 핵무기용 핵분열성 물질을 생산하는 자체를 금지하는 국제조약'이다.

103) 1985년 소련의 미하일 S. 고르바초프 서기장이 핵실험을 중지하겠다고 일방적으로 선언하면서 물꼬가 터졌다. 1987년 11월, 핵실험 금지 협상이 시작되었고, 12월 미-소 간 '지하핵실험감지 연구 협약'을 체결하였다. 1996년 9월, 제네바 군축회의를 거쳐 국제사회의 압도적인 지지를 받았다. 다만, UN 부속기관인 '포괄적 핵실험 금지조약 기구(CTBTO)'가 조약국의 사찰과 감시 임무를 수행하고 있지만, 공평하지 않다는 여론이 많다.
* '포괄적 핵실험 금지조약 기구(CTBTO)'는 'Comprehensive nuclear Test Ban Treaty Organization'의 약자다.
* 북한은 2006년 10월 9일 처음 지하핵실험을 시도하였다.

104) 1993년 말에 시작하였으며, 두 가지 목적을 가졌다. ① 핵시설에 대한 사찰관의 접근 범위를 넓히고,

①-4. 핵무기용 핵물질의 생산금지는 1956년 미국의 드와이트 D. 아이젠하워(Dwight D. Eisenhower) 대통령이 1956년에 처음 제안하였다. 핵무기가 없는 세상을 이루려는 순수한 제안이었으나, 당시 소련은 이를 거부하였다. 최근까지도 UN 차원에서 핵무기 또는 기타 핵폭발 장치의 생산을 금지하기 위해 본격적인 협상이 필요함을 촉구하고 있으나, 여의치 않은 형국이다.105)

② '지역 군비통제(Regional Arms Control)'는 다자간 군비통제와 유사하며, 참여국과 통제 범위를 특정 지역으로 한정하는 방식이다. <그림 1-8>은 지역 군비통제를 구분하는 방식을 정리하였다.

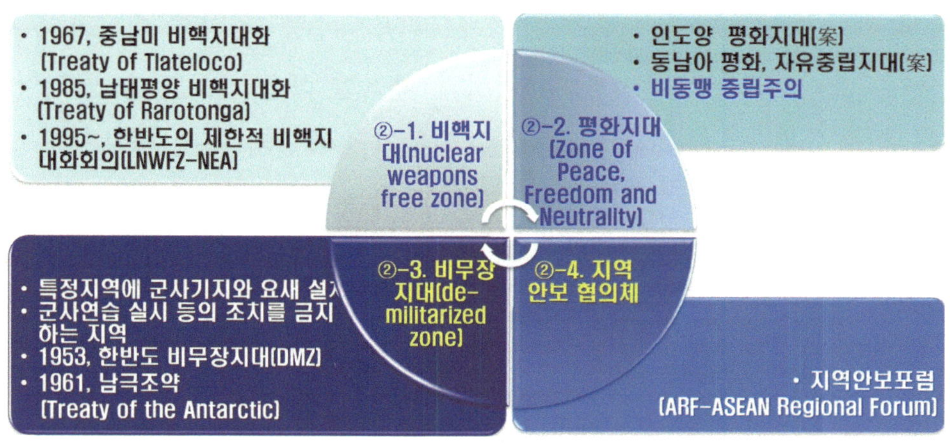

<그림 1-8> 지역 군비통제의 구분 방식

②-1. 해당 지역을 핵무기가 없는 상태로 만들고, 해당하지 않는 지역의 국가들도 핵무기 사용을 금지하도록 하는 방식이다. 1967년 브라질과 아르헨티나가 주도권 다툼을 하며 우위를 선점하기 위해 핵무기 개발에 집중하였다. 1985년에는 쿡제도의 수도인 라로통가(Rarotonga)에서 개최된 남태평양포럼(SPF) 시 '비핵지대 조약(NFZT)'

환경 시료 분석으로 핵 활동에 대한 검증 능력을 확대하는 등을 통해 IAEA의 특별사찰제도를 강화하려는 데 있다. ② IAEA에 의한 북한 핵사찰을 강화하고자 함이다(한용섭, 앞의 책(2006), p. 314.).

105) '핵분열물질 생산 금지조약(FMCT)'은 1993년 12월 제48차 UN 총회에서 결의안을 채택하였지만, 국제사회가 핵무기 경쟁의 재발 방지를 위한 노력에 동참하는 분위기는 조성되지 않고 있다(조상진, "G7 정상 "북한, 핵실험·탄도미사일 발사 등 도발 자제해야…핵보유국 지위 불가"," 『VOA 뉴스』(2023.05.20.).).

한국 PIF 준비기획단 출범(2023)

을 조인하였다.[106] 그러나 1980년대 후반 미-소 간 핵 군축 협상 추진, 소련이 붕괴하던 1991년 국제원자력기구(IAEA)와 핵 안전 협정을 체결하면서 비핵화 지대에 긍정적인 태도를 보였다. 1991년 '제1차 전략무기 감축 조약(START-Ⅰ)', 1996년 '포괄적 핵실험 금지 조약(CTBT)'과 연계되었다.

②-2. 특정 지역을 강대국의 군사적 개입으로부터 배제하는 비동맹중립주의를 표방하고 있다. 1971년 동남아시아국가연합(ASEAN)은 어떠한 형태나 방식으로든 강대국의 간섭을 받지 않고 협력을 확대하겠다며, '동남아 평화, 자유 및 중립지대(ZOPFAN)'를 선언하였다.[107]

군사분계선(MDL)과 비무장지대(DMZ)(1953)

②-3. 특정 지역에 군사기지(요새)를 설치하거나, 군사연습(훈련) 및 무기실험 등 군사적 성격의 조치를 금지하는 방식이다. 대표적으로 1953년 남-북 간 설치된 비무장지대(DMZ), 1961년 남극대륙의 평화적 이용을 위한 남극조약(AT)이 있다.[108]

---

106) '남태평양포럼(SPF)'은 'South Pacific Forum'의 약자로서 1971년 8월 5일 역내 정치·경제 분야 협의체로 창설되었다. 1999년 '태평양 도서국 포럼(PIF-Pacific Islands Forum)'으로 명칭이 변경되었으며, '태평양 지역의 핵무기 실험장에서 핵실험을 하지 않기 위한 조약'으로 한국은 1995년부터 참석하였다. 1966년부터 1996년까지 프랑스의 핵실험 장소가 프랑스령 폴리네시아의 무루로아 환초(Mururoa 또는 Moruroa)와 팡가타우파 환초(Fangataufa) 지대였기에 핵실험을 계속할 경우, 남태평양 해안의 오염을 방지하기 위해 체결한 조약이다. 당시 프랑스는 서명국이 아니었고, 핵실험을 193회에 실시하였으나, 1996년 일방적으로 중지하였다.

* '비핵지대 조약(NFZT)'은 'Newclear Free Zone Treaty'의 약자로서 '남태평양 비핵지대 조약'이라고도 불린다.

107) '동남아 평화, 자유 및 중립지대(ZOPFAN)'는 'Zone of Peace, Freedom and Neutrality'의 약자로서 동남아시아 지역이 미국과 소련의 외압으로부터 자유로운 환경을 만들기 위한 목적으로 채택하였다.

108) '남극조약(AT)'은 'Antarctic Treaty'의 약자로서 '남극대륙을 평화적으로 이용하기 위한 조약'이다. 냉전 이후 미국과 소련을 포함한 12개국이 처음으로 체결한 군비통제 협정이다. 어떠한 영유권도 인정하지 않고 있으며, 핵실험 금지와 평화적인 이용, 남극의 모든 자원을 연구용으로만 규정하고 있다.

②-4. 역내 국가 간 긴장의 완화 및 안보 성과를 증진케 하고, 불필요한 군비경쟁은 억제 및 예방하되, 갈등국면이 파급되지 않도록 하는 등 군비통제의 촉매제 역할을 하려는 목적에서 출발하였다.109)

3.3. 통제대상(또는 규제 기법)에 따른 구분

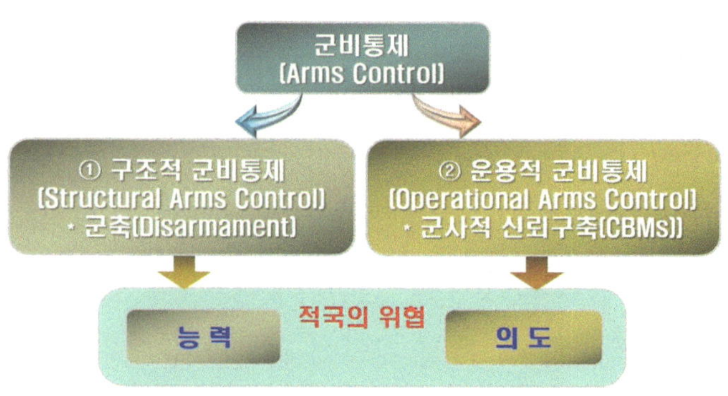

가장 많이 알려진 군비통제 방식으로 '통제대상 또는 규제 기법'의 정도에 따라 적의 위협도 감소할 수 있다는 측면에서 널리 활용되고 있다.

① '구조적 군비통제(Structural Arms Control)'는 병력과 무기체계를 구조적 차원에서 통제함으로써 군사력의 균형과 안정을 유지하는 방식이다. <표 1-15>는 구조적 군비통제를 수행하는 방식을 제시하였다.

<표 1-15> 구조적 군비통제를 수행하는 방식

①-1. 군사력의 건설-획득-동원을 제한한다.
①-2. 특정 지역에서는 특정 무기를 사용하지 못하게 제한한다.
①-3. 무기를 생산-이전하지 못하도록 규제(規制)한다.

109) '아세안지역안보포럼(ARF)'은 'ASEAN Regional Forum'의 약자로서 동남아국가연합 공통의 관심사와 정치·안보 분야에 관한 발전적인 대화 및 협의를 장려하며, 아시아-태평양 지역의 신뢰를 구축하기 위해 창설된 협의체다(United Nations Centre for Disarmament, "*Study on All the Aspects of Regional Disarmament,*" A/35/416. (New York:UN Publication, 1981), p. 33.).

<표 1-16>은 구조적 군비통제의 대표적인 사례를 제시하였다.

<표 1-16> 구조적 군비통제의 대표적인 사례

①-4. 1968년, '핵확산금지조약(NPT)' 체결
①-5. 1972 · 1979년, '전략무기 제한협정(SALT-Ⅰ · Ⅱ)' 체결[110]
①-6. 1987년, 미-소 간 '중거리 핵무기 감축 조약(INF)' 체결
①-7. 1990 · 1992 · 1999년, '재래식군사력 감축 조약(CFE-Ⅰ · CFE-Ⅰa · CFE-Ⅱ)' 체결[111]
①-8. 1997년, '화학무기 금지 협약(CWC)' 체결

② '운용적 군비통제(Operational Arms Control)'는 군사력의 배치 및 운용을 통제함으로써 투명성을 높이고, 상호 확인 및 감시하는 방법으로 기습공격을 방지하는 등 전쟁이 발발할 요인을 줄이는 방식이다. 해당국의 전반적인 군사 활동, 부대 배치 현황 등을 상대국에 투명하게 공개함으로써 기습공격을 비롯한 어떠한 전쟁도 도발할 의도가 없음을 보여주는 데 있다. <표 1-17>은 운용적 군비통제를 수행하는 방식을 제시하였다.

110) '제1차 전략무기 제한협정(SALT-Ⅰ)'은 'Strategic Arms Limitation Talks-Ⅰ'의 약자로서 1969년에 시작하였으며, 핵무기 보유량을 25%로 감축하는 게 목표였다. 이어서 '제2차 전략무기 제한협정(SALT-Ⅱ)'을 진행하다가 1979년 소련이 아프가니스탄을 침공하자 미국이 강력하게 항의하며 조약을 폐기하였다. 1989년 소련은 아프가니스탄과 평화협정을 체결하고 철수하였다.

111) '재래식군사력 감축 조약(CFE-Ⅰ · CFE-Ⅰa · CFE-Ⅱ)'은 'Conventional Forces in Europe Treaty'의 약자로서 'CFE-Ⅰ'은 1990년 11월 19일 체결한 조약이다. 'CFE-Ⅰa'는 1992년 7월 10일 '유럽안보협력회의(CSCE)'에서 최종 서명하였다. 이때 CFE-Ⅰ과 CFE-Ⅰa 조약은 공격무기의 보유 상한선을 동맹(NATO 또는 WTO) 단위로 체결한 합의였다. 'CFE-Ⅱ'는 1999년 11월 19일 '유럽안보협력기구(1995년 CSCE→OSCE로 변경)' 정상회담에서 체결되었다. 동맹 단위로 결정했던 다섯 가지 공격무기 보유 수량의 상한선을 개별 국가 및 영토별로 전환하는 게 핵심이었다(이진욱, "유럽 재래식군사력 감축(CFE) 협상 사례 분석을 통한 한반도 군비통제 적용방안 연구," 『한국군사학논총』 제12집 제1권 (대전:미래군사학회. 2023), pp. 73~78.).

<표 1-17> 운용적 군비통제를 수행하는 방식

첫째, 서로 통신이 가능하게 하고, 군사정보를 교환한다.
둘째, 서로 상대의 군사시설에 접근을 허용한다.
셋째, 부대훈련 및 기동은 사전에 통보한다.
넷째, 일정한 규모 이상인 부대훈련(연습)은 제한한다.

조금 더 들어가 보면, 전쟁규칙(rule of war)을 마련하거나, 위기 발생 시 직접 소통이 가능한 Hot-Line 구축 및 행정협정 체결 등 군사적 차원의 신뢰 안보구축 조치(CSBM) 등에 합의했다.[112] <표 1-18>은 운용적 군비통제의 대표적인 사례를 제시하였다.

<표 1-18> 운용적 군비통제의 대표적인 사례

첫째, 1975년, '헬싱키 신뢰구축 조치(CBM)'[113]
둘째, 1986년, '스톡홀름 신뢰구축 조치(CBM)'[114]
셋째, 1989년, 미-소 간 '위험한 군사 활동 방지협정' 체결[115]
넷째, 1992년, '비엔나 신뢰구축 조치(CBM)'
다섯째, 1992~2002년, '항공 자유화 조약(OST)' 체결[116]

112) '군사적 신뢰구축(이하 CSBM)'은 'Confidence Security Building Measures'의 약자다.

113) '헬싱키 CBM'은 1975년 국제사회에서 처음 추진한 기초적인 신뢰구축 조치로서 단순히 부대 이동을 통보하는 데 그쳤다. 이후 신뢰구축 조치가 보장된다는 조건을 통해 군사력 제한, 철수 및 감축을 규정하는 '유럽 재래식군사력 감축 조약(CFE)'으로 발전하면서 군축과 안정에 관한 문제를 새롭게 인식하는 계기가 마련되었다.

114) '스톡홀름 CBM'은 1986년 헬싱키에서 제시한 기초적 신뢰구축(CBM)을 보완하기 위한 협정으로서 훈련 통보를 연례화하고, 통보 대상 규모도 축소하는 등을 포함하고 있다.

115) 1989년 11월, 베를린 장벽이 무너지고, 동구 공산국가에 대규모 소요사태가 발생하며 동구 공산국가의 붕괴가 기정사실이 되었다. 12월 2일부터 1박 2일간 지중해 몰타에서 미국의 조지 H. W. 부시 대통령과 소련의 미하일 S. 고르바초프 서기장이 진행한 '몰타 회담(Molta Conference)'의 결과 '냉전 종식'을 공식 선언하는 등을 통해 데탕트 분위기를 조성했던 일

3.4. 무기의 형태에 따른 구분

통제대상을 핵무기 또는 재래식 무기 형태에 따라 구분하고 있다. 무기의 형태에 따라 위력 측면에서 상당한 차이가 존재한다. 무기 운용의 특성상 핵무기는 전략무기이지만, 재래식 무기는 전술적 무기라는 차이도 있다. 이러한 차이로 인해 협상을 추진할 때 상황 및 여건에 따라 무기를 핵(전략무기) 또는 재래식(전술 무기) 무기로 구분하고 있다.

① '핵 군비통제(Nuclear Arms Control)'에서 국제사회의 관심은 1960년대 초기 군비통제 개념이 등장한 이래 전략 핵무기와 관련 영역에 집중되었다. 1963년 최초로 진행한 군비통제 협상도 미-소 간 체결된 '부분적 핵실험 금지조약(The Partial Nuclear Test-Ban Treaty)'이었으며, 데탕트의 시발점이었다.[117] <표 1-19>는 핵 군비통제의 대표적인 사례를 제시하였다.

<표 1-19> 핵 군비통제의 대표적인 사례

①-1. 1963년, '부분적 핵실험 금지조약(NTBT)' 체결[118]
①-2. 1967년, '외부 우주조약(OST)' 체결[119]
①-3. 1968년, '핵확산금지조약(NPT)' 체결
①-4. 1969 · 1979년, '전략무기 제한협정(SALT-Ⅰ · SALT-Ⅱ)' 체결
①-5. 1993년, '전략무기 감축 조약(START-Ⅱ)' 체결[120]
①-6. 1996년, '포괄적 핵실험 금지조약(CTBT)' 체결

련의 과정을 포함하고 있다.

* 1945년 2월 4일부터 11일까지 개최된 '얄타 회담(Yalta Conference)'은 냉전체제가 시작하게 된 결정적 계기였다.

116) '항공자유화조약(OST)'은 'Open Skies Treaty'의 약자로서 1992년 3월 24일 34개국이 체결하였고, 2002년 1월 1일 발효된 다자조약이며, 가장 광범위한 신뢰구축 방안의 하나다. 1955년 미-소 간 영공(領空) 정찰비행의 허용을 제안했지만, 소련이 거절한 이후 1989년 미국의 조지 H. W. 부시 대통령이 NATO-WTO 간 협상에 성공하였다. 2021년 12월 18일 러시아가 공식적으로 탈퇴하였다(통일원, <유럽에서의 재래식 무기통제 및 안보협상> (서울:통일원 남북회담사무국, 1996년 9월).

117) 남만권, 앞의 책(2006), p. 61.; Arthur M. Schlesinger, Jr., *"A Thousand Days,"* (New York:Houghton Miffin, 1965), Chapt. 15.

② ‘재래식 군비통제(Conventional Arms Control)’는 통제대상을 재래식 무기로 한정한다는 의미다. 1899년 제1차 헤이그 회담부터 최근에 이르기까지 끊임없이 재래식 무기를 축소 및 제한, 관리에 관해 논의하였고, 나름의 성과도 달성하였다. 재래식 군비통제는 통제대상을 재래식 무기로 한정한다는 의미다. <표 1-20>은 재래식 군비통제의 대표적인 사례를 제시하였다.

<표 1-20> 재래식 군비통제의 대표적인 사례

②-1. 1973~1976년, NATO-WT0 간 ‘상호균형 감군 협상(MBFR)’ 체결
②-2. 1990・1992・1999년, ‘유럽 재래식무기 감축 협상(CFE-Ⅰ・CFE-Ⅰa・CFE-Ⅱ)’ 체결
②-3. 1978년, 이스라엘-이집트 간 ‘캠프 데이비드 협정(또는 시나이 평화협정)’ 체결[121)]

3.5. 참여하는 방법에 따른 구분

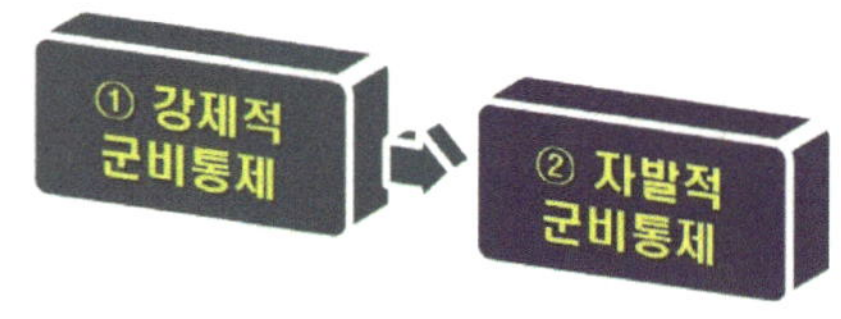

군비통제 협상에 참여하는 국가가 타의에 의해 참여하는지, 자발적인 의지로 참여하는지에 따라 구분

118) ‘부분적 핵실험 금지조약(NTBT)’은 원래 ‘Treaty of Banning Nuclear Weapons Tests in the Atmosphere in Outer Space and Under Water’이지만, ‘Nuclear Test-Ban Treaty’라는 약자로서 ‘PTBT-Partial Test Ban Treaty’이라고도 한다. 1963년 8월 5일 모스크바에서 조인되었으며, ‘지하에서 행해지는 실험을 제외하고는 모든 핵무기의 실험을 금지하는 조약’이다. 그러나 관련 분야를 통제할 기관, 현지의 조사 체계, 국제사회 차원에서 감독 기구 등을 갖추지 못해 성과는 달성하지 못했다.

119) ‘외부 우주조약(OST)’은 ‘Outer Space Treaty’의 약자로서 1967년 1월 27일 미국, 소련, 영국이 서명하면서 시작된 ‘우주에 대한 최초의 다자간 국제조약’이다. 원래는 ‘달과 기타 천체를 포함한 외기권(외우주)의 탐색과 이용에 있어서 국가 활동을 규율하는 원칙에 관한 조약’이지만, 이를 요약하여 사용하고 있다. 한국은 1967년 10월 13일부터 참여하고 있다.

120) ‘전략무기 감축 조약(START-Ⅰ・Ⅱ, 일명 ‘전략무기 감축 협상’)’은 1970년부터 진행하던 ‘전략무기 제한협정(SALT)’이 미사일과 핵탄두 숫자를 단순히 제한한다는 측면에서 이를 급격하게 감축하자고 제안하며, 1982년 이후 추진한 군비통제 협상이다.

121) 1967년 이집트의 가말 압델 나세르(Gamal Abdel Nasser) 대통령은 이스라엘 항구의 봉쇄를 명령함으로써 이스라엘이 전쟁을 일으킬 빌미를 제공하였다. 이로써 제3차 중동 전쟁(일명 6일 전쟁)이 발발했으며, 캠프 데이비드 협정을 체결함으로써 잠시 평화를 되찾는 듯 보였지만, 최근까지도 분쟁은 계속되고 있으며, 시나이반도 이외의 지역은 이스라엘이 지배하고 있다(김성진, 앞의 책(2020a), pp. 164~167.).

할 수 있다.

① '강제적 군비통제(Coercive Arms Control)'는 당사국의 주관적 판단 또는 의지와 상관없이 외부 요인 즉, 타국이 군사력의 균형을 유지하는 데 영향을 끼칠 수 있는 방식이다. <표 1-21>은 강제적 군비통제의 대표적인 사례를 제시하였다.

<표 1-21> 강제적 군비통제의 대표적인 사례

①-1. 1919년, 제1차 세계대전 직후의 '베르사유 조약(Treaty of Versailles)' 체결[122]
①-2. 1945년, 제2차 세계대전 종결 직전의 '얄타-포츠담(Yalta-Potsdam) 회담'[123]

② '자발적 군비통제(Voluntary Arms Control)'는 외부의 강압・강제적 영향이 없는 상태에서 주관적으로 판단한 결과에 따라 추진하는 방식이다. <표 1-22>는 자발적 군비통제의 대표적인 사례를 제시하였다.

<표 1-22> 자발적 군비통제의 대표적인 사례

1987년, 미-소 워싱턴 회담과 '중거리 핵전력 조약(INF) 조약'을 체결한 이후 1989년까지 '동구(東歐)에서 일방적으로 철군 또는 감군' 사례

3.6. 단계별로 접근하는 데 따른 구분(韓 국방부 사례)[124]

한반도는 유럽의 사례와 다르게 불신의 정도가 깊다. 유럽이 군사적 적대행위의 경험이 적은 협상이었다면, 한반도는 6・25전쟁을 비롯한 소규모 충돌이 끊이지 않는 지역이다. 이는 남-북 간 상호 신뢰를 형성하는데 상당한 장애 요인으로 평가할 수

122) 김성진, 앞의 책(2021a), pp. 290~291.

123) 김성진, 앞의 책(2021a), pp. 341~342.

124) 한용섭, 앞의 책(2015), pp. 84~85.; 김강녕, 앞의 논문(2019), p. 99.; 정경영, "9・19 남북군사합의 이행 진단과 군비통제 추진 방향," 『군사논단』 통권 제96호 (서울:한국군사학회, 2018), p. 22. 외 다수.

있다. 유럽에서 재래식 무기 감축이 성공한 요인은 핵무기에 의해 상호 억제가 가능해서다. 반면에 한반도는 북한이 일방적으로 핵무기를 개발하며 2016년 핵보유국임을 선언하였다. 이로 인해 재래식 무기의 감축에 성공하더라도 군사력 불균형이 커질 수밖에 없는 구도이기에 군비통제 협상을 추진하는 데 어려움이 있다.

북한은 정치적 목적을 달성하기 위한 명분 쌓기와 선전・선동(propaganda and agitation) 전술을 구사하며, '先 군축, 後 신뢰 구축'을 주장하고 있으며, '주한미군의 철수와 단기간 내에 급격한 군축'을 강조하고 있다. 한국은 국가안보를 증진함과 동시에 평화통일을 지원하기 위한 인도주의적 교류와 경제협력을 토대로 하는 '先 신뢰 구축, 後 군축'을 강조하며 '점진적이고 단계적인 군비통제 접근방식'을 추구하여왔다. 그간 북한은 한국의 주장이 한반도 분단을 고착하려는 속셈이라며 비난했고, 한국은 북한의 주장을 위장평화 공세로 치부하며 평행선을 달리고 있다. 이러한 와중에 김정은은 2023년 9월 26일 개최된 최고인민회의에서 '핵무력정책법'을 헌법에 명시하는 등 한반도의 안보위기를 더욱 급격히 고조시키고 있으며, 남-북 간 대결 구도와 함께 북・중・러 대(對) 한・미・일 진영 양상을 조장하고 있다.[125)]

한반도의 군비통제 환경은 동북아 안보지형에 따른 다양한 비대칭성(heterology)과 불균형(unbalance), 남북 간 위협에 대한 인식의 괴리, 북한 핵 개발의 심화와 능력의 고도화, 전략・전력 구조로 특징지을 수 있다. 이러한 요인들로 인해 남-북 간 군비통제 협상은 촉진에 노력하기보다 제어하는 방향으로 작동하고 있음을 이해하고 접근해야 한다. 학자에 따라 정치・군사・규제적 신뢰 구축방안이 필요하다는 주장도 있다. <그림 1-9>는 한국 국방부가 남-북 간 교류협력을 보장하려는 차원에서 채택하고 있는 방식을 제시하였다.[126)]

125) 김성진, "하마스의 이스라엘 기습침공과 한반도 대비태세의 현실," 『글로벌국방』 (서울:글로벌국방연구포럼, 2023년 10월), pp. 20~24.; 김성진, "한반도를 둘러싼 5대 안보위협 변수와 지정학(地政學)," 『KONAS』 안보칼럼 (2023.03.09.).; 김지연, "북, 핵무력정책 헌법에 명시…김정은 "반미연대 강화"(종합)," 『연합뉴스』 (2023.09.28.),

126) 김강녕, 앞의 논문(2019), p. 99.

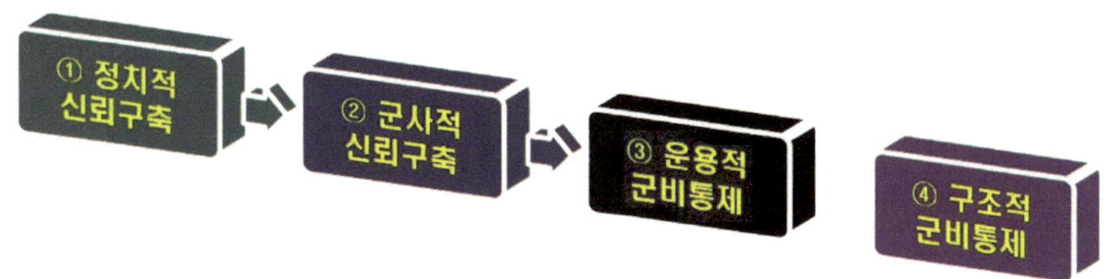

<그림 1-9> 한국 국방부에서 군비 통제를 구분하는 방식

① '정치적 신뢰 구축(Political CBM)'은 정상 간 회담, 경제교류 및 협력, 문화·스포츠 교류 행사, 인도적 지원 활동 등을 포함할 수 있다.

② '군사적 신뢰 구축(Military CBM)'은 상호 의사소통, Hot-Line 구축, 작전적 차원에서의 병력 배치 및 기동훈련(연습) 등에 관한 사전 통보체계 확립, 군 관련 인사의 교환 방문, 훈련(연습) 시 참관인 초청 및 교환, 군사정보 교류 활동 등을 들 수 있다.[127)]

③ '운용적 군비통제(Operational Arms Control)'는 군사력의 운용과 배치를 조정하는 데 있다. 이때 유념할 사항은 신뢰 구축(CBM)이 중요한 부분을 차지하고 있다는 점이다. '주요 군사 활동을 제한하거나, 군사력의 운용과 배치를 통제 및 조정하여 적의 도발 의도를 약화하도록 하는 등 서로 믿고 안심하도록 노력하는 활동 전반(全般)'을 들 수 있다.[128)] 유럽의 경우는 전방의 군사력을 후방으로 배치하거나, 완충지대 또는

127) 인간관계론에서 신뢰 구축의 핵심은 공격적 또는 방어적 차원으로 받아들이기보다 발전과 성장을 위한 건설적인 비판으로 인식 및 처리하는 6단계를 들 수 있다. ① 솔직한 의사소통(communication), ② 어떠한 상황에서도 약속을 준수하며, ③ 상대에 대한 진정한 배려와 관심이 있어야 하고, ④ 일관성이 유지되어야 하며, ⑤ 실수를 포함하여 잘못을 인정하되, 변명은 하지 않는 깔끔한 사과, ⑥ 살아가면서 비판이 불가피하다는 측면이다. 대표적인 사례가 미국의 남북전쟁(1861~1865)이다. 당시 승리한 북군 사령관(Ulysses S. Grant)이 패배한 남군 사령관(Robert E. Lee)과 대화 및 협상하는 과정에서 신뢰구축을 위해 어떻게 행동하였는지를 보면, 이들이 바라는 국가의 모습과 미래를 느낄 수 있다(김성진, 앞의 책(2020a), pp. 184~185.).

128) 운용적 군비통제는 군사적 신뢰 구축과 제한조치로 구분하고 있으며, 군비통제를 군사적 신뢰 구축, 제한조치, 군축의 세 가지로 구분하기도 한다(Richard Darilek, *"The Future of Conventional Arms Control*

비무장지대(대표적으로 한국의 DMZ)를 설치하여 서로 충돌할 가능성을 막는 방식을 포함하고 있다.

④ '구조적 군비통제(Structural Arms Control)'는 '군사력의 규모 및 편성 구조를 동결·통제하여 전쟁의 직접적 원인이 되는 무기 및 무기체계의 상한선을 설정-제한-감축 및 폐기하거나, 군사력을 공격전력이 아닌 방어전력으로 전환하기 위해 공격용 무기 등을 제한 및 감축하는 활동 전반' 즉, 군사력의 규모 또는 구조를 통제하는 데 있다. 다르게 표현하면, '재래식 무기, 핵 및 화생무기 등 특정한 무기의 개발을 금지하도록 부분적으로 군사력을 규제하거나, 군비제한, 군축 등을 비롯하여 제반 구조적 분야를 통제하는 활동 전반'이라고 할 수 있다.[129]

구조적 군비통제(예)-탄도·순항 미사일, 장사정포 사격

4. 군비통제의 검증(verification) 방식

4.1. 개요

군비통제 협상을 추진하는 과정에서 가장 복잡하고 난감한 문제가 검증 방안의 마련이다. 검증에 관한 협의(합의)는 군비통제 협상 효과를 증대시키며, 실질적인 이행을 보장할 버팀목이 된다는 점에 주목해야 한다. 협상은 국가안보와 직결되기에 어떠한 국가라도 선불리 상대국에 신뢰를 주기가 쉽지는 않다. 이러한 측면에서 군비통제에 관한 검증은 쌍방 또는 다자간 협상 결과를 어느 정도 보장함으로써 확신을 높이

---

in Europe:A Tale of Two Cities, Stockholm and Vienna," 『Survival』 Vol. 29, No. 1. (January/February, 1987), pp. 5~6.; 한용섭, 앞의 책(2015), pp. 83~85.).

129) 남만권, 앞의 책(2006), p. 115.; 조은일·이미숙, "한국 군비통제 정책의 시대적 변화 연구," 『국방정책연구』 통권 제128호. (서울:한국국방연구원, 2020), pp. 56~73.; 문장렬, "한반도 비핵화와 군비통제:평가와 과제," 『통일정책연구』 제28권 1호 (서울:통일연구원, 2019), pp. 13~22. 외 다수.

고, 원활한 이행을 보장하는 과정 및 요소임을 이해할 필요가 있다.

4.2. 검증의 의미와 기능적 측면

기술적 측면에서 '검증'은 '조약을 체결한 이후 쌍방 또는 다자간 준수 여부를 확인하기 위해 조약(협정)에서 규정한 대상의 정보를 제한적으로 수집 및 분석하는 활동'이다.[130] 검증의 개념은 군사적 차원에서 보면, '감시(surveillance)'와도 부분적으로 중첩되어있다.[131] <표 1-23>은 검증(Verification)이 가진 대표적인 기능을 제시하였다.[132]

<표 1-23> 검증(Verification)의 대표적 기능

첫째, 신뢰 구축(CBM) 기능	둘째, 억제(deterrence) 기능

첫째, 국제적 수준의 검증을 통해 군비통제 조약 당사국이 모두 이를 준수한다는 확신을 심어줌으로써 신뢰를 높이고, 또 다른 협상 및 조약 체결의 가능성을 높이는 기능을 수행하게 된다. 아울러 국내적으로도 군비통제 협상이 국가안보에 위협이 되지 않는다는 확신을 줄 수 있기에 안보 불안감을 감소시킬 수 있다.

---

130) Michael A. Sheehan, *"Arms Control: Theory and Practice."* (New York:Basil Blackwell, 1998), p. 123.

131) 일반적으로 '감시(monitoring)'라 함은 군비통제의 협상 여부와 상관없이 '주권국에서 상대국에 대하여 실시하는 전반적 수준의 정보수집 활동'을 뜻한다. '검증'은 '조약을 체결한 당사국 간 합의로 진행되는 특정 영역에 대한 감시활동'이다. 여기서 의미하는 '검증'은 일반적 수준의 감시활동으로 획득할 수 있는 정보의 수준을 넘어서는 고도로 정밀화된 정보라는 점에서 차이가 있다(Jozef Goldbalt, 앞의 논문(1994), pp. 210~211.).

* 일반적으로 군사적 의미의 '감시'는 'surveillance'로 사용하고 있다(김성진, 앞의 책(2023), pp. 104, 318.).

132) Kosta M. Tsipis, *"Arms Control Verification:The Technologies That Make it Possibile,"* (New York:Pergamon, 1986), p. 157.

둘째, 효과적인 검증 방안을 마련함은 적국(잠재적국)에서 보이지 않게 진행하는 위반내용까지 탐지하여 조기에 경보하는 안전장치 역할을 담당한다는 의미다. 검증을 통해 상대국의 군사적 의도를 사전에 인지할 수 있기에 당사국의 이익을 저해하는 적의 군사적 의도를 차단 및 억제하는 기능도 수행할 수 있다.

4.3. 검증의 특성과 목적

<표 1-24>는 검증의 특성과 목적은 크게 두 가지로 정리하였다.

<표 1-24> 검증(Verification)의 특성과 목적

첫째, 감시(monitoring) 둘째, 정보수집(collected information)과 분석(analysis)

첫째, 당사국의 협정(이하 조약) 준수 여부에 관한 정보획득 기술과 연계되어 있다. 어려운 부분은 자료의 '해석 과정(interpretation process)'이다. 선별된 자료의 정리 작업(data processing) 과정에서 내용과 의미가 모호해진다면, 상대가 납득(納得)하기 어려워서다.

둘째, 어떠한 방법과 수단으로 정보수집을 할 것인지가 우선적인 과제다. 국가기술수단(NTM)인지, 국제기술수단(ITM)으로 진행하는지에 따라 차이가 발생할 수 있다.[133)]

4.4. 검증 절차 및 추진 단계

133) '국가기술수단(NTM)'은 'National Technical Means'의 약자로서 '개별 국가가 보유한 항공기, 위성, 인간·신호 정보 능력을 사용하여 검증하는 방법'이다. 당사국이 보유한 감시 기제를 망라하고 있으나, 원격 감시방법과 함께 자료 획득기술에 크게 의존할 수밖에 없다. 다만, 협력 조치가 없는 상태에서 검증할 수 있고, 협력 감시체계의 일부로 사용될 수 있다. '국제기술수단(ITM)'은 'International Technical Means'의 약자로서 '조약 시 합의한 국제적인 기술수단을 이용하여 검증하는 방법'이다(한용섭, 앞의 책(2015), p. 183.).

군비통제 협상에 따라 검증의 구체적인 항목들은 당사국끼리 합의하거나, 조약 내용에 포함돼야 효력이 있다. 합의의 이행 여부를 검증하는 과정에서 위반사항이 적발될 경우, 이의 제기 및 해결 절차를 밟게 된다. <그림 1-10>은 군비통제 협상에 따른 검증 단계를 제시하였다.

<그림 1-10> 군비통제 협상에 따른 검증 단계

① '협상 단계'는 군사적 측면에서 당사국 간 또는 국제기구의 틀 내에서 관련 국가 간에 검증의 대상(object of verification)과 범위(scope), 방법(methods)을 정치적으로 논의하는 단계다. 이 과정에선 합의가 중요하기에 포괄·상호주의적 시각으로 접근하여야 한다.

② '정보수집 및 분석 단계'는 당사국의 조약 준수와 자료 수집에 필요한 단계다. 이때 당사국이 보유한 수단 즉, 국가기술수단(NTM)과 국가 간 조약을 할 때 합의된 국제기술수단(ITM 또는 다국적 기술수단-MTM)으로 하는 두 가지 방법이 있다. 그러나 수집된 정보분석만 가지고 당사국이 위반한 여부를 판단하기는 쉽지 않다.[134]

③ '평가 및 대응 단계'는 검증했을 때 협상 결과를 잘 이행하고 있는지, 위반에 해당하는지를 평가-결정-대응하는 단계다. 위반 행위가 적발되었을 때 이를 묵인할 것인지, 위반 행위에 대하여 문제를 제기하고 조치할 것인지 판단한다. 어느 수준까지 문제로 삼을 것인지를 결정해야 하지만, 이는 기술적 문제가 아닌 정치적 과정이기에 공무원(公務員)적 판단보다 정무(政務)적 감각이 필요한 부분이다.

4.5. 검증의 기준(수준) 및 수단

4.5.1. 검증의 5대 기준(수준)

134) '다국적 기술수단(MTM)'은 'Multinational Technical Means'의 약자로서 제3국 또는 우방국 또는 국제기구가 통제하고 있는 기술수단과 협력하여 자료를 이용하는 방법을 의미하고 있다.

당사국 간 합의를 통해 진행하는 검증은 다양한 수준(기준)과 차원에서 이루어진다. 이때 검증 수준에 차이가 발생함은 당사국들이 위반 사례를 평가하고자 하는 기준 설정과 검증 결과를 어디까지 수용할 수 있는지에 따라 다르게 나타날 수 있다. <표 1-25>는 검증 간 일반적으로 적용되는 5대 기준을 제시하였다.

<표 1-25> 검증 간 일반적으로 적용되는 5대 기준

첫째, 무검증(No Verification) 둘째, 상징적 검증(Symbolic Verification) 셋째, 적절 검증(Adequate Verification) 넷째, 효과 검증(Effective Verification) 다섯째, 완벽 검증(Perfect 또는 Absolute Verification)

첫째, '무검증(No Verification)'은 조약에 특정한 검증 기준을 두지 않는 것으로서 당사국의 독자적인 정보수집 또는 제3국과 협조를 통해 개괄적으로 파악하는 일반적인 방식이다. 1925년 체결한 전시 생화학무기의 사용을 금지하는 '제네바 의정서'나, '부분적 핵실험 금지조약(NTBT, 1963)', '헬싱키 최종 협약(HFA, 1975)'을 들 수 있다.[135)]

둘째, '상징적 검증(Symbolic Verification)'은 조약에 구체적인 검증 방법은 적시되지 않았지만, 위반의 징후가 있을 때 이를 해결하기 위한 해명 방법과 협의 절차를 명시하고 있다. 대표적인 사례로 1972년 세균 및 독소 무기의 개발-생산-비축을 금지하는 '생물무기 금지협약(BWC)'을 들 수 있다.

셋째, '적절 검증(Adequate Verification)'은 당사국 간 군사적 위협을 초래할 정도의 중대한 위반을 적기(適期)에 탐지하거나, 시간적 여유를 확보하기 위해 관련 항목을 구체적으로 적시하는 방법이다. 즉, 당사국의 주권을 침해하지 않고 위반 여부를 탐

135) '헬싱키 최종 협약(HFA 또는 헬싱키 최종합의서)'은 'Helsinki Final Acts'의 약자로서 1975년 7월 30일부터 8월 1일까지 유럽안보회의(CSCE)에서 채택한 최종 협약문서다. 냉전기이던 1962년 미-소 쿠바 미사일 위기사태에서 전쟁이 발발할 위험성이 커지자 자유민주주의 진영과 공산주의 진영이 긴장을 완화할 필요성에 절실함이 더해지며 추진되었다.

지할 수 있게 한다. 인공위성이 개발되면서 이를 활용하여 주권을 침해하지 않고도 위반 여부를 상당 부분 검증할 수 있어서다. 1972년 5월 '전략무기 제한 협정(SALT-Ⅰ)'을 들 수 있다.[136)]

넷째, '효과 검증(Effective Verification)'은 사소한 위반사항이라도 기술적 측면에서 '현장사찰(OSI)'을 허용하는 방법이다.[137)] 1986년의 '스톡홀름 협약(SD)'이나, 국제원자력기구(IAEA)의 사례를 들 수 있다.[138)]

다섯째, '완벽 검증(Perfect Verification 또는 절대 검증(Absolute Verification)'은 조약의 준수 여부에 관해 당사국이 100% 검증을 허용하는 방법이다. 1959년에 체결한 '남극조약(AT)'이나, 레이건 행정부에서 추진한 '절대 검증' 방법을 들 수 있다.[139)]

4.5.2. 검증 방법 및 수단

검증 방법 및 수단(means 또는 measures)은 정보수집과 분석-평가-대응 단계를 진행하는 데 있다.[140)] <그림 1-11>은 검증 수단을 정리하였다.

---

136) '전략무기 제한협정(SALT-Ⅰ)'의 제5조(검증기술수단)는 양국 간 합의한 공격형 전략무기 제한 규정을 검증하는 방법으로 "쌍방은 일반적으로 인정되는 국제법의 제(諸) 원칙에 준하는 방식으로 각기 기술적 검증 수단을 행사한다."라고 합의하였다(국방부 군비통제관실, 앞의 책(1993), p. 47.).

137) '현장 사찰(OSI)'은 'On-Site Inspection'의 약자로서 '현장에서 직접 확인(검증)하는 행위 또는 활동'을 의미하고 있다.

138) IAEA에서 일본의 오염수 해양 방류에 대하여 모니터링을 할 때 분석 및 평가한 방법과 유사하다(최나실, ""일본 오염수 방류, 찬성하는 우리 국민 10명 중 2명뿐"," 『한국일보』 (2023.09.01.).).

139) 로널드 W. 레이건 행정부는 절대 검증 방식을 채택하였다. 이는 조약 중에 한 부분이라도 위반할 경우 철저히 밝혀내는 엄격한 감시를 요구한다는 비판을 불렀다. 그러나 이후 적절 검증(Adequate Verification)으로 완화하며 유연하게 대응한 결과, 1980년 미-소 합의를 끌어냈다(한용섭, 앞의 책(2015), pp. 469~472.).

140) 연구자(전문가)의 시각에 따라 명칭과 용어가 혼재(混在)하기에 상당히 복잡하고 혼란스럽다. 그러다 보니 내용 측면에서 외형・형식적 명칭에 불과하다는 의미 이외엔 왜! 구분하는지에 대한 방향성과 목적을 이해하기가 쉽지 않다. 나름의 독특한 용어도 중요하겠지만, 본질적 의미와 개념을 이해하는 데 목적을 두는 게 바람직해서다. 따라서 유사한 목적을 가진 용어나 명칭은 통합하되, 이해하기 쉽도록 묶었다.

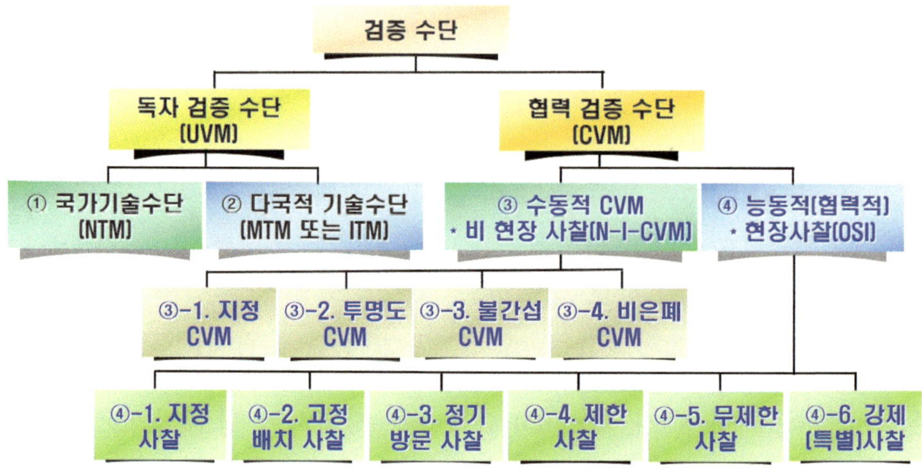

<그림 1-11> 검증 수단의 종류

첫째, '독자 검증 수단(UVM)'은 조약 당사국 간 협력하지 않고 해당국에서 독자적으로 검증을 진행하는 방법이다.[141)]

① '국가 기술 수단(NTM)'은 국가가 보유한 감시 기제(機制-memorial service held on an anniversary of death)들을 총망라하는 의미이다. 대표적으로 항공기, 레이더(radar), 사진 정찰위성(photo reconnaissance satellite), 지진계(seismometer), 전자감청장치(electronic eavesdropping), 최근 급속히 발전하고 있는 AI 기술을 이용한 장치 또는 도구를 비롯하여 인간 정보 등을 활용할 수 있다. 이는 당사국의 협조가 없어도 이행할 수 있다는 측면에서 편리하지만, 검증 수단으로서 효과엔 한계가 있다.

② '다국적 기술수단(MTM 또는 ITM)'은 조약 체결국 간 합의에 따라 협력적 측면에서 가능한 방법이다. 당사국의 협조가 없더라도 다른 체결국과 협력하여 시행할 수 있기 때문이다.

둘째, '협력 검증 수단(CVM)'은 조약을 체결한 모든 국가와 협의를 통해 검증을 진행하는 방법이다.[142)] 이는 ③ 수동적 비현장 사찰(N-I-NTM)과 ④ 능동적(협력적) 현장사찰(OSI)로 재구분할 수 있다.

먼저, ③의 '수동적 비 현장 사찰(non-intrusive CVM)'은 상대의 국가기술수단(이하

---

141) '독자 검증 수단(UVM)'은 'Unilateral Verification Measures'의 약자다.

142) '협력 검증 수단(CVM)'은 'Cooperative Verification Measures'의 약자다.

NTM)에 의해 감시를 수월하게 하자는 취지에서 강구되는 방법으로 크게 네 가지를 활용할 수 있다.

③-1. '지정(designation) CVM'은 통제해야 할 군사시설물과 군사기지(Military Base), 각종 군사 활동 등에 대하여 NTM이 감시해야 할 범위를 한정하여 검증하고 있다.

③-2. '투명도(transparency) CVM'은 통제 대상인 장비와 무기에 대해 식별이 가능하도록 차이점을 부여하여 NTM의 식별능력을 높일 수 있다.

③-3. '불간섭(non-interference) CVM'은 조약상 허용된 NTM에 의한 검증 방법-절차-기술적 운용 등을 방해하지 않음으로써 검증 효과를 증대시키는 방법이다. 대표적으로 특정 국가의 정찰위성 활동을 방해하기 위해 원천적으로 대(對) 위성장치(anti-satellite system)를 사용하는 행위 자체를 금지하고 있다.

③-4. '비은폐(non-concealment) CVM'은 ③-3.과 연계되며, 통제대상인 장비 또는 시설을 고의로 은폐하는 행위를 금지하고 있다. 즉, 정찰위성 또는 항공기 사진 촬영을 방해할 목적으로 대상 장비 또는 시설을 은폐하거나, 다른 장소(지역)로 이동시키는 행위를 금지하는 방법이다. 1987년 미-소 간 체결한 '중거리 핵전력 폐기조약(INF)'을 들 수 있다.[143)]

④는 ③과 비교할 때 상호 협력하여 '사찰(査察-Inspection)'이라는 보다 적극적인 방법과 수단을 통해 검증하는 방법이다. 이는 크게 다섯 가지로 재구분할 수 있다.

④-1. '지정사찰(designation OSI)'은 '임시 사찰(ad hoc OSI)'과 유사하다. 그러나 사찰 대상에 관한 정보를 서로 교환한다는 측면에서 정기방문 사찰과 같다. 그러나 당사국의 처지에서 보면, 갑작스럽고 급하게 통보(통지)를 받다 보니 준비할 시간적 여유가 없다는 점에서 차이가 있다.

④-2. '고정배치 사찰(Residential OSI)'은 감시단이 특정 지점에 고정적으로 배치된 형태다.

④-3. '정기방문 사찰(regular inspection)'은 '일반 사찰(routine inspection)'과 유사하

143) '중거리 핵전력 폐기조약(INF)'은 조약상 어느 일방의 요구가 있을 때는 당사국이 6H 이내에 고정 구조물의 지붕을 열어 발사 장치에 탑재되어있는 모든 미사일을 공개한 다음 12H 동안 유지하게 되어있다(국방부 군비통제관실, <국방부 군비통제 국제 조약집> (서울:국방부, 1993), p. 129.).

다. 현장 사찰(OSI)의 가장 기본적인 형태다. 즉, 준비된 목록을 가지고 정해진 시간에 진행하는 방법이다. 이는 사찰 대상 및 시기를 사전에 알고 있으면, 대비가 가능하다는 의미와도 같다. 2023년도 8월에 시작된 일본의 오염수 방류에 관해 IAEA가 정기 사찰을 진행한 사례를 들 수 있다.[144)]

④-4. '제한 사찰(Limited OSI)'은 특정한 대상이나, 장소 이외에는 사찰을 허용하지 않는 형태다.

④-5. '무제한 사찰(Unlimited OSI)'은 기간과 범위를 정하지 않고 무제한으로 특정 지역에 대한 사찰을 허용하는 형태다.

④-6. '강제 또는 특별사찰(challenge OSI)'은 대상국의 사찰 대상에 대한 구체적인 정보나 시점을 정확히 알 수 없는 상태에서 진행하는 형태다. 돌발적으로 발생한 사고(사태)로 인해 특정 국가의 핵물질에 손실(또는 손상)이 발생한 경우나, 정기(일반) 사찰을 진행하면서 분석한 정보나 당사국에서 제공한 정보가 충분치 않다고 판단될 경우, 실시하도록 규정하는 형태다. 매우 짧은 통보를 하고 실시되는 현장사찰이다. 1997년 발효된 '화학무기 금지협약(CWC)'은 의심되는 국가에 대하여 12시간 전에 통보하고, 강제로 사찰하도록 규정하고 있다. 2008년에 불거진 북한의 영변 핵시설에 대한 전면 공개와 강제사찰 허용에 실패한 사례를 보더라도 강제사찰을 진행하기가 얼마나 어려운지 알 수 있다.

4.6. 검증체계에 적용이 필요한 원칙

군비통제 협상을 진행하는 과정에서 검증이 결정되기까지는 난해하고 복잡하다. 재래식 군비통제 협상 간 검증의 어려움은 통제(감축) 대상인 무기 및 무기체계와 시설

---

144) IAEA는 대상국이 제출한 보고서가 자신들이 사찰한 결과와 일치하는지 확인하여 위반 여부를 가리고 있다(조성신, "IAEA·日, 오염수 방류 안전 평가 지속 협력…원자력 전문가 "2051년 폐로, 있을 수 없는 얘기"," 『매일경제』 (2023.08.22.).; IAEA "오염수 방류 정보 한국 정기적 제공…현장방문도 지원"," 『매일경제』 (2023.08.22.).); .

의 규모 및 범위가 너무 넓어서다. 대표적인 사례가 유럽의 '재래식군사력 감축 협상(이하 CFE)'이다. 당시 미-소 간 검증할 대상은 약 30만 개 이상의 단위 무기였다. 여기에 더하여 재래식 무기가 있는 감시 대상 지역의 범위 또한 사방에 분산되어있었기에 검증을 진행하는 자체가 어려웠다. <표 1-26>은 군비통제 협상을 진행하는 과정에서 검증 간 반드시 적용되어야 할 4대 원칙을 간략하게 제시하였다.

<표 1-26> 군비통제 협상 간 검증체계에 적용돼야 할 4대 원칙

첫째, 국가안보에 위해(危害)를 끼칠 요소가 상당 부분 존재하거나, 군사적 위반사항이 발생 시 검증체계에 의해 즉시 탐지된다는 믿음을 가지게 해야 한다. 둘째, 최대한 단순해야 하며, 공개를 원칙으로 해야 한다. 셋째, 현장검증은 당사국 간 협조가 필요하며, 검증 조치의 적절성 여부는 정치적 판단을 존중해야 한다. 넷째, NTM을 포함하는 일방·협력적 조치는 복합적으로 적용되어야 한다.

첫째, 재래식 군비통제 협상은 대상을 완전하게 확인하기가 쉽지 않다. 재래식 무기 하나하나는 작은 규모일지 모르지만, 기동성이 높은 데다 그 종류와 숫자는 무수히 많을뿐더러 광범위하게 분산되어있어서다. 따라서 협상을 추진할 때는 가장 먼저 불확실성에 대한 허용치를 결정해야 한다. 또한, 군사적 측면에서 위반사항을 식별하려면, 특정한 검증 기준이 마련되어야 한다.

둘째, 재래식군사력 협상을 추진하는 과정에서 가장 힘든 부분은 정치적 현실 또는 비용(spending 또는 expenditure)보다 기술적(technological) 측면으로 볼 수 있다. 검증에 필요한 기술적 요소 자체가 상당한 비용 부담을 초래하기 때문이다. 다만, 기술과 비용의 문제는 주로 초기 단계에서 나타난다. 따라서 당사국이 지역 현장에 대한 요구를 수용하는 과정에서 쌍방의 정치적 부담이 상당히 커지게 된다. 현장검증 시 정보를 획득하는 과정에서도 민감한 군사적 내용이 확인될 경우, 당사국의 국가안보에 지대한 영향을 미치게 된다. 이로 인해 안보 딜레마(security dilemma)가 형성될 가능성이 크다. A 국가(또는 기구)는 신뢰성과 정확성을 위해 많은 정보를 획득할 수 있는 검증체계를 원하게 되고, B 국가는 기밀정보를 보호해야 하기에 반대의 현실에 직면하게 되어서다. 따라서 다양한 검증 수단과 방법을 채택하는 등을 통해 쌍방의 신뢰가 높아져야 하고, 높일 수 있어야 한다.

셋째, 군비통제 협상과 검증 절차에 영향을 주는 요인은 정치적 여건이 변화하는 데서부터 시작된다. 따라서 협약(조약)이 발효되는 동안 정치적 여건이 우호적 또는 비우호적 관계로 변화되더라도 일희일비하기보다 일관성 있게 적용할 수 있는 정치·제도적 차원의 협약(조약)이 있어야 한다.

넷째, NTM은 CFE를 진행할 때 가장 중요한 검증 수단이다. 그러나 이것만으로 검증 목적을 달성하기는 어렵기에 '중거리 핵전력 폐기조약(INF)'과 같은 복합적인 적용 조치 등으로 신뢰도를 높였다.[145)]

---

145) '중거리 핵전력 폐기조약(INF, 일명 '중거리 핵전력 협정')'은 'Intermediate-range Nuclear Forces treaty'의 약자다. 여기서 '복합적인 적용 조치'라 함은 대표적으로 ① 고정 감시소에 대한 자동센서체계의 설치, 인원 상주(常住) 파견 또는 불시사찰을 병행하여 적용한다. ② 특정한 감시장소에 대해 상호 보완적이고도 다양한 전자센서를 운용한다. ③ 상주 감시소 운영과 영공정찰을 병행하여 적용한다. ④ 현장사찰과 위성정찰을 병행하여 적용하는 등을 대표적으로 들 수 있다.

* 2019년 7월에 러시아가, 8월엔 미국이 조약을 탈퇴하는 아쉬운 선례(先例)를 되새겨볼 필요가 있다.

제 3 절

논의 및 시사점

1. 군비통제에 관한 함의(含意)

'군비통제(Arms Control)'는 '군비(軍備-Military Preparedness)'와 '통제(統制-Control)'의 합성어로서 정치적 갈등을 관리하여 전쟁을 방지 및 예방하는데 목적을 두고 있다. 제2차 세계대전 이전까지는 일반적으로 '군축(disarmament)'이란 용어를 일반적으로 사용하였다. 원래의 뜻이 의미하는 대로라면, '모든 군비와 군대의 폐기(total elimination of armaments and armies)'이지만, 실제로는 '장비나 군대의 폐기'가 아니라 "장비의 양・질적 감축 또는 비인도적 전쟁 수단의 불법화, 일정한 지역의 비무장화(the quantitative and qualitative reduction of armaments, the outlawing of inhumane means of warfare, and the demilitarization of geographic areas)"를 의미하고 있다.[146)]

최근 사용되고 있는 '군축'은 '군비(軍備)를 삭감 및 제거하는 일체'를 뜻하는 것이 상식으로 되어있다. 즉, '제한적인 군비축소(Arms Reduction)'에서부터 전면적인 무장해제(또는 군비해제-disarmament)까지 포함하고 있다. 제2차 세계대전 이후로는 점차 '군비축소(군축-Arms Reduction)' 대신 '군비통제(Arms Control)'라는 용어가 활성화되었다. 엄밀히 따지자면 다른 의미이지만, 현실에서는 같거나, 확대된 의미로 이해되고 있다. 이때 '군비통제'는 군비를 삭감하거나, 제거하는 모두를 의미하고 있기에 군축보다 더 광의의 의미로 이해하면 될 듯싶다. 합참의 <합동・연합작전 군사 용어사전(2014)>에 따르면, "군비통제는 군사력의 운용과 구조(병력, 무기)에 있어서 통제 및 합의 위반사항을 제재함으로써 전쟁의 위협과 부담을 제거 또는 최소화하여 안보를 증대시키는 모든 노력 즉, 군축, 군비제한, 신뢰구축 등을 포괄하는 개념"으로 정

146) 이상우, 앞의 책(2001), p. 426.

의하고 있다.[147] 이는 국가의 행위나, 무기 소유, 사용, 실험 및 거래 등을 통제 또는 규제하는 행위를 포함하여 군비통제를 가능하게 하는 여건을 조성하는 행위 전반(全般)을 망라하고 있다.

다만, 군비통제가 군축, 군비제한, 신뢰구축 등을 망라하고 있다지만, '군축(Arms Reduction 또는 Disarmament)'은 '전쟁 가능성을 배제하지 않고 상호 협의 또는 자발적으로 군비를 줄이는 것'을, '군비제한(Arms Limitation)'은 '특정 기간 또는 비특정 기간에 군비 수준을 일정한 규모 이상으로 늘리지 않도록 하는 것'이다. 즉, 서로 합의한 대로 제한적인 증감을 시도함으로써 긴장을 완화하고 전쟁을 예방하는 게 주목적이다. '무장해제(disarmament)'는 '현재 있는 군비를 완전히 제거 혹은 폐기함으로써 전쟁을 일으킬 수 없을 정도의 상태로 만드는 것'을 의미하고 있다. 따라서 '군비통제'는 전쟁 준비에 들어가는 비용을 감축하여 군사력 운용 및 유지의 효율성을 증대시켜 전쟁을 예방하고자 노력하는 데 있다. 아울러 '협상(negotiation)'은 둘 이상의 국가 간에 이해관계가 맞지 않을 경우, 공동합의에 도달하기 위해 서로 조정하거나, 타협(또는 절충)하기 위한 교섭 과정이다.

따라서 군비통제 협상은 적국(분쟁국 또는 잠재적국을 포함) 간 군사력에 관해 서로 다른 이해관계를 협의 및 조정하는 교섭 과정으로 볼 수 있다.[148] 다만, 군비통제 협상에 임하는 어떠한 국가도 합의를 준수할 거라고 확신(確信)하기엔 결코, 쉽지 않은 현실이다. 따라서 상대가 신뢰할만한 적절한 방안이 마련되지 않을 경우, 협상(협정, 조약)을 추진하는 자체가 쉽지 않다. 이로 인해 조약 준수를 위해 당사국에 확신과 보장을 해주는 실체적인 방법이자 수단이 '검증(verification)의 실효성'이다.

2. 검증에 관한 함의(含意)

기술적 측면에서 '검증'은 '합의된 조약의 준수 여부를 확인하기 위해 규정한 대상에 관하여 진행하는 제한된 정보수집과 분석 활동'이다. 한국 외교부의 <군축편람

147) 합동참모본부, 앞의 사전(2014), pp. 72~73.

148) 김성진, 앞의 책(2020a), pp. 27~33.

(2021)>은 “국가가 군비통제 또는 군축 협정상 의무 준수 여부를 확인하는 과정”으로 정의하고 있다.149) 검증으로 협약(조약)의 위반 여부를 판단하는 이면(裏面)엔 정상적인 정보수집과 제공되는 자료 이외에 당사국의 군사적 능력에 관한 평가, 의도 및 위반 동기(목적 및 배경 포함), 양국(兩國)의 관계, 위반한 내용의 중대성과 중요성 등 정치・외교・군사적 측면 전반(全般)을 고려해야 하기 때문이다.

검증을 판단 및 평가하는 과정은 매우 정치적일뿐더러 주관적 시각이 개입되기 마련이다. 다시 말해 당사국의 행위가 얼마나 일치하는지를 판단 및 결정하는 고도의 정치적 과정이라고 보는 게 일반적이다. 따라서 정보수집-분석 및 판단-결심 및 대응단계를 진행 간 상당한 정도의 정치・주관적 판단에 직면하게 된다. 결국, 획득한 정보의 양・질적 수준이 같더라도 최고 정치지도자(지배계층 또는 Opinion-Leaders)의 성향에 따라 결과는 달라지기 마련이다.150)

미국을 중심으로 발전된 시각은 ‘억지 이론(Deterrence Theory)’에 기반하여 군사력 비율을 통제하는데 필요한 기술적 접근방식(technical approach)을 채택하고 있다. 이를 통해 군사적 안정성을 확보할 수 있다고 판단한 것이다. 그러나 군사력의 하드웨어적 통제 방식이 쌍방 또는 다자 간 ‘군비경쟁에 대한 통제(Controlling Arms Race)’로 나타난다고 하여 본래 기능인 전쟁이 억제 및 제한될 것으로 예단하기는 쉽지 않다. 전쟁이 단순히 군사력의 차이나, 군비경쟁으로 인해 발발하는 게 아니어서다.

아울러 검증을 진행할 때도 문제점을 식별할 능력과 역량이 있어야 성과도 낼 수 있다. 다만, 당사국의 능력・의도, 위반 배경(동기) 및 목적 등에서 위반되는 내용을 조치할 때 정치・외교・군사적 관계를 무시하기가 쉽지 않다.

“판단과 결심엔 상당한 고민이 필요하지만, 결정한 이후엔 고민하지 마라!”

---

149) Michael A. Sheehan, 앞의 논문(1998), p. 123.; 외교부 군축 비확산담당관실, 앞의 편람(2021년 1월), p. 83.

150) 금강산 관광객 피격 사망 사건(2008), 천안함 피격・연평도 포격 사건(2010), 북 무인기 침투 사건(2014・2018・2023) 등의 대응 과정에서 차이가 있음을 알 수 있다(김성진, 앞의 책(2021b), pp. 251~259, 322~329.; 김성진, “북한 무인기 침투와 방어 대응 실패, ‘합동 드론사령부 창설’,” 『국민정책평가신문』 (2023.01.29.).; 김성진, “우크라이나와 북한 무인기(Drone)의 공격, 한국군의 딜레마,” 『국민정책평가신문』 (2022.12.29.).).

강의_1 군비통제의 관련 기능과 한계(限界)를 이해합시다.

학습하기 이전(以前)에 요구되는 사항

1. 군비통제의 목적과 평가 기준, 일반 기능을 이해하시오.
   * 군비통제의 일반적 목적과 평가 기준은?
   * 군사적 측면에서 필요한 기능은?
   * 정치적 측면에서 필요한 기능은?
   * 경제적 측면에서 필요한 기능은?
2. 군비통제의 일반적인 한계(限界)를 이해하시오.
   * 현실에서 직면하는 어려움은?
   * 기능적 측면에서 한계는?
   * 경험적 측면에서 한계는?
3. 신뢰를 구축 간 현실적 한계와 유용성(有用性)을 이해하시오.
   * 신뢰 구축 간 나타나는 여섯 가지의 한계는?
4. 군비통제의 유용성(usability)에 대하여 이해하시오.
   * 전력체계의 발전 추세 네 가지를 분야별로 정리하면?
   -전장 감시체계, 타격체계, 기동타격체계, 군수지원체계
5. 정보전(IW)과 정보작전(IO)에 대한 기본 개념과 특징, 차이점을 이해하시오.
6. 영화 《오펜하이머-Oppenheimer, 2023》, 《끝까지 살아남아라: 제2차 세계대전-Hatred, Woły?, 2016》, 《신기전-The Divine Weapon, 2008》, 《위 워 솔저스-We Were Soldiers, 2002》를 시청하시오.

제2장

군비통제의 일반적 기능과 한계(限界)

제 1 절

개 요

군비통제는 어느 날 갑자기 생겨난 게 아니다. 초기엔 '절대 안보(Absolute Security)' 개념을 '절대 선(善)'으로 인식하며 군비경쟁(Arms Race)으로만 치닫던 국제사회가 1991년 소련이 붕괴하고, 동구 공산정권이 몰락하면서 동・서진영의 대결구도는 허물어졌다. 이후 한 치 앞도 예단하기 어려운 안보정국에서 군축(Arms Reduction=Disarmament) 개념이 등장했고, 군비통제(Arms Control)로 발전하였다.

현실적으로 군비통제 협상이 성과를 내기엔 주변 환경이나, 여건이 결코, 녹록지 않다. 6・25전쟁 시 진행한 '휴전협상'을 예로 들어보자.[1] 당시 한반도에 새로운 무기가 도입되지 못하도록 하는 내용이 포함되었지만, 서로 검증에 대한 신뢰가 없었기에 무효화 되었다. 중립국 감시단이 현장사찰(OSI)을 하게 되어있었지만, 공산 진영측이 이를 허용하지 않았기에 불가능해져서다. 이후 중립국 감시단마저 철수시켰기에 현장사찰을 시도조차 할 수 없는 여건이었다.[2]

군비통제의 목적은 ① 적국(잠재적국) 간 전략적 안정성(strategically stability)을 제고시켜 전쟁 발발의 가능성을 줄이고, ② 전쟁이 발발하더라도 확산 범위와 피해는 최소화되도록 하며, ③ 전쟁 준비에 대한 정치・경제적 부담을 줄이는 데 있다. 이때 군비통제의 효과가 분명치 않다는 점과 당사국 간 합의사항이 준수된다는 어떠한 보장도 하기 어려운 데다 검증 간 현장에서도 많은 문제점이 나타나기에 비판・부정적 견해가 만만치 않다. 이러함에도 정치・경제・군사적 측면에서 기대하는 이외에 다른 해법은 보이지 않는다.[3]

---

1) 우리는 일반적으로 '휴전협상 또는 휴전협정'이라고들 칭하고 있다. 그런데 1953년 7월 27일 UN군-공산군 측(중국과 북한 대표)이 서명한 협정문서엔 남・북한이 '정전협정'으로 번역하고 있기에 휴전협정이 아닌 정전협정이라고 함이 정확한 표현이다. 그러나 협정을 조인한 이후부터 '휴전(休戰)'이라는 용어를 많이 사용하고 있기에 일반적 의미의 '휴전협상'으로 사용하였다(김성진, 앞의 책(2020a), p. 389.).

2) 김성진, 앞의 책(2020a), pp. 428~433.; 이상우, 앞의 책(2001), pp. 449~450.

제 2 절

군비통제의 3대 기능과 현실적 한계

1. 군비통제의 3대 기능

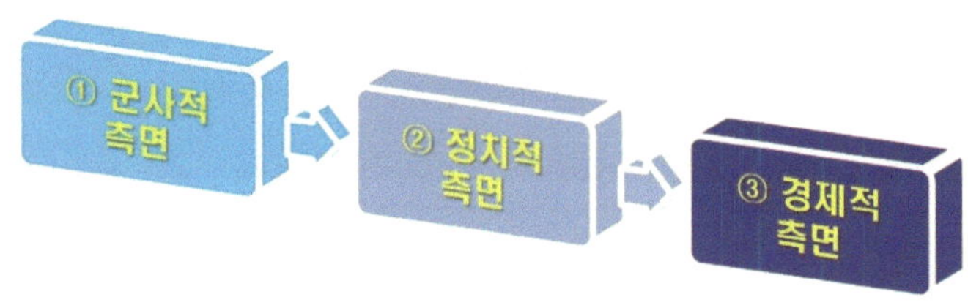

군비통제의 기능은 세 가지 측면에서 접근할 수 있다.

① 군사적 측면이 정치・경제적 측면의 개선을 촉진하는 역할을 한다. 다만, 각 분야의 정보교환 및 교류 활동이 활발해야 하기에 적대적 관계보다 협조・협력적 분위기로 전환하은 노력이 필요하다.

①-1. 군사적 충돌(우발전쟁)의 가능성을 감소시킨다. 다만, 가정(假定-assumption)이 필요하다. 강자존(强者存)의 법칙이 존재하는 국제사회에서 쌍방이 모두 전쟁을 회피하려는 공통의 이해관계가 있어야 해서다. 핵전쟁 위협에 상시 노출되어있는 현실을 고려할 때 군사적 불안정성을 불식시키고, 서로에게 불이익이 될만한 사안(事案)을 공동으로 관리하는 토대가 구축되어야 한다. 위기(Crisis)는 잘못된 정보나, 정상적이지 못한 확증편향의 사고, 의사소통이 부족할 때 발생한다. 따라서 Hot-Line 설치 또는 기초적인 신뢰구축(CBM) 등을 포함하는 제도(regime)의 존재가 위기를 예방하거나, 관리하는 데 결정적 요인으로 작동할 수 있다.

①-2. 국제사회 또는 지역 간 군비경쟁을 억제한다. 상대의 군사력을 동결하거나,

①-2-1. 무기量 을 제한 시
구형 무기 → 신형 무기로 대체?
①-2-2. 새로운 기술 개발
→ 방위비 부담의 증가?

특정한 무기체계의 영역 및 병력 수준을 더는 증강하지 못하게 방지하는 수단이 될 수 있어서다. 또한, 서로 억제하는 특성이 있기에 일방의 군사력에 피해를 볼 가능성이 최대한 배제된다. 당사국을 포함하여 새로운 무기의 개발 및 배치

---

3) Barry Buzan, *"Introduction to Strategic Studies:Military Technology and International Relations,"* (London:Macmillan Press, 1987), pp. 256~275.

를 자제시키는 데도 효과가 있다. 따라서 급격히 발달하는 감시기구와 정보수집 기술이 군사 활동의 억제를 한층 수월하게 해줄 것이다.

①-3. 적국(잠재적국) 간 군사적 불신을 줄여 쌍방 또는 다자 간 군사 활동의 투명·예측성을 증대시킬 수 있다. 이를 통해 군사적 분쟁을 평화적 방법으로 해결할 수 있게 한다. 다만, 실현될 가능성과 효과에 대해서는 세 가지의 의구심이 존재한다.

①-3-1. 현재 보유한 무기의 양(量)을 제한하더라도 구형 무기를 신형무기로 대체할 수 있다. 따라서 군사력 균형에 얼마나 기여할 수 있는지?

①-3-2. 언제든, 어떠한 형태로든 새로운 기술의 개발이 가능하기에 피해 범위나 영역을 얼마나 심화시킬 수 있는지?

①-3-3. 상대보다 유리한 첨단무기를 개발 및 도입하는 등으로 인해 방위비가 증액될 여지는 없는지?

잠깐! 정치적 측면에서 군비통제 협상을 바라볼 때 군사력의 포기 또는 정치적 위계(位階-grade of rank)의 강제적 변경을 추구하는 문제에 대하여 이해할 필요가 있다.

문제3) 군비통제 협상 간 정치적 기능이 군사력을 포기하거나, 정치적 위계를 인위적으로 변경하기 위함이라고 보는지? 군비통제 협상이 추구하는 본질은 무엇이라고 생각하는지?

* **key-word**

- 군비통제의 본질은 국가 간 정치적 이해관계의 충돌 및 갈등을 현실적으로 관리하는 데 있다. 대표적으로 구(舊) 냉전(Cold War-경제·안보가 동일)이 신(新) 냉전(Cool War-경제·안보를 분리)으로 변화하는 계기가 되었다.
- 정치적 측면에서 대립하는 군사적 관계를 긍정적으로 증진하거나, 타협(절충)의 정도에 따라 비군사적 측면(경제·사회·문화 등)의 교류 및 협력 여건을 조성하기 위함이다.

② 정치적 측면에서 군비통제가 국제체제의 정치적 관계 및 구조를 변화시킬 수는 없지만, 국가 간 관계를 조정 및 관리할 수 있다. '무기 우선(Arms First)'이라는 논리에서 출발하지만, 군사 분야 전반에 대한 자제·억제·제한·축소 등을 통해 더 안정

된 토대 위에서 당사국들이 정치・경제적 이해관계를 조정 및 관리해나갈 수 있어서다. 물론, 완전한 해결보다 현실을 절충 및 타협하는 데 그친다는 한계를 무시하기 어렵다. 그러함에도 전쟁 발발의 개연성과 군비경쟁을 줄일 수 있다는 측면에서 현실・합리적인 접근방식이 아닌가 싶다. 더욱이 당사국 간 안보문제에 공감대를 형성할 수 있고, 정치적 안정감을 높일 수 있을 뿐만 아니라 비군사적 분야(경제・사회・문화 등)에 대한 교류협력까지 증대할 수 있다.

③ 군비통제는 당사국이 추구하는 군사적 이익보다는 적겠지만, 경제적 측면에서 상당한 이익을 창출할 수 있다. 협약(조약)이 성사될 경우, 군사력 증강 또는 새로운 형태의 무기 개발 및 양산 등을 위한 군비(軍費=military spending) 지출이 자제되기에 경제적 이익도 늘어날 수 있다. 따라서 과도한 군비경쟁을 예방하게 되며, 새로운 무기 및 무기체계의 개발에 들어가는 비용을 최소화하거나, 지출하지 않을 수 있다. <표 2-1>은 귀인 프린스(Gwyn Prince)의 비판적 주장을 추가로 제시하였다.4)

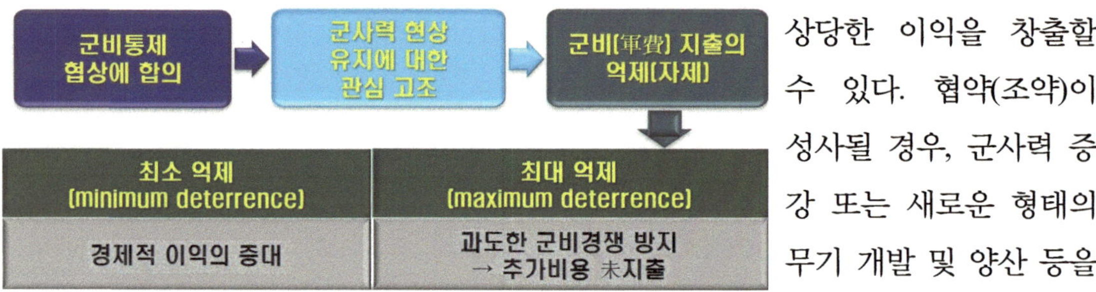

<표 2-1> 귀인 프린스(Gwyn Prince)의 비판적 주장

첫째, 군비통제는 국제사회에서 초강대국들의 독점물이 되고 있다.
둘째, 군비경쟁을 종결하기보다 규제를 통해 군사적 불안정성을 줄이는 데 있다.
셋째, 초강대국들만 서로 대화하는 데 이용할 뿐이다.
넷째, 경쟁국을 궁지에 몰기 위한 외교적 게임으로 사용할 수 있다.

군비통제는 긍정적 측면과 부정적 한계가 당연히 존재하지만, 낮은 수준에서 군사력의 균형과 전략적 안정성을 유지하는 데 기여한다는 점에서 유용하다.

---

4) Gwyn Prince, *"Arms Control:Lessons Learned and the Future,"* R. Avenhaus, R. K. Huber and J. D. Kettle, (eds,), 『Modelling and Analysis in Arms Control』 (New York:Nato Asi Series, 1986), pp. 56~68.

2. 군비통제의 현실적 한계

군비통제 기능이 효과를 발휘하려면, 크게 두 가지 기준을 적용할 수 있어야 한다.

첫째, 협약 당사국이 군비통제의 역할과 기능에 대한 공통의 인식을 하고 있는지?

둘째, 군비통제의 목표가 제대로 발휘되고 있는지를 판단할 때 단순하게 군사력 증감만 통제(제재)하기보다 당사국 간 불신이 얼마나 줄었고, 관계개선은 얼마나 되었는지?

<그림 2-1>은 군비통제가 가지고 있는 현실적 한계를 정리하였다.

<그림 2-1> 군비통제의 현실적 한계

① '기능적 측면'에서 당사국의 의지와 환경 및 여건에 따라 긍정·부정적 측면이 공존한다. 군사력을 정확하게 평가해야 하지만, 한계가 있기에 적절한 통제 방안을 마련하는 자체가 힘들다. 또한, 재래식 무기는 전략무기보다 양·질적 평가에서 불확실할 확률이 높은 데다 정확한 정보가 제공되지 않기에 부정확해지기 쉽다.

② '경험적 측면'에서 당사국의 전략·전술적 수준을 알 수 없기에 쌍방 또는 다자간 합의에 도달하기가 쉽지 않다. 대표적으로 미-소 간 전략 핵무기의 감축엔 성과가 있었지만, 재래식 군비통제(비대칭 무기 포함)는 군사력의 규모와 편성 구조, 기능적 다양성과 추진하는 목적 및 예상 이익이 달랐기에 문제가 드러나는 게 당연하다. 합의를 위반해도 확실한 증거 확보 및 법적제재가 어려움도 한몫을 단단히 하고 있다. <표 2-2>는 재래식 군비통제의 문제점을 정리하였다.

<표 2-2> 재래식 군비통제의 문제점

첫째, 군비통제의 대상을 비교적 다루기 쉬운 과제로만 선정하였다. 둘째, 군비통제 협상에 걸리는 기간이 너무 지체된다. 셋째, 대칭적 대상으로 한정할 때는 효과적이었으나, 비대칭적 대상일 경우는 성과를 거두지 못했다. 넷째, 군비통제에 합의해도 고의적인 위반사항은 법적으로 제재하기가 어렵다.

첫째, 대부분의 협상 의제는 입증하기 쉬운 분야에 한정되었다. 무기 수량을 제한하는 데 중점을 두었을 뿐, 질적 수준이 높은 의제는 올리지 못했다. 재래식 무기를 협상할 때도 대상을 전반적으로 다루기보다는 특정한 무기로만 제한하였다.

둘째, 어떠한 종류나 형태를 막론하고 정치・군사적 측면에서 민감하고 복잡한 쟁점이 포함되어 있다. 따라서 군사적 측면과 정치적 측면의 변화를 비롯해 새롭게 나타나는 사건・사고에 주의를 기울일 수밖에 없다. 여기서 문제의 핵심은 내부에 잠재되어있는 저해요인이다.5)

셋째, 전략 핵무기 협상은 어느 정도 균형 상태를 유지하기에 효과적이다. 반면에 재래식 무기는 국가별 비대칭적 요소가 다양하여 진행하기가 쉽지 않다. 특히 국가마다 바라보는 인식과 개념이 다르기에 협상을 진행하기가 상당히 힘들다.6)

미-소 INF 관련 정상회담[제네바, 1985]

넷째, 특정한 무기 협상에 다른 영역의 무기가 추가되면, 해결책을 마련하기는 쉽지 않다. 이는 군사과학기술의 발달로 인해 군사력 배치 및 조정, 제재 등

5) 내부의 잠재적 요인으로는 군비통제를 감축하는 범위, 세부 항목의 결정, 감축 비율에 대한 합의가 곤란하게 되며, 감시 및 검증 내용과 합의사항을 위반해도 법적제재를 진행하기는 쉽지 않다. 추가로 외부적 요인으로는 군부의 저항 또는 거부, 군수업체・제3국의 개입 및 방해행위 등을 포함할 수 있다.

6) 내부 요인으로는 군비통제를 감축하는 범위, 세부 항목의 결정, 감축 비율에 대한 합의가 곤란하게 되며, 감시 및 검증 내용과 합의사항을 위반했을 때에도 법적제재가 곤란해지는 등의 현실을 들 수 있다. 외부 요인으로 군부의 저항 또는 거부, 군수업체의 방해행위, 제3국의 개입과 방해행위 등이 있다.

의 조치를 지체시키는 요인이 된다.

③ '신뢰구축 측면'은 국가마다 추구하는 목표가 다르기에 범위나 역할 수행에 합의할 때 상당한 한계 및 제한사항으로 작용한다. 따라서 '신뢰(trust)'는 '상대의 의도와 능력을 어떻게 인지하고 있는지?'를 기준으로 하여 진행해야 한다.[7] <표 2-3>은 신뢰구축을 과신했을 때 나타날 수 있는 부작용을 제시하였다.

<표 2-3> 신뢰구축을 과신(過信)했을 때 나타나는 부작용

첫째, 정치적 측면(CBM)보다 군사적 측면(CSBM)에 집중할 가능성이 크다.
둘째, 국익이 충돌할 때 군사적 충돌이 원인이라고 단정하여 접근할 경우, 긴장(갈등) 국면에 대한 근본적인 해결책을 찾기가 어려워진다.
셋째, 기습침공을 억제하는 데만 집중하거나, 한정된 불신(不信)과 규제에만 집착할 경우, 협상을 타결 및 관련 성과를 만들어내기 어렵다.
넷째, 긴장을 해소하기 위해 신뢰구축을 시도하지만, 서로 불신을 극복하지 못할 경우, 어떠한 해결 방안도 믿지 못하게 된다.
다섯째, 상대에 대한 편견이 작용하면, 어떠한 노력을 하여도 불신이 커지게 된다.
여섯째, 국가체제와 국익을 추구하는 방향이 다르면, 신뢰를 구축하기가 어렵다.

첫째, 핵심은 군사력 분야에 대한 불확실성과 불안정성을 줄이려면, 시간적 여유를 가지고 추진해야 한다. 정치적 관계가 호전되지 않으면, 진행하는 자체가 어렵다. 반대로 정치적 협력을 우선시하며 군사적인 효과를 대수롭지 않게 취급할 경우, 주체가 되어야 할 신뢰구축이 오히려 객체에 머물 수 있다.[8]

---

7) 대표적으로 1987년 12월 미-소 간 '중거리 핵전력 협정(INF)'을 체결할 때 로널드 W. 레이건 대통령이 미하일 S. 고르바초프 서기장에게 한 "Trust, but Verify!"라고 한 대화 내용을 들 수 있다.

8) 2018년 남북 간 평양 정상회담에서 <9·19 군사합의>를 채택할 당시 합참에서 문제를 제기했으나, 반영되지 않았다는 주장과 헌재에서 판결한 <대북 전단 살포 금지법> 등의 사례를 들 수 있다(장철운, "한반도 군비경쟁과 평화정착," 『KINU 연구총서』 21-27. (서울:통일연구원, 2021.12.30.), pp. 233, 236, 239, 269~278.; 김흥규, "러-우 전쟁이후 북·중·러 관계의 현재, 동인, 그리고 전망," 『IFES 통일전략포럼 자료집:2023년 한반도 정세평가 및 2024년 전망』 No. 72. (서울:경남대학교 극동문제연구소, 2023년 12월), pp. 80, 126~129, 140.; 도혜원, "9.19 남북 군사합의, 5년간 우리만 지켰다," 『채널A 뉴스』

둘째, 군사적 측면의 조치만으로 긴장 및 갈등(분쟁)을 해소하기는 쉽지 않다. 특히 Hot-Line 구축 또는 의사소통을 할 수 있는 상설협의기구 설치 등은 군사 활동의 공개·예측성을 높이기 위한 접근일뿐, 적국(잠재적국)과의 전쟁 발발 요인을 줄이기는 어렵다.

셋째, 기초적인 정보교환, 군사훈련(연습) 사전 통보 및 참관 등의 조치로 상대의 기만 전술과 의도를 파악하기가 쉽지 않을뿐더러 갑작스레 군사력 배비(配備) 태세를 변경하기는 어렵다. 군사력이 강할수록 더 많은 문제점이 제기될 것이며 내외부의 반발도 뒤따르게 된다.[9] 따라서 강력한 규제조치는 협상의 타결을 어렵게 하며 불확실성을 증대할 수 있기에 군사적 경쟁을 다른 분야의 경쟁 과제로 전환해야 한다. 즉, 대규모 기습공격을 억제하는 데 불필요한 불신과 규제 일변도의 조치는 협상 추진을 더욱 제한하게 된다.

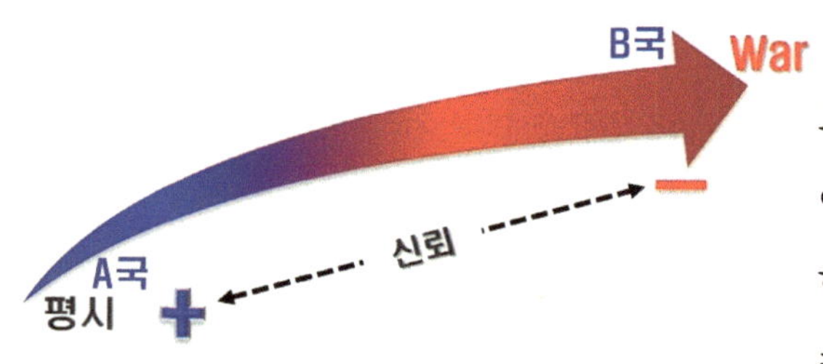

넷째, 전쟁 발발이 가능한 위기 상황이 고조될수록 불신은 높아진다. 특히 긴장이 진전되는 동안 A 국가의 B 국가에 대한 불신은 덩달아 고조되기 마련이다. 따라서 어떠한 신뢰구축 조치도 믿지 않으며 불안정성이 점차 높아지게 된다.

다섯째, 편견(偏見-bias)은 합리·논리·현실적 측면을 부정적으로 인식하며 상대의 말이나 행동을 수용하지 않는 사

(2023.09.19.).; 황윤기, "'대북 전단 금지법' 위헌…헌재 "표현의 자유 침해 지나쳐"(종합)," 『연합뉴스』 (2023.09.26.).).

9) 남만권, 앞의 책(2006), p. 79.

고방식이다.[10] 이는 오해와 착각을 불러일으켜 관계를 악화시키고, 의도한 바와 다르게 상대의 선의를 위협으로 인식하게 한다.

여섯째, 신뢰구축의 핵심은 '진정성(truthfulness)'이다. 조치 방안을 제시하거나, 이행하는 것만으로 진정성이 형성되기는 쉽지 않다. 이에 따라 인적교류와 정보교환, 의사소통, 검증(verification) 등의 방법과 수단을 통해 신뢰할 대상인지를 가늠하게 된다. 그러나 어떠한 방법과 수단을 통해 사람의 진심을 정확히 확신할 수 없다는 측면에서 근본적인 한계라고 볼 수 있다.

④ '유용성 측면'에서 군비통제 협상이 국가안보의 중요성을 퇴색시킬 수 있으며, 국민적 안보의식은 이완되기 쉽다. 진정한 평화가 오지 않았음에도 군비통제 협상 분위기에 젖어 경계심과 안보의식이 이완되는 현상이 나타나기 때문이다. 대표적으로 1938년 독일이 체코슬로바키아의 주데텐란트(Sudetenland) 지역을 강제로 합병하고자 할 때 뮌헨 협정(1938)에서 무조건 양보를 선택한 영국의 아서 N. 체임벌린(Arthur N. Chamberlain) 수상을 들 수 있다.[11] 2001년 9·11테러가 발생하자 조지 W. 부시(George W. Bush) 행정부는 군비통제가 국제평화나 안보에 기여하기 어렵다며, '적극적 방어'와 '선제공격' 개념으로 전환하였다.[12] 침략 의도를 은폐시키거나, 당사

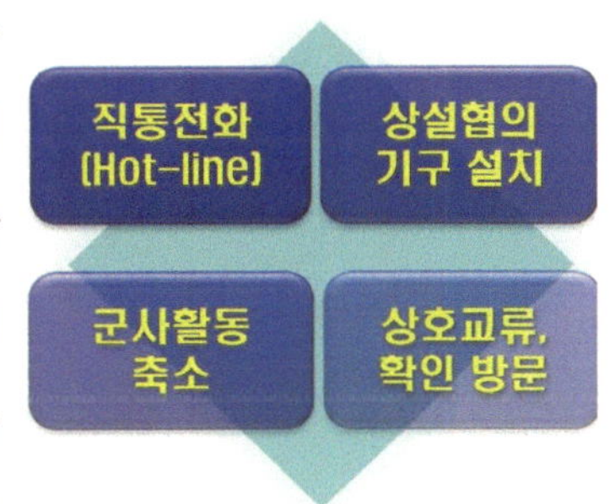

10) '편견(偏見)'은 '사실적인 근거가 없는 데도 상대 또는 집단을 부정적으로 인식하는 것'이다.

11) 김성진, 앞의 책(2021a), pp. 308~309.; 김성진, 앞의 책(2020b), pp. 192~193.

12) '절대 안보(Absolute Security)'를 추종하던 기존 개념에 상당한 의구심을 갖게 되었다. 그리곤 이에 근거하여 군비통제는 구(舊) 냉전기의 산물이기에 미국의 이익을 보장하는 '최상의 대안(代案-BATNA)'이 될 수 없다고 지적하였다. 이후 새로운 안보전략과 이라크 전쟁을 강력하게 수행하면서 군비통제 회의론자들의 입지도 강화되었다. 그러나 모두가 회의론자는 아니었다. 군비통제 개념은 네 가지 난제(難題)와 마주하고 있다. ① 군비통제가 중요한 도구이지만, 중심역할로 믿어서는 안 된다. 즉, 군비통제는 고비용-저효율의 활동이다. ② 다자간 군비통제 협상은 국제 비확산 레짐(regime)과 같이 허점이 많으며, 불량국가(rogue-state)들이 제도적 취약점을 이용하여 무기들을 숨길 경우, 찾아내기 어렵다. ③ 구(舊) 냉전기의 군비통제 정책을 과감히 파기하거나, 사용하더라도 지나치게 의존하면 안 된다. ④ 시대가 변하는 만큼 문제점(실패 요인)을 보완할 새로운 군비통제 개념이 필요하다. 즉, 효율·비효율적 측면에 대한 구분과 개선이 필요하다는 점을 이해할 필요가 있다(김성진, 앞의 책(2020a), p. 38.; https://history.defense.gov/Historical-Sources/Quadrennial-Defense-Review/ (검색일자: 2024.02.24.).).

* '4개년 국방검토 보고서(QDR)'는 'Quadrennial Defense Review'의 약자로서 국방부가 전략적 목표와

국의 안보체제 및 전쟁 대비 수준을 지체 또는 약화케 하는 기만책으로 악용될 수 있어서다. 따라서 합의사항을 준수하는지에 대한 검증이 필요하다. 그래야 다음 단계로 진전될 수 있다. 이때 객관적 확인이 불가능한 데다 위반하고도 반발할 경우, 합의 자체가 무효화 될 수 있다. 더욱이 군비통제 협상은 국가안보를 뒤흔들 수 있는 사안이기에 성공적으로 마무리하기가 쉽지 않다.

3. 군비통제 협상 추진의 실효성

군비통제 협상을 추진하려면, '실효성(effectiveness)'이 전제(前提)되어야 하며, 여덟 가지의 요소가 필요하다. <그림 2-2>는 군비통제 협상 간 실효성을 갖추기 위한 요소를 제시하였다.

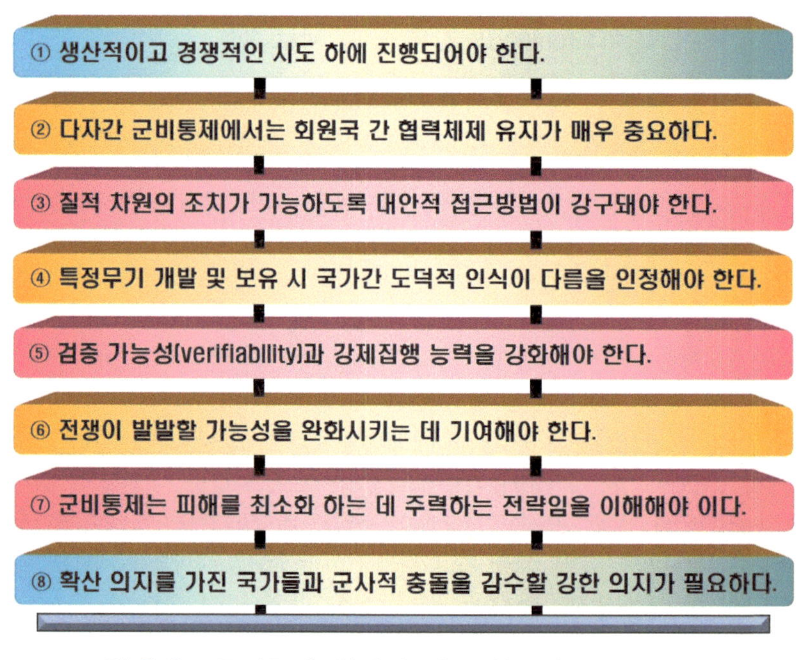

<그림 2-2> 군비통제 협상이 실효성을 갖추기 위한 요소

잠재적인 군사목표를 분석한 결과를 담고 있는 보고서 형식의 문서다. 매 4년 주기로 발간하고 있다 (김성진, 앞의 책(2023), pp. 227~228.).

① 군비통제 담당자들은 적국의 위협요소를 제거하기 위해 노력하고, 자국의 안보를 향상하며, 정상적인 국제질서를 옹호하는 국가에 이익이 돌아가도록 해야 한다. 이때 지나치게 이상적인 목표를 고집할 경우, 실패하게 됨을 잊지 않아야 한다.

② 군비통제 정책은 미-이라크 전쟁(2003)에서 경험했듯이 동맹국 간에도 갈등이 뒤따르기 마련이다. 당시 UN 결의안을 채택할 때 미국과 안보리 상임이사국 일부가 충돌한 이유도 현지 UN 사찰단에 확인할 더 많은 시간과 기회를 주자는 제안에 동의하지 않았기 때문이다.

③ 수적 우위를 줄이는 양적 조치는 쉽지만, 파괴력 자체를 줄이기 위한 질적 조치는 상당히 어렵다. 특히 무기체계는 항시 기술적 진보가 뒤따른다. 즉, 특정한 무기체계의 개발을 중단 및 제거할 수 있다는 과신(過信)은 실패로 귀결되기 쉽다.

④ 미국이나 영국, 프랑스가 보유한 핵은 안전하고 정당하며, 러시아와 중국, 북한이 가진 핵은 위험하다고 단정하기는 어렵다. 따라서 수평적 확산을 막는 노력과 동시에 5대 핵보유국의 수직적 확산을 자제하는 노력이 필요하다. 이때 공급 측면(supply-side)에서 통제도 중요하지만, 수요 측면(demand-side)을 조정하여야 한다. 아울러 WMD의 확산을 잠재우기 위해 당사국에 대한 경제지원을 신중하게 고려할 필요가 있다. 또한, 협력을 통해 위협을 감소하는 방식(cooperative threat reduction)을 적용할 때도 나타날 수 있는 문제점은 사전에 방지 및 개선하는 실천 노력이 필요하다.13)

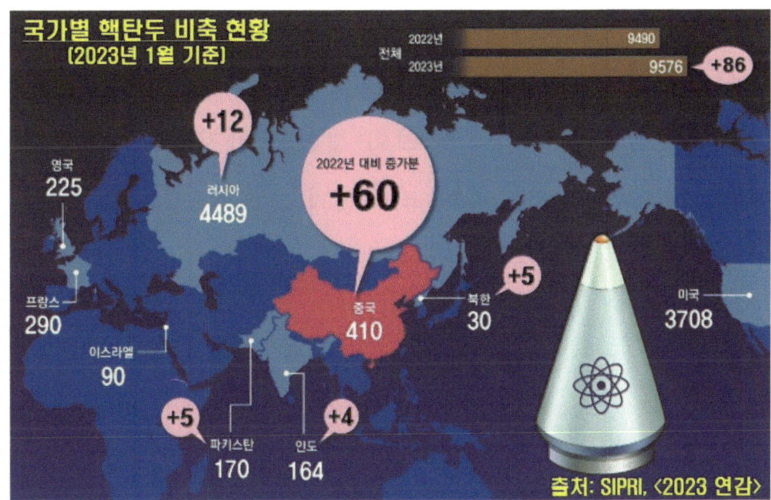

⑤ 구(舊) 냉전기 이후 검증은 더욱 어려워지고 있다. 양극화 시대엔 상대할 적국이 단순했지만, 신(新) 냉전기에 들어서며 다양한 형태의 적국(잠재적국)과 경쟁하게 되

13) Duncan Hunter, *"Wasteful Threat Reduction in Russia,"* 『The Washington Post』 (2003.03.04.), p. A23.

어서다. 따라서 수평적 확산을 위한 검증 방법 및 수단은 개선돼야 하며, 최첨단 군사 혁신기술을 접목하여야 한다.

⑥ 무기의 양을 감소하면, 안보역량이 증가한다는 착시(錯視)는 지양되어야 한다. 군비통제 협상의 결과가 평화를 보장하는 척도라고 판단해서도 곤란하다. 다만, 안보를 강화하는 하나의 수단으로 간주(看做)할 수는 있다. 군비통제는 독립적이기보다 동맹국들과의 관계를 유지하며, 입체적으로 추진하여야 한다.

⑦ 군비통제는 억지 전략에 바탕을 둔 방어전략 또는 봉쇄전략 개념이 아니다. 적국(잠재적국)이 핵・WMD로 공격할 경우, 피해를 최소화하는 데 도움이 돼야 한다.

⑧ 군비통제와 군사력의 투사(投射-Force Projection)는 서로가 독립된 별개의 관계이기보다 보완적 관계로 정립할 필요가 있다.[14] 미국의 경우, 잠재적국의 공격에 대응하기 위한 미사일 방어시스템(Missile Defense System) 구축과 WMD 확산을 방지하기 위한 'WMD 확산 방지 구상(PSI)'을 추진하고 있다.[15] 소형 전술핵무기는 실전에 사용할 가능성을 열어둠으로써 핵확산 의지를 가진 불량국가(rogue-state)들이 스스로 자제하도록 강압하고 있다. 여기서 소형 전술핵무기를 실전에 배치하고, 사용하겠다는 의지를 반복함은 적극적인 예방책이다. 그러나 지역의 평화와 안정을 위해서인지, 영향력을 주도하기 위함인지는 최고 정치지도자의 리더십과 의지에 달려있다.[16]

---

14) '투사(Force Projection)'는 '내가 마음먹은 대로 지구상에 있는 어느 장소나 지역을 불문하고 신속하게 경고를 전파하고, 병력을 동원 및 전개하여 작전을 수행할 수 있는 능력'이다. 특히 칼을 만드는 사람과 칼을 사용하는 사람은 완전히 다르다. 즉, 하나의 특정한 요인만으로 상대적 우위를 달성하거나, 승리를 거머쥔다고 하기는 어렵다(김성진, 앞의 책(2022), pp. 205~210.; 김성진, 앞의 책(2020b), p. 35.).

15) 'WMD 확산 방지 구상(PSI)'은 'Proliferation Security Initiative'의 약자로서 미국이 주도하여 발족한 국제협력체제다. 2003년 5월 조지 W. 부시 대통령이 폴란드에서 처음 발표했으며, 9월 파리에서 11개국이 공동으로 발의하며 활동을 시작하였다.

16) 정원식, "NYT "푸틴 우주 핵무기, '겁주기' 위한 것…실제 사용 가능성 낮아"," 『경향신문』(2024.03.07.).; 이우승, "마크롱이 던진 나토 파병 논란… 푸틴 "핵전쟁" 위협, 회원국 분열까지 일파만파," 『세계일보』(2023.03.08.).

제 3 절

군비통제와 국가 정책의 연계성

1. 군비통제와 국가안보의 관계 이해

1.1. 국가 안전보장(이하 국가안보)의 본질 이해

'국가(State)'는 '일정한 영토 안에서 살아가는 개인과 집단이 외부에서 들이치는 위협을 방어하고, 내부 치안을 확보하는 등 일정한 목적을 위해 정부라는 통치조직을 가진 단체'로서 영토・국민・주권을 3요소로 하고 있다.[17] 아리스토텔레스(Aristoteles)는 "국가는 정치적 동물이라는 인간성에 의해 결성된 공동사회로 행복하고 명예로운 자족 생활을 위해 개인의 능력을 최대한 발휘할 수 있게 해주는 생활형성체"라고 하였다.

국제법적 시각으로는 '일정한 영토 내에 거주하는 국민에 대하여 이를 지배하는 정부조직을 가진 법적 주체'로서 목적은 사회적 질서와 안전을 확립하는 데 있다. 유지하는 수단으로는 법규범을 적용하는 측면, 영토라는 지리적 경계에 사법권을 행사하는 측면, 주권을 보유하는 측면에서 다른 사회조직과 구분할 수 있다.

기능적 시각에서 보면, '법의 제정과 질서 유지, 조세 등에서 일정한 형태의 부담을 부과하거나, 지출하는 구조로서 사회・재생산 기능을 유지하는 기구'라고도 할 수 있다. 탈냉전기와 9・11테러가 발생한 이후 국가안보와 관련하여 구(舊) 냉전기와는 확

17) 일반적으로 1970년대 이전까지 근대국가는 단일민족으로 구성되어있음을 강조하였다. 현대국가는 독립국가로서 민족 구성이 다양해졌기에 '국민국가'란 의미에 방점을 찍고 있다. 대표적으로 중국은 56개 소수민족으로, 러시아는 85개 연방주체(聯邦主體)로 구성되어있으며, 미국은 연방제 공화국으로써 50개 자치주로 구성되어있다.

* 러시아의 85개 연방주체(州體)는 22개 공화국, 46개 주, 9개 지방, 1개 자치주, 4개 자치구, 3개 연방시로 구분할 수 있다.

연히 다른 차이가 있다.[18] <그림 2-3>은 국가를 구성하는 3요소와 기능적 측면을 정리하였다.

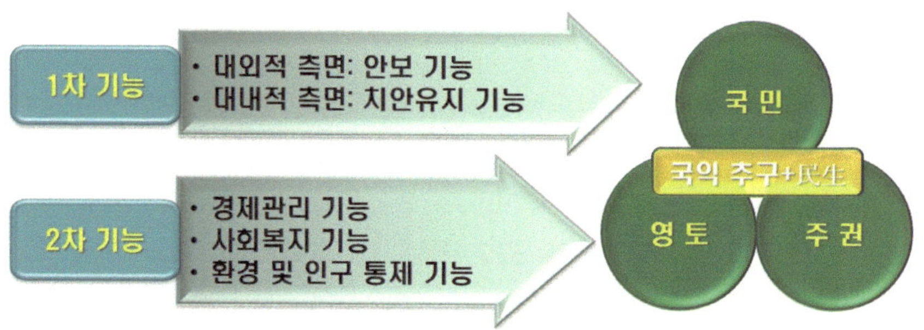

<그림 2-3> 국가를 구성하는 3요소와 제1 · 2차 기능

국가는 대통령(국군통수권자, 최고 정치지도자)이 정부조직의 보좌를 받아 국정과제를 수립하고 이끌어 가는 결사체다. 1차 기능은 물리력을 행사하는 것이다. 대외적 측면에서 국민의 자유와 국가안보를 위해 외부 침략으로부터 국민과 주권, 영토를 보호하는 데 있다. 대내적 측면은 궁극적으로 삶의 질 향상을 위해 국민의 생명과 재산을 보호하고, 사회질서를 유지하는 등의 치안 기능을 확보하는 데 있다.

여기서 '국가안보'는 '무력침략과 정치 · 경제 · 사회 · 심리 · 환경 · 문화 분야 등에서 국가 안전을 도모하는데 필요한 방법이자 수단'이다. '군사안보(국방)'는 '무력침략에 대한 국가방위'를 뜻하고 있다. 여기서 '안전보장(security)'의 '안전'은 상태(state)의 개념이며, '보장'은 행위(act 또는 behavior)의 개념이다. 즉, 행위가 전제되지 않는 안전보장은 효과가 없다는 의미다. 옥스퍼드 사전(The Oxford Dictionary)은 '안전보장(이하 안보)'을 ①

18) 김석용 편저, 『국가안보의 한국화』 (서울:도서출판 오름, 2012), pp. 30~36.; Alan Collins, *"Introduction:What is Security Studies?"* in Alan Collins(ed.), 『Contemporary Security Studies』 (New York:Oxford University Press Inc., 2007), pp. 2~3.

위험으로부터 보호되고 있거나, 위험에 노출되지 않은 상태, ② 의심으로부터의 자유 또는 확신이라고 한다. 따라서 걱정이나 근심으로부터의 자유, 안정감, 위험(위협)이 없는 상태로 이해하면 될 듯싶다. 국가안보에서 국력과 위협 변수는 서로 함수관계다. 국력에 비례하고, 위협엔 반비례한다는 의미에서다.

국가안보에 관한 개념은 양차(兩次) 세계대전 이전과 이후로 구분할 수 있다. 먼저, 제2차 세계대전이 종식되고 난 이후부터 1970년대 이전까지는 대다수 국가가 '절대 안보(Absolute Security) 개념'을 당연시하였다. 강한 국력(군사력)만이 전쟁 승리의 보증수표라고 여겼기 때문이다. 이 시기의 대표적인 사상이 국가 간 갈등을 전쟁으로 해결하는 '전승사상(戰勝思想)'이다.[19] 그러나 군비경쟁이 격화되고, 과도한 국방예산을 투자할 수밖에 없는 지경으로 내몰리며 경제발전이 저해되었다.

양차(兩次) 세계대전이 종결된 이후의 안보 인식은 크게 세 가지 측면으로 요약할 수 있다.

첫째, 군사안보 개념이 광역화되었고, 전쟁이 축소되는 현상과 더불어 집단안보 의식이 강화하면서 '포괄적 안보(Comprehensive Security)' 개념이 생성되기 시작하였다.[20]

둘째, 한 국가가 원하지 않는 행동을 다른 국가에서 할 경우, 감당하지 못할 손실을 입히겠다고 위협함으로써 그런 행동을 하지 못하게 하려는 행위가 생겨났다. 바로 공

---

19) '전승사상(戰勝思想)'은 서양과 동양이 다소 달랐다. 서양은 타도의 대상을 이민족(異民族)으로 봤기에 전쟁에서 대량살상을 하여도 큰 문제가 없다고 인식했다. 동양은 주변 국가와 언어, 풍속, 핏줄 등이 유사한 민족으로 인식하였다. 따라서 협상·중재를 통해 대량살상을 가능한 회피하는 행태를 보였다(김성진, 앞의 책(2020b), p. 83.).

20) 적과 우방의 구분이 모호한 국제체제에서 전면전이 발발할 가능성 못지않게 중요한 요소가 정치·경제·사회 분야 등에서 간접 침략 행위가 중대한 안보위기로 비화(飛火)할 가능성이 커진 측면이다. 1973년부터 유럽 35개국에서 비군사 분야에서의 교류와 협력을 높이기 위해 '공동안보 또는 안보협력'이라는 용어를 사용했다. '포괄적 안보'라는 용어를 사용한 시기는 1990년대 초기 '동남아시아 국가연합(ASEAN-Association of Southeast Asian Nations)'이 다자간 안보협력을 주도하는 개념으로 사용하였다. 이때 등장하게 된 배경 및 유인(誘因)은 크게 네 가지다. ① 테러와 반테러 전쟁 양상이 새롭게 등장했다. ② 인종, 종교, 문화 등 인간의 정체성(identity)과 관련된 갈등이 증폭되었다. ③ 경제적 측면에서 빈부 격차가 심해졌고, 정치적 억압과 폭력, 불량국가(rogue-state)들의 인권 참상을 비롯한 반평화적 요소들이 많아졌다. ④ 지구의 온난화 현상, 인간 소외나 비인간화 등 인간사회의 모든 부분과 직접 연계되는 현상들이 심해졌다.

포의 균형인 '억지 이론(Theory of Deterrence)'이다.[21] 미국은 1945년부터 1950년대 말 핵무기의 양(量)과 질적 우위를 유지하기 위해 대소(對蘇) 대량보복전략을 추진하였다. 그러나 1957년 소련에 의해 스푸트니크 쇼크(Sputnik shock)가 발생하자 생존권 차원의 절박한 심정으로 핵무기 개발에 집중하였다.[22] 이후 국제사회에서 '억지 전략'을 내세웠으나, 미국과 소련은 실패를 경험하였다. ① 베트남 전쟁(1955~1975) 시 미국은 핵 보복을 내비쳤으나, 월맹의 호치민(Ho Chi Minh)과 베트콩에게 전쟁 의지를 촉발하는 결과로 나타났다. ② 소련은 아프가니스탄 전쟁(1979~1989) 간 핵 보복을 언급하며 압박하였으나, 오히려 항전 의지만 높인 결과를 들 수 있다.[23]

① 베트남 전쟁(1955~1975)

셋째, 국가안보의 개념이 더욱 심화하며 '절대 안보' 중심에서 벗어나 신뢰 구축의 필요성을 인식하게 되면서 대안적 안보 개념이 출현하는 계기가 되었다. <그림 2-4>는 국가안보와 군비통제 개념에 기반하여 발전되고 있는 대안적(代案的) 안보 개념을

② 아프간 전쟁(1978~1992)

21) '억지 이론(Theory of Deterrence)'은 군사적 우위에 의한 절대 안보정책이다. '억지(deterrence)'는 제2차 세계대전 말기에 핵무기가 등장한 이래 핵보유국과 대다수 동맹국이 채택한 주요 전략으로서 어떠한 공격에도 반격할 고도의 파괴 수단이 있다는 현실에서 출발하고 있다. 핵심은 기습공격을 받은 이후에도 살아남은 병력 및 무기가 공격자에게 치명적인 피해를 줄 능력이 있음을 잠재 공격자가 믿게 하는 데 있다. 대표적으로 최근 러-우 전쟁 간 블라디미르 푸틴 대통령이 "핵무기로 유럽을 200초 이내에 타격할 수 있다."라고 발언하자 영국이 "모스크바 등은 90초 이내에 전멸할 것이다."라고 맞대응한 사례를 대표적으로 들 수 있다(김성진, 앞의 책(2022), p. 39.; 김성진, 앞의 책(2021b), pp. 247, 275~276.; 김민지, "러 "핵무기로 유럽 200초 내 타격"에 英 발끈…"90초면 모스크바 전멸," 『서울신문』 (2022.05.02.).).

22) 스푸트니크 1호는 1957년 10월 4일 소련이 세계 최초로 발사한 인공위성이다. 이후 3개월여 동안 지구 궤도를 비행한 뒤 1958년 1월 4일 소멸하였다. 당시 미국은 국가적 공황(panic)에 빠졌으나, 곧바로 항공우주국(NASA)을 창설하였다(김성진, 앞의 책(2021b), pp. 232~234.).

23) 베트남 전쟁 간 미국은 이들의 민주주의를 과소평가한 결과, 전쟁에서 참패하였다. 소련은 침공 당시 이슬람 원리주의를 과소평가하다가 강력한 무자헤딘(Mujahideen-아프가니스탄의 반군 게릴라단체)의 저항에 부딪혀 난감한 처지에 놓였고, 이들과의 소모전에 엄청난 예산을 쏟아부으며 경제도 무너졌다. 결국, 소련 붕괴의 핵심적 원인이 되었다(김성진, "군사비 부하(負荷) 공략으로 북한의 핵·미사일 도발역량 고사(枯死)시켜야," 『KONAS』 안보칼럼 (2023.02.16.).).

크게 네 가지 분야로 정리하였다.

<그림 2-4> 국가안보와 군비통제 측면에 기반한 대안적 안보 개념

신뢰 구축과 군축은 군비통제의 한 분야로서 무기를 감축하는 데 그치는 게 아니라 위험(risk 또는 threat)을 감소시키는 데 있다. 즉, 군사적 대결상태를 관리하는 데 있음을 이해해야 한다.

① '상호 안보(Mutual Security)'는 1980년대에 들어서면서 미-소가 극단적인 적대관계에서 해빙 분위기로 돌아섰다. 1990년대에 국가의 유형과 상관없이 상호 의존도가 높아지는 과정에서 등장하였다. 즉, 구(舊) 냉전기의 붕괴와 궤(軌)를 같이하고 있다.

② '공동 안보(Common Security)'는 중앙정부가 존재하지 않는 국제체제의 특성상 한 국가의 독단·독립·독자적인 억지 전략만으로 국가안보와 평화를 유지하기는 불가능함을 체득하면서 등장하였다.

③ '협력 안보(Cooperate Security)'는 동·서독의 통일(1990), 소련 붕괴(1991)와 더불어 동구권(東歐圈)이 몰락하면서 등장하였다. 구(舊) 냉전기 후반기로 접어들며 잠시 ①·②가 주류였으나, 탈냉전기가 되면서 점차 주도적인 개념으로 사용하였다.

④ '포괄적 안보(Comprehensive Security)'는 전통적 안보 개념을 중심으로 하던 시기에 등장하였으나, 큰 반향(反響)은 없었다. 그러나 정치·경제·사회·문화 분야 등이 현실에 상당한 영향을 끼치게 되었고, '군사적 안보'에 '비군사적 안보' 개념이 더해졌다. 이로 인해 군사력의 존재를 인정하는 한편 손해(damage)로 다가오게 될 역효

과에 대비할 수 있는 안보전략으로 인식되었다.

국가의 핵심 가치를 경제와 안보로 묶던 전통적 안보(또는 절대 안보) 개념에서 벗어나 새롭게 등장한 대안적 안보 개념은 국가 존립과 국익 추구에 꼭 필요한 방법이자 수단이었다. 다만, 이러한 안보 개념이 진화(進化)를 거듭하는 가운데 두 가지의 안보 딜레마가 생겨났다.

첫 번째 딜레마는 국가안보를 유지하기 위해 군비를 증강해야 하는가? 이다. 이는 양차(兩次) 세계대전이 발발하기 이전과 이후로 구분해야 한다. 양차 세계대전 이전까지는 국가를 이끄는 지배계층(통치집단)의 이익이 우선이었기에 군비경쟁이 심화하였다. 그러나 신(新) 냉전기로 옮겨가는 가운데 군비경쟁만이 능사(能事-right thing)가 아님을 체득하게 되면서 변화가 나타났다.[24)]

두 번째 딜레마는 삶의 질(民生) 향상을 위해 군비를 감축해야 할 것인가? 이다. 양차(兩次) 세계대전 이후 전 국민이 동참하는 총력안보 형태가 발전하였다. 이에 따라 군대를 양적으로 팽창할 계기는 마련되었지만, 제2차 세계대전 말기 일본 히로시마와 나가사키에 핵무기가 투하되며 대량살상이 가능한 세상이 되었다. 이후 WMD를 질적으로 통제할 필요성이 제기되었다. 하지만 국제체제의 특성(구조)상 특정한 결론을 내기는 난감할 따름이다.

1.2. 군비통제와 국가목표 · 국가안보목표의 관계

외형적으로 보면, 국가안보를 유지 · 발전시키는 데 필요한 국방 · 안보정책이 정치적 관리(국방력 감축)에 쓰이는 군비통제와 연계된다고 보기는 어렵다. <그림 2-5>는 국가안보와 군비통제 간 상관관계이다.

24) 구(舊) 냉전기는 국익을 추구할 때 안보와 경제를 동일체로 묶어야 한다는 인식에서 '절대 안보' 개념을, 신(新) 냉전기로 들어서면서 점차 안보와 경제를 분리하여 대응해야 한다는 인식에서 '상호 안보→공동안보→협력안보→포괄적 안보' 개념으로 진화하였다(김성진, "걸프 전쟁(페르시아만 전쟁)의 역학 구도와 韓 · 美 동맹," 『KONAS』 안보칼럼 (2023.01.12.).).

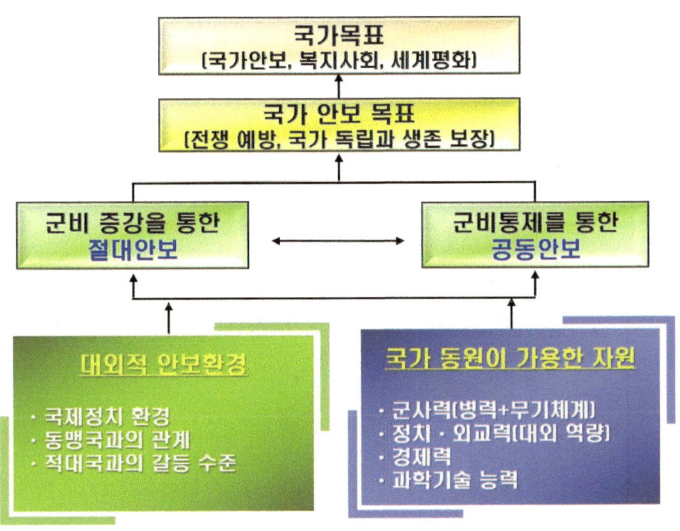

<그림 2-5> 국가안보-군비통제의 상관관계

군비통제는 국가목표와 국가안보 목표를 달성하기 위한 전략적 수준의 성격을 가진다. 이 과정에서 군비통제와 군비경쟁의 공통변수는 '적 위협'이다. 국가는 항시 현실·잠재적인 위협에 둘러싸여 있기에 국방력(군사력)을 건설할 때, 전쟁에 대비 또는 전쟁을 수행할 때를 불문하고 협상(negotiation) 또는 무력 등을 과시하며 위험(또는 위협)을 감소시키기 위한 노력을 끊임없이 반복해야 한다.[25)]

여기서 제시하는 무력이나, 군사력 증강의 정당성은 현실에 존재하거나, 잠재되어 있는 즉, 미래에 예상되는 적의 위협에서부터 출발하게 된다. 그러나 군사력의 건설은 상당한 기간이 소요될 수밖에 없기에 예상되는 적 위협이 중요한 변수가 되기 마련이다. 대표적으로 북한의 군사적 도발 위협은 김정은의 신정(神政) 통치 체제에선 거의 변수가 될 수 없다. 1948년 9월 9일 조선민주주의인민공화국이 수립된 이래 대남적화전략이 변화할 조짐은 보이지 않기 때문이다.[26)] 따라서 대내외 정세 변화와 상관없이 한반도의 위기가 고조되고 있다는 전제(前提)에서 한국의 군사력 건설 노력

25) 김성진, 앞의 책(2020a), pp. 383~434.; '무력(武力)'은 '병력 또는 무기를 바탕으로 하는 군사상의 힘'이고, '군사력(軍事力)'은 '국가의 안전보장을 위한 직접적이고 실질적인 국력(國力) 일부로써 군사작전을 수행할 수 있는 능력과 역량'을 뜻한다(합동참모본부, 앞의 사전(2014), p. 74.).

26) 김성진, 앞의 글(2023년 9월호). pp. 52~59.; 김성진, "김정은의 神政 통치와 급변사태, 한국군 대비 수준은?," 『문화일보』 안보칼럼 (2023.07.17.).

이 커질 수밖에 없다는 당위성과 연계할 수 있다. 유념할 대목은 북한의 군사적 위협이 고조되고 있음에도 맞춤식으로 대응하기보다 한반도 주변의 안보정세나, 한·미 정책이 변화되는 등에 따라 변화의 폭이 더 커진다는 점에서 아이러니다.

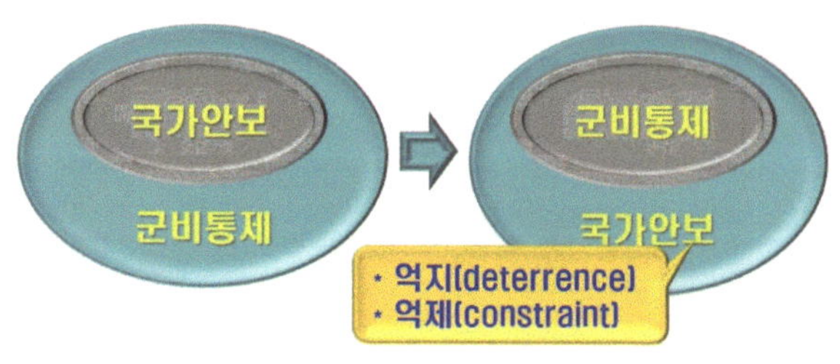

대안적 안보 개념은 국가안보 영역(territory)과 범위(scope)가 광역화될수록 군비통제도 구체적이고 체계적으로 발전하고 있다. 본래의 군비통제는 신뢰 구축과 군축에 기반하여 추진하였으나, 점차 영역과 범위가 확장되면서 포괄·광의적 의미로 발전하고 있다. <그림 2-6>은 군비통제의 종류와 구성을 정리하였다.

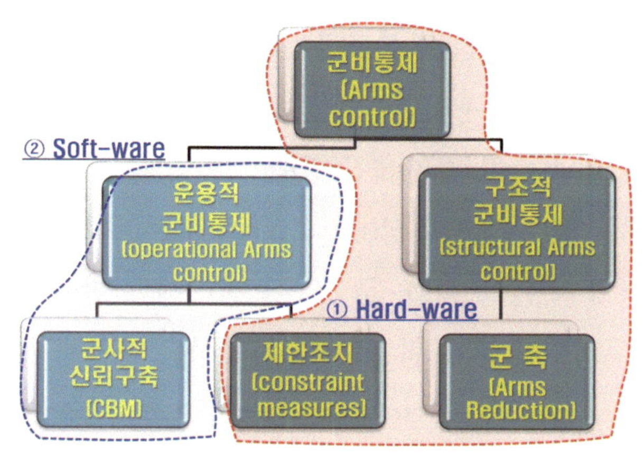

<그림 2-6> 군비통제의 종류와 구성

① Hard-ware(▢)는 군사력의 규모와 구조 등을 비롯한 무기체계 개발 및 보유 등을 금지하고, 훈련 규모와 빈도의 감소, 배치지역을 제한하는 등 행위적 조치를 실천하는 데 있다.

② Soft-ware(▢)는 전쟁 의도를 약화 및 제거하거나, 감소시키는 등의 신뢰를 구축하기 위한 선언·심리·정서적 조치를 실천하는 데 있다.

'군비통제'는 '핵 억지 전략의 일부'로 출발하면서 전쟁 가능성을 줄이기 위해 일방 또는 쌍방, 다자 간 협상으로 현실·정치적 측면에서 적절한 수준의 군사력을 관리하는 데 초점을 맞추고 있다. 즉, 정치적 안정을 확립하여 위기를 제거하기 위해서라고 봄이 타당하다. 따라서 군비 감축만을 추구하기보다 세력균형에 위협이 된다고 판단될 경우, 특정한 무기 및 무기체계를 증강 또는 재배치하는 등 융통성이 있다.

유념할 사항은 '무기를 축소(Weapons Reduction)'하기 위함이 아니라 '위험을 축소(Risk Reduction)'하는 데 있다. 다시 말해 '형태(pattern 또는 type)'가 아닌 '상태(state)'를 축소하는 의미다. 신뢰구축과 군축 등의 조치를 통해 적의 위협을 감소하는 게 최종 상태(End-State)라는 뜻이다. 따라서 '적 위협'을 핵심변수로 간주하여 대응할 군사력을 육성하는데 주안점을 두기에 적의 위협 자체를 감소 또는 약화하려는 적극적인 전략의 하나로 봐야 한다. <표 2-4>는 국가안보를 위한 국방정책과 군비통제의 관계를 정리하였다.

<표 2-4> 국가안보와 국방정책-군비통제의 관계

구 분	국가안보	
	국방정책	군비통제
안보 개념	절대안보	공동·협력안보
위협 대비	대응 군사력의 건설	위협 감소 조치
평화의 본질	억제를 통한 평화	상호 협력에 의한 평화
도발 대책	적 도발 시 전승(戰勝) 보장	적 도발 의지 약화 및 제거
성 격	일방적 조치	양자·다자 간 조치
主 관심 대상	자국과 동맹국의 군사능력	상대의 협상 의지
정책 수단	군비증강	협상에 의한 군비통제

국가안보 측면에서 국방정책-군비통제는 서로 밀접하게 연관되어 있다. 다만, 국가안보 역량을 군사 전략적 측면에서 볼 때 주야장천(晝夜長川) 상대적 우위의 군사력을 확보하는 데만 집착한다면, 군비경쟁이 불가피함을 유념할 필요가 있다.

1.3. 군비통제와 경제·외교정책의 관계

국가안보를 군사력 확충에만 집중할 경우, 경제적 손실이 발생할 것인지와 군사력 확충(국방)에 소홀한 나머지 정치 · 전략적 위험을 감수해야 할 것인지 등의 다양한 논쟁으로 비화(飛火)하기 쉽다.

군비통제는 군사비(military spending 또는 war expenditure)에 대한 부담이 상당한 가운데 경제성장에 대해서는 이론 · 경험적 측면에서 많은 문제점을 드러냈다. 군사비의 증대가 개발도상국이나, 후진국을 불문하고 정치 및 경제발전에 기여할 수 있음도 연구를 통해 확인되고 있다. 다만, 사회간접자본(SOC)이나, 기술 및 연구개발 분야에서 민간경제에 나타나는 긍정적인 파급효과가 개발도상국(후진국)에서만 나타나는 한계성을 알 수 있다. 특히 높은 군사비 증대는 낮은 투자 지출을 가져오게 되고, 경제성장의 부정적 측면과도 연계된다고 적시하고 있다.

한국의 군사비 지출은 대다수 국가의 일반 원칙과 크게 차이가 없으나, 경제발전에 다소 저해됨이 사실이다. 물론 상관성 측면에서 군사비 지출이 국가 경제에 상당한 영향을 주며, 국가의 재원 배분이라는 측면에서 일정 부분을 차지하고 있기는 하다. 즉, 군비통제 정책은 국가 재원(財源)의 배분에서 경제정책과 긴밀하게 연계되어 있다. 한편 군비통제는 군비경쟁을 완화하는 등의 정치적 조치를 통해 위험(risk 또는 threat) 수준을 낮추거나, 전쟁을 예방하는 목적을 지닌다. 따라서 정치 · 외교정책과도 직접 연계되기에 순수한 군사적 영역을 초월하여 정책을 입안 및 집행하는 사례가 많다.

1.4. 군비통제와 한반도 통일정책의 관계

한국의 통일정책은 민족공동체 건설과 자유민주주의의 이념 구현을 기본 철학으로 하고 있으며, 자주 · 평화 · 민주적 통일이 기본 원칙이다.[27] 그러나 군사적 대결과 분단이 계속되며 안정화가 되지 못하면, 평화통일은 매우 어려워질 수 있기에 군비통제는 현실의 문제다. 그러나 유럽의 군비통제 과정에서 보듯이 군사력 감축을 비롯한 구조적 군비통제는 지난(至難)한 단계를 거쳐야 하기에 오랜 시간과 노력이 필요하다.

---

27) 통일부, 『2024년 주요업무 추진계획』 (서울:통일부, 2024.03.08.), pp. 3, 10~13.; 1994년 김영삼 대통령이 8 · 15 경축사에서 제시한 <민족공동체 통일방안>은 남북 관계의 현실을 고려한 바탕 위에서 접근하고 있다(권대열, "DJ · 노무현은 통일 언급 자제… 교류·협력에 중점, YS · 이명박은 자유민주체제 통일방안 적극 피력," 『조선일보』 (2013.08.16.).).

남북 통일 방안 비교

남한 민족공동체통일방안		고려연방제 북한
1민족 1국가 1체제 1정부	국가 형태	1민족 1국가 2체제 2정부(연방국가)
자유민주주의	철학	주체사상
자주, 평화, 민주	원칙	자주, 평화, 민족대단결
남북 구성원 모두	주체	프롤레타리아 계급
없음	전제 조건	국보법 폐지, 공산주의 활동 합법화, 주한미군 철수
화해·협력→남북연합→통일국가 완성(3단계)	과정	연방 국가 완성(제도 통일은 후대에)
통일 정부, 통일 국회	국가의 기구	최고민족연방회의, 연방상설위원회

통일된 한반도를 위해서는 남-북 간 군사 분야를 통합하는 과정이 필요하며, 이때의 통합은 국가 주권의 통합을 의미한다. 군사력 통합의 경우, 한국은 대다수 미국형 무기체계와 군사교리에, 북한은 중국과 러시아의 무기체계 및 군사교리에 기반하고 있다. 즉, 호환성이 전혀 없기에 동・서독의 군사 통합과정과 매우 유사한 문제를 품고 있다고 평가할 수 있다.28) 따라서 통일과 관련한 시나리오의 수준과 유형(pattern 또는 type)・차원(dimension)을 어떻게 채택하는지에 따라 다양한 결과로 나타나게 된다. 논리적 측면에서 접근하면, 공동안보(Common Security)를 통해 적대관계의 완전 해소와 공동의 안보이익을 창출하는 가장 높은 수준의 군축 단계를 거쳐야 순조로운 진행이 가능하다. 특히 한국과 북한은 병력 중심으로 유지되고 있기에 평시 또는 평화통일을 추진 간 병력의 대폭 감축은 불가피하다.29) 따라서 기초적인 신뢰구축(CBM) 단계를 거치면서 공동의 안보 목표하에 업무(역할)를 분담 및 담당하는 과정이 선행(先行)되어야 한다. 즉, 남・북의 군비 수준은 첨예한 군사대결의 산물이기에 쌍방의 군사력을 축소(조정)하지 않고, 통합을 추진할 경우, 상당한 혼란이 불가피하다.

결과적으로 군비통제 협상은 남-북이 한 국가로 통일되기 이전에 반드시 거쳐야 하는 핵심과제다. 이때 오래된 무기는 과감하게 도태시키고, 병력 규모는 축소되어야 하며, 핵심 무기의 고도・정밀화 과정은 통일의 핵심과제로 선정돼야 한다.

---

28) 통일부, 『독일 통일총서 19:외교분야 Ⅱ』 (서울:통일부, 2016년 12월), pp. 60~71.; 김영윤・양현모 編, "독일, 통일에서 통합으로・문답으로 알아보는 독일 통일," 『통일부』 (서울: 통일부, 2009년 12월), pp. 176~180.

29) 국방부 정책기획관실, 앞의 백서(2022년 12월), p. 233.; 김성진, "초급장교(ROTC) 지원율 향상을 위한 종합적 정책방안," 『KIMA 정책연구』 통권 제6호 (성남:한국군사문제연구원, 2023.09.01.), pp. 16~19.; 변태섭, "20년 뒤 '반토막 미래'... 입대 18만→10만, 초등 학급 21→10명," 『한국일보』 (2024.02.28.).

2. 군비통제-군비증강-국가안보의 관계 이해

현대국가는 안보를 위해 군비를 증강할 것인지, 군비를 통제할 것인지가 현안이다. 이를 논하려면, 두 가지를 고려할 필요가 있다.

첫째, 외부 위협과 내부의 혼란으로부터 국가를 보전할 수 있는 물리적 힘을 보유해야 함을 무시해서는 안 된다.

둘째, 내부 혼란의 원인을 제공하는 체제상 무기력과 경제적 빈곤(poverty)에서 벗어날 수 있는 유기체적 힘을 유지할 수 있어야 한다. 국가의 기능이 국익과 국민의 안정된 삶을 추구하고 있기 때문이다.[30)]

두 가지 고려사항이 강구됐을 때 비로소 국가안보가 보장되고, 국익을 추구할 수 있다. 즉, 구(舊) 냉전기 당시 국제환경 및 체제는 군비증강을 선택할 수밖에 없었고, 절대전쟁(섬멸전-Exterminatory War)을 추구했기에 군비경쟁은 당연했다.[31)] <그림 2-7>은 군비통제와 군사력 증강의 상관관계를 정리하였다.

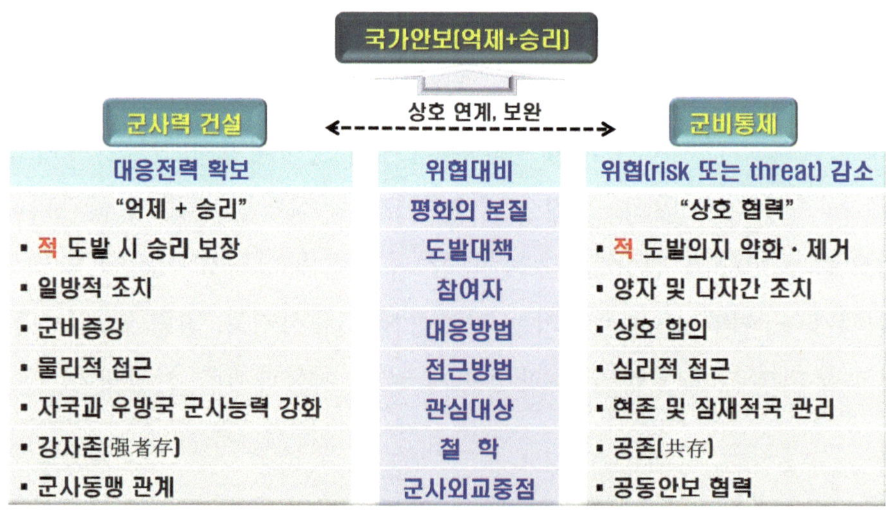

<그림 2-7> 군비통제와 군사력 건설의 상관관계

30) 김성진, 앞의 책(2022), pp. 56~57.

31) 김성진, 앞의 책(2022), pp. 29, 70, 105, 248.; 김성진, 앞의 책(2021a), pp. 64~65, 87, 263, 318.

‘군사력 건설’의 궁극적 목적이자 최종 상태는 ‘억제+승리’다. 군비통제는 현실 정치의 갈등을 관리하며 상호 협력을 추구한다. 이상적인 평화 달성을 목표로 하고 있지만, 현실적 관리가 중요하기에 상대의 군사력을 인정하면서도 정치적 갈등(분쟁)을 관리하여 균형을 잡기 위한 전략이라고 할 수 있다.

이러한 관계를 통해 내부 체제의 생동력을 유지하며 외부의 위협으로부터 내부 체계를 보호할 힘을 갖췄을 때 국가안보가 보장된다. 물론, 실패한 사례도 있다. 바로 “모든 권력은 총구로부터 나온다.”라는 단순한 논리에서 국가안보정책을 전략적 측면이상으로 과도하게 밀어붙여서다. 대표적으로 국가 자산과 노력을 단순히 무기 및 무기체계 중심의 군사력 증강(군사기술혁명-MTR: Military Technical Revolution)에만 투자함으로써 강대국의 위치를 내놓은 현실의 러시아를 들 수 있다.32)

국가의 존립 전략은 두 가지이다. 첫째, 군사력으로 상대를 제압하는 전략(강압 전략 Coercive Strategy)이다.33) 둘째, 군사력을 사용하여 위협을 세거 및 감소시키는 전략(억지 전략-Deterrence Strategy)이다.34) 두 번째 전략의 하나가 군비통제(Arms Control)이다. 이 두 가지 전략은 상호 대치되는 것 인양 해석될 수 있으나, 실제로는 두 가지 모두 국가안보 역량을 증대하는 데 기여한다.

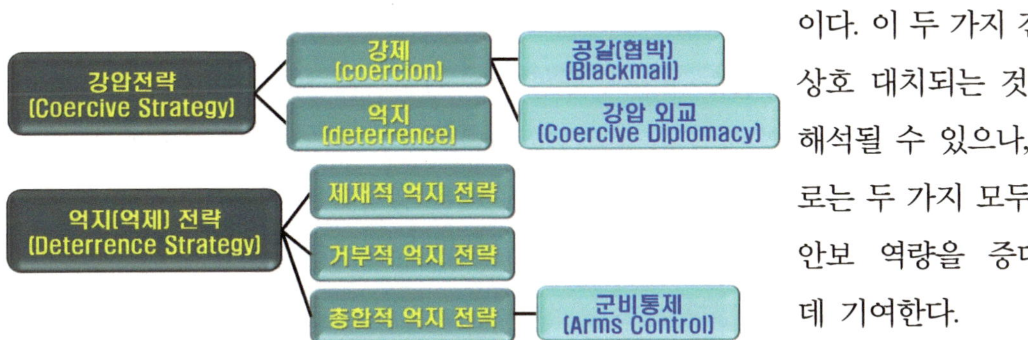

어떠한 국가도 특정한 전략에만 의존하여 자국의 안보를 유지하기는 불가능하다. 따라서 군비통제 또는 군비 증강(또는 군축)이라는 논리에 한정하기보다 두 가지 모두를

32) 김성진, 앞의 책(2023), pp. 29~30, 34~36.; Paul Kennedy, 앞의 논문(1987), pp. 56~59.

33) ‘강압(Coercive)’은 상대가 어떠한 행동을 하고자 할 때 그에 따른 교환비용을 제시함으로써 이뤄진다. 전략적 차원(次元-dimension)에서 세 가지의 특징을 들 수 있다. ① 강압은 적국(Enemy State)의 결정에 영향을 끼치기 위함이기에 무력 사용의 가능성을 배제하지 않는다. ② 강압할 대상국을 절멸(絕滅-extinction)시키고자 하는 게 아니다. 그렇지만 강압적인 무력 사용의 위협 역량을 언제든 사용할 수 있다고 상대국이 인정한다면, 성공할 수 있다. ③ 강압할 대상국과의 타협이 거부당할 경우, 쌍방 간 충돌사태는 군사적인 방법으로 해결되기도 한다(김성진, 앞의 책(2022), pp. 192~194.).

34) 김성진, 앞의 책(2022), pp. 192~193.

상호 보완적으로 연계할 수 있는 정책(전략)을 추진함이 바람직하다. <그림 2-8>은 군비통제-군비증강 정책의 적절한 조화를 위해 고려해야 할 요소를 제시하였다.

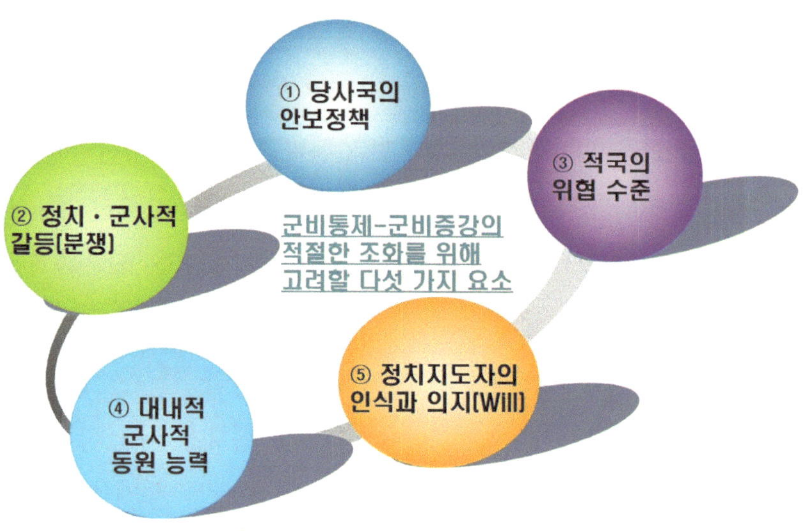

<그림 2-8> 상호 보완 및 적절한 조화를 위해 고려해야 할 요소

군비통제와 군비증강은 상호 보완적 개념이다. 단순하게 상호 보완적이라고만 하면, '군비통제=군비증강'의 등식을 떠올리게 된다. 그러나 경험적 측면에서 보면, 국가의 국방정책은 국가안보를 유지하기 위해 군비를 증강하는 데 더 큰 비중을 가질 수밖에 없다는 논리가 주류(主流)의 인식이다. <표 2-5>는 국가가 군비증강에 더 큰 비중을 두는 이유를 정리하였다.

<표 2-5> 국가가 군비증강에 더 큰 비중을 두는 세 가지 이유

① 국방정책이 다른 어떤 업무보다 군비증강을 중요시하고 있다. ② 군비통제 정책은 국방부에 국한된 문제가 아닌 국가안보 차원의 성격을 지니고 있다. ③ 군비증강은 해당 국가의 일방적 조치가 가능하지만, 군비통제는 어떠한 경우도 적국(잠재적국)의 호응(협력 또는 공감)이 필요하다.

① 국가의 국방정책은 적국(hostile country) 또는 잠재적국(potential attacker 또는 potential hostile country)의 군사행동을 억제하거나, 유사시 방어할 수 있는 강력한 군사력을 확보하기 위해 국방 재원(財源)을 우선 배정하고 있다. 다만, 군비통제가 군비증강의 방향성과 상충(相衝)될 경우, 상호주의 원칙 또는 군사적 안정성이 보장된다는 전제가 필요하다.

② 한반도의 지정학적 특성에 따라 한국은 군비증강 분야에 집중되어있다. 여기서 군비통제 업무는 대북 정책과 관련 부처의 입장을 고려해야 하고, 크게는 국가 정책의 방향성(directivity)에도 부합해야 한다. 이로 인해 국방부가 독자적으로 군비통제 정책을 수립하거나, 추진하기는 상당히 제한되며, 제약을 받을 수밖에 없다.

③ 군비증강은 국가에서 일방적으로 추진할 수 있으나, 군비통제는 당사국의 호응이 없으면 추진하는 자체가 불가능하다.[35] 군비통제 협상(합의)에 성공해야 그다음 단계로의 진전이 가능하기에 협상이 타결되지 않으면, 검증 단계로 진전되기는 불가능하다. 한반도에서 남-북이 군축(軍縮-disarmament) 단계에 들어가지 않는 한, 북한은 현실적 위협이다. 다시 말해 남-북 간 군사력 불균형이 존재하기에 국방정책을 수립할 때 상대적 관계와 수준이 충분히 고려되어야 한다.

잠깐! 여기서 군비통제 정책과 다른 정책과의 관계는 어떠해야 하는지에 대하여 이해할 필요가 있다.

문제4) 한국의 군비통제 정책은 어떻게 추진해야 하는지? 에 대한 이유를 이해하시오.

① 군사적 특성을 고려하여 독자적으로 추진해야 한다.
② 정치·외교정책과 연계해야 한다.
③ 다른 어떠한 정책과도 연계하여 추진해야 한다(필요시).

*** key-word**

- 한국의 군비통제 정책은 통일정책과 불가분의 관계일 수밖에 없다. 북한 김정은의 "제1 적대국으로 점령·평정하겠다."라는 노골적 위협과 군사적 대결 양상, 분단 현실이 계

35) 군비통제는 참여국 수에 따라 구분하고 있으며, 당사국들의 협력을 유도한다는 전제를 내포하고 있다 (남만권, 앞의 책(2006), p. 59.).

속되는 한 한반도의 평화정착과 평화통일 구현은 어려운 국면에 직면할 수밖에 없다.[36] 따라서 평화정착과 통일을 위해서라도 군사적 측면의 대비는 필요하다. 또한, 통일한국을 건설할 때도 내외부적 혼란을 방지하고, 통일 이후에 대비한 적정한 군사력 규모까지 감안(勘案)해야 한다.

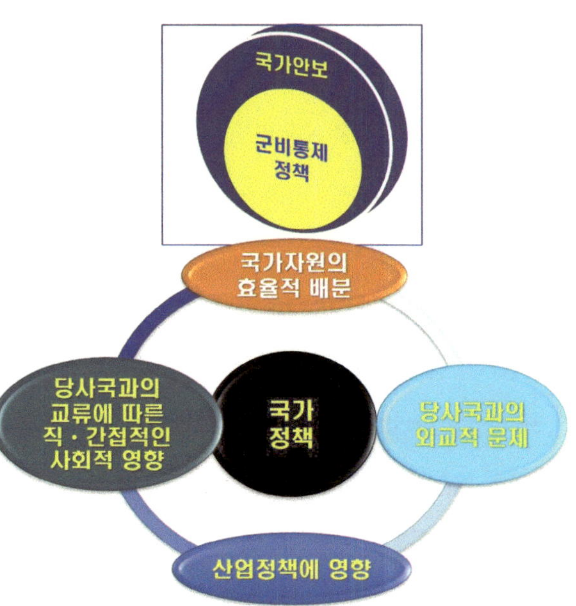

- 군비통제 정책은 국가자원의 배분, 당사국과의 외교 관계 및 산업정책, 교류협력에 따른 사회적 영향 등과 직 · 간접적으로 연계되어 있다. 특히 국제관계에서 예상되는 위협의 원인을 제거하기 위해 정치 · 외교적 측면에서 군비경쟁을 완화하는 등의 조치로 위협 수준을 감소시켜야 전쟁을 예방할 수 있다. 따라서 당사국 간 협상(협의)을 통해 관련 조약을 협의 및 체결하기 위해 노력해야 한다. 군비통제 사례 중엔 군사적 영역 내외부를 넘나들며 관련 정책을 입안하고 집행하는 사례가 많다.
- 군비통제는 국가안보정책의 핵심 분야로써 정치 · 외교 · 통일 · 경제 · 과학기술 · 사회 · 문화 정책과 직 · 간접적으로 연계되기에 '국가(군사) 대전략'으로 인식할 수 있다.[37]

군비통제-통일정책의 관계는 세 가지로 요약할 수 있다.

첫째, 군비통제는 통일정책을 추진하는 데 있어서 핵심적인 분야다.

둘째, 군비통제는 군사적 영역을 비롯하여 정치 · 외교정책과 직접 연계되어 있다.

셋째, 경제 · 과학기술 · 사회 · 문화 · 통일정책 등과 자원의 배분은 긴밀하게 연계되어 있다. 국제 군비통제 활동의 참여 정도는 과학기술과 산업정책 전반(total)에 영향을 미치며, 남-북 간 다양한 협력 활동은 군비통제 협상을 촉진하는 요인으로 작용할 수 있다.

36) 경남대 극동문제연구소, 『IFES 통일전략포럼 자료집:2023년 한반도 정세평가 및 2024년 전망』 No. 72. (서울:경남대학교 극동문제연구소, 2023년 12월), pp. 24~25, 144~146.; 윤상호, "한반도 '프리 워' 위기 경고와 김정은의 전쟁 협박," 『동아일보』 (2024.03.04.).

37) 김성진, 앞의 책(2022), pp. 35~45, 54~55.

제 4 절

논의 및 시사점

1. 군비통제와 국가 정책의 딜레마(dilemma)

군축협상은 고대시대부터 다양한 형태로 시도되어왔으나, 성공한 사례는 거의 없다.[38] 근대시대는 전략적 측면에서 접근하는 경우가 많았으며, 국제 선전전(Propaganda & Agitation Warfare)이나, 국제 심리전(Psychological Warfare)의 수단으로 이용되는 사례가 빈번했다. 이때는 전쟁하지 않고도 협상(대화 또는 협의)으로 상대를 약화하고자 할 때 진행하였다. 협상이 성공하면, 군사력 또는 국가안보에서 상대적인 우위를 점할 수 있었기 때문이다. 어떤 측면에서는 적국(잠재 적국) 간 대화가 단절되면, 서로 불안하기에 협상을 개최-중지(지체)-재개(再開)를 반복하였다. 이는 특성상 단기간에 끝낼 수 있는 사안이 아니었기에 나름의 소통수단(means of communication)이었고, 중요한 매개 역할이라고 판단하여서다.[39] <표 2-6>은 현실적으로 국제사회가 가진 군비통제에 관한 고민을 정리하였다.

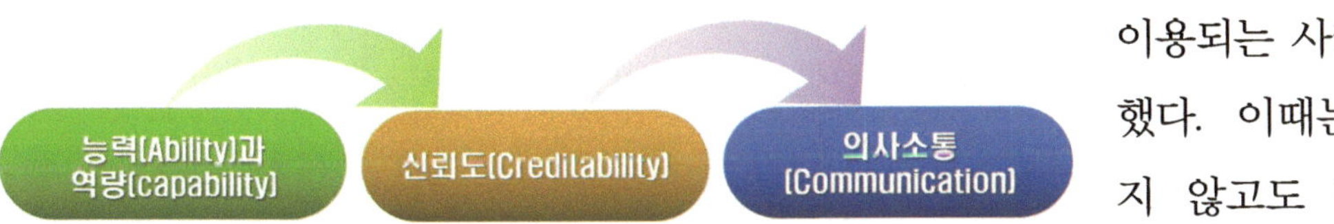

<표 2-6> 국제사회의 군비통제에 관한 고민

① 국가안보를 위해 군비증강 정책을 채택할 것인지? ② 국가안보를 위해 군비통제 또는 군축 정책을 채택할 것인지?

38) 군비통제는 평화 유지에 대한 공동의 이익을 인정하는 당사국 간 노력에 따라 성사 여부가 결정된다. 전쟁에서 얻어지는 이익이 평화를 유지함으로써 얻는 이익보다 크다는 인식에 젖어있는 한 협상을 추진하기는 쉽지 않다. 다만, 승전국이 패전국에 일방적으로 강요하는 군비해제나, 군축의 대표적인 사례는 제1차 세계대전 직후인 1919년 6월 28일 체결한 <베르사유 조약>을 들 수 있다(김성진, 앞의 책(2021a), pp. 297~301.).

39) 김강녕, 앞의 논문(2019), pp. 101~102.

군비증강과 군비통제 또는 군축 중 어느 것이 국제사회의 불안정을 촉발하고, 전쟁의 결정적 요인이 될 수 있는지 판단 및 평가하기는 대단히 어렵다. 그렇지만, 양 측의 주장에서 두 가지의 인식은 확연히 자리 잡았다.

① 군비증강을 주장하는 측에서는 군사 전략적 접근방식의 안보전략을 추구해야 한다고 믿기에 군비경쟁과 군비증강이 필요하다는 인식이다.

② 군비통제를 주장하는 측에서는 주로 정치·경제발전론적 판단을 하기에 공동안보를 통해 협력적 측면이 필요하다는 인식이다.

2. 전쟁을 방지하기 위한 군비통제 협상의 필요성

인류 역사가 시작된 이래 무수한 전쟁이 반복되었다. 제1차 세계대전이 종결된 직후 다수 국가는 전쟁이 강대국들만의 이익을 위한 세력균형을 유지하기 위해서라는 의구심과 불신을 드러냈다. 따라서 국제연맹과 UN 등의 집단안보기구를 발전시켰지만, 여전히 중앙통제력을 가진 세계정부는 존재하지 않는다. 이에 따라 국제사회 자체가 각국도생(各國圖生)의 구조이기에 협상의 효과성을 높이기는 대단히 어려운 구조다. 2022년 2월의 러-우 전쟁과 2023년 10월의 이-하 전쟁을 비롯하여 세계 곳곳에서 무력분쟁이 발생하고 있지만, 세력균형과 평화체제를 유지하는 노력엔 항시 아쉬움이 남는다. 따라서 협상을 제대로 추진하려면, ① 당사국의 역할과 기능에 대하여 어느 정도나 인식하고 있는지, ② 당사국 간 불신(不信)은 어느 정도인지, ③ 관계개선은 얼마나 될 수 있는지가 핵심 요소다. 이에 따라 국제사회에서 전쟁(분쟁 및 갈등)을 방지하고, 국가안보를 보장하기 위해서는 두 가지 방안이 필요하다.

첫째, 현실적으로 적국(잠재적국)보다 우세한 군사력을 유지해야 하기에 '절대 안보(Absolute Security)'를 중요시한다. 이에 따라 군비를 증강하고, 당사국과 안보동맹을 체결하며, 핵무기(화생 무기) 등 WMD를 개발 및 보유하는 방법이다.

둘째, 군비통제 협상을 통해 평화공존의 상태를 유지한다. 이는 군사력을 증강하지 않고도 국가안보를 달성할 수 있다.[40] 다만, 이를 위해선 당사국과 적국(잠재적국)이

---

40) ① 어떻게 해야만 전쟁의 유혹, 오판 또는 전쟁을 획책하는 등의 기도를 예방할 수 있을까? 하는 시각

대화 및 협상을 추진하겠다는 공통의 절실함이 존재해야 한다.

군사력 균형을 축소 지향적으로 달성 및 유지한다면, 국가안보가 안정권에 이를 수 있다. 이를 위해 핵 군비경쟁을 억제하고자 논의하는 과정에서 등장한 개념이 '군비통제(Arms Control)'다. 즉, 군사력의 전반(全般-total) 또는 특정한 무기체계의 개발-배치-운용수준을 협의 및 조정을 추구하고 있다. 전쟁이 발발할 가능성은 낮추되, 불가피하게 전쟁이 발발할 경우, 피해 범위와 규모는 최소화하기 위함이다. 평시부터 다양한 방법과 수단, 유형과 차원의 협의를 통해 전쟁에 대한 기회비용을 낮추는 노력이라고 정리할 수 있다. 결과적으로 현실의 정치적 갈등(분쟁)을 적정한 수준에서 관리함으로써 전쟁을 억제 및 회피하는 게 궁극적인 목표임을 이해해야 한다.

한편 탐구 등에 관한 노력이 발전하려면, 유럽의 재래식군사력 감축 조약(CFE)이 성공한 요인의 하나가 '방어적 충분성'에 기초한 '방어적 방위(defensive defense)' 개념을 이론적 배경으로 하고 있음을 기억할 필요가 있다. '공세는 불가능하지만, 신뢰성 있는 방어가 가능한 상태'를 추구하고 있기 때문이다.[41] '방어적 방위'는 단순한 군축이 아니라 군사력의 구조를 근본적으로 재구성함을 뜻하며, 군축과 군사력 구조 개편의 단초(端初-beginning)를 마련하기 위한 보완적 도구라고 할 수 있다.

3. 국가안보목표와 군비통제의 현실성

군비통제 협상에 합의하더라도 실천하기까지는 상당한 문제가 내재(內在)되어 있다. 협약 당사국의 실천이 있어야 하는데 이를 알려면, '사찰을 통한 검증(verification

---

에서 군사력 운용을 통제하는 측면과 ② 어떻게 하면, 전쟁 도발 능력을 감소 및 제거할 수 있을까?를 통해 군사력 구조와 규모를 통제할 수 있어야 한다.

41) '방어적 충분성'은 방어엔 충분하지만, 공격은 할 수 없게끔 재래식군사력을 재조정하여 군사력의 균형을 달성하는 데 있다(민족통일연구원 정책연구실, "韓半島 軍備統制方案 硏究:유럽 軍備統制條約의 示唆點과 關聯하여," 『연구보고서』 93-16. (서울:민족통일연구원, 1993년 12월), pp. 8~9.).; '방어적 방위'는 '군사력의 위협적 공격역량을 감소시키거나, 제거하면서도 방어적이고 비위협적인 방위태세를 구축하는 실용적 방안'이다. 즉, 방어력은 그대로 보존하되, 공격역량은 최소화할 수 있게끔 재래식군사력을 재구성함으로써 군사적 대치상태를 완화함을 목표로 하는 평화적 의도가 존재하기에 상호 안보보장이 가능하며, 평시에도 군사안정을 증진케 하는 방법이다(김강녕, 앞의 논문(2019), p. 92.; 남만권, 앞의 책(2006), p. 169.).

through inspection)' 단계가 필요하다. 따라서 군비통제가 직면한 현실적인 고민은 제대로 된 검증이 가능한지의 문제로 귀착(歸着-return)될 수밖에 없다.[42] 대표적인 두 가지 사례를 살펴보자.

첫째, 6·25전쟁 시의 휴전협상이다. 진행 간 관련 조항엔 한반도에 새로운 무기를 도입하지 못하도록 하는 항목이 포함되었지만, 처음부터 사찰 및 검증에 대한 신뢰성이 없었기에 결국, 무효화 되었다.[43]

둘째, 전쟁의 소용돌이에서 벗어나지 못한 유럽 지역도 유럽 연합(EU)을 통해 공동의 안보체제를 구축하며 평화로운 환경 조성에 노력하고 있다. 반면에 동북아지역은 미-중 패권경쟁이 격화되었고, 중국과 러시아, 일본은 경쟁적으로 해·공군력을 증강하고 있다.[44] 이러한 안보정세와 역학 구도는 한반도의 비핵화 변수와 맞물려 동북아지역의 안보 유동성과 불확실성을 추동(推動-고무 및 격려)하고 있다.[45]

검증(verification)은 협상의 성과를 입증할 수 있는 핵심 관건이기에 핵무기 감축 협상을 추진할 때도 가장 많이 논의된 부분이다. 성과를 내려면, 검증의 '효과성(effectiveness)'을 창출해야 한다. 다시 말해 협상이 효과를 가지기 위해선 종합·체계적인 발전이 필요하며 아직은 갈 길이 멀다. 다만, 아무리 어려운 이상(idea)적 목표라고 하여도 포기하지 않고 부단히 노력해야 함을 잊지 않아야 한다.

"군비통제든, 군비경쟁이든, 모두 사람이 하는 일이다. 다양한 관계적 측면과 여건을 융·복합적으로 주시(注視)하고 또 실천해야 한다."

---

42) 이상우, 앞의 책(2001), p. 449.

43) 중립국 감시단이 사찰 및 검증을 하게 되어있었지만, 실제로는 허용하지 않음으로써 사찰 자체가 불가능해졌다. 여기에 북한이 중립국 감시단을 철수시켜버렸기에 근본적으로 사찰이 불가능해졌다(이상우, 앞의 책(2001), pp. 449~450.; 김성진, 앞의 책(2021b), pp. 263~266.).

44) 김성진, 앞의 글(2023년 6월), pp. 41~45.

45) 김성진, "한반도를 둘러싼 5대 안보위협 변수와 지정학(地政學)," 『KONAS』 안보칼럼 (2023.03.09.).; 김성진, "한반도의 역학 관계와 지정학(地政學), <국방혁신 4.0>의 현주소," 『KONAS』 안보전략논단 (2023.01.02.).

강의_II 군비통제의 이론적 배경과 기초 논리를 이해합시다.

학습하기 이전(以前)에 요구되는 사항

1. 군비통제의 일반적 개념과 기능을 이해하시오.
   * 군사적 · 정치적 · 경제적 기능은?
   * 9?11 테러가 발생한 이후 나타난 부시 행정부의 변화는?
2. 근대적 의미에서 군비통제 관련 이론을 이해하시오.
   * 군비경쟁 이론의 주창자가 주장하는 핵심은?
     - Samuel P. Huntington, Stein W. Wallace
     - James D. Morrow, Lewis F. Richardson
     - David J. Singer, Kingstone
   * 억지이론의 주창자는?
     - Bruce Bueno de Mesquita, William H. Riker
     - Erich Weede
3. 군비경쟁의 종식(終熄)되는 시점과 한계를 이해하시오.
   * 언제, 어느 때인지를 세 가지로 정리하면?
4. 군비경쟁과 전쟁 승리의 관계를 이해하시오.
5. 군비제한, 신뢰구축(CBMs), 군비경쟁, 군축은 언제, 어느 시기에 진행해야 효과적인지 이해하시오.
6. 운용적 군비통제의 동태적 분석이란 무엇인지 이해하시오.
7. 영화 《오펜하이머-Oppenheimer, 2023》, 《덩케르크-Dunkirk, 2022》, 《아무르-Amour, 2012》, 《닥터 스트레인지러브-Dr. Strangelove, 1964》, 《킹스맨-Kingsman, 2021》,를 시청하시오.

제3장

군비통제의 이론적 배경과 기초 이해

제1절 개요

제2절 군비경쟁(Arms Race)과 전쟁의 상관성 이해

제3절 군비통제(Arms Control)와 군사적 안정성 이해

제4절 논의 및 시사점

제 1 절

개 요

인류는 역사가 기록된 이래 각종 분쟁(전쟁)을 최소화하고, 군사비를 줄이기 위해 노력하였다. 또한, 국가 존립과 국익을 추구하고자 동맹 체제를 형성 또는 정치적 위계를 구축함으로써 전쟁이 발발할 위험성과 파괴력을 감소시키기 위해 고민하고 있다. 이를 통해 전쟁(분쟁)은 왜! 발발하고, 전쟁은 어떻게! 수행해야 하는지에 대한 도덕・윤리・기술적 논리를 개발하였다. 여기서 실천적 방법 및 수단이 바로 '군비통제 협상(Arms Control Negotiation)'이다. 군사력의 증강・축소・제한에 관한 협의를 통해 전쟁의 범위와 영역, 장비 및 물자를 규제할 규칙을 만들어 정치적 갈등을 관리하고자 한다.

근대적 의미의 군비통제 이론은 1950년대 후반에 등장한 억지 이론에서 출발하고 있다. 이때 등장한 '상호확증파괴(MAD)전략' 개념은 억지 이론을 유지하는 핵심 요소로 인식되었다.

잠깐! 여기서 '상호확증파괴(MAD)'가 무엇인지를 먼저 이해할 필요가 있다.

> 문제5) '상호확증파괴(MAD)'는 무엇을 의미하는지? 를 이해하시오.
> ① '억지 이론(Deterrence Theory)'과의 차이점은?
> ② '직접억지'와 '확장 억지'의 차이점은?
> ③ 러시아가 "영국이 자꾸 관여하면, 영국을 지상에서 영원히 지워버리겠다."라고 하자, 영국은 "그 어떤 상황이 되더라도 모스크바 하나는 확실하게 지도에서 지워버릴 핵전력은 반드시 유지한다."라고 응수했다. 이면(裏面)적 의미는?

*** key-word**

- ‘억지 전략(Deterrence Strategy)’은 구(舊) 냉전기 당시 핵무기에 대응하기 위한 전술로서 국제적 인지도가 높은 이론이다. 핵전력이 열세여도 핵전력을 보유하고 있으면, 상대적으로 더 강한 적국의 예기치 않은 공격에도 스스로 보호할 수 있는 즉, 침공한 적국에 던질 결정적인 한 방을 가지고 있어서다.
- ‘억지’는 ‘직접억지(Direct Deterrence)’와 ‘확장 억지(Extended Deterrence, 또는 확장억제)’로 구분하며, 한국에서는 미국의 확장 억지를 ‘핵우산’이라고 한다. 적국에 위협이 될만한 조치가 취해지지 않도록 강압 외교(Coercive Diplomacy) 방식을 의도적으로 취하는 행위 또는 제3국이 원하는 어떠한 상황이 발생하지 않도록 하는 전략이다.[1)]
- 소련이 영・프를 대상으로 핵 공격을 하겠다는 의미는 영-프에 보내는 경고이기보다 미국을 향한 것이다. 영국과 프랑스가 당할 경우, 미국의 국익에 상당한 영향을 끼치기에 대응하지 않고 가만히 있기가 어려운 현실이 실타래처럼 얽혀있는 국제관계다.

강대국 간 군비경쟁의 종착점은 ‘파괴’였기에 현상의 유지, 관리를 촉진할 수 있는 메커니즘(mechanism)으로 전환할 필요성이 제기되었다. <그림 3-1>은 1950년대 처음으로 군비통제 개념이 촉발되었던 당시의 배경과 단계를 정리하였다.

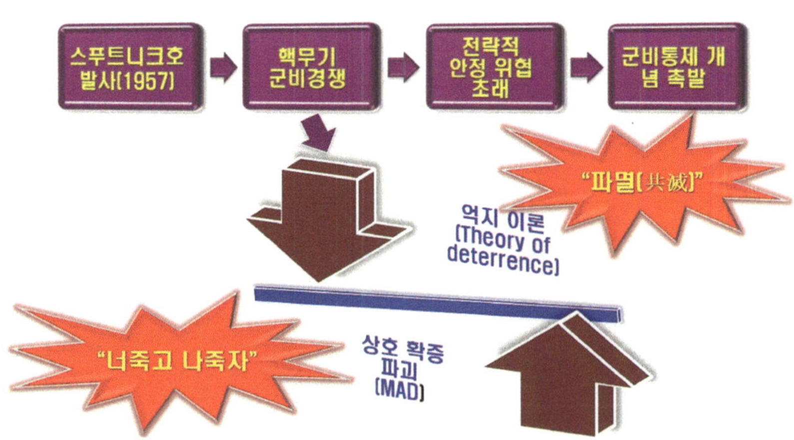

<그림 3-1> 1950년대 말 군비통제 개념의 형성 및 촉발 단계

1957년 10월 4일 소련에서 세계 최초의 ‘대륙간 탄도탄 미사일(ICBM)’인 스푸트니

1) 김성진, 앞의 책(2022), pp. 39~42, 192~194.; 김성진, 앞의 책(2021b), p. 71.

크(Sputnik, R-7)를 발사하는 데 성공하였다. 미국은 소련에 뒤처졌다는 위기감과 불안감이 증폭되며 공황(panic)에 빠졌다. 11월 26일 미국도 ICBM(SM-65A ATLAS, 사거리 7,000km)을 발사하는 데 성공하였고, 곧바로 실전에 배치하였다.2) 1958년 7월 29일 항공우주국(NASA)을 설립하면서 군비경쟁(Arms Race)이 본격적으로 시작되었다. 그러나 군비통제 이론이 현실에서 작동하려면, 네 가지의 전제(前提)가 필요하다.

첫째, 전쟁을 예방할 수 있는지?

둘째, 국제사회의 평화와 질서 구축에 도움이 될 것인지?

셋째, 검증 또는 사찰을 통해 실천을 보장할 수 있는지?

넷째, 군비경쟁 또는 일방적인 감축(군축) 보다 긍정적인 대응을 유도할 수 있는지?

현실적 측면에서 제한이 있겠지만, 전제가 성립된다면, 쌍방 또는 다자간 실현될 가능성은 그만큼 커진다. <그림 3-2>는 군비통제 이론에 필요한 작전적 중심(重心)을 정리하였다.

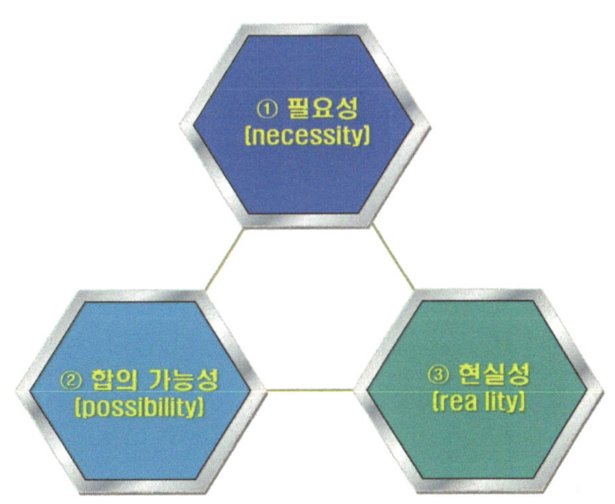

<그림 3-2> 군비통제 이론의 작전적 중심(重心)

2) 1957년 월 소련은 중앙아시아 지역에 설치한 시험장에서 사거리 7,000km인 3 MT 수소폭탄을 발사하는 데 성공하였다. 당시 헝가리 출신의 천재 수학자인 존 폰 노이만(John von Neumann)이 주창한 '확증파괴이론'은 전쟁이나 전투 결과에 상관없이 양측 모두를 파괴하는 "너 죽고 나 죽자"라는 의미다. 이러한 억지 전략은 1991년 소련이 붕괴할 때까지 채택되었다(김성진, 앞의 책(2021a), p. 71.; 김성진, 앞의 책(2021b), p. 247.; 김성진, 앞의 책(2020a), p. 273.).

① '필요성(necessity)'은 '무엇을 갖추거나, 행동할 때 요구되는 성질'을 의미하며, 긍정적으로 보는 계층도 있지만, 불필요하다는 의견도 있다. 그러나 전쟁은 인명을 살상하고, 주변을 파괴하는 강력한 투쟁의 산물이다. 수단 및 도구로 사용하는 무기(무기체계)를 통제하면, 전쟁을 예방할 수 있고, 예방에 실패해도 대량살상과 재산 피해를 상당 부분 줄일 수 있다. 따라서 평시에 부담될 수 있는 군사비를 줄일 수 있기에 경제적으로도 이익을 창출할 수 있다.

1960년대 이후 끊임없이 제기되는 '보편적 완전 군축(GCD)' 개념은 "모든 국가에서 군비(Arms preparedness)를 모두 없애면, 평화와 질서 유지가 가능하다."라는 인식에 기반하고 있다.[3] 누구나 낮은 수준의 군사력과 최소의 노력으로 안보를 유지하려는 마음을 가지고 있다. 이를 다르게 표현하면, 국가안보를 확립하고, 전쟁을 예방하는 수단이 군비통제라고 봤다. 그러나 군비통제 협상은 '수레를 말(馬)의 앞에 놓은 상태(to put the cart before the horse)' 즉, 논리적 측면에서 비약된 결과라며 반대하는 주장도 분명히 존재하고 있다. 불신(不信)이 커지면, 전쟁이 불가피하다는 의지와 연계되기에 군사력의 증강이 필요하다고 인식하고 있어서다. 그러다 보니 '억지 이론'의 주창자들은 억지와 연계되지도 않는 군비통제가 오히려 인계철선이 되어 전쟁의 가능성을 더 높이게 되는 아이러니의 발생을 염려하고 있다.

② '가능성(possibility)'은 ①에서 군비통제 협상이 필요하다면서도 원만한 합의가 진행될 수 없다면, 협상은 탁상공론에 불과하다는 인식이다. 따라서 협상이 성립되려면, 어느 일방의 주장이나, 요구만으로 추진하기는 어렵다. <표 3-1>은 군비통제 협상 간 갖춰야 할 보편적 방향성을 제시하였다.

---

3) '보편적 완전 군축(GCD)'은 'General Complete Disarmament'의 약자다. 한 국가에 핵무기가 남아 있는 한 언젠가는 사용할 수밖에 없기에 전면적 핵전쟁이 불가피하다고 본다(James E. Dougherty and Robert L. Pfaltzgraff, Jr., *"Contending Theories of International Relations,"* (New York:Harper & Row, 1981), pp. 390~391.; Pilip Noel-Baker, *"The Arms Race:A Programm for World Disarmament,"* (London:John Calder, 1958).; Grenville Clark & Louis B. Sohn, *"World Peace through World Law,"* (Cambridge, Mass.:Harvard University Press, 1958).).

<표 3-1> 군비통제 협상 간 갖춰야 할 보편적 방향성

②-1. 당사국 간 정치적 관계는 개선되어야 하고, 군사적 균형이 존재하는 한편으로 경제적 측면에서 상호 의존성이 높아야 하며, 신뢰할만한 관계 기구의 역할이 중요하다.
②-2. 당사국의 안보를 뒷받침할 국력(군사력)이 축적되어 있어야 한다.
②-3. 군비통제의 필요성에 대한 국민적 공감대가 형성되어야 한다.
②-4. 군비통제로 인해 얻을 수 있는 경제적 이익, 사회복지, 국민의 행복을 추구하는 과정에서 쌍방의 이익이 존재해야 한다.
②-5. 군비통제 협상은 쌍방(다자) 간 신뢰구축이 전제되어야 한다.

군비통제 협상이 성과를 내려면, 세 가지를 활용할 수 있어야 한다.

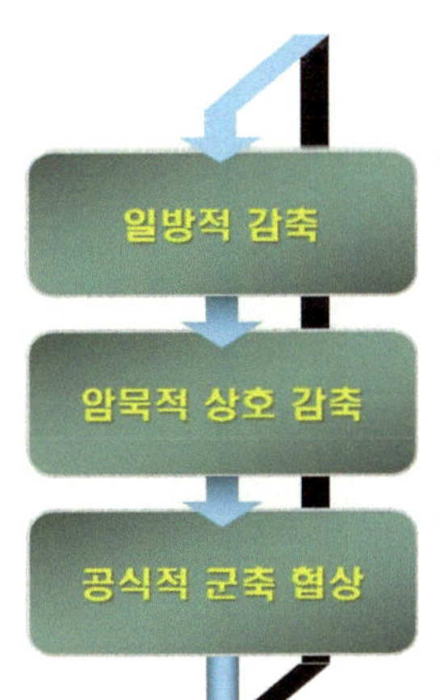

첫째, '일방적인 감축'이다. 동맹을 체결할 때 국가안보의 수준은 그대로 유지하면서도 군비(軍備)를 줄이는 방식이다. 직국(잠재적국)의 수가 감소하고, 수요가 줄었을 때 추진할 수 있다.

둘째, '암묵적 상호 감축(tacit bargaining)'이다. 직접 협상을 추진하기보다 상대국의 상응하는 조치를 기대하며 자체적으로 군비(軍備)를 줄이는 방식이다.

셋째, '공식적인 군축협상(Disarmament Negotiation)'이다. 당사국이 협상을 통해 조약으로 규정하는 방식이다.

군비통제는 어떠한 형태나 방식으로 진행하든 자국의 안보위협이 증대되지 않는다는 확실한 심증(心證-strong belief)이 있어야 한다.[4] 문제는 쌍방이 바라보는 '균형'에 대한 기준이 다르고, 서로 인식하는 안보여건이 같지 않다는 데 있다. 조금이라도 우위가 보장될 때를 '균형'이 잡혔다고 믿기에 출발점이 다르고, '균형의 회복'이라는 명분을 가지기에 대다수는 군비경쟁(Arms Race)으로 나타나게 된다.

③ '현실성(reality)'은 합의를 끌어내도 그대로 실천하기는 쉽지 않은 현실을 짚어

4) 기술향상 등을 통해 당사국의 안전을 보장할 방어역량이 현저히 증가했을 경우, 군비를 줄이는 데 거리낌이 없을 것이다. 안보위협이 현실이라면, 군비통제에 합의하기는 쉽지 않다. 결국, 당사국 간 군비통제 협상이 이익을 창출할 수 있다고 여길 때 통제 및 합의가 이루어질 수 있다. 결국, 이익의 창출 여부는 당사국이 스스로 판단해야 한다.

내고 있다. 합의한 내용을 각 당사국이 실천한다는 확신이 있어야 성과를 낼 수 있기 때문이다. 따라서 당사국의 이행 상태를 알려면 '사찰을 통한 검증(verification through inspection)'[5]이 필요하기에 현실 문제로 귀착될 수밖에 없다. 따라서 군비통제 협상은 당사국 간 신뢰를, 군사적 불균형은 균형으로, 공세 전력 구조는 방어전력 구조로 개편할 수 있을 때 협력체제로 전환할 수 있다.

군비통제 협상 간 가장 많은 논란은 '실질적인 사찰의 가능성'이다. 즉, 현실적 측면에서 임시방편으로 해결되어왔기에 아직 체계적이지 않다고 보는 게 일반적인 시각이다. 군비경쟁 방식도 과학기술의 발전에 따라 달라졌기에 보편적 이론으로 채택하기는 쉽지 않다. 따라서 국제사회나 지역적 특성(여건)에 따라 달라지기 마련이다.[6]

5) '사찰을 통한 검증(verification through inspection)'은 '조약 체결국이 군비통제를 위해 수행하는 제반 군사 행위가 조약 내용과 일치하는지에 대하여 판단하는 절차'다. 즉, 상호 협의를 통해 각 조항에 대한 해석과 획득한 증거에 따라 군사적 신뢰 증진 및 조약 준수하기 위해 노력하는 과정으로 이해하면 될 듯싶다.

6) 김성진, 앞의 책(2022), pp. 357~358, 377~378.

제 2 절

군비경쟁(Arms Race)과 전쟁의 상관성 이해

1. 개요

근대국가에서 군비(軍備)를 증강하는 노력은 전쟁에 대비하고, 불가피 시 전쟁을 수행하겠다는 의미이기에 비도덕・비윤리적이라고 인식하였다. 이에 따라 군비와 전쟁을 준비하는 자체가 인・물적 자원의 낭비이며, 국가 발전에 저해된다는 반감이 두드러졌다. 군비경쟁(일명 군비증강)이 전쟁에서 승리를 보장할 효과적 방안인지는 많은 고민이 필요하지만, 전쟁을 억제할 수 있는지에 관한 연구는 활발한 편이다.

전쟁 준비에 대한 가설(假說)은 로마의 군사전문가(Flavius Vegetius Renatus)가 주창한 "진정 평화를 원하거든, 전쟁에 대비하라(Si vis pacem, para bellum)"라는 문장으로 함축할 수 있다. 이는 현대사회에서 '억지 이론'의 형태로 나타났으며, 세 가지 가설로 요약할 수 있다. ① 군사력은 평화를 유지하는 데 필수적인 요소다. ② 적국의 군사력에 대응할 수 없거나, 그 수준을 따라잡지 못할 때 전쟁이 발발한다. ③ 군비경쟁은 양국 관계를 무기 사용의 경쟁이 아닌 무기획득 경쟁으로 바꿀 수 있기에 전쟁을 회피할 수 있다. 다만, 과도한 군비증강은 상대의 오해를 낳게 되며, 전쟁을 부추기는 양상으로 발전할 개연성이 크다.

A 국가와 B 국가의 관계를 예로 들어보자. A 국가는 군사력만이 전쟁을 억제할 수 있다는 신념으로 B 국가를 압박하여 군축협상에 순응하게끔 먼저 군비를 증강한다. B 국가는 A 국가의 침략에 대비하기 위해 경제적 부담을 안게 되는 한편, A 국가의 공격 의도를 의심하게 된다. 따라서 특정한 시점에 예방전쟁 또는 선제타격을 할 가능성이 열려있다. 이처럼 현실에선 상반된 인식과 주장이 항시 혼재하기에 평화 또는 전쟁으로 가는 흐름이 만들어지게 된다.

국가가 군비통제를 요구받는 원인은 무엇 때문일까? 답은 국제체제와 구조가 무정부주의적 성격이 짙어서다. 이로 인해 경쟁적으로 국가 존립과 국익 보장에 노력하는 과정에서 안보 딜레마(Security Dilemma)가 나타나게 된다. 결국, 군비경쟁을 촉진하게 되고, 유사시 우발전쟁 및 의도된 전쟁으로 연계될 가능성이 커지게 된다. 이때 다소의 차이는 있지만, 경제발전에 장애 요인으로 작동하기도 한다.

고대시대부터 인류가 삶을 위해 어쩔 수 없다고 치부해오던 침탈행위가 발전하며 군대의 규모는 커졌다. 양차(兩次) 세계대전을 겪으면서 전쟁의 결과가 얼마나 참혹한지, 어떠한 결과를 초래하는지도 깊이 체득하였다. 이로 인해 모든 국가가 자국 이외엔 잠재적국으로 가정하고 군비증강을 하는 장기 레이스를 시작하였다.

미국은 '군사 전략적 접근법'[7]을 현실에 접목했다. 국가안보를 위해 적국(잠재적국)과 끊임없는 군비경쟁을 할 것인지, 군비통제를 통해 정치·군사적 협력관계를 추구할 것인지에 관해서는 누구도 피해갈 여지가 없도록 외통수에 몰린 과제다. 결국, 군사력 증강을 이용한 군비경쟁 또는 군비통제라는 이분법적 논리에 고착되기보다 이를 상호 보완적으로 정책화하되, 적절한 수준에서 대응할 필요가 있지 않나 싶다.

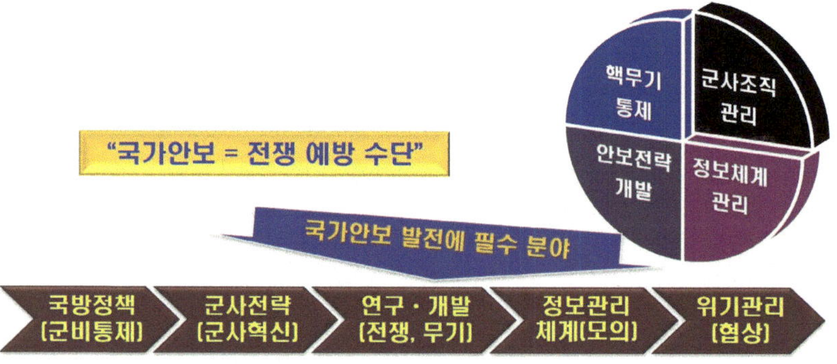

잠깐! 여기서 군비경쟁(Arms Race)과 군비증강(Military Build-up)이란 무엇인지에 대하여 이해할 필요가 있다.

---

7) '군사 전략적 접근법'이란 '외부의 군사적 침략을 국가 존립에 최대 위협요인으로 인식하고, 이러한 위협에 대응하고자 국가 차원에서 정책적으로 접근하기 위한 노력의 전반'을 뜻하고 있다. 즉, 가장 전통적이고 직접적인 방법으로서 국가안보정책의 목표를 "국가 이익의 확보·유지를 위한 국가의 능력과 행동 강화"에 두고 그 실천 수단으로서 군사력을 강조하고 있다. 여기서 상대적 우위를 확보할 때까지 계속하여 군비를 증강하는 등의 상승작용으로 표출되는 게 바로 '군비경쟁(Arms Race)'이다.

문제6) 군비증강이란 무엇인지? 에 관한 의미와 본질을 이해하시오.
① 군비증강의 일반적 정의와 개념은?
② 군비경쟁이 왜! 전쟁 발발의 가능성을 증가하게 하는지?

*** key-word**

- '군비경쟁'은 '서로 적대적 관계의 국가나, 어떠한 지역 내에서 패권을 노리는 국가가 경쟁의식에서 군비를 증대 및 군사력을 증강하는 행위'다.
- '군비증강'은 '국가안보를 군사적 수단에 의해 해결하려는 국가 행위의 결과로서 적국 간 상호작용으로 인해 발생하는 행위'다.
- 상대적 우세를 달성하기 위해 군비를 증강하는 노력은 국가 간 군사적 갈등을 유발하고, 경제적 부담을 초래하게 된다. 즉, 군비증강을 통해 서로 경쟁함으로써 안보 딜레마에 직면하게 된다.
- 안보 딜레마를 벗어나기 위해서는 '군비경쟁이 왜! 전쟁이 발발할 가능성을 증대시키는지'에 대한 해법을 찾아야 한다.
- 군비경쟁이 전쟁의 원인임과 동시에 안보 딜레마라고 주장하는 학자들도 있다. 즉, 무기는 전쟁을 수행하는 도구에 불과하다는 인식론자가 있는 한편으로 "인간이 무기를 가졌기에 싸우는 게 아니라 싸우는 데 필요하기에 무기를 갖는다."라는 인식론자가 동시에 존재한다('닭과 달걀'의 논쟁과 같다고 이해하면 될 듯싶다.).

  * 군비증강은 크게 세 가지로 요약할 수 있으며, ① 재정부담을 초래, ② 최고지도자의 인식 여부, ③ 국민 여론의 유도로 요약할 수 있다.

초기 군비통제에 대한 일반적 인식은 학자들에 따라 차이가 컸다. "전쟁을 준비하고 수행하는 행위는 비도덕적"이라는 윤리적 시각에서부터 "군비와 전쟁은 인・물적 자원의 낭비이며, 국가 발전에도 해롭다."라는 사회・경제적 측면까지 포함하고 있어서다. 이렇게 다양한 주장들에 대한 처방은 의외로 간단하다. 군비를 줄이면, 전쟁이 발발할 개연성이 줄어들기에 군비를 폐기・감축・제한하거나, 군비경쟁을 중단 또는 통제하는 등의 방식으로 국가안보에 기여할 수 있다. 이는 적국을 침략하는 행동에 따른 위험성과 비용 부담이 그러한 행동을 통해 얻는 이득보다 훨씬 더 크다는 사실을 확신케 함으로써 침략의 유혹을 처음부터 단념시키는 논리로 발전하였다.

1950년대 소련의 ICBM 개발이 국제사회의 전략적 안정을 유지하는 데 새로운 위협요소로 등장하였다. 서방 학계는 이에 대응하고자 군비통제 개념을 등장시켰다. 이를 통해 미국과 NATO는 소련의 ICBM 개발 위협에 대응하여 군비통제를 내세웠다. 다시 말해 억지 이론과 상호확증파괴(MAD)에서 출발하였다. 여기서 유념해야 할 지점이 '억지 이론(Deterrence Theory)'은 "힘으로 힘을 견제함으로써 서로 싸우지 못하게 한다."에, '군비통제 이론(Arms Control Theory)'은 "싸울 수 있는 수단을 통제하여 싸우지 못하게 하겠다."라는 게 핵심이다.[8)]

두 이론이 모두 전쟁을 예방하는 데 있지만, 처방은 상반(相反)된다. '억지 이론'은 억지 능력을 발휘할 수 있을 정도로 군비(軍備)를 갖춰야 하기에 비용이 많이 들지만, 합의가 필요 없다는 측면에서 전쟁을 예방하는 데 효과적이다. '군비통제 이론'은 군비(軍備)를 제거하기 위한 처방이어서 소요 비용은 상대적으로 적게 들지만, 쌍방 또는 다자간 합의가 필요한 방식이기에 추진하는 데 어려움이 따르게 된다.

2. 군비경쟁 이론(Theory of Arms Race)

잠재적국 간 군비경쟁은 잠정적 또는 영구적인 상황을 불문하고 일방적으로 전쟁이 촉발될 가능성을 종식(終熄-end)시키는 데 있다. 이는 세 가지로 요약할 수 있다. ① 전쟁이 발발했을 때, ② 어느 한 국가가 압도적인 군사력을 확보함으로써 관련국이 군비경쟁을 포기했을 때, ③ 군비경쟁을 하는 국가들이 군비증강을 동결하기로 합의했을 때다.

여기서 ①·②는 국가안보를 경쟁적으로 추구할 때 나타나며, ③은 국가안보를 협력적으로 추구할 때 나타나는 현상이다. <그림 3-3>은 대표적인 군비경쟁 이론 주창

8) 김성진, 앞의 책(2022), pp. 39~42, 192~194.

자들을 제시하였다.

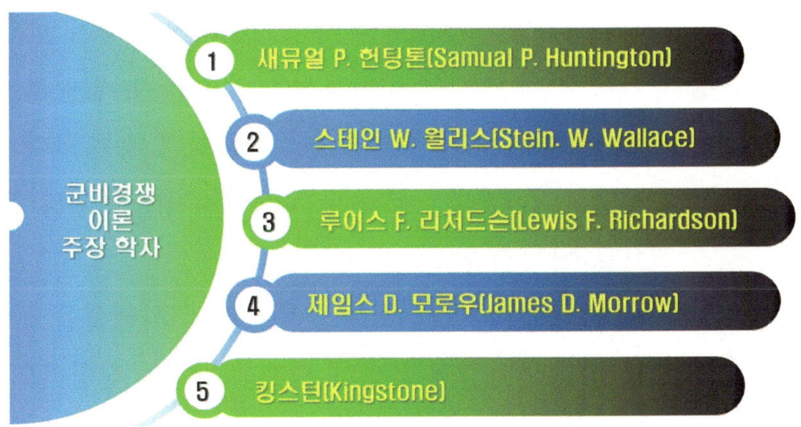

<그림 3-3> 대표적인 군비경쟁 이론 주창자

① 새뮤얼 P. 헌팅턴은 "군비경쟁은 전쟁이 아닌 다른 결과를 가져올 수 있지만, 위험도 동반하고 있다."라며 경고하고 있다. 전쟁의 발발 원인은 위협을 인식하는 데 차이가 있거나, 국력 또는 군사력의 불균형, 군비경쟁의 유형 및 차원 등으로 요약할 수 있다. <표 3-2>는 경쟁국 간 존재하는 국력의 차이와 위협에 대한 인식이 상호작용함으로써 발생하게 되는 전쟁의 원인을 제시하였다.

<표 3-2> 경쟁국 간 전쟁이 발발할 가능성이 커지는 대표적 원인

첫째, 상대의 위협에 대한 인식의 차이가 크게 날 때 둘째, 힘(국력, 군사력 등을 포함)의 균형에 유의미한 변화가 발생할 때 셋째, 힘의 격차가 너무 벌어져 있거나, 우세한 측이 공세적일 때 넷째, 군비경쟁이 초기 단계이지만, 다른 한 측에서 심하게 몰아붙일 때 다섯째, 경쟁국들이 양적(量的) 군비경쟁에 집중할 때

첫째, 임진왜란(1592~1598)과 6・25전쟁(1950~1953)이 발생한 사례를 들 수 있다.9)

둘째, 동・서독 통일(1990)과 소련이 붕괴(1991)한 사례를 들 수 있다.

셋째~넷째, 소련이 아프가니스탄을 침공(1979)한 사례를 들 수 있다.

다섯째, 질적(質的) 경쟁은 국가의 경제적 부담을 줄여주기에 전쟁이 발발할 위험성도 낮아지게 한다. 특정 국가가 경제 여건상 군비경쟁을 계속할 수 없다고 판단한 경우, 군사력의 격차가 더 벌어지기 이전에 전쟁을 결심할 가능성이 매우 크다. 그러나 질적 경쟁일 경우, 경제적 부담이 더 적어지기에 전쟁의 위험성은 상대적으로 낮아진다.[10)]

Stein W. Wallace[美]

② 스테인 W. 월리스는 군비경쟁의 사례들을 묶어 목록으로 만들어서 군비경쟁-전쟁의 관계를 체계・경험적으로 검증하고자 하였다. 그는 <표 3-3>에서 베게티우스의 가설(假說-hypothesis)을 다시 두 가지의 명제(proposition)로 분리하였다.

<표 3-3> 스테인 W. 월리스의 두 가지 명제

명제#1: 현상을 유지하는 국가보다 도전하는 국가가 상대적으로 강하면, 전쟁이 발발할 가능성은 커진다.

명제#2: 군사력 분포의 변화는 현상을 유지하고자 하는 국가엔 불리하지만, 도전하는 국가에 유리할 때 전쟁이 발발할 가능성은 커진다.

여기서 명제#1・2는 "군비경쟁을 동반한 분쟁이 그렇지 않은 분쟁보다 전쟁으로 진전될 가능성이 크다"라는 가설에서 나왔다. 그는 분쟁(갈등)이 전쟁으로 진전될 것인지, 아닌지에 한정하지 않고 오히려 군비경쟁이 있는지, 없는지로 바꿨다. 이를 통해 군비경쟁을 동반한 분쟁의 82%가

9) 김성진, 앞의 책(2020a), pp. 385~386, 388~391.; 육군 군사연구소, 『1129일간의 전쟁 6・25』 (대전:육군본부, 2014), pp. 23~47.

10) Samuel P. Huntington, *"Arms Races: Prerequisites and Results,"* 『Public Policy』 Vol. 18. (1958), pp. 41~46.

전쟁으로 진전되었으며, 군비경쟁을 동반하지 않는 분쟁은 4%만이 전쟁으로 진전되었음을 입증하였다. 즉, 군비경쟁이 전쟁으로 비화(飛火)되는 것과 직접적인 관련이 있다고 평가했다. 이때 도전 국가의 군사비 지출이 현상을 유지하는 국가보다 많지만, 이를 전쟁과 관련된다고 보기는 어렵다는 주장을 하였다. 결과적으로 현상 유지 국가보다 군사적 우월성을 가진 국가가 전면전(Total War)을 벌이는 비율이 낮았고, 분쟁 이전에 쌍방(다자)이 벌이는 군비경쟁이 더 전쟁과 연계된다는 것이다. 그는 군비경쟁에서 물러서지 않는 것이 안보를 증진하는 지름길이라고 믿는 사람들에게 오히려 경종(警鐘-alarm bell)을 울리고 있다. 주목할 대목은 "군비경쟁이 전쟁을 몰고 온다."라는 가설을 검증한 게 아니다. "군비경쟁은 분쟁을 전쟁으로 몰고 갈 것이다."라는 시각에서 검증을 진행하고 있다는 점이다. 즉, 쌍방이 군비경쟁을 하고 있을 때 사소한 빌미만 생겨도 전쟁이라는 방아쇠(trigger)가 당겨질 수 있다는 것일 뿐 군비경쟁 자체가 분쟁에 영향을 미친다고 보지 않았다.

Lewis F. Richardson[英]

③ 루이스 F. 리처드슨은 군비의 증가가 안정된 균형에 이르렀을 때 전쟁이 발발하지는 않지만, 군비경쟁이 계속되면, 전쟁으로 진전된다고 주장하였다.[11]

James D. Morrow[美]　Daniel Bernoulli[네]

④ 제임스 D. 모로우는 ③에서 불안정한 군비경쟁이 안정된 군비(軍費-military spending)의 지출을 보장하지 못한다는 주장에 대한 이견(異見)을 내놓았다. 왜! 전쟁이 발발하는지에 대한 논리가 분명치 않다는 것이다.[12] 그러면서 일시적으로 약세(弱勢)인 국가가 장차 군사적 우위를 가졌을 때의 이득을 생각하기에 현재의 전쟁은 예방돼야 한다. 따라서 먼저 양보할 수 있다는 가정(假定-assumption)을 하고 있다. 그리고는 '기대효용이론(expected utility theo-

---

11) Lewis F. Richardson, *"Arms and Insecurity:A Mathematical Study of the Causes and Origins of War,"* (Pittsburgh, PA:Boxwood, 1960).

12) James D. Morrow, *"A Twist of Truth:A Reexamination of the Effects of Arms Races on the Occurrence of War,"* 『Journal of Conflict Resolution』 Vol. 33, No. 3. (September, 1989), pp. 500~529.

ry)'을 접목하여 군비경쟁은 서로 위협이 되기에 성과 여부에 따라 전쟁에서 승리할 확률이 변경된다고 분석하였다.[13] 분쟁 간 군사적으로 우세한 국가는 적국(잠재적국)이 우위를 점하기 이전에 전쟁을 감행할 욕구를 가지게 된다는 의미이다. 즉, 군비경쟁은 상대적 군사력에 변화를 가져오게 하며, 군사력이 약한 측에서 분쟁을 전쟁으로 비화할 기회를 제공하게 된다고 주장하였다.

⑤ 존 J. 킹스턴과 폴 F. 딜은 군비경쟁과 분쟁의 발발은 상관관계가 없다는 주장이다.[14] 다만, 행위자 사이에서 나타나는 장기·소모적인 분쟁 또는 최소의 분쟁 준비 상태를 가장 잘 보여주는 산물이 군비경쟁이라고 평가하고 있다.

3. 억지 이론(Deterrence Theory)

'억지(deterrence)'는 '생각이나 주장을 무리하게 고집했음에도 잘되지 않거나, 해서는 안 될 일을 기어이 해내려고 하는 고집'을 뜻하며, 전략적 측면에서는 '상대가 견디기 어려울 정도의 보복을 당하게 됨을 확신케 함으로써 도발을 억제하는 개념'이다. 미-소 냉전기 당시 핵무기에 대응하기 위해 만든 전술로서 '상대적으로 핵전력에서 열세인 국가가 더 강한 적국에 예기치 않은 공격을 당했을 때 자국을 보호하기 위한 이론'으로 이해하면 된다.[15]

---

13) '기대효용이론(期待效用理論-Expected Utility Theory)'은 '기대효용가설(Expected Utility Hypothesis)'이라고도 한다. 1730년경 스위스 물리학자 데니얼 베를루이(Daniel Bernoulli)이 '합리적인 경제주체는 자신이 행동한 결과가 확정되지 않았을 때는 결과에 의한 효용의 기대치에 따라 행동을 결정한다.'라고 주장한 데서 나왔다.

14) Paul F. Diehl and John J. Kingston, *"Messenger or Message? Military Build-ups and the Initiation of Conflict,"* 『Journal of Politics』 Vol. 49. (1987), pp. 801~813.

15) 국방부 정책기획관실, 앞의 백서(2022년 12월), pp. 154, 160~163.; 김성진, 앞의 책(2022), p. 39.

이 이론은 최고지도자가 핵 공격을 수행할 의도를 갖지 않더라도 ① 컴퓨터 조작의 실수로 인해, ② 테러집단이 핵무기를 확보할 경우, ③ 핵 분야에 종사하는 자 중 과대망상증 환자가 존재하는 경우에 나타나게 된다. 여기서 억지가 성공하려면, 행위자(actor)가 합목적적으로 행동한다는 전제가 필요하다. 그러나 상대의 일차 공격에 즉각 대응할 치명적인 반격능력을 보유하고 있어야 하며, 공자(攻者-attacker)는 상대의 반격능력을 두려워하는 환경이 조성되어야 한다. 여기서 공자가 방자(防者-defender)의 반격능력을 두려워하지 않는다면, 억지가 성립되지 않음을 이해할 수 있어야 한다.

합리성 (rationality) → 능 력 (capability) → 의 지 (will) → 의사전달 (communication) → 신뢰성 (credibility)

이를 비판적으로 접근해보면, 억지 이론은 정작 필요할 땐 시기가 부적합하고, 정작 필요하지 않을 때는 적합하다고 평가되는 비논리적 의미라고 할 수 있다. 여기에 정책결정권자(최고 정치지도자)가 아무리 합목적성을 가지고 임해도 인간의 능력이기에 한계가 있다. 또한, 급작스레 발생한 위기는 국가적 긴장과 불안감을 폭넓게 형성함으로써 정책을 결정하는 데 상당한 한계로 작용하기도 한다. 더욱이 갑작스러운 도발(挑發-provocation)은 대부분 예고가 없는 상황에서 일어나기에 평시의 억지 능력과 큰 상관이 없으며, 공세적 억지력이 있어도 평화가 영원히 보장되는 게 아니라는 점을 새겨야 한다. <그림 3-4>는 대표적인 억지 이론 주창자들을 제시하였다.

<그림 3-4> 대표적인 억지 이론 주창자

① 브루스 J. 부에노 데 메스키타와 ② 윌리엄 H. 라이커는 경험적 연구를 통해 핵억지가 어느 정도 작동되고 있다고 주장하였다.[16] 특히 브루스 J. 부에노 데 메스키타는 게임이론(Game Theory)에서 전략적 시각이 국제관계 현상과 각국의 외교정책을 이해하는 데 필요한 논리 중의 하나임을 강조하고 있다.[17]

③ 에리히 위드는 1960~1970년대에 등장한 확대 억지 논리가 전쟁이 발발할 가능성 자체를 줄였다고 주장하고 있다.[18] 그러나 억지나, 군비통제가 상호 배치(背馳-contrariety)되는 개념이 아님을 이해해야 한다. 군비통제가 제한된 군비경쟁을 유도함으로써 안정된 억지력 또는 억지 체제를 구축하도록 유도하고 있음도 간과해서는 안 된다.

④ 마이클 D. 인트리게이터와 ⑤ 다고베르트 L. 브리토는 군비경쟁이 쌍방의 군사력 수준에 따라 전쟁 또는 평화가 결정되며, 군축이 경쟁적으로 진행될 때는 평화 또는 전쟁을 촉발할 수 있다고 주장하였다. 즉, 일방 또는 쌍방이 억지 논리를 적용하여 최소 군비 유지를 목적으로 추진할 경우, 억지에 실패할 수 있다는 뜻이다. 국가가 충분한 군사력을 보유했지만, 적국(잠재적국)은 억지력이 없는 상태이기에 극단적으로 판단하여 예방전쟁을 감행할 수 있기

---

16) Bruce Bueno de Mesquita and William H. Riker, *"An Assessment of the Merits of Selective Nuclear Proliferation,"* 『Journal of Conflict Resolution』 Vol. 26. (June, 1982), pp. 283~306.

17) '게임이론'은 1939년 존 폰 노이먼(John von Neumann)이 최초로 연구하였다. 크게 협조적 게임이론과 비협조적 게임이론으로 구분하고 있다. 전략적 시각 또는 관점은 국제관계 현상과 각국의 외교정책을 이해하는 데 필요한 논리의 하나로서 본질은 상호 의존성(interdependence)에 있다. 현실·자유·구성·관료주의 및 이익집단의 시각과 대비되는 논리로 볼 수 있다.

18) Erich Weede, *"Extended Deterrence by Superpower Alliance,"* 『Journal of Conflict Resolution』 Vol. 27. (June, 1983), pp. 231~254.

때문이다. 이는 지나친 군비경쟁(군비증강)이 오히려 상대국의 기습공격을 유도할 수 있음을 의미한다. 따라서 예방전쟁을 시도하지 않게 하려면, 자국(自國)의 군사력 수준을 적국(잠재적국)의 군사력 수준과 비례하여 유지할 필요가 있다. <표 3-4>는 억지 영역에 도달하는 데 필요한 안정성 영역을 정리하였다.

<표 3-4> 군비경쟁과 위기의 안정성이 필요한 이유

첫째, 군비경쟁의 안정성	둘째, 위기의 안정성

첫째, 일정한 선(線)에 도달할 때까지 군비경쟁을 추진하기 위함이다.

둘째, 전쟁을 억지할 수 있는 정도의 군비경쟁이다. 예를 들면, 두 국가가 서로 적국(잠재적국)이 침략을 위해 군비증강을 추진한다고 믿을 경우, 군비경쟁이 증가할 수밖에 없지만, 전쟁을 억지할 방안도 같이 고민하게 된다. 즉, 군비경쟁에 얽매이기보다는 군축이 자연스레 억지력의 감소를 가져올 수 있다고 본다. 군축을 추진할 때는 억지력이 저하되기에 서로 상대가 공격하지 않게끔 노력해야 한다. 불신이 커지면, 선제공격 또는 예방 공격이 불가피하기 때문이다.

4. 군비통제 이론(Theory of Arms Control)

군비통제 이론은 1950년대 후반에 등장한 억지 이론을 기반으로 발전했으며, 상호확증파괴(MAD) 개념을 창출 및 유지하는 요소로 간주한다. 이 이론은 국방예산 또는 전쟁이 발발할 개연성을 줄이기 위함으로 전통적인 군축(disarmament) 이론과 같은 맥락이다. 그러나 제2차 세계대전을 거치며 핵무기가 등장하자 전쟁을 예방(방지)하는 방법이라고 결론짓기가 어려웠다. 이때 생겨난 '억지(抑止-deterrence) 개념'이 전쟁을 예방(방지)할 수 있다는 측면에서 신뢰도가 높았다. 군비통제 이론이 싸울 수 있는 수단을 통제하여 싸우지 못하게 하겠다는 합목적적 이론이어서다. 이때 억지 이론과 군비통제 이론의 궁극적인 목적은 같지만, 조처 방식이 다르다는 점을 이해해야 한다. 군축은 소요 비용이 덜 들어가지만, 합의하기는 매우 어렵다. 반면에 '억지'는 비용이 많이 들지만, 합의가 필요 없다는 측면에서 효과적이라고 할 수 있다. 따라서 군축과 억지가 서로 상극의 관계는 아님을 이해해야 한다.

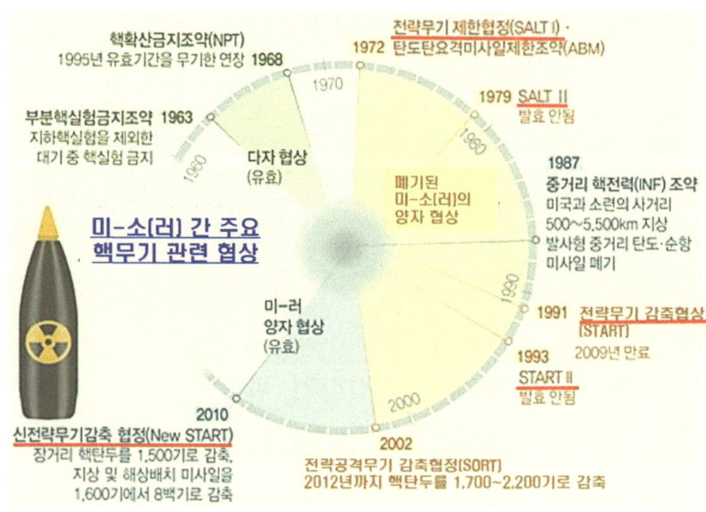

핵무기가 등장한 이후 시작된 '상호확증파괴(MAD)'는 억지와 군비통제를 융합하는 정책이론이다.[19] 쌍방이 서로 억지할 수 있도록 공포의 균형을 통해 군비를 통제할 수 있기 때문이다. 대표적으로 '전략무기 제한협정(SALT, 1969~1979)', '전략무기 감축협상(START, 1991~2010)'을 들 수 있다.[20]

5. 군비경쟁-전쟁의 상관성 및 시사점

오늘날 전쟁을 방지하거나, 국가안보를 확립하는 방법은 현실·이상적인 두 가지 시각에서 접근할 수 있다. 현실적 시각은 적국보다 우세한 군사력 즉, '군사적 우위를

19) 로버트 아인혼(Robert Einhorn) 前 미 국무부 비확산·군축 담당 특별보좌관은 미국평화연구소(USIP)에 한 기고에서 "전쟁을 피하고 궁극적으로 평화를 달성하려면, 억제가 외교와 함께 가야 한다."라고 하였다. 북한이 한·미의 대화 제안을 거부한 점을 인정하면서 "그러나 외교 노력을 재개할 때가 왔다."라고 밝혔다(박수찬, "'전쟁하자' 선언한 김정은, 어떻게 대응해야 할까," 『세계일보』 (2024.02.02.).).

20) 'SALT'는 핵탄두를 운반하는 수단을 제한하기 위해, 'START'는 핵 투발 수단과 핵탄두 수량을 제한하기 위함이다. 2022년 러시아가 우크라이나를 무력으로 침공하며 미-러 관계가 악화하였다. 2023년 2월 21일 블라디미르 푸틴(Vladimir Putin)은 국정연설에서 2010년 체결한 'New START'의 참여 중단을 선언하였다(이경주 외, "'핵군축 시대' 저무나… 군비경쟁·양극화로 국제 안보 '시계 제로'" 『서울신문』 (2023.02.23.).).

* SALT는 ① '탄도미사일 방어체제 제한협정(Treaty Between the United States of America and the Union of Soviet Socialist Republics on the Limitation of Anti-Ballistic Missile System)', ② '공격적 전략무기 제한을 위한 몇 가지 조치와 관련된 미국과 소련 간의 잠정협정(Interim Agreement between the United States of America and the Union of Soviet Socialist Republics on Certain Measures with Respect to the Limitation of Strategic Offensive Arms)'으로 구성되어있다.

확보하는 절대 안보(Absolute Security)' 개념에서 군비를 증강 및 주변국과의 안보동맹을 체결하고, WMD를 개발 및 보유하는 것이다. 이때 당사국도 같은 생각을 할 것이기에 군비경쟁으로 치닫게 되어 결국 국력은 쇠퇴(衰退)하게 될 것이다.[21)]

이상적인 시각에서 보면, 군비통제에 합의하여 서로 평화공존(Peaceful Coexistence)을 해야 군사력을 증강하지 않고 국가안보가 보장될 수 있다. 따라서 적국(잠재적국)과의 대화(협상)를 통해 군비를 통제할 수 있다면, 평화공존이 가능하다는 의미다.

군비경쟁 이론과 억지 이론 등으로 전쟁과의 상관성을 연구할 때 방법론적 측면에선 각별한 주의가 필요하다. 왜냐하면, 군비경쟁으로 전쟁이 억제되었다면, 억지 이론의 가설이 타당하다고 평가할 수 있어서다. 그러나 전쟁사(戰爭史)엔 군비경쟁이 없던 시기에도 전쟁이 억제된 사례가 다수 존재한다는 점을 잊지 않아야 한다. 특히 1980년대 이전까지 군비경쟁과 전쟁의 관계는 논리적으로 접근하기가 쉽지 않았으나, 게임이론이 등장하며 억지 이론에 관한 이론적 검증이 가능하게 되었다.

억지 이론은 어느 일방에서 공격용 군사력을 충분히 보유하였으나, 억지력은 충분하지 않을 경우, 상대가 예방전쟁 또는 침략전쟁의 형태로 도발할 수 있다는 논리적 구조로 되어있다. 따라서 군축을 추진할 때 억지력이 떨어지지 않도록 유념해야 한다. <표 3-5>는 군비경쟁-전쟁 발발과의 상관성에 관한 분석과 시사점을 정리하였다.

<표 3-5> 군비경쟁-전쟁 발발의 상관성 분석과 시사점

---

21) 1991년 12월 31일 소련은 미국의 앤드루 W. 마셜(Andrew W. Marshall)의 '소련 해체 전략=비용 강요전략'에 의해 붕괴하였다(김성진, 앞의 책(2023), pp. 32~35.; 김성진, "군사비 부하(負荷) 공략으로 북한의 핵·미사일 도발역량 고사(枯死)시켜야," 『KONAS』 안보칼럼 (2023.02.16.).

첫째, 군비경쟁이 전쟁 발발에 미치는 영향을 알려면, 군비경쟁과 전쟁의 단순한 상관관계 설정만으로는 제한되기에 다른 변수(군사력 균형)를 통제 및 검토해야 한다.

둘째, 전쟁의 근본 원인인 분쟁이 군비경쟁보다 더 중요한 변수로 작용할 수 있다.

셋째, 안보 수준을 결정하는 요인은 군축(disarmament) 또는 신뢰구축(CBM)보다 정치적 갈등을 질적으로 해소하는 여부에 달려있다.

넷째, 안보를 증진하기 위해 군축을 추진한다는 주장은 기회만 있으면, 상대를 공격하는 현실에서 적실성(適實性-Reliability)을 담보하기가 어렵다.

다섯째, 군비경쟁-전쟁의 관계보다 무기의 이전-전쟁 관계의 연구가 더 유용할지 모른다.

첫째, 국가안보를 결정하는 데 있어서 군비경쟁은 먼저, 군사력의 균형을 어떻게 유지할 것인지에 관해 고민할 필요가 있다. 물론 분쟁과 상관없이 균형을 이루기 직전에 일어날 수 있는 일시적 군비경쟁까지 포함할 수 있다면, 군비경쟁-전쟁 발발의 상관 요인은 많이 줄어들게 될 것이다.

둘째, 기존 연구는 군비경쟁이 전쟁 발발의 원인 중 하나임을 잘 보여준다. 이는 전쟁의 원인이라기보다 분쟁의 결과에 따라 나타나서다.[22] 군축이 안보를 증진하는 측면에서 분쟁의 발발을 방지하는 게 아니라 분쟁이 발발했을 때 전쟁으로 진전된 가능성을 줄인다는 의미와 같다고 해석해야 한다.

군비 경쟁 ≠ 안보 증진 ≠ 분쟁 방지 → 전쟁 가능성 감소

셋째, 대다수의 정치적 현상은 행위 주체의 선호도에 따르는 합목적적 선택이론과 궤(軌)를 같이한다. 여기서 군비경쟁이 전쟁 의도와 선호도에 영향을 미친다는 일부의

22) 폴 M. 케네디는 19세기 중반 영-프 간 해군력 경쟁이 본격적인 군비경쟁이 되지 않았음은 정치적 갈등이 없었기 때문이라고 주장하였다. 즉, 군비경쟁은 정치적 갈등의 결과일 뿐, 군비증강을 결정적인 원인으로 보기는 어렵다(Paul M. Kennedy, *"Arms Races and the Causes of War, 1850~1945,"* 『Strategy and Diplomacy, 1870~1945』 (London:Allen & Unwin, 1983), pp. 163~177.).; 한반도에서 지체되고 있는 군축 논의를 대입할 경우, 환상도 제거될 수 있다. 일부 학자의 경우, 한반도에서 군축만 진행되면, 바로 전쟁이 억제되고 통일할 수 있을 거라고 주장한다. 그러나 한반도가 강제적으로 군축(disarmament)이 시행된다고 해도 한국이 원하는 평화정착과는 거리가 멀다는 현실을 이해하고 접근할 필요가 있다.

Paul M. Kennedy[英]

주장은 존재하지만, 인정할 수 있는 신뢰에 기반한 게 아니라 군비증강과 전쟁 발발의 상관관계라는 가설(假說-assumption)에 의한 산물에 불과하다. 즉, 경험・체계적 연구의 산물이 아님을 이해해야 한다.

넷째, 군축의 조건으로는 '억지(deterrence)'와 '균형(balance)'이 필요하다. 1970년대 초기부터 미-소 간 군축협상이 시작되었다. 당시 협상이 가능했던 요인은 군사력에 대한 전략적 균형과 억지력이 필요했기 때문이다. 이를 한반도(남-북)에 접목하면, 양측은 모두 자신들이 열세라고 한다.

다시말해 정책 담당자가 그렇게 믿고 있다면, 이를 해결하지 않고는 군축을 추진하는 자체가 쉽지 않다. 누구라도 열세인 자국의 군사력을 감축하겠다고 결정하기는 쉽지 않기 때문이다.

다섯째, 적국(B)의 군사력이 아니라 관련국(C)의 군사력이 당사국(A)에 더 중요할 수 있기에 단순한 군비증감만으로 전쟁을 논하기는 제한된다. 이에 기반하여 한반도의 군비경쟁 현실을 살펴보면, 남-북 간 무기의 상당 부분은 외국에서 도입하고 있다. 일부에서는 한국의 적극적인 군축을 요구하지만, 미국은 주한미군 유지비뿐만 아니라, 한국이 억지력을 주도해야 한다고 요구하는 현실이다.

일반적인 시각에서 볼 때 쌍방이 군축을 진행할 때는 무기 이전(移轉-transfer)까지 고려해야 하지만, 무기를 공급하는 국가와의 공감대 형성과 협상 의제(agenda) 및 수준도 중요한 변수다. 한국이 '미국의 핵우산'에 안주(安住)하고 있을 때는 남-북 간 군비경쟁을 지양할 수 있지만, 주한미군의 조정과 함께 억지 역할까지 요구받고 있는 요즈음이다. 즉, 미국의 요구가 남-북 간 군비경쟁을 가속화 하는 역할이 될 수 있음을 무시하기는 쉽지 않기에 '고르디우스의 매듭'을 어떻게 풀어야 하는지에 대한 진중한 고민과 지혜로운 해법 마련이 필요하다.

제 3 절

군비통제(Arms Control)와 군사적 안정성 이해

1. 개요

군비통제 협상에서 다루어야 할 핵심 주제는 "군사적 위기에 대한 안정성(stability)을 어떻게 증진할 것인가?"이다. 즉, 군사적 위기가 무력충돌로 비화(飛火)하지 않도록 제도적 예방 장치를 확보하는 데 있다. 군비경쟁은 당사국 간 불안정 사태를 촉진할 수 있기에 군사적 위기 또는 갈등사태가 빚어질 경우, 마냥 무력충돌을 회피하기는 대단히 어렵다. 따라서 안정성을 달성하는 데 필요한 수준의 위기관리 능력을 발휘할 수 있는 방어형 군사체계의 유지가 핵심과업이다. 목적은 군사력 운용을 서로 감시 및 통제함으로써 기습공격 또는 기습침공에 의한 무력충돌 가능성을 최대한 억제하는 데 있다. 즉, 상대의 기습공격(침공)을 방지할 수 있는 감시・경보수단 및 기능을 확보하거나, 방어에 필요한 군사력을 유지하는 것이다. <표 3-6>은 군비통제 협상 간 추구해야 하는 안정성의 특징을 정리하였다.

<표 3-6> 군비통제 협상 간 추구하는 안정성의 특징

첫째, 장기적 관점에서 대결상태를 유지하기보다 긴장 완화가 서로에게 더 큰 이득이다. 둘째, 선제공격에 의한 이점이 상대의 방어 이점보다 적다고 인식되거나, 선제공격의 성공률이 낮다는 측면을 서로 이해할 경우, 군사적 안정성이 유지될 수 있다. 셋째, 추가적인 공세 전력을 양성하는 비용이 방어 비용보다 많다면, 방어를 선택한 측의 이점이 더 많아진다. 따라서 쌍방이 방어적 옵션을 택할 경우, 군사적 안정성이 유지될 수 있다.

2. 선제공격을 시행할 경우

선제공격은 공자(攻者-attacker)가 기습함으로써 전투력을 발휘하는 측이 승수효과(multiplier effect)를 가지기에 공자의 전력 감소율이 방자(防者-defender)에 비해 적다. 이때 공자가 가진 기습의 이점(利點)은 방자가 어떻게 활용하는지에 따라 불리하게 작용할 수 있다. 방자가 방어의 이점을 최대한 활용할 수 있다면, 공자의 강점을 상쇄(相殺-offset)할 수 있기 때문이다. 이때 '안정성 평가'는 분쟁 이전의 정적(靜的-static) 평가나, 양적 비교에 의한 군사력의 균형 개념과는 확연히 다르다. 따라서 무력충돌 시 나타나는 양측의 군사력 변화 즉, 승패 가능성에 대한 동적(動的-dynamic) 평가가 반드시 같이 이루어져야 한다.

3. 방어조치를 시행할 경우

쌍방의 군사력이 불균형 상태에 있지 않다면, 다소의 군사력 격차는 큰 의미가 없다. 방자(defender)가 가진 '준비된 방어체계'의 이점이 공자(attacker)의 선제공격 이점보다 클 경우, 안정성 논리가 성립된다. 여기서 '준비된 방어체계'란 제2차 세계대전 직전에 프랑스가 독일 국경선 일부에 구축한 마지노선(Maginot Line)과 같은 요새화된 진지를 의미하지 않는다.[23] 정리하면, '방어부대가 충분한 시간을 확보하여 방어의 이점을 최대한 활용할 수 있는 계획과 능력을 보유한 상태'임을 이해해야 한다.

방자는 최대한 시간을 활용하여 준비를 철저히 하거나, 지형의 이점을 이용하여 군

23) 김성진, 앞의 책(2022), p. 97.; 김성진, 앞의 책(2021a), pp. 314~317.

사력을 최대한 절약함으로써 결정적인 장소와 시간에 군사력을 집중할 수 있어야 한다. 이때 방자가 기동성을 갖춘다면, 이점은 더 높아지게 된다.

공자는 지형의 미숙, 방자의 유인 전술 등으로 인해 방자의 화력에 노출되거나, 측·후방으로부터 기습당할 우려가 있다. 따라서 적국(잠재적국)의 군사력이 불균형 상태이면, 협상(협의)을 통해 공격형 군사력의 비율을 감소시켜야 한다. 공격형 군사력의 구성비를 감소할 수 있으면, 열세한 군사력도 균형을 갖출 수 있기 때문이다.

4. 군비통제-군사적 안정성의 연계

군비통제의 궁극적인 지향점은 군사력의 불균형을 개선하여 '군사적 안정성(military stability)'을 증대하는 데 있다. '군사적 안정성'이란 '신뢰와 안전을 바탕으로 하는 군축(disarmament) 과정을 통해 기습공격 및 군사적 갈등이 고조될 위험을 점차 감소시켜 나가는 활동'이다. 따라서 군사적 신뢰 구축(CSBM)을 준수함과 동시에 감시 및 확인할 수 있는 검증 기능을 강화하여야 한다.

일반적으로 "군비통제는 군사적 안정성(military stability)을 높이는데 기여한다."라는 의미는 이를 추진하는 과정이 군사적 안정성을 전제하고 있기 때문이다. 대결보다 긴장 완화를, 선제공격이 성공할 확률보다는 방어의 이점을 통해 선제공격보다 방어에 드는 비용이 훨씬 적게 든다는 측면을 일깨우기 위함이다. 따라서 이를 추진하려면, 무엇을, 어떻게 접근할 것인가? 하는 주제(agenda)의 설정이 매우 중요하다. 여기서 당사국에 쉽게 탐지당할 수 있고, 대규모 동원 및 부대 이동이 아니고선 공세 작전이 어렵게끔 제한을 두는 방안이 구상되어야 한다. <표 3-7>은 잠재적 공격 능력의 규제와 잠재적 방어 능력을 강화할 수 있는 조치를 정리하였다.

<표 3-7> 잠재적 공격 능력 규제-잠재적 방어 능력 강화 조치(예)

첫째, 전략·작전적 측면에서 기습을 당할 가능성을 낮추는 조치 둘째, 잠재적 공자(attacker) 측에서 공격 준비에 따른 위험성과 마찰을 줄일 수 있는 조치 셋째, 잠재적 방자(defender) 측에서 전술적 승산을 높일 수 있는 조치

당사국이 전략 목표를 세우고, 방어와 공격의 전환을 동시에 시도한다면, 방어형 구조로 전환하거나, 공격전력의 감축을 거부할 아무런 이유가 없다. 따라서 군사력이 우세한 측에서 먼저 행동하되, 양국(兩國)이 모두 군사력 균형에 도달하도록 노력해야 한다. 이때 공격형 군사력을 감축하면서 방어형으로 전환하려면, 군비통제 협상에 의존할 수밖에 없지만, 상당한 기간이 필요하다. 더욱이 이러한 한계와 어려움을 극복하며 협상을 추진하여도 어느 일방에서 불안감을 가지는 순간 관련 협상이 파기될 수 있음을 이해해야 한다.[24] 따라서 인내와 공감대를 형성하는 노력이 요구된다.

24) 2018년 남북 정상 간 채택한 <9・19 군사합의>가 2023년 11월 21일 북한의 제3차 군사 정찰위성(만리경-1호) 발사에 따라 파기되었다. 상대의 선의(善意)에만 기대어 합의한 결과로써 객관적인 검증(verification) 절차가 존재하지 않기에 처음부터 성과를 달성하기 어려운 구조였다. 쌍방 간 제도적 규제에 관한 공동의 확약(確約)을 하지 않은 재래식 군비통제 협상이 직면할 수밖에 없는 민낯이다(안정식, “북, 9.19 군사합의 파기 선언…"모든 군사조치 즉시 회복",” 『SBS 뉴스』 (2023.11.23.).).

제 4 절

논의 및 시사점

군비통제와 관련하여 빠지지 않고 등장하는 두 용어가 있다. 바로 '상호확증파괴(MAD)'를 의미하는 '억지 이론(抑止理論-Theory of Deterrence)'과 현실의 정치적 갈등(분쟁)을 관리하기 위한 '군비통제 이론(軍備統制 理論-Theory of Arms Control)'이다.

'억지 이론'은 구(舊) 냉전기 당시 핵무기에 대응하기 위한 전술이었다. 힘으로 힘을 견제하여 서로 싸우지 못하게 하기 위함이다. 즉, 핵전력에서 상대적으로 더 강한 적국(잠재적국)이 핵전력에서 열세인 국가를 공격해올 경우, 열세인 국가가 스스로 보호할 수 있도록 하는 이론이다. 즉, '억지'는 시작되지 않았으나, 적국이 당사국에 위협이 될 수 있는 조치를 하지 않게 강압적 외교(Coercive Diplomacy) 방식을 의도적으로 취하는 행위 또는 제3국이 원하는 어떠한 상황이 발생하지 않도록 하려는 정책(전략)적 이론이다.

'군비통제 이론'은 싸울 수 있는 수단을 특정한 조건으로 한정하여 싸우지 못하게 하기 위함이다. 즉, 군사력의 부정적 효과를 최소화하기 위한 국가의 존립 전략이자 안보전략이다. 이는 핵무기가 등장한 이후에 급격하게 발전되었으며, 군축이론과 억지 이론을 기반으로 하고 있다. 근대까진 비도덕・비윤리적이라는 취급을 받으면서도 군비(軍備)를 증강하였지만, 인・물적 자원의 낭비로 인식되면서까지 누적된 많은 고민은 결국, 군비통제로 귀결(歸結-conclusion)되었다.

군비통제는 '정글의 법칙(rule of jungle)'이 존재하는 국제사회에서 당사국(잠재적국) 사이에 벌어지는 긴장(갈등)국면을 완화하기 위해 '전쟁의 방지 및 예방, 전쟁이 발발하더라도 피해를 최소화하는 노력, 군비경쟁에 들어가는 비용을 절감하는 등의 군사협력 활동 전반'을 의미한다. 당사국(잠재적국) 간 협상을 통해 서로가 위협을 줄여나가는 정부 간 활동이라고 함이 더 현실적이다. 군비통제는 오늘날 UN과 지역 단위의 안보협의체 또는 지정학적 차원에서 쌍방(다자) 간 안보를 증진하는 방법이자 수단의 하나로 활용되고 있다. 국제사회에서 현안으로 떠오른 군사 문제가 전쟁(갈등 또는 분쟁)으로 귀결되는 사례는 예외적인 경우라고 할 수 있으며, 협상(대화)으로 해결함을 원칙으로 해야 한다.[25] 물론 군비통제 협상은 전쟁이 발발하여도 국제평화 및 질서를 유지하기 위해 각국 정부와 전문가 그룹(working-group)이 끊임없이 추진해야 하는 사안(事案)이다.

군사적 대처가 필요한 안보 현실과 안보위협이 높은 지역일수록 군비통제의 효율성과 가치는 더욱 커질 수밖에 없다. 결과적으로 상호・협력・공동・포괄적 안보를 추구하기 위해서는 현실적이고 숙련된 외교력과 강한 군사력이 동반돼야 한다. 다만, 빈발하는 각종 분쟁(전쟁)이 엄청난 군사비의 지출을 요구하고 있다. 이럴 때일수록 국제사회와 강대국들이 영향력을 발휘하여 군비경쟁과 군비증강 추세가 해소되도록 지혜를 모으는 노력이 필요하다. 이러한 일련의 노력은 국제평화와 안전, 국가 복리(福利)를 위해 마땅히 해야 할 일이다.

"역사적 사례를 살피되, 지정학・지경학적 측면을 지혜롭게 그러나 냉정하게 직시해야 한다."

25) 1939년 9월 독일의 아돌프 히틀러(Adolf Hitler)가 일으킨 제2차 세계대전, 2014년 2월 러시아 블라디미르 푸틴(Vladimir Putin)의 크림반도 강제합병, 2022년 2월의 우크라이나 기습침공, 2023년 10월 하마스의 이스라엘 기습침공 등은 예외적인 사례로 평가하였다.

강의_Ⅲ 유럽의 재래식 군비통제 협상 사례를 이해합시다.

학습하기 이전(以前)에 요구되는 사항

1. 유럽의 대표적인 재래식 군비통제를 이해하시오.
   * '상호균형 감군협상(이하 MBFR)' 의 등장 원인과 배경은?
   * '유럽안보협력회의(이하 CSCE)' 의 등장 원인과 배경은?
   * '재래식군사력 감축협상(이하 CFE)' 의 등장 원인과 배경은?
2. 유럽의 재래식 군비통제가 변천(變遷)되는 과정을 이해하시오.
   * 군비통제 협상을 진행한 시기별 방법과 수단은?
   * '헬싱키 최종합의서(이하 HFA)', '스톡홀름 협약(이하 SC)' 의 특징과 차이점은?
   * '비엔나 협약(VC)' 과 '비엔나 문서(VD)' 의 차이점은?
3. MBFR과 CFE의 한계와 실패(성공) 요인을 이해하시오.
   * MBFR이 실패할 수밖에 없었던 네 가지 요인과 교훈은?
   * CFE가 성공할 수밖에 없었던 네 가지 요인과 교훈은?
   -CFE-Ⅰ?CFE-Ia?CFE-Ⅱ 조약의 주요 경과와 차이점은?
4. '유럽안보협력회의(CSCE)' 와 신뢰구축(CBM)?신뢰 안보구축(CSBM) 체제의 변화 과정을 이해하시오.
5. 1978년 프랑스의 지스카르 데스탱 대통령이 '유럽군축회의(CDE)' 개최를 제안한 배경을 이해하시오.
6. 영화 《오펜하이머-Oppenheimer, 2023》, 《더 스파이-The Courier, 2021》, 《허트 로커-The Hurt Locker, 2021》, 《K-19 위도우 메이커-The Widowmaker, 2002》, 《더 패키지-The Package, 1989》을 시청하시오.

제4장

유럽의 재래식 군비통제 협상 사례

제1절 개요

제2절 상호균형 감군협상(MBFR)

제3절 유럽안보협력회의(CSCE)

제4절 재래식군사력 감축 조약(CFE)

제5절 논의 및 시사점

제 1 절

개 요

제2차 세계대전이 종식된 1940년대 말까지는 냉전 구도가 정립되는 기간이었기에 군비통제 여건이 조성되지 않았다. 당시는 군사력의 대폭 삭감과 강력한 검증 수단이 필요했기에 군축(disarmament)이 핵심 의제(agenda)였다. 동・서진영의 정치적 관계도 신뢰가 크게 없었기에 1957년 군사・전략적 차원에서 '남극조약-The Antarctic Treaty'을 체결하는 데 만족하여야 했다. 1962년 소련이 쿠바에 미사일을 설치할 때 미국이 정보를 수집하는 데 성공함으로써 핵전쟁 직전까지 가는 위기사태로 번졌다. 이후 위기를 해소하는 촉매제 역할을 했던 협력적 활동이 군비통제라고 할 수 있다.

1960년대부터 점차 확산하였고, 1970년대 진입하면서 군비통제 정책이 활성화되었다. 이때는 협상의 가능성과 이행하기 쉬운 개별적 사안부터 국가・국제적 사안을 선별하여 추진하였다. 검증은 인공위성이 발전하면서 대상국의 영토에 들어가지 않고도 위반 여부를 검증할 수 있는 온건한 방식으로 발전하였다.

헬싱키 협정(1975)
파리 헌장(1990)

1981년 로널드 W. 레이건 대통령이 강한 미국을 표방하며 국제관계는 긴장국면에 접어들었고, 군비통제 협상은 답보(踏步) 상태에 머물렀다. 그러다 1985년 소련의 미하일 S. 고르바초프 서기장이 권력의 전면에 등장한 이후 개혁(perestroika)・개방(glasnost)정책을 추진하며 대서방(對西方) 관계에 물꼬가 트였고, 군비통제를 재추진하는 계기가 마련되었다.[1)]

1) 미하일 S. 고르바초프의 개혁・개방정책은 이타주의(利他主義)와 평화에 대한 열망이 깔려있지만, 그게 전부는 아니다. 군비경쟁으로 소련의 국가 경제가 침체하고 있었기에 내부의 어려운 현실을 해결하려는 의미가 더 컸다고 봐도 지나치지 않다.

1990년대는 전략 핵무기의 대폭 감축과 정치적 신뢰구축(CBM), 생화학무기의 폐기를 추진하는 등 강력한 검증 수단을 제도화하기에 노력하였고, 여기에 국제·군사적 투명성을 증대하기 위한 노력이 더해졌다.

유럽 재래식 군비통제 협상의 저변엔 동·서진영의 관계 정상화에 기틀이 된 '헬싱키 최종 협약(1975)'과 냉전 종식을 가속화 하기 위해 프랑스 파리에서 개최된 '유럽안보협력회의(CSCE)'에서 유럽과 대서양 국가 간 새로운 비(非) 적대관계를 명시하는 '파리 헌장' 등의 광범위한 논의가 활발하였다.[2] 이렇게 정치·군사적 신뢰를 구축하면서 진전이 이루어졌다. 특히 여러 가지 어려움 속에서도 NATO와 WTO의 견해 차이를 극복한 데는 '정치적 관계'가 중요하게 작용하였다. 즉, 미하일 S. 고르바초프의 개혁·개방정책, 동구(東歐)의 대변혁, 소련과 WTO의 붕괴 등은 국제정세의 변화에 거시적으로 작용했다. 이때 '상호균형감군협상(MBFR)'은 특정 국가들이 제한적으로 추진했기에 실패했으나, '유럽안보협력회의(CSCE, 현재의 OSCE)'는 전(全) 유럽과 미국, 캐나다가 참여한 포괄적 협상 방식으로 추진하였기에 성공하였음을 새길 필요가 있다. <그림 4-1>은 유럽의 재래식 군비통제 변천사(變遷史)를 정리하였다.[3]

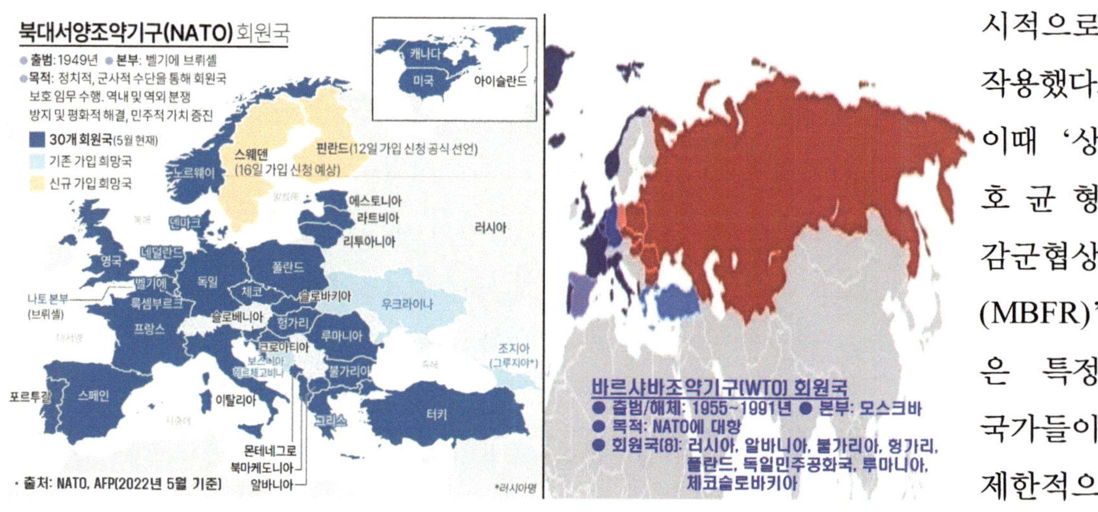

---

2) '파리 헌장'은 1975년 시작된 유럽의 평화협상인 '헬싱키 프로세스'의 결정체이자 새로운 유럽의 방향성을 제시하는 국제평화 선언으로서 유럽의 냉전을 종결하는 선언이다.

3) '헬싱키 최종협약(Helsinki Final Act, 일명 '헬싱키 최종합의서(협정))'는 'CSCE의 최종결의안'을 뜻한다. 제2차 세계대전 이후에 형성된 유럽의 국경선을 서로 인정하고 있다. 협정에 조인한 35개국이 인권과 자유를 존중하며 경제·과학·인류 공동체적 영역에 협력을 촉구하는 데 합의했다. '스톡홀름 협약(Stockholm Accord)'은 우발적인 전쟁을 방지할 목적으로 체결되었다.

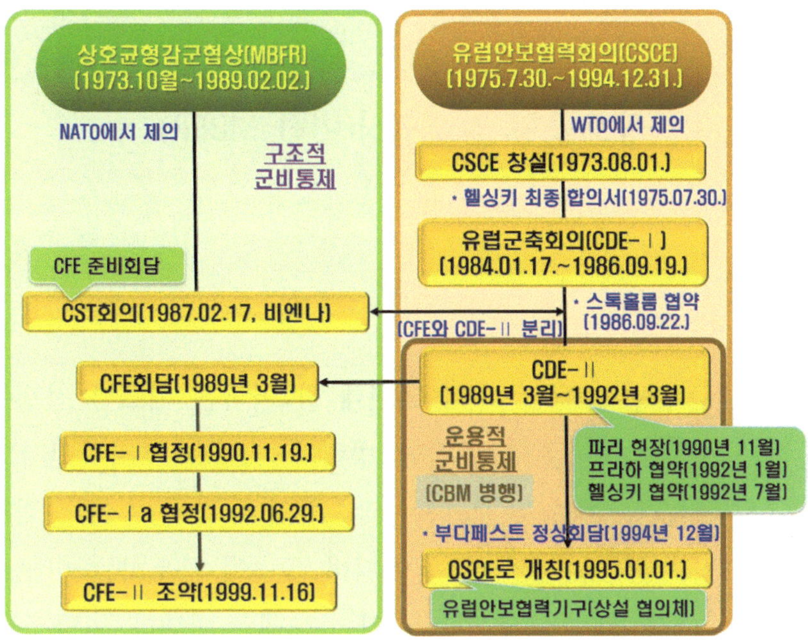

<그림 4-1> 유럽 재래식 군비통제 협상의 변천사

당시 유럽은 여러 갈래로 분산된 상황이었다. 구체적으로 살펴보면, 서유럽은 16개 민주주의 국가 또는 민주주의 우호 국가가, 동유럽은 7개 공산주의(사회주의) 국가가, 그리고 12개 비동맹 중립국으로 분류할 수 있다.[4)] 제2차 세계대전 말기에 미국이 핵무기를 통해 절대 패권국으로 등장하였다. 당시 소련은 한동안 동·서독으로 분리된 독일을 공산화하거나, 영향력을 확대하는 방향으로 유도하였다. 그러다가 1989년 동·서독이 통일되며 그간의 노력은 무산되었다.

4) 서유럽(西歐-Western Europe)은 유라시아에서 거의 북서쪽 끝에 있는 지역을 뜻하며, 동구권(東歐圈)과 대비되는 용어로 많이 사용되고 있다. 2024년을 기준으로 할 때 11개 국가다.
* 영국 아일랜드, 베네룩스 3국(벨기에, 네덜란드, 룩셈부르크), 프랑스, 모나코, 독일, 오스트리아, 스위스, 리히텐슈타인 공국

제 2 절

상호균형 감군협상(이하 MBFR)

1. 유럽 정세와 협상을 추진한 배경

美 반전(反戰)시위(1960년대)

1960년대 말 미국은 베트남 전쟁이 계속되자 엄청난 병력과 예산을 투자하면서도 승리하지 못하는 악순환의 수렁에 빠졌다. 점차 반전여론이 높아지며 유럽에 주둔하는 미군을 철수시키라는 주장이 대세로 변했다. 연방정부는 이를 돌파할 방안 마련이 절실하였다.[5] <표 4-1>은 당시 미국 내부의 반전(反戰)여론이 유럽에 주둔하고 있는 미군의 일방적인 감축을 주장하자 닉슨 행정부는 세 가지 이유를 들어 부당함을 주장하였다.[6]

<표 4-1> 유럽주둔 미군의 일방적인 감축이 부당한 이유

첫째, 소련의 군사력 위협에 대처하려면, 핵무기에 의존하지 않고, NATO 군사력에 미군 전력이 그대로 유지돼야 한다.

---

5) 美 마이크 J. 맨스필드(Mike J. Mansfield) 상원의원은 유럽에 주둔한 미군의 부분적 또는 일방적 철수를 제안하였다. 1966년 7월 27일, 마이크 J. 맨스필드는 의회 연설에서 "100만 명에 달하는 미군을 유럽에 주둔함은 부당하다."라고 주장했고, 8월 31일, 상원의원 42명이 '유럽주둔 미군의 일방적인 감축안'에 서명하였다. 연방정부는 결의안(Mansfield Amendment)까지 채택될 경우, 유럽 주둔 부대의 철군 압력이 가시화될 것이기에 해법 마련이 필요했다. 리처드 D. 닉슨(Richard D. Nixon) 대통령은 국민 여론을 마냥 무시하기가 어려웠기에 결의안에 반대 의사는 표명했지만, 형식적인 표현에 그쳤다(US Congress, Senate 89th Congress 2nd session (Congressional Record 112, 1966, p. 17338.).

Mike J. Mansfield(美)

6) Robin Ranger, *"Arms and Politics 1958~1978:Arms Control in a Changing Political Context,"* (Toronto:Gage Publishing Limited, 1979), pp. 190~191.

둘째, 미군의 일방적인 감축 조치는 미국의 대(對)서방 방위공약에 대한 회의(skepticism)와 실망감, NATO의 결속력을 약화시킬 것이다.

셋째, 미군의 일방적 철수는 소련 및 동구(東歐) 국가들의 MBFR 협상에 관한 참여 동기를 없앨 것이다.

1968년 6월 아이슬란드 레이캬비크(Reykavik)에서 열린 NATO 외무장관 회담에서 WTO 국가들에 제안한 협상안이 16년간 추진했던 MBFR이다.[7] <표 4-2>는 NATO가 MBFR을 추진 시 바르샤바 조약기구(WTO)에 요구한 전제 요건을 정리하였다.

<표 4-2> NATO가 MBFR을 추진할 때 WTO에 요구한 전제 요건

첫째, 범위와 시기는 서로 균형감 있게 추진되어야 한다.

둘째, 유럽 안보가 실질적으로 증대될 수 있어야 한다.

셋째, 유럽국가 간 신뢰 형성은 목표와 부합되어야 한다.

넷째, 군사력 조정은 모든 참여국의 사활적 안보이익(생존이익)과 부합되어야 하며 효과적으로 진행할 수 있어야 한다.[8]

Leonid I. Brezhnev(蘇)

당시 소련의 네오니트 I. 브레즈네프(Leonid I. Brezhnev) 서기장은 WTO 국가의 시각에서 미군이 갑작스럽게 철수한다면, 단기적으론 유리하겠지만, 장기적으로는 서유럽지역에서 힘의 공백이 촉발될 수 있다고 우려하였다. 이후 미-소는 '전략무기제한 협정(SALT-Ⅰ, 1972)'을 체결하였고, 서독과 소련 등 동서 유럽이 각종 화해조약을 체결함으로써 화해시대의 상징으로 표현되었다. NATO와 서독의 군사력이 급격하게 증대될 수 있다는 우려도 있었지만, 스스로 마음이 내키는 대로 변경할 만큼 단순한 국제적 상황이 아니었다. 현실을 마냥 무시할 수 없게 되면서

7) NATO 측은 16개 회원국 중 7개국(미국, 캐나다, 영국, 벨기에, 룩셈부르크, 네덜란드)이, WTO 측은 8개국 중 4개국(소련, 체코슬로바키아, 동독, 폴란드)이 참가하였다.

8) 김성진, 앞의 책(2022), pp. 183~188.; 김성진, 앞의 책(2021b), pp. 183~186.

1975년 5월 MBFR 추진에 동의한다는 의사를 공식적으로 발표하였다. 이를 계기로 그간 미국 상원에서 추진하던 <맨스필드 안>은 자연스레 폐기되었다.

당시 리처드 M. 닉슨 행정부와 NATO 회원국들이 공통점은 ① 무력 사용 및 위협의 금지, ② 집단방어를 통해 서로 굳건한 협력을 유지하는 데 두었다.

2. NATO-WTO 간 협상의 특징과 한계

2.1. NATO-WTO 간 초기 협상의 특징

<표 4-3>은 NATO 측이 초기 협상을 진행할 때의 특징을 정리하였다.

<표 4-3> NATO 측이 초기 협상을 진행할 때의 특징

첫째, 병력은 지상군 병력을 동맹 대(對) 동맹으로 감축하되, 병력 상한선을 균등하게 설정해야 한다. 둘째, 공동 상한선을 설정하려면, 2개 단계를 실천해야 한다. * 제1단계: 미-소가 우선 감축을 이행 * 제2단계: 기타 서구(西歐)와 동구(東歐)가 감축을 이행 셋째, 공동 상한선을 설정하려면, Two-track을 추진해야 한다. * 표준화가 완료된 여단급 장비를 우선 감축 * 소련 기갑부대의 동독 철수를 위하여 핵무기 감축 제안을 병행

첫째, 1968년 6월 미하일 S. 고르바초프 서기장은 부다페스트의 WTO 정치협의회에서 같은 수(同數)와 비율로 감축하자고 선언하며 지지부진하던 MBFR 협상에 물꼬를 터뜨렸다.

둘째, 1973년 10월 NATO와 WTO는 오스트리아 빈에서 처음으로 MBFR 회의를 개최하였다.[9] NATO는 2단계 감축 방안을 제시하였다. 그러나 WTO는 NATO의 비대칭

9) 원래 MBFR 회담이 만들어진 계기는 미국의 리처드 M. 닉슨 대통령과 소련의 레오니드 I. 브레즈네프 서기장이 SALT 회담을 하는 과정에서 제안하면서 시작되었다. 당시 두 정상은 정치적 측면은 유럽안

적 감축에 불순한 저의(底意-one's original purpose)가 숨어있다며 강하게 거부하였다. 아울러 핵무기 감축 협상은 동등한 대우와 안보 수준이 되어야 한다고 주장하며 동·서간 재래식 전력은 균형을 더 낮게 유지해야 한다는 주장을 굽히지 않았다.

셋째, 처음부터 NATO군-WTO군의 병력 산정 방식, 감축 대상 무기 선정과 처리방식, 검증 문제 등에서 견해가 좁혀지지 않아 난항(難航-stormy passage)이 거듭되었다. <그림 4-2-1>은 NATO의 2단계 추진안과 WTO 측의 주장을 정리하였다.

구 분	NATO(미국)	WTO(소련)
① 제1단계	① F-4전투기 54대(핵무기) ② pershing-Ⅰ 미사일발사대 36기 ③ 핵탄두 1,000개	① 1개 전차군단 - 전차: 1,700대 - 병력: 68,000명
구 분	NATO(미국)	WTO(소련)
② 제2단계	① 양측의 병력 상한선은 同數 유지	① 병력 20,000명 + 무기 ② 병력과 장비 15%를 부대 단위로 감축

WTO(소련)측 주장

첫째, 감축은 동등한 수적 수준이 아닌 비례적으로 진행
둘째, 군사력의 제한은 집단적인 동맹이 아닌 개별 국가로 적용
셋째, 병력뿐만 아니라 장비도 함께 감축

<그림 4-2-1> NATO의 2단계 추진안과 WTO 측의 주장

① 제1단계는 미국이 핵무기를 탑재할 수 있는 F-4 전투기 54대와 Pershing-Ⅰ미사일 발사대 36기, 핵탄두 1,000개를 감축하고, 소련은 1개 전차군단(5개 전차사단)을 철수하자는 의제였다.

② 제2단계는 쌍방이 모두 병력 상한선을 같은 수준으로 하자는 제안이었다. 소련

보협력회의(CSCE)에서, 군사적 측면은 MBFR에서 하기로 합의하였다.

은 핵무기 감축 협상 간 동등한 대우와 동등한 안보(equal security)가 필요하다고 인식하였다. 이에 따라 병력과 장비 15%를 부대 단위로 감축하자고 역제안하였다. 미국이 비대칭적으로 감축(asymmetrical reductions)하는 데 강한 거부감을 가졌기 때문이다. <그림 4-2-2>는 1973년부터 1980년까지 NATO-WTO 쌍방이 제안한 의제(agenda)를 비교하였다.

연도	NATO	WTO
1973	· 美 · 蘇: 15% 감축 · 병력: 70만명 한도 이내 철수	· ~75년, NATO와 WTO 각기 2만명 감축 · 76년: 5%, 77년: 10% 감축
1975	· WTO: 전차 1,700대, 병력 6.8만명 철수 · 미국: 전술기 1,000대, 병력 2.9만명 철수	· 미 · 소: 5% 감축, 기타 6개국: 5% 감축
1976	· 거 부	· 병력: 2~3% 삭감 · 기타국가: 77~78년, 원칙적으로 삭감 · 소련: 2~3개 전차연대 핵폭격기 54대 철수 · 미국: F-4전폭기 54대, 퍼싱-2(36기) 등
1977	· 전술핵 1,000기, 미군 2.9만명 철수 · 소련 육군 5개 군단, 전차 1,500 ~ 1,700대 철수	· 병력: 균형 협상 · 장비(핵무기 포함) 포함 지상 · 공군: 同數 삭감
1978	· NATO 각료회의(5월, 워싱턴): 방위비의 3%증액 · 駐유럽 미군: 2배 증강	· 지상군: 상한 70만명 유지
1979	· 1단계: 미군 12,500명, 소련군 30,000명 감축 · 2단계: 지상군 700,000명 상한 감축	· 12개월 이내 소련군 2만명, 전차 1,000대 일방 감축
1980	· 관련조치: 외부활동/인사 사전통보, 출입 지점의 참관인 활동/사찰, 자료의 주기적 교환	· 1979.10월, 병력과 전차 감축 이외 · 소련군: 2.0만명, 미군: 1.3,만명 감축

<그림 4-2-2> NATO-WTO의 제안 의제(agenda) 비교(1973~1980)

MBFR 협상은 갈수록 견해 차이가 심해졌다. NATO 측이 공동 상한선을 설정하여 병력을 감축하자고 제안했지만, WTO 측은 병력 우위를 지속하기 위해 같은 비율로 감축하자며 간극(間隙-gap)이 좁혀지지 않았다. 그러함에도 NATO 측은 또다시 공군과 핵무기의 포함을 주장했고, WTO는 같은 비율(同率-same percentage)로 감축하자는 주장을 굽히지 않으면서 평행선을 달렸다.[10] 이후에도 병력의 감축 방식, 현장을 사찰(또는 검증)하는 체계에 합의하지 못한 채 회담이 결렬되었다.

---

10) 1978년 NATO는 감축 지역으로 베네룩스 3국(벨기에, 네덜란드, 룩셈부르크)과 서독을, WTO는 동독, 폴란드, 체코를 제안하고, 쌍방이 모두 지상군 70만 명과 공군 20만 명의 병력을 상한선으로 하자는데 합의하였다.

* '체코'는 제1차 세계대전 시 오스트리아-헝가리 제국의 일부로써 다른 국가였으나, 종전된 1918년 '체코'와 '슬로바키아'가 '체코슬로바키아'로 통합되었다. 1991년 소련이 붕괴하면서 다시 '체코'와 '슬로바키아'로 분리되었다.

2.2. NATO-WTO 협상의 주요 경과

MBFR은 1973년부터 1989년까지 16년간 472회나 협상(회담)을 진행하였으나, 병력 현황과 감축 방식에 대한 이견(異見), 필요한 현장사찰(OSI) 등의 검증체계에 관한 주장이 매번 충돌하였다. 1973년 1월 30일 NATO 12개국 대표와 WTO 7개국 대표가 예비회담을 개최하였고, 10월 30일 비엔나(빈)-1차 회담이 있었으나, 진전은 없었다. 더욱이 소련의 아프가니스탄에 대한 불법 침공(1979), 중거리 핵전력 협정(INF)에 따른 이견(異見)의 심화[11], 폴란드의 계엄령 발령(1983) 등 혼란스러운 정국이 이어지면서 기대감도 덩달아 떨어졌다. 더욱이 무기의 감축보다 병력 균형에 중점을 둔 측면은 협상을 진행하는 데 아킬레스건이었다. <표 4-4>는 MBFR에 대한 NATO와 WTO의 입장을 제시하였다.

<표 4-4> MBFR에 대한 NATO-WTO의 기본입장

구 분	NATO	WTO
주장(argu-ment)과 협상의 형태	· NATO(16개국)-WTO(7개국) 간 협상으로 전체 국가들의 의견을 수렴하기는 제한적 * 감축 국가의 범위를 전(全) 유럽으로 확대하는 데 동의	· 전(全) 유럽국(35개국) 협상으로 확대
감축 대상 및 방법	· 재래식 병력 감축에 집중	· 재래식 무기와 전술핵무기 감축을 같이 포함 · 비동맹 중립국까지 포함하는 새로운 재래식 군축협상으로 확대.
감축 방안	· 서로 동등한 **수준**으로 감축	· 서로 동등한 **규모**로 감축
감시 · 검증	· 현장조사(OSI) 제도의 확립	· 후반부부터 현장조사 및 검증에 임하겠다는 의견을 표명

11) '중거리 핵전력 협정(INF)'은 '무기체계 가운데 한 범주 전체를 폐지하기로 합의한 최초의 무기 통제 조약'이다. 2019년 미국이 탈퇴하였다. 중거리 탄도미사일(IRBM)과 지상 발사 순항미사일(GLCM)은 사정거리가 1,000~5,500km로, 단거리 탄도미사일(SRBM)은 사정거리를 500~1,000km로 규정하였다.
* 'IRBM'은 'Intermediate Range Ballistic Missile', 'GLCM'은 'Ground Launched Cruise Missile', 'SRBM'은 'Short Range Ballistic Missile'의 약자다.

쌍방의 전력(戰力) 구조와 무기체계 등이 같지 않고, 군사자료의 교환 합의도 실패했다. 감축 방안에 대한 근본적인 인식의 차이가 있음을 서로 이해하지 못한 데다 정치적으로 해결하려는 의지가 없었기에 성과를 내기는 어려웠다. 1986년 6월 11일 미하일 S. 고르바초프 서기장이 부다페스트 성명을 통해 전(全) 유럽 지역을 대상으로 하는 '재래식군사력 감축 협상(CFE)'을 제안하였다. 12월 12일 NATO 측에서 이를 수용하였다. 1987년 2월 17일 오스트리아 빈에서 CFE-Ⅰ 준비 회담을 개최하면서 지금까지 추진하던 MBFR은 천덕꾸러기가 되었다. 결국, 1989년 2월 2일부로 종료되었다.

CFE가 규정한 NATO-WTO 진영 간 군비 제한(Arms Reduction) 규모

- 탱크 ………… 20,000대
- 대포 ………… 20,000문
- 장갑차 ………… 30,000대
- 전투기 ………… 6,800대
- 공격용 헬리콥터 … 2,000대

결과적으로 어느 국가도 일부 국가들이 추진하는 MBFR 협상에 흥미를 보이기는 어려웠다. 핵심적으로 작동할 정치적 관심을 집중시키지 못했기 때문이다. 협상 과정에서도 서로의 개념과 인식에 차이가 있다는 점만 확인했을 뿐, 이를 극복(해소) 및 공감대를 형성하기 위한 기초적인 신뢰 구축(CBM)엔 관심이 없었다.

2.3. NATO-WTO 협상의 실패 요인

<표 4-5>는 NATO-WTO의 MBFR 협상이 실패한 요인을 정리하였다.

<표 4-5> NATO-WTO 간 MBFR 협상의 실패 요인

첫째, 쌍방 간 군사력 자료를 교환 및 합의에 실패하였다.
둘째, 제안된 군축 방안이 현실에서 검증하기가 어려웠다.
셋째, 검증 방법에 대한 이견(異見-different view)이 좁혀지지 않았다.
넷째, 처음부터 협상 타결에 대한 정치적 의지가 없었다.

첫째, 소련은 군사력 자료의 교환에 적극적인 의지를 보이지 않았다. 군부에서 자료를 외부에 공개하지 않겠다고 고집하면서다. NATO 측도 WTO 측에 정보가 노출되는 것을 꺼렸다. 복합적 요인에 따라 각기 제공하는 자료가 부정확할 경우, 정보수집 능

력과 상대에 대한 불신, 여기에 정보원(情報源-source of information) 마저 노출될 우려가 있었다.

둘째, MBFR 협상은 병력 규모가 대상이기에 검증하기가 어려웠다. 병력이 기동하거나, 은폐 및 엄폐하는 게 쉬웠기에 현장검증(OSI)을 요구하였지만, 소련은 현장사찰 자체를 거부하였다. 특히 단위부대를 그대로 놔둔 채 병력만 일부 감축하는 방식에 집착함으로써 전투력 발휘를 제한하는데 전혀 도움이 되지 않았다.

셋째, 감축에 있어서 NATO는 부대별로 병력을 감축하자고 제안하였으나, WTO는 병력과 장비를 포함하는 단위부대를 감축하되, 똑같이 17%로 감축하자고 고집하면서 협상도 더는 진전되지 않았다. 소련의 경우, 유럽과 육지로 연결되어 즉각 증원할 수 있었으나, 미국은 3,500mile이나 떨어진 지역에서 병력을 기동해야 했기에 군수지원을 하기가 어려웠다.

넷째, 처음부터 쌍방이 정치적으로 타결할 의지가 없었기에 소극적이었다. 미국은 <맨스필드 안>을 저지하기 위함이었고, 소련은 MBFR 협상에 관심이 있기보다 자신의 영향력이 미치는 협의체(CSCE)를 등장시키는 게 중요했다.

2.4. MBFR 협상 실패의 교훈

<표 4-6>은 MBFR 협상에서 나타난 교훈을 정리하였다.

<표 4-6> NATO-WTO 간 MBFR 협상 실패의 교훈

첫째, 협상을 반복하면서 쌍방의 개념과 인식에 대한 파악이 가능해졌다. 둘째, 군비통제 협상에서 합의에 도움이 될 ‘원칙과 개념’이 발전되었다. 셋째, 비(非) 논쟁적 토론 문화에 익숙해지면서 협상 의제(agenda)에 대한 객관적 토론이 관행으로 정착되었다. 넷째, 전쟁 발발의 위험을 줄이기 위해서는 군축과 신뢰구축이 수반되어야 함을 알게 되었다.

첫째, 협상은 쌍방이 이해할 수 있는 유인(誘因)이자 하나의 교육과정이다. 이의 반복을 통해 군사력 감축 협상을 진행하는 여건도 호전될 수 있었다. 결과적으로 협상의 중요한 길잡이가 되었다고 봄이 타당하다.

둘째, 군비통제 협상은 수적으로 열세한 측을 기준으로 하여 균형을 잡아야 한다는 인식이 자리매김하였다. 즉, 우세한 측이 더 많이 삭감하는 불균등한 토대 위에서 감축해야 한다는 합의(consensus)와 논거(reasonable argument)가 있어야 함을 이해하는 계기가 되었다.

셋째, 쌍방이 국가안보 문제의 비 논쟁적 토론에 익숙해지면서 정해진 협상의제를 두고 객관적 토론이 가능한 분위기를 조성하는 데 성과를 보였다.

넷째, MBFR 및 기타 회의를 통해 NATO 측이 초기 단계의 신뢰구축(CBM) 활동을 꾸준히 할 때도 WTO가 군사력 감축 제안의 내용과 타당성에 딴지를 걸지 않도록 일관성 있게 활동하였다.

MBFR 협상은 1973년 10월 30일 시작되어 1989년 2월 2일 공식 마감되기까지 16년여간 중부 유럽의 군사력을 대폭 삭감하는 성과를 보였다. 물론, 일부에 그쳤지만, NATO-WTO 간 군사력 균형을 맞추는 데 노력하였다. 큰 성과는 없었음에도 '헬싱키 최종협약(Helsinki Final Act, 1975)'과 '스톡홀름 협정(Stockholm Accord, 1986)', 냉전 종식의 결정적 계기가 된 '파리 헌장(the Charter of Paris, 1990)'의 체결을 촉진하는 계기가 되었음은 분명한 사실이다.[12]

파리 정상회담(1990.11.20)

12) '파리 헌장'의 적확한 표현은 '새로운 유럽을 위한 파리 헌장(Charter of Paris for a New Europe)'이다(홍기준, "헬싱키 프로세스의 초기조건과 동북아 다자안보협력," 『통일문제연구』 제52호 (2009), pp. 43~72.).

유럽안보협력회의(이하 CSCE)

1. CSCE[13] 체제가 형성된 배경

제2차 세계대전이 종료되면서 독일은 동・서로 분할되었다. 소련은 분단된 동・서독의 국경을 확정하는 등으로 분주했지만, 유럽 지역에서 영향력 확대가 시급했다. 1954년 2월에 개최된 베를린 4강 회의에서 소련의 뱌체슬라프 M. 몰로토프(Vyacheslav M. Molotov) 외무장관은 '유럽 일반 조약안(DGET)'을 상정하였다.[14] 이때 미국과 중국은 옵서버(observer) 자격이어야 한다고 주장했으나, 서방에서는 서독을 NATO에 가입하지 못하게 하고, 미국의 지위를 격하하려는 목적으로 봤기에 제안 자체를 거부하였다. 美 국무성에서도 "세계의 불안정은 협정이 없어서가 아니다. UN 헌장에 모든 사항이 포함되어 있다. NATO는 회원국이 의무를 준수한다는 신뢰가 없어 생긴 산물이기에 소련의 제안은 불신만 조장할 뿐이며, 서방(西方)의 안보 환경을 훼손한다."라며 강한 유감을 표명하였다.[15]

소련은 1954년 10월 23일 파리협정이 체결되자 "유럽의 상황을 더욱 복잡하게 하

13) '유럽안보협력회의(CSCE)'는 '지역 군비통제 및 군축, 안보 및 인권 이슈에 관한 토론과 협상을 위한 범(凡) 유럽적 다자간 포럼'으로서 유럽에서 조기경보와 분쟁 예방, 위기관리 및 분쟁 이후의 복구를 위한 기본적인 장치다(주(駐)제네바 대한민국 대표부, 앞의 책(2003), p. 262.).

14) '유럽 일반 조약안(DGET)'은 'Draft General European Treaty'의 약자로서 유럽에 반대하는 어떠한 집단의 형성도 금지하며 집단안보를 위해 서로 협력하는 데 있다. 제2차 세계대전 말기에 전쟁에서 패배한 독일이 동・서로 분리되며 유럽 지역의 세력 판도가 다시금 바뀌었다. 그러자 소련은 유럽에서의 영향력 확대를 위해 WTO를 만들었고, CSCE도 같은 목적에서 등장한 산물이다.

15) 제2차 세계대전이 종식된 이래 다자간 군비통제 및 군축에 관한 협상을 제도화하는 경향이 많아졌다. 대표적으로 최근까지 진행 중인 군축회의(CD-Conference on Disarmament), 유럽안보협력기구(OSCE-Organization for Security and Cooperation in Europe), 유엔 군축위원회(UNDC-United Nations Disarmament)를 들 수 있다. 반면에 당사국 간 이루어지는 협상은 임시로 결정되는 절차적 메커니즘에 의해 추진되었다(주(駐)제네바 대한민국 대표부, 앞의 책(2003), pp. 250~252, 254, 262.).

고 유럽 문제 특히 독일에 관한 문제를 훼손시키는 행위다."라고 비난하며 유럽의 집단안보체제 구축에 관한 문제를 다시 토의하자고 제안하였다. 그러나 미국이 "기만적인 겉치레에 불과하다."라며 거부하였다.

1955년 5월 14일 소련은 자신이 주도하는 WTO를 완성하고는 7월 18부터 23일까지 개최된 제네바 4강 회의에서 또다시 새로운 유럽 안보회의를 개최하자고 제안하였다. 동(東)과 서(西)로 분단된 독일의 제한구역 설정과 군비사찰에 관한 군축 협정을 비롯하여 독일에서 외국군 철수를 의제로 논의하자는 내용이었다.16)

1973년부터 정치·경제·지리·사상을 초월하는 유럽 지역 나름의 안보협의체가 필요하다고 논의되었다. 이에 따라 1975년 1월 1일의 헬싱키 최종협약에 근거하여 국가 형태와 관계없이 유럽 안보를 보장하는 회의체인 '유럽안보협력회의(이하 CSCE)'가 설립되었다. 이는 현재 활동 중인 '유럽안보협력기구(OSCE)'의 전신(前身)이기도 하다.17) 1990년, 사무국을 설치하는 데 합의하며 공식적인 국제기구가 되었다. 인적 구성에 의하지 않고 회의 절차와 방법을 총칭(總稱)하는 의미로 이해하면 될 듯싶다. 이때 소련이 MBFR에 참여하는 대가로 서방(西方)이 소련과 타협하는 모양새가 되었다. CSCE는 1973년 7월 3일 알바니아를 제외한 전 유럽국가와 미국, 캐나다 등 35개국이 헬싱키의 본회담에 참가하면서 정상적으로 활동하였다. <표 4-7>은 4강

16) 소련은 동·서독의 통일보다 분리된 독일을 흡수 통합하기 위해 정책·전략적 판단을 마친 상태였고, 이를 위해서는 미·영·프랑스군이 서독에서 철수해야만 했다. NATO 측은 독일을 통일시켜 현 체제를 유지하려는 데 비해 WTO 측은 분리된 독일에서 외국군이 철수해야 한다는 태도를 고수하였다. 1948년 6월 소련의 베를린 봉쇄는 동·서유럽의 냉전(Cold War)을 상징하는 대표적인 사건이었다. 엘베강을 중심으로 동쪽은 소련이, 서쪽은 미국과 영국, 프랑스가 분할 점령함으로써 4개국이 관리하는 영토가 되었다. 베를린 자체가 독일 전체의 축도(縮圖-원형보다 작게 그려진 그림)가 되어버린 것이다(남만권, 앞의 책(2006), pp. 143~146.).

17) '유럽안보협력기구(OSCE)'는 'Organization for Security and Co-operation in Europe'의 약자다. 초기엔 32개 회원국으로 출발하였으나, 2023년 기준으로 57개 회원국이다. 다만, 정치적 합의에 근거하기에 국제법적 지위보다 정치적 구속력을 가지고 있으며, 컨센서스(consensus-협의체 구성원의 일반적 동의)를 기본으로 하고 있다. 대표적인 주요 합의는 헬싱키 최종협약(HFA, 1975), 비엔나(빈) 관련 문서, '재래식 군사력 감축 조약(CFE)'과 후속 조치들을 비롯한 항공자유화조약(OST, 1992) 등을 들 수 있다(주(駐)제네바 대한민국 대표부, 앞의 책(2003), p. 262.).

회의 시 합의한 유럽국가들의 준수 사항이다.

<표 4-7> 4강 회의(1954) 시 유럽국가가 준수해야 할 사항[18)]

첫째, 무력 사용 및 위협을 금지한다. 둘째, 무력 공격과 같은 위험 사태가 발생 시 서로 협의한다. 셋째, 특정 국가가 침략을 당했을 때 원조 및 공격행위는 모든 회원국에 대한 침략 행위로 간주한 상태로 진행한다. 넷째, 조약의 목적을 위배(違背)하는 협정 체결이나, 동맹에 불참(不參)한다.

2. CSCE 체제의 주요 경과

<그림 4-3>은 CSCE에서 그간 활동한 주요 경과를 정리하였다.

① 1954. 2월, 소련 → 유럽집단안보체제 구축 제의(1차)
 * 목적: 서독의 NATO 가입을 방해, 미국의 위상 격하
② 1954. 3월, 소련 → 유럽집단안보체제에서 미국 제외
 * 서독 → NATO에 가입
③ 1964. 12월, 폴란드 외상, UN총회 연설에서 제의(2차)
④ 1969. 03.17, WTO → '부다페스트 선언' 제의(3차)
⑤ 1970.05.17./06.22, WTO 외상회담에서 제의(4~5차)
 * MBFR + CSCE 공동 논의 가능성을 타진
⑥ 1972.05.31, 닉슨-브레즈네프 간 정상회담 개최
 * 헬싱키회담에서 MBFR + CSCE 공동 논의를 진행
⑦ 1995.01.01, CSCE → OSCE로 명칭을 변경
 * 1994. 12월 부다페스트 정상회담에서 합의

<그림 4-3> CSCE가 활동한 주요 경과

18) 미국은 1954년부터 유럽에 전술핵무기(B61)를 배치하였고, 1966년 NATO 회원국들과 '핵 공유 협정(NSA)'을 체결하였다. 평시엔 美 공군이 핵무기를 관리 및 보호하다가 유사시 회원국의 전투기에 탑재하는 방식으로 운영하고 있다. 한국엔 1958년 처음 전술핵무기를 배치했으나, 1991년 조지 W. 부시 대통령이 노태우 대통령의 비핵화 선언에 따라 전면 철수하였다(김형준, "美 '신고립주의' 된다면 NCG는? 김성한 "확장억제 '작전 계획화'해야,"" 『CBS 노컷뉴스』 (2023.07.27.).).
 * '핵 공유 협정(NSA)'은 'Nuclear Sharing Agreements'의 약자로서 벨기에, 독일, 이탈리아, 네덜란드, 터키 등 5개 비핵 유럽회원국 영토 내에 미국의 전술핵무기(B61) 150~200기가 배치되어있다(문성묵, "NATO의 핵 공유 협정과 전술핵무기," 『국가안보전략』 Vol. 05. (서울:한국국가전략연구원, 2016.03.09.), p. 15.).

① NATO와 미국은 소련이 서독의 NATO 가입을 저지하고, 서독에 배치되어있는 미군의 철수를 유도하여 영향력을 축소케 하려는 저의를 알고 있기에 거부하였다.

② 1970년 6월 12일과 12월 7일, 서독-소련, 서독-폴란드 간에 상호 불가침 조약을 체결하였으며, 1971년 12월 12일 동독-서독 간 상호 불가침 조약을 체결하였다.

③ 폴란드 외상은 UN 총회에서 미국이 NATO에 참여하는 데 동의하였다.

⑤ 1950년 5월 26일부터 1박 2일간 로마에서 개최된 북대서양위원회(NAC) 회담 간 NATO와 CSCE에서 채택된 조치를 협의하자는 제안은 1970년 6월 22일 부다페스트에서 개최된 WTO 외상 회담에서도 나타났다.[19] 화해 분위기가 조성되며 1970년 6월 12일 서독-소련, 12월 7일 서독-폴란드 간 불가침 조약을, 1971년 9월 3일 '베를린 4분할 협정'을 체결하였다. 12월 12일 동・서독이 상호 불가침 조약을 재확인하였다. 1972년 6월 WTO 외상 회담은 미국과 캐나다의 참여를 공식적으로 인정하며 NATO가 제안한 MBFR을 논의하기로 방향을 선회하였다.

화해 분위기가 조성되며 1970년 6월 12일 서독-소련, 12월 7일 서독-폴란드 간 불가침 조약을, 1971년 9월 3일 '베를린 4분할 협정'을 체결하였다. 12월 12일 동・서독이 상호 불가침 조약을 재확인하였다. <표 4-8>은 1972년 미국이 제안한 4대 기본과제다.

<표 4-8> 미국이 제안한 4대 기본과제(1972)

첫째, 국가 간 관계의 원칙을 포함하여 안보와 신뢰구축(CBM)이 필요하다. 둘째, 경제・과학・기술・환경 분야는 서로 협력해야 한다. 셋째, 정보의 자유로운 교환과 인사(人事), 사상(thinking)을 포함하는 문화 관계가 이뤄져야 한다. 넷째, 항구적으로 유럽안보협력체가 구성되어야 한다.

⑥ 1972년 5월 26일 모스크바에서 개최된 리처드 M. 닉슨(Richard M. Nixon)-레오니트 I. 브레즈네프(Leonid I. Brezhnev) 정상회담에서 '탄도탄 요격 유도탄 조약(ABM Treaty)'이 체결되었다.[20] 미국이 CSCE에 동의하자 소련도 MBFR 협상에 합의하였

19) '북대서양위원회(NAC)'는 'North Atlantic Council'의 약자로서 NATO 사무총장이 의장을 겸직하고 있다.

탄도탄 요격 유도탄 조약(ABM Treaty, 1972.05.26.)

다. 5월 31일 NATO는 CSCE 토의에 공식 합의하며 헬싱키에서 개최되었다.[21]

⑦ 1994년 12월 부다페스트 정상회의에서 명칭 변경을 제안하여 1995년 1월 1일 OSCE로 변경됐다.

3. CSCE의 현실적 한계와 성공 요인

3.1. CSCE의 현실적 한계

<표 4-9>는 CSCE가 직면했던 현실적 한계를 정리하였다.

<표 4-9> CSCE의 현실적 한계

첫째, 소련이 동구 공산주의 국가들을 통제하기 위한 저의(底意)로 제안했다고 인식함으로써 실질적인 성과를 거두기는 어려웠다.

둘째, 파리 평화조약(1948)으로 인해 국경을 재획정(再劃定)하였으나, 서구 시장경제-동구 계획경제의 특성상 형식적 수준에 그쳤다.

셋째, 헬싱키 회담으로 냉전이 종식될 것을 기대하였으나, 오히려 확장되면서 NATO-WTO 간 미사일 경쟁의 소용돌이에 빠졌다.

넷째, 인권을 모토(motto)로 내세워 소련과 충돌함으로써 권위가 하락되었다.

현실적 한계에도 불구하고 나름의 성과는 있었다. 바로 1972년 11월 22일 헬싱키 회의는 3단계로 진행한 결과다.

제1단계는 1973년 7월 3일 본회의는 알바니아를 제외한 유럽 33개국과 미국, 캐나

20) '탄도탄 요격 유도탄 조약(ABM Treaty)'은 'Anti-Ballistic Missile Treaty'의 약자로서 미-소 간 ABM 기지를 2개소에서 1개소로, 수량은 100기로 제한하되, 미국은 ICBM 1,054기, SLBM은 710기까지 보유하기로, 소련은 ICBM 1,618기, SLBM은 950기로 제한하는 조약이다.

21) John A. Borawski, *"From the Atlantic to the Urals,"* (Washington, London, Sydney: Pergamon-Brassey's International Defense Publisher), pp. 160~163.

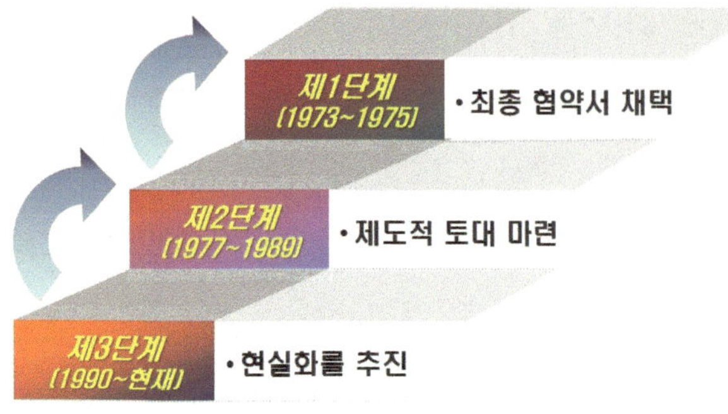

다를 포함하는 35개국(NATO 16개국, WTO 7개국, 비동맹 및 중립국 12개국)이 참가하였다. 1973년 9월 18일부터 1975년 7월 21일까지 제네바에서 회의를 속개하였으며, 8월 1일 헬싱키에서 신뢰구축(CBM)을 포함한 '헬싱키 최종협약(HFA)'을 채택하였다.[22] 이는 비엔나(빈) 문서(1995), CFE 협정과 관련된 후속 조치, 항공자유화조약(Open Skies Treaty, 1992~2002) 등에 관한 문안(文案) 작성과 협상을 촉진하는 마중물 역할이었다. 제2차 세계대전 이후 확정된 유럽 국경선의 불가침 인정과 서명국의 인권과 기본적 자유를 존중하는 내용을 담고 있다.

제2단계는 1975년 최종협약서를 채택한 이후 베오그라드(1977~1978), 마드리드(1980~1983), 빈(1986~1989)에서 협정 이행을 위한 후속 회의를 개최하여 구체적인 방법과 제도적 토대를 만들었다.

제3단계는 탈냉전기로 진입하면서 UN-EU-NATO가 공조하여 협약 내용의 현실화를 추구하였다. CSCE는 유럽의 군사적 신뢰구축(이하 CSBM)과 함께 '유럽안보협력기구(OSCE, 1995.01.01.)'로 명칭을 변경하며, '유럽 지역 내의 전쟁 위험에 대한 조기경보, 갈등의 방지, 위기관리를 위한 기본 기구'로 활동하고 있다.

3.2. CSCE의 성공 요인

<표 4-10>은 CSCE의 성공 요인을 정리하였다.

---

22) '헬싱키 최종협약(합의서 또는 협정)'은 CSCE에서 채택되었다. 동등한 주권 인정, 무력(武力)의 사용과 위협 중단, 영토 불가침 등 10개 조항에 합의하며 유럽에서 냉전을 종식하게 한 협정이다. 협상 초기엔 소련이 서방측에서 요구하는 사상·양심·종교·신앙의 자유와 인권 존중 등을 받아들이지 않으면서 난관에 봉착했으나, 협의를 통해 관철하였다.

<표 4-10> CSCE의 성공 요인

첫째, 참가국들의 의지가 강했으며, 정치적인 거래 및 수단으로 사용되었다.
둘째, 그룹별 대안(BATNA)을 제시-논의-해결에 집중하며 이해도가 상당히 높았다.
셋째, 미-소 가 직접 협상하며 지역적 군비통제 협상에 탄력이 붙었다.
넷째, 헬싱키 최종합의서(HFA)에서 규정한 조건이 도움이 되었다.

첫 · 둘째, 지스카르 데스탱 대통령이 유럽군축회의(CDE)를 제안하며 MBFR과 CSCE가 중복되다 보니 일부 혼란이 발생했지만, 정리되었다.

셋째, 초기에 미국이 소극적이었던 내면(內面)은 서유럽과 소련과의 관계개선으로 자신들의 영향력이 감소할 것을 우려해서다. 그러함에도 소련과 군사력 감축 협상을 진행하려면, 소련의 요구사항 일부를 수용할 수밖에 없다는 전략 · 외교적으로 판단한 결과에 따랐다.[23)]

넷째, CSCE는 1986년 9월 마드리드에서 2차 회담을, 12월 빈에서 3차 회담을 개최하였다. 소련은 미국과의 관계개선에 관한 CSBM에서 군축 의제를 같이 다루자고 제안하였다. 반면에 미국은 동의하나, 차라리 CSBM만 다루고, NATO와 WTO 23개국이 참여하는 '재래식군사력 감축 조약(이하 CFE)'을 진행하자고 역제안하였다. 1989년 1월, 미-소는 CSCE의 35개 유럽국가가 모두 CSBM을 진행하되, NATO와 WTO 23개국은 별도의 CFE를 진행하기로 합의하였다.

4. CSCE 진행에 관한 신뢰구축(CBM · CSBM)의 발전

CSCE를 통해 다양한 기초적 신뢰구축(CBM)과 군사적 신뢰구축(CSBM) 체제가 발전하는 전기(轉機-turning point)가 마련되었다. <그림 4-4>는 발전된 CBM · CSBM 체제를 정리하였다.

23) 조한범 외, "신한반도체제 추진 종합연구(1):신한반도체제의 개념과 추진 전략," 『경제 · 인문사회연구회 합동연구총서』 20-50-1. (서울:경제 · 인문사회연구회, 2020년 10월), pp. 57~59.

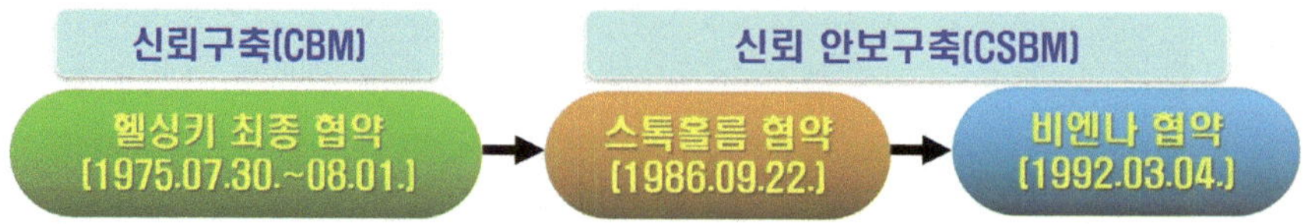

<그림 4-4> CSCE의 CBM · CSBM 체제 발전

4.1. 헬싱키 최종 협약(이하 HFA)

4.1.1. 핵심 내용과 주요 경과

1970년대 미-중 수교(修交), 탈 이데올로기적 국제정치의 흐름은 유럽 지역에서 새로운 안보 · 외교정책의 필요성을 일깨워주었다. 미-소도 군사 · 정치적으로는 초강대국이었지만, 경제적 어려움이 있었기에 화해 분위기가 필요했다. 1975년 핀란드 헬싱키에서 35개 유럽국가가 참여한 CSCE가 출범하였다.[24] 8월 1일 개최된 CSCE의 단계별 회담에서 HFA가 합의되었다. 이 협약에는 10대 지도원칙과 안보문제, 경제 · 과학기술 · 환경 · 인적교류 분야에 관한 협력 등이 4개의 바스켓에 담겨있다. 원칙과 합의된 분야 중엔 동 · 서진영 간 의견이 대립한 의제(agenda)가 있었지만, 다른 원칙을 희생하면서까지 특정 원칙을 강조해서는 안 된다는 점을 함께 적시하였다.[25] HFA는 CSCE의 결론 문서로 전후(戰後) 유럽질서의 기본 틀을 재정립하는 포괄적 안보협상의 산물이다. 정치 · 안보 · 경제 · 인권 분야 등 국가 간 협력관계의 기반이 되는 일반 규범과 원칙, 행동규칙을 4개 분야(Basket)로 합의한 내용이 망라되어 있다. <표 4-11>은 헬싱키 최종협약에 담긴 합의 내용이다.

---

24) 유럽 지역의 안보 · 정치적 구도는 EU가 점차 역할을 확대하면서 미국 중심에서 다자 구도(multilateral)로 전환하는 계기가 만들어졌다(이호근, "유럽의 안보 · 경제협력의 사례," 『동북아 안보 · 경제 협력체제 형성방안』 연구총서 03-17. (서울:통일연구원, 2003), pp. 71~72.).

25) HFA의 10대 지도원칙은 제1 Basket에 포함되어 있다. ① 주권 평등 및 주권의 고유한 제반(諸般) 권리를 존중, ② 무력 사용 및 위협 금지, ③ 국경 불가침, ④ 영토적 통합, ⑤ 분쟁을 평화적으로 해결, ⑥ 내정 불간섭, ⑦ 사상 · 양심 · 종교 · 신념의 자유를 포함하여 기본적 자유와 인권을 존중, ⑧ 평등권과 자결권, ⑨ 국가 간 협력, ⑩ 국제법상 의무를 성실하게 이행하는 데 있다. 이러한 원칙은 매우 중요하며, 동등하게 무제한으로 적용되지만, 각기 다른 국가들을 고려하여 해석될 것임을 밝히고 있다. 서독은 불가침 원칙과 자결권의 인정에 민감하게 반응하였고, 소련은 소수민족과 연관되기에 자결권을 반대했으나, 국제법을 위반하지 않는다는 조건을 추가하며 인정하였다(조한범 외, 앞의 연구총서(2020년 10월), p. 61.).

<표 4-11> 헬싱키 최종협약(HFA, 1975)의 합의사항

구 분	주요 내용
제1 Basket	군사안보 협력: 회원국 간 관계 설정에 지침이 되는 원칙을 선언
제2 Basket	경제 · 과학 · 기술 · 환경 분야에 관한 협력
제3 Basket	지중해 지역에서의 안보협력, 인권(人權) 증진
제4 Basket	문화 · 체육 교유 개선 요구 및 약속 등에 관한 협력

제1 Basket은 ① 국가 간 자주 평등, 자치권, 무력 사용 및 위협 금지, 국경선 불가침, 영토의 통합, 분쟁의 평화적 해결, 내정 불간섭을 서로 양해하고 있다. ② 사상(思想), 양심과 종교의 자유, 인권과 기본적 자유 존중을 천명(闡明)하고 있다. ③ 개인 평등과 자주적인 의사결정을 재확인하였다. ④ 국가 협력, 국제법과 UN 헌장의 준수를 의무조항으로 합의하였다. 핵심은 대규모 군사훈련 및 부대 이동을 사전에 통보하고, 훈련 참관단을 교환하며, 군 인사들의 상호 교류 등으로 구성되어있다.

제2 Basket은 ① 산업 · 과학 · 기술 · 무역 · 환경 및 경제 분야를 서로 협조하기로 하였다. ② 경제 · 상업 정보의 발간 및 배포, 상거래 행위, 경제 분야 통계치의 표준화, 생산표준과 기술규칙에 관한 협력을 비롯하여 과학기술의 연구 및 환경보호와 자원의 합리적 사용을 포함하고 있다.

제3 Basket은 남부 지중해 연안국까지 CSCE 지역을 확대할 수 있도록 비회원국과의 협의는 위임하게끔 되어있다.

제4 Basket은 ① 가족 재회 또는 외국인과의 결혼 등에 관한 인적 접촉, 정보의 교환, 언론인 작업환경, 문화 · 체육 분야의 교류 개선에 관한 선언을 포함하고 있다.

주목할 분야는 군비통제와 직접 연계 및 CBM을 포함한 제1 Basket이다. 1977년 10월 4일부터 1978년 3월 9일까지 세르비아의 수도 벨그라드(베오그라드-Beograd)에서 후속 회담이 열렸다. 인권과 자유가 의제였기에 소련과 동구권 공산국가의 불이행에 대한 비판이 많았다. 1983년 6월 '마드리드 강령'이 채택되었고, 9월 6일 HFA 수정안인 '마드리드 최종문서'가 완성되었다. <표 4-12>는 HFA의 CBM에 관한 주요 조치다.

<표 4-12> 헬싱키 최종협약(HFA)의 CBM 주요 조치[26)]

구 분			주 요 내 용
事前통보	주요 군사 훈련	전력 유형·규모	·해·공군 병력과 합동 또는 단독을 불문하고 25,000명 이상 (수륙양용부대+공수부대 포함)
		통보일자	훈련 개시 21일 이전(以前)까지
		통보내용	·훈련 명칭, 일반 목적, 참가국 수, 참가 군대의 종류 및 병력 규모, 훈련지역·기간 등
		기 타	·소규모 군사훈련 시 훈련지역 인접국에 통보
	대규모 군사이동		각 참가국의 자유재량이 가능
참관인 교환			·자발·쌍무적으로 군사훈련에 참관인을 초청, 참관인 수(數)와 절차 및 조건 등의 정보 제공과 시설과 편의를 제공
군 인사교류			·상호 이해를 위해 군사 대표단을 포함한 인사(人士) 교환
군축 조치			·완전 군축을 추구하되, 세계평화·안전 강화를 위한 조치 강구
일반적인 고려사항			·긴장 완화와 군축 촉진을 위한 안전 강화 도모, 안전보장 등의 요소를 고려

4.1.2. 헬싱키 최종협약(HFA)의 한계

<표 4-13>은 HFA의 네 가지 한계를 정리하였다.

<표 4-13> 헬싱키 최종협약(HFA, 1975)의 한계

첫째, CBM 조치를 이행하는 과정에서 구속력은 존재하지 않았다. 둘째, 사전(事前)에 통보해야 할 기간적 여유가 충분하지 못했다. 셋째, CBM 적용지역에 대한 보편성은 없었기에 성과를 달성하기 어려웠다. 넷째, 훈련 참관단 교환에 관한 규정이 구체적이지 못했다.

첫째, 25,000명을 초과하는 기동훈련을 할 때만 사전에 통보하도록 했을 뿐, 나머지는 자유재량으로 하였다.

둘째, 훈련을 개시하기 21일 이전에 통보하게 되어있지만, 사전 통보가 제한될 경우, "~조속한 기회에 통보한다."라는 유화적 표현에 만족했다.

26) John A. Borawski, 앞의 논문(1986), pp. 161~162.

셋째, 적용지역은 국경에서 250km 이내로 규정했다. 이때 소련의 영토는 대다수 포함하였으나, 미국 영토는 제외하였기에 처음부터 한계를 자초(自招)한 측면이 있다.

넷째, 훈련 참관단의 초청은 당사국의 자발적 의사에만 의존했고, 검증 절차 및 구체적인 규정은 마련하지 않았다. 따라서 군사적 측면(CSBM)보다 정치·심리적(CBM) 측면이 더 컸다.

4.2. 스톡홀름 협약(이하 SC)[27]

4.2.1. 핵심 내용과 주요 경과

SC는 1986년 9월 22일 스웨덴의 스톡홀름에서 35개국이 참가한 유럽군축회의를 통해 의도하지 않게 발생하는 전쟁을 방지하고자 하는 목적으로 체결하였다. <표 4-14>는 SC의 CSBM 주요 조치를 정리하였다.

<표 4-14> 스톡홀름 협약(SC)의 CSBM 주요 조치[28]

<table>
<tr><th colspan="4">구 분</th><th>주 요 내 용</th></tr>
<tr><td rowspan="5">事前통보</td><td rowspan="4">주요 군사 훈련</td><td colspan="2">전력의 유형·규모</td><td>· 독자적인 군사활동, 상륙·공수부대 이동/집결, 경계훈련
· 13,000명 이상의 지상군 병력 또는 30대 이상의 전투전차(1개 사단 또는 2개 여단(연대), 헬기를 제외한 200 쇼티(sortie) 이상의 공군 참가 훈련
· 3,000명 이상의 상륙 및 공수 훈련</td></tr>
<tr><td rowspan="2">통보</td><td>일자</td><td>훈련 개시 42일 이전(以前)까지</td></tr>
<tr><td>내용</td><td>· 훈련 명칭, 일반 목적, 참가국 수, 참가 부대의 종류 및 병력 규모, 훈련지역·기간 등</td></tr>
<tr><td colspan="2">기 타</td><td>소규모 군사훈련 시 훈련지역 인접국에 통보</td></tr>
<tr><td colspan="3">대규모 군사이동</td><td>각 참가국의 자유재량으로 가능</td></tr>
<tr><td colspan="4">참관인 교환</td><td>· 지상군 17,000명 이상, 상륙 및 공수부대 5,000명 이상 훈련 시
· 제한구역, 특정 시설물, 방어지역 참관은 거부 가능(72H 이내 경계훈련 참관)</td></tr>
</table>

---

27) '스톡홀름 협약(SC)'은 'Stockholm Convention 또는 Convention of Stockholm'의 약자다.

28) Timothy E. Wirth. *"Confidence and Security Building Measures,"* in Robert D. Blackwill, F. S. Larrabee(eds.), *"Conventional Arms Control East-West Security,"* (Durham:Duke University Press, 1989), p. 356.

구분		내용
연중 일정표		· 매년 11월 15일 전까지 차기 년도 군사활동 교환
강제 조치	통보시간 및 활동 규모 제한	· 40,000명 이상인 군사활동은 2년 전에 통보 · 1년 전에 미통보한 군사활동 금지: 40,000~75,000명 · 2년 전에 미통보한 군사활동 금지: 75,000명 이상
검 증 (verification)		· NTM 사용, 4인 이내로 하되, 지상 · 공중에서 검증 · 현장에서 의무적으로 검증, 24~48H 이내 검증 · 한 국가는 연간 3회 이내 검증, 제한 지역을 제외한 지역, 조사의 횟수와 규모는 가능한 제한

CBM과 CSBM 추진은 안보 이슈(issue)였지만, 1978년이 지나면서 부상하였다. 5월 25일 UN 특별총회(UNSSD)에서 프랑스 지스카르 데스탱 대통령이 CSCE 체제 내에서 '유럽군축회의(이하 CDE)'를 개최하자는 제안을 하면서다.[29] <그림 4-5>는 프랑스 지스카르 데스탱 대통령의 2단계 CDE 제안이고, <표 4-15>는 제안한 배경이다.[30]

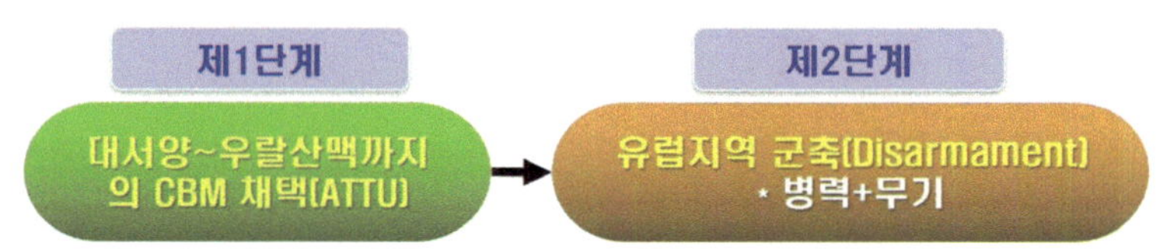

<그림 4-5> 프랑스 지스카르 데스탱 대통령의 2단계 CDE 제안

<표 4-15> 지스카르 데스탱 대통령의 제안 배경

제안 배경
첫째, 군축협상에 소극적이던 샤를 드골(Charles de Gaulle) 시대에서 벗어나기 위함이다.
둘째, CSCE의 인권 문제 제기가 동 · 서 불화를 야기(惹起)하며 유럽 군축의 진전이 제한됐기에 CDE 체제가 필요하다고 판단하였다.
셋째, CDE가 소련의 CSCE 제안보다 더 실질적이라고 판단하였다.

문제는 회원국의 전력(戰力) 수준이 차이가 나는 점이었다. 초강대국부터 약소국까지 망라하기에 국가마다 전력에 불균형이 심하여 일정한 기준(수준)을 정할 수 없었다. 즉, 외형적 수사(修辭-rhetoric)에 그칠 수 있다는 측면을 안이하게 판단했다.[31]

29) '유럽군축회의(CDE)'는 'Conference on Military Detente and Disarmament in Europe'의 약자로서 정식 명칭은 '유럽 신뢰구축 및 군축회의'다.

30) 'ATTU'는 'From the Atlantic to the Urals'의 약자다.

4.2.2. 스톡홀름 협약(SC)의 성과와 한계

1987년부터 1988년까지 주요 군사훈련 시 사전 통보는 74회, 훈련 참관에 관한 초청은 33회, 현장검증은 18회, 16개국이 군사훈련에 대한 연중 일정표를 교환하는 등 일정 부분은 성과를 달성하였다. <표 4-16>은 스톡홀름 협약에서 일궈낸 CSBM의 성과를 정리하였다.

<표 4-16> 스톡홀름 협약(SC)의 CSBM 성과

첫째, 적용지역의 확대와 사전 통보할 대상의 통보 기준을 강화하였다. 둘째, 훈련 참관인에 대한 교환 규정을 강화하며, 검증제도를 도입하였다. 셋째, 군사력을 운용하는 차원에서 제반 문제에 관한 규제조치를 신설하였다.

<표 4-17>은 스톡홀름에서 추진한 CSBM의 한계를 정리하였다.

<표 4-17> 스톡홀름 CSBM의 한계

첫째, 사전에 미통보된 비상훈련은 훈련과 함께 통보할 수 있다는 예외규정을 두었다. 둘째, 3일 이내의 군사훈련은 초청 의무에서 제외하였다. 셋째, 동원 관련 규정이 모호하여 유사시 군대 집결(군사작전)과 연계될 위험성이 컸다. 넷째, 기동훈련 정보만 있어 평시의 군사 분야 활동(현황) 파악이 어려웠다.

첫째~셋째, CSBM 조치를 이행하는 과정에 구속력이 없었다. 25,000명을 초과하는 대규모 기동훈련 시 사전에 통보하도록 하였으나, 이외의 조치는 자유재량에 맡기는 등 의무조항이 없었다. 따라서 사전에 준비(예상)할 수 없는 긴급 사안(事案)이 발생

31) Carl C. Krebbiel, *"Confidence and Security Building Measures in Europe:The Stockholm Conference,"* (New York:Praeger Publishers, 1989), p. 10.; 미국은 이러한 우려로 인해 1979년 말에야 비공식적으로 찬성의 견을 내는 데 그쳤다. 1981년 로널드 레이건 대통령이 공식적으로 CDE 지지를 발표하였고, 1984년 1월 17일부터 1986년 9월 22일까지 스톡홀름에서 12회에 걸쳐 개최되었다. 이러한 결과의 산물이 바로 '스톡홀름 협약(SC)'이다.

했을 때 이를 신속하게 확인할 기본적인 방법 자체가 존재하지 않았다.

넷째, 기동훈련에 관한 정보만 있을 뿐, 국방예산의 규모나, 군사조직의 편성 및 운용 등에 관한 정보는 제외하였다. 즉, 평시에도 부대 규모와 장비, 위치, 예산 등에 대한 자료를 수집하기가 어려웠고, 군사 활동도 훈련이 종료된 이후 통보하거나, 다른 장소(지역)로 이동하여 임무를 수행하여도 실제로 확인하기는 어려웠다.

4.3. 비엔나 협약(이하 VC)32)

4.3.1. 핵심 내용과 주요 경과

1984년부터 1986년까지 진행한 비엔나(빈) 회의는 스톡홀름 회의의 CBM 및 CSBM 조치에서 진전된 내용을 논의하였다. 1986년 11월 4일부터 1989년 1월 19일까지는 빈에서 제3차 CSCE 후속 회의가 열렸다. 의제는 ① CSCE에서 결정한 CSBM과 상호협력 및 군축을, ② 추가적인 CSBM을 다루되, NATO와 WTO 23개국이 참여하는 '재래식군사력의 감축 문제를 협상할 새로운 기구(CFE)'를 만드는 두 가지였다.

회원국들은 1990년 '빈 협약'을 채택하고 1주일이 지나자 다시금 협상을 재개하였다. 그리고 1992년 3월 4일 빈에서 이전(以前)의 협약 일부를 수정 보완한 '빈 문서 '92'를 작성하였다. 이 문서들은 스톡홀름 협약에서 합의한 CSBM 대다수를 계승하였지만, 일부 내용은 다시금 개정하거나, 강화하였다.

<표 4-18>은 '빈 협약(1990)'과 4회에 걸쳐 개정한 '빈 문서(1992~2011)'와의 차이점을 정리하였다.

32) '비엔나 협약(VC)'은 'Vienna Convention 또는 convention of Vienna'의 약자다.

<표 4-18> '빈 협약(1990)'과 '빈 문서(1992~2011)'의 차이점

구 분	빈 협약(1990)	빈 문서(1992~2011)
적용지역	유럽 전(全) 지역(인접 해상 및 공중지역 포함)	
구속력	제도화, 의무화	
규제 대상	합의한 훈련·기동병력	
	·합의한 훈련·기동병력(13,000명 이상, 전차 300대, 항공기 200소티(헬기 제외), 3,000명 이상의 상륙군·공수부대는 적용지역 외부에서 내부로 이동	·합의된 훈련 및 기동병력(9,000명 이상, 전차 250대, 항공기 200 소티(헬기 제외), 3,000명 이상의 상륙군·공수부대, ACV 500대, 구경 100mm의 포 250문 이상은 적용지역 외부에서 내부로 이동
통보기한/초청대상	42일 이전(以前) / 제도화, 의무화	
제한조치	2년 이전	2년 또는 1년 이전
검 증	일부 제한·허용, 48H 이내	지상·공중 현장사찰 포함, 36H 이내

또한, 정기적인 군사자료의 교환, 갈등방지센터(CPC)[33], 의사소통을 위한 Hot-Line 설치, 군사 접촉을 확대하는 등을 추가함으로써 새로운 차원으로 진전시켰다. <표 4-19>는 헬싱키 최종협약부터 빈 문서 작성에 이르기까지 CBM과 CSBM 체제의 발전 단계를 정리하였다.

<표 4-19> 헬싱키 최종협약부터 빈 문서에 이르기까지 CBM과 CSBM 체제가 발전한 단계

구 분	헬싱키 최종협약	스톡홀름 협약	빈 문서(1992~2011)
	CBM 체제	CSBM 체제	
의무감	선언적(자발적)	정치적 구속력(의무적)	
적용 지역	참가국 영토 (해상·공중 포함)	전(全) 유럽지역	전(全) 유럽지역 (ATTU)
주요 규제 대상	·군사적 기동 * 지상군, 해병·공수부대	·야전 군사활동 * 지상군의 연습 이동, 집결, 상륙·강습작전	·군대 구조, 국방예산 ·의사소통·접촉·협력·협의
제한 조치의	사전 통보		
	* 25,000명 이상 * 21일 이전	* 13,000명 이상 * 전차 300대, 항공기 200	* 9,000명 이상 * 42일 이전

33) '갈등방지센터(CPC)'는 'Conflict Prevention Center'의 약자다.

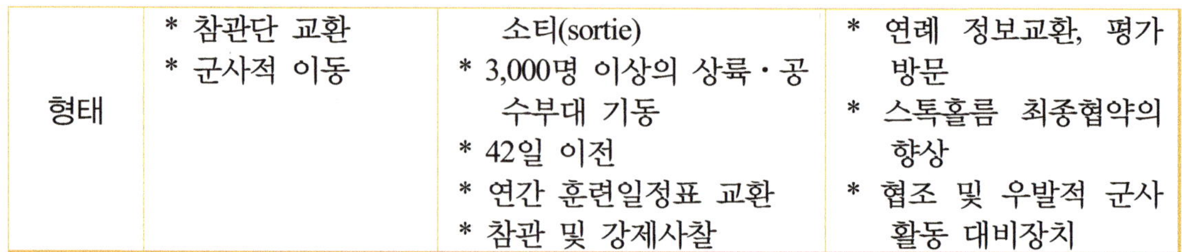

형태	* 참관단 교환 * 군사적 이동	소티(sortie) * 3,000명 이상의 상륙·공수부대 기동 * 42일 이전 * 연간 훈련일정표 교환 * 참관 및 강제사찰	* 연례 정보교환, 평가방문 * 스톡홀름 최종협약의 향상 * 협조 및 우발적 군사활동 대비장치

<그림 4-6>은 '빈 문서 '92'의 軍의 정보교환 사례를 제시하였다.[34)]

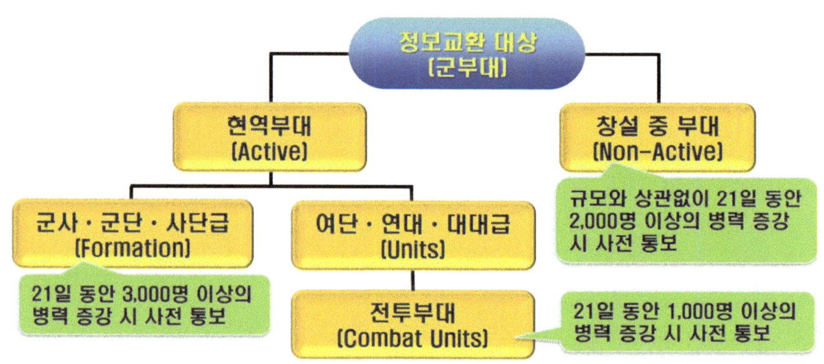

<그림 4-6> 군부대의 정보교환 사례(OSCE, 2011)

1975년 스톡홀름 최종협약(SC)이 채택된 이후 CSBM이 기동훈련에만 치중하다 보니 국방예산 규모, 지상·공군의 위치와 규모, 부대편성 등 군사조직에 관한 포괄적인 정보가 없었다. 따라서 병력 이동 또는 훈련에 관해 상호 소통(communication)체계를 향상함으로써 평시 군사 활동과 부대편성 및 배치 등에 관한 비밀을 없애며 안정감을 높였다.

4.3.2. 빈 협약의 성과와 한계

'빈 협약'이 '빈 문서 '92'로 발전한 배경엔 안보 대화 채널의 상설·제도화가 중요한 역할을 하였다. 협약국이 서로 접촉 및 토의로 신뢰 수준을 높인 결과다.[35)] 이 협

34) OSCE, "Vienna Document 2011," 『Vienna 2011』, p. 3. https://www.osce.org/fsc/86597.pdf (검색일: 2023.12.13)

35) 신동민, "OSCE의 군사적 신뢰 구축조치(CSBM) 검토:정책적 함의," 『통합유럽연구』 (서울:서강대 국제

약은 군축에 직접 관여하지 않으면서도 군사적 대립을 완화하고 기습공격의 가능성을 감소시키는 데 상당히 기여하였다. '빈 문서 '92'는 상호 보완적 관계를 유지하면서 합의이행의 가능성과 신뢰수준을 높였으며, 제도적 장치까지 마련하면서 협약에 대한 신뢰는 더욱 굳건해졌다.

지역문화원, 2018), pp. 223~224.; 손기웅, "동북아 평화번영을 위한 다자안보 협력 추진방안:CSCE/OSCE가 주는 시사점,"『한국평화연구학회 학술회의』(서울:한국평화연구학회, 2006), pp. 109~110.

제 4 절

재래식군사력 감축 조약(이하 CFE)

1. CFE 체결 당시 유럽의 안보 환경

CFE는 1973년 10월 '상호균형 감군협상(이하 MBFR)'과 같은 시기에 시작되었다. MBFR은 1970년대 후반 교착상태에 빠지며 16년여의 노력에도 불구하고 실패했다. 이러한 가운데 1980년대 중반 미하일 S. 고르바초프의 개혁(Perestroika-경제개혁)・개방(Glasnost-정보 개방) 정책은 정치・경제・안보 차원에서 거대한 쓰나미로 돌변하였다.[36] 이후 소련 및 동구권 국가들의 탈(奪) 공산화와 유럽국가들의 통합 노력으로 구(舊) 냉전기가 종식되었다.

동유럽의 탈 공산화 과정은 72년간 계속된 소련연방(이하 소련)의 해체를 포함하여 제2차 세계대전 이후 유럽 지역에 형성되어 있던 냉전체제를 허무는 결과로 나타났다. 1990년 10월 동・서독의 통일과 1991년 소련의 붕괴, WTO의 해체는 동유럽 지역에 힘의 공백을 발생시켰다. 결과적으로 제2차 세계대전이 종결된 이후 억제

36) 미하일 S. 고르바초프가 추진한 페레스트로이카(Perestroika)는 스탈린 독재라는 악습(惡習)의 여파, 관료주의 지배조직 등 부패한 관료제의 타파, 공산주의 경제의 체제적 한계를 개선하기 위한 정책이다. 글라스노스트(Glasnost)는 경찰 국가주의에 대한 변혁을 추구한 긍정적인 측면도 있으나, 한편으로는 여론의 힘을 빌려 반대파를 압박하는 수단으로 사용했기에 그에 대한 비판은 금지되는 한계를 보였다.

되어있던 인종 · 영토 · 종교적 분규를 촉발하는 계기가 되었다. 당시 미국과 서유럽 국가들은 소련과 WTO의 해체에 대응하기 위해 NATO의 역할을 재정립하였다.[37] 이때 촉매제 역할을 한 게 NATO가 동구(東歐-동유럽) 국가에 문호를 개방하는 '동진(東進) 정책'이었다. 이를 통해 1999년 체코, 폴란드, 헝가리가 NATO에 가입하였고, 문호는 더욱 확장되며 동유럽 지역을 포함하는 정치 · 군사기구로 확대되었다.[38]

한편 구(舊) 냉전기의 종식과 함께 새로운 동력을 갖게 된 '유럽공동체(EC-European Communities)'는 계속 확대하였다. 1990 · 1991년 EC 국가의 정부 수반들은 두 차례에 걸친 '정부 간 회의(IGC)'를 개최하였다. 이를 토대로 하여 1992년 2월 '마스트리흐트 조약(Treaty of Maastricht, 일명 유럽통합 조약)'이 체결되었다.[39] 그리고 1993년 11월 1일 '유럽 연합(이하 EU)'이 정식 출범하였고, 현재는 27기국이다.

2. CFE 발족 배경과 주변 요인

NATO 측은 MBFR 협상이 실패로 끝나자 NATO 측은 1987년 2월부터 WTO 측이 제안한 CFE를 수용하였다. 1989년 3월 6일 오스트리아 빈에서 개최된 CSCE 35개국 외무장관 회의에서 NATO와 WTO가 CFE에 전격 합의하였다. 1988년 미하일 S. 고르바초프가 WTO 정치협의회에서 전격적인 군축을 제안하면서 답보상태이던 협상에 결정적인 물꼬가 터졌다.[40]

---

37) 김성진, 앞의 아티클(2023년 12월), pp. 39~43.; 김성진, "강대국의 지정학적 충돌과 공존(共存), 국익과 실용주의의 그림자," 『경제포커스』 안보칼럼 (2023.11.13.).

38) 2004년 4월엔 불가리아, 슬로바키아, 슬로베니아, 루마니아, 에스토니아, 라트비아, 리투아니아가 추가로 가입하였다. 2023년 4월 4일 핀란드가, 2024년 3월 7일 스웨덴이 가입하였다.

39) '마스트리흐트 조약(Treaty of Maastricht)'은 1993년 11월에 발효되었고, 동유럽 3개국이 가입하며, '공동외교안보정책(CFSP-Common Foreign and Security Policy)'과 '내무 및 사법 협력(JHA-Justice and Home Affairs)' 등에 노력하였다. 2004년 4월 동유럽국가를 포함한 10개국이 추가로 가입하였고, 2024년 기준으로 12개국이 참여하고 있다(김학성, "유럽 재래식 무기 감축(CFE) 협상 분석과 한반도에 대한 시사점," 『안보학술논집』 제15집 제1호 (서울:국방대학교 안보문제연구소, 2004), p. 294.).

* '정부 간 회의(IGC)'는 'Inter-Governmental Conference'의 약자다.

40) 1985년 권력을 장악한 미하일 S. 고르바초프는 국방보다 경제를 중시하는 비군사화, 자결권을 허용하는 민주화, 이데올로기적 가치 중시 등의 장애물을 없애고, 국가 간 갈등을 평화적으로 해결하기 위한 새로운 외교안보정책을 발표하였다. 1986년 부다페스트 제안을 통해 유럽의 군축협상에 적극적으로 공

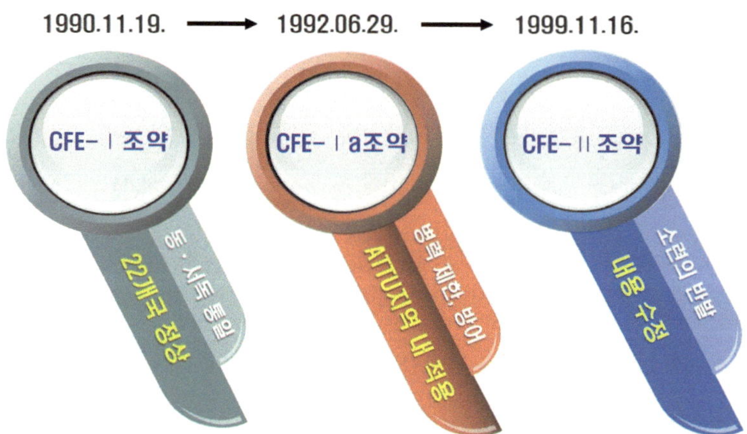

이후 총 5회에 걸쳐 회의를 진행하며 별도의 미-소 정상회담 등을 통해 다양한 이견(異見)들을 조율하였다. 1992년 6월 5일 최종 서명된 '오슬로 문서(Oslo Document)'는 11월 19일부터 모든 참가국에 적용하였다.[41] <표 4-20>은 CFE의 정상적 추진을 위해 합의된 사항이다.

<표 4-20> CFE 협상에 관한 기본합의 사항

구 분	주요 내용
협상 목표	· 낮은 수준에서의 재래식 군비 균형을 통해 유럽의 안정을 강화 · 안보와 안정에 저해가 되는 불균형은 제거 · 기습공격 및 대규모 공격을 개시할 능력부터 제거
목표 달성방법	· 감축, 상한선 제한 및 설정, 배치 조정 등의 군사적 조치 이행 · 유럽 안보와 안정을 강화하기 위해 단계적으로 진행
적용지역	· 대서양에서 우랄까지(ATTU): 전(全) 유럽 지역
감축 대상	· 지상에 배치된 재래식 전력: 병력과 장비 · 합동 상륙 훈련의 해군 화력지원 등과 같이 지상군 활동과 직접 관련된 해군 활동
검증 방식	· 합의사항의 준수는 효율적이고 엄격한 방법에 따라 검증을 진행 · 검증 방법은 현장검증과 유의미한 정보의 상호 교환을 포함

감하는 태도를 보였다. 1988년 12월 UN 총회 연설에선 동유럽에 주둔하는 소련군 50만 명과 10,000대의 전차를 2년 이내에 철수하겠다고 발표하면서 군축 의지를 분명히 하자 NATO 측도 호의적으로 반응하며 CFE 협상과 연계되었다.

41) 30개 회원국이 참가한 '오슬로 문서'는 소련의 계승을 포함하여 '언어 조정 및 장비 제한조약(TLE)'의 할당을 조정한 내용으로 구성되어있다.

* 'TLE'는 'Treaty Limited Equipment'의 약자로서 '군사 장비'를 뜻하고 있다.

2.1. CFE-Ⅰ 조약

1988년 12월 소련 공산당 서기장(Mikhail S. Gorbachev)이 UN 총회 연설에서 향후 2년 이내에 유럽에 배치한 소련의 군사력 중 50만 명을 감축하겠다고 선언하면서 군축협상이 급물살을 탔다. 1989년 이른 봄부터 NATO-WTO 간 협상을 시작하여 이듬해 11월 19일 조약이 체결되었다. 이 조약은 유럽 재래식군사력의 균형을 NATO가 보유한 수준보다 낮게 책정하여 기습공격과 대규모 침공 가능성을 예방하려는 목적이었다. 이에 따라 대상 지역을 '대서양 지역에서 우랄산맥까지 유럽의 모든 영토(이하 ATTU)'로 적시하며 유럽 전역(全域)으로 확대되었다. 병력 감축을 의제로 삼은 MBFR의 실패를 경험했기에 공격용 5대 무기(전차, 장갑차, 야포, 전투기, 공격용 헬기)를 중심으로 하는 재래식 무기 감축에 집중하였다.[42)]

2.1.1. CFE-Ⅰ 조약의 주요 추진 목표 및 내용

<그림 4-7>은 CFE-Ⅰ조약의 4대 추진 목표를 정리하였다.

4대 추진 목표

① 재래식 군사력 균형 유지 → 유럽 안보와 안정 강화
② 낮은 수준의 군사력과 장비를 유지
③ 안정과 안보를 저해하는 불균형 요인을 제거
④ 기습공격 또는 대규모 공격작전 능력을 사전(事前)에 차단

<그림 4-7> CFE-Ⅰ조약의 4대 추진 목표

42) 'ATTU'는 CFE의 적용지역을 가리킨다. 덴마크의 Faroe 제도와 Bear 섬, 노르웨이의 Svalbard, 포르투갈의 Azores · Madeira 제도, 스페인의 Canary 제도, 러시아의 Franz Josef Land, Matochkin 해협으로 분리된 Novaya Zemly 등 유럽에 있는 당사국들의 모든 영토와 함께 대서양~우랄산맥 사이의 유럽 지역 내의 모든 영토를 포괄하고 있다(한용섭, 앞의 책(2015), p. 142.; UN 군축연구소(UNIDIRF), 『군비통제, 군축 및 신뢰구축 편람』 (제네바:UNIDIRF, 2003), p. 39.).

협상 간 가장 중요하게 다룬 부분은 재래식 무기와 장비의 상한선이다. 개별 국가가 어떻게 적용해야 하는지?, 정보교환, 감축 및 검증과는 어떻게 연계시킬 것인지?가 핵심이었다. NATO와 WTO라는 블록(block)이 형성되어 있는 데다 국가마다 무기의 보유수준과 규모가 각기 달라서다. 따라서 상한선과 실제 보유수준의 괴리(gap)를 예측할 수 없었기에 감축 방법과 검증에 현실적 대안(BATNA)을 마련하는 게 상당히 어려웠다.[43] <그림 4-8>은 CFE-Ⅰ조약의 주요 분야를 정리하였다.

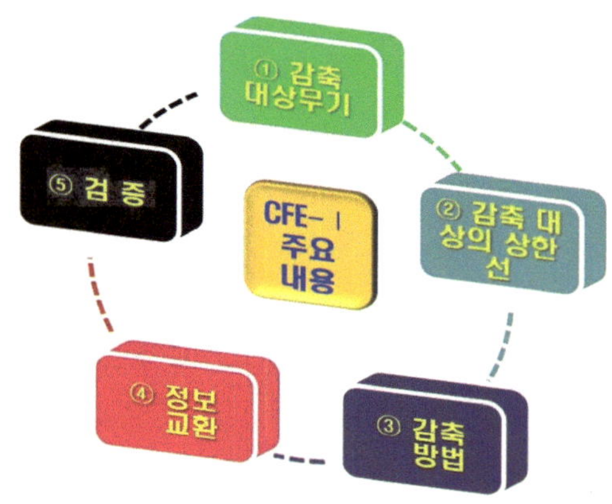

<그림 4-8> CFE-Ⅰ조약의 주요 분야

① '감축 대상 무기'는 전차, 장갑차, 야포, 전투기, 공격헬기다. <표 4-21>은 CFE에서 감축 대상 무기에 합의한 현황을 정리하였다.[44]

<표 4-21> CFE 감축 대상 무기 5종(種) 현황

구 분		전차(대)	장갑차(대)	야포(문)	전투기(대)	공격용 헬기(대)
NATO	보유 상한선	20,000	30,000	20,000	6,800	1,800
	현재 보유	22,757	28,197	18,400	5,531	1,685
	삭감 규모	2,757	-	-	-	-
WTO	보유 상한선	20,000	30,000	20,000	6,800	1,800
	현재 보유	33,191	42,900	26,900	8,371	1,602
	삭감 규모	13,191	12,900	6,900	1,571	-

43) 김성진, 앞의 책(2020a), p. 37, 38, 166.

44) Arms Control Association, *"Arms Control Today,"* Vol. 21, No 1. (Washington D.C.:Arms Control Association, January/February, 1991), p. 29.

② '감축 대상의 상한선'은 ATTU 지역을 4개로 구분하고, 지역별 5개 감축 대상 무기(TLI)에 대한 전체 상한선과 상비부대의 전차, 장갑차, 야포를 보유할 상한선을 설정하였다.45)

③ '감축 방법'은 보유 상한을 초과하는 무기를 파괴 및 민수용으로 전환할 때 3단계로 시행하되, 40개월 이내에 감축하는 계획이었다. 검증 및 사찰 방법은 '신고 장소 사찰'(DSI-Declared site inspection), 특별구역 내 '특별사찰'(CI-Challenge Inspection within specified areas), 폐기 사찰(IR-Inspection of reduction), 확인사찰(IC-Inspection of Certification)이 있다.

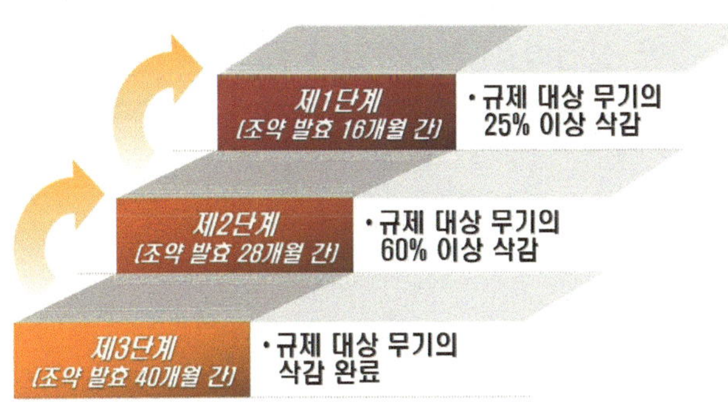

④ '정보교환'은 '정보교환 의정서(PIE-Protocol on Information Exchange)'에 규정한 절차 및 양식에 따르도록 하였고, 지상군-공군-5개 TLI 유형별-5개 TLI 보유 관련-평시 경계업무 수행 부대별 보유 수-검증과 신고대상의 정보-기타 변경사항 등의 7가지로 설정하였다.

⑤ '검증(verification)'은 현장사찰(On Site Inspection)-국가검증기술수단(NTM) 또는 다국적검증기술수단(MTM)-공중정찰(Air Reconnaissance) 세 가지로 제도화하였다. 합동자문단(이하 JCG)에서 교환된 정보에 의문 사항이 생겼을 때 해소하는 역할을 하기 위함이다. 이를 통해 모호한 사항은 최대한 해결하였고, 이행하는 과정에서의 어려움도 조기에 해결할 수 있도록 노력하였다.46)

2.1.2. CFE-Ⅰ 조약에 따른 유럽국가의 이익

<표 4-22>는 유럽국가들이 CFE-Ⅰ 조약을 통해 공유할 수 있게 된 이익을 정리하였다.

---

45) '감축 대상 무기(TLI)'는 'Treaty Limited Item'의 약자로서 '감축 대상 장비(TLE-Treaty Limited Equipment)'로도 표기하고 있으나, 단어의 의미와 해석에 있어서 큰 차이는 없다.
 * '감축 대상 장비(TLE)'는 CFE 조약에서 규제하는 5가지 범주의 재래식 무기로서 전차, 장갑 전투차량(ACV), 화포, 공격용 헬기, 전투용 항공기로 구성되어있다(UN 군축연구소(UNIDIRF), 『군비통제, 군축 및 신뢰구축 편람』 (제네바:UNIDIRF, 2003), pp. 39, 44.; 정성장, "한반도 비핵・평화의 길: 북한의 협상 수용 배경과 한국의 전략" 『세종정책총서』 2018-10. (서울:세종연구소, 2018), pp. 148~149.).

46) '합동자문단(JCG)'은 'Joint Consultative Group'의 약자다.

<표 4-22> CFE-Ⅰ조약으로 나타난 유럽국가들의 이익

첫째, 군비경쟁의 가능성은 줄이고, 불시 기습공격은 예방하게 되었다. 둘째, 군사력의 투명성을 제고(提高)할 수 있게 되면서 재래식 억지력이 증대되어 우발적 인 분쟁 가능성을 줄이게 되었다. 셋째, 정기적인 정보교환으로 군사력 규모와 성격 변화를 사전에 인지할 수 있었다. 넷째, 엄격한 감시와 검증 레짐(regime)에 대한 실천력을 확보하였다. 다섯째, 유럽 지역의 안보구조에 긍정적으로 영향을 미칠 수 있는 계기가 마련되었다.

2.2. CFE-Ia 조약[47]

CFE-I 조약을 체결한 직후, 29개 회원국은 병력 감축을 본격적으로 논의하였다. 1992년 6월 29일 지상군에 대한 제한사항을 논의하여 7월 10일 헬싱키 CSCE 정상회담 간 최종적으로 서명하였다. CFE-Ia는 CFE-I과 함께 유효기간이 무기한이었으며, 검증 방법은 CFE-I의 규정과 같았다. 주요 내용은 각국이 자체적으로 병력 상한선을 결정하고, 사전 통보한 이후에도 병력 상한선을 상향할 수 있다고 규정하였다.

2.2.1. CFE-Ia 조약의 주요 추진 내용

1996년 이후 각국이 상한선을 초과하는 병력은 증강하지 않기로 합의하였고, 상한선을 조정하려면, 사전에 통보하도록 했다. 이때 연대급은 1,000명 이상을 증강할 경우, 여단급은 500명 이상을, 35,000명 이상의 예비군을 소집할 때는 42일 이전에 통보하도록 조치하였다.

2.3. CFE-Ⅱ 조약

CFE-I · CFE-Ia 조약은 초기엔 잘 이행되는 듯했으나, 1991년 소련(이하 러시아)이 붕괴하고, 4월 1일 WTO가 해체되면서 급변하였다. <그림 4-9>는 CFE를 추진한 주요 경과를 정리하였다.

47) 'CFE-Ia 조약'은 '유럽의 재래식군사력 중 병력 문제에 관한 최종협약'으로서 정치적 합의로 병력 감축을 끌어냈다. 합의할 때도 병력의 감축 규모는 크지 않았기에 큰 어려움은 없었다.

1990년 11월	CFE 조약 조인(調印)
1992년 11월	CFE 조약 발효
1997년 1월	냉전 해체로 인한 WTO 해체(1991), NATO 확장 등의 전략적 환경 변화를 반영하기 위한 수정 협상을 개시
1999년 11월	미-러: CFE 조약 수정 내용에 합의
2007년 7월	러시아: CFE 조약 이행 정지(stop)를 선언
2014년 3월	러시아: 크림반도 합병
2015년 3월	러시아: CFE 조약의 완전 중단을 선언
2019년 8월	미국: 중거리 핵전력 조약(INF) 파기
2022년 2월	러시아: 우크라이나 침공, 러-우 전쟁 시작
2023년 2~3월	미-러 신전략무기감축협정(New START) 이행 중단 선언
2023년 5월	러시아: CFE 탈퇴 절차 마무리
2023년 11월	· 러시아: 포괄적핵실험금지조약(CTBT) 비준 철회 · 러시아: CFE 조약 탈퇴, NATO: CFE 조약의 효력 중단 선언
2023년 12월	미국: CFE 조약 의무 이행 중단 선언

<그림 4-9> CFE의 주요 추진 경과

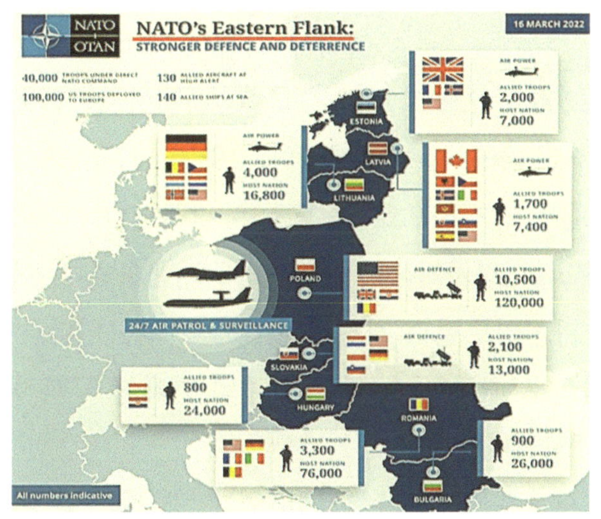

1994년 NATO는 동쪽으로의 문호 확대 정책을 가시화하였고, 러시아는 반발하며 외곽지역(flank zone)에 대한 개정을 요구하였다.[48] 그러나 CFE는 구(舊) 냉전기의 유산인 블록(block-陣營) 대 블록 구도에 기반하여 체결한 조약이었기에 지역 구도와 '감축 대상 무기(TLI=TLE)'의 상한선을 설정할 때 국제 안보정세의 변화를 제대로 반영하지 못했다.

48) '외곽지역(flank zone, 또는 측면지역)'은 터키, 그리스, 노르웨이, 루마니아, 불가리아, 몰도바, 그루지야, 아르메니아, 아제르바이잔, 우크라이나, 북 코카서스 일대 등 중부유럽 이외의 지역으로 소련 시절에는 후방지역으로 평가하여 TLI 수준을 낮게 책정하였으나, 소련이 해체된 이후 접경지역으로 변화되면서 러시아의 TLI 수준 설정에 대한 불만이 높아졌다(김학성, 앞의 논문(2004), p. 294.; 김성진, 앞의 책(2022), pp. 363~367.).

1990년 11월 3일 '부다페스트 협정', 1992년 5월의 '타슈켄트 협정'에서 문제의 본질이 무엇인지를 식별하였다. 관건은 바로 소련의 붕괴에 따른 TLI의 재분배였다. 1994년부터 가시화된 NATO의 동진 정책과 맞물려 CFE-I 조약의 재개정 논의가 필요하다는 인식이 증폭되자 1997년 1월 새로운 안보 환경에 대한 CFE 레짐 즉, CFE-Ⅱ 협상이 시작되었다.[49]

2.3.1. CFE-Ⅱ 조약의 주요 추진 내용

'CFE-Ⅱ 조약 또는 적응조약' 협상에서 가장 큰 이슈는 군사력 상한선 제한에 관한 '블록'을 폐지하고 새로운 기준을 마련하는 것이었다. 결국, '블록 상한선'을 없애고 '영토 상한선'을 도입하였다. 1999년 3월 12일 중동부 유럽 3국(체코, 헝가리, 폴란드)이 NATO에 가입하였다. 러시아는 격렬히 반대했으나, NATO는 아랑곳하지 않고 문호를 더 개방하였다. 여기에 더하여 코소보 전쟁 개입(1998~1999), 제2차 체첸 전쟁(1999~2000) 등으로 미국·NATO-러시아 간 갈등이 증폭되며 CFE-Ⅱ 체결은 장담하기 힘든 형국이 계속되었다. 그러나 11월 19일 이스탄불에서 개최된 OSCE 정상회담에서 전격적으로 조약을 체결하였다. 다만, CFE-Ⅱ 조약뿐 아니라 'CFE 최종의정서'라는 정치적 선언문을 같이 채택하였다. 여기서 공격무기 보유 수량의 상한선을 국가·영토별로 결정하는 것에 합의하였다.[50] 이는 특정 지역이나 국가에 의해 집중적으로 배치될 수 있는 기존의 한계를 극복하고, 기습능력을 약화하려는 조치로 평가되었다.

CFE-Ⅱ 조약은 CFE-Ⅰ의 상당 부분을 새로운 조항으로 대체하였다. 양 블록 간 차

49) Jeffrey D. McCausland, *"Conventional Arms Control and European Security,"* 『ADELPHI paper』 No. 301. (June, 1996), p. 20.

50) '국가별'은 '하나의 국가가 보유할 수 있는 공격무기의 상한을 의미하며, 다른 당사국의 영토에 배치된 군사력'을, '영토별'은 '당사국의 국가별 공격무기의 수와 함께 다른 당사국에 의해 배치된 군사력 모두를 포함하는 것'이다.

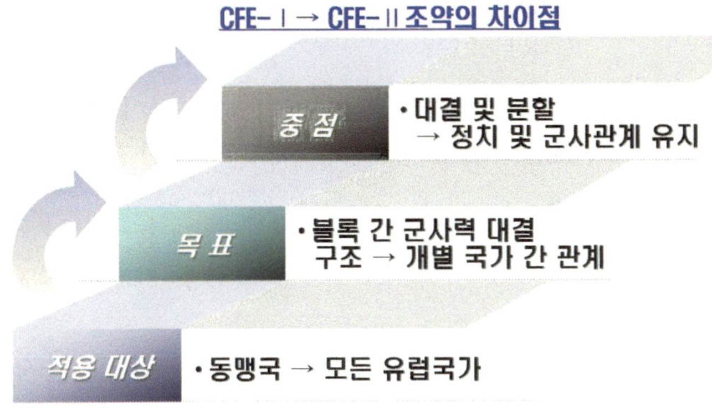

이점은 크게 네 가지로 요약할 수 있다.

첫째, CFE-Ⅰ 조약이 대결 및 분할이라면, CFE-Ⅱ 조약은 공동 및 불가분의 안보 공간 원칙에 따라 정치 및 군사 관계를 유지하고자 했다.

둘째, CFE-Ⅰ 조약이 블록 간 군사력 대결 구조였던 데 반해, CFE-Ⅱ 조약은 개별 국가 간 관계로 제한하였다.

셋째, CFE-Ⅰ 조약은 블록을 구성한 동맹국들에만 적용되었으나, CFE-Ⅱ 조약은 조약의 발효에 따라 모든 다른 유럽국가에도 적용하였다.

넷째, CFE-Ⅱ 조약은 CFE-Ⅰ 조약과 비교 시 군사력 제한 수준이 제고(提高)되었다.

3. CFE 협상의 주요 경과 및 평가

CFE 협상 과정은 MBFR에 실패한 경험을 타산지석(他山之石)으로 활용하였다. 이전과 다르게 NATO와 WTO 회원국이 모두 참여하였으며, 합의가 어려운 병력 문제는 유보하였다. 그 결과 CFE-Ⅰ 협상은 제한대상 무기의 종류, 적용지역, 무기의 상한선을 검증하는 등 의제에 따라 갈등을 겪었지만, 결과적으로 타협점을 찾을 수 있었다

먼저, CFE-I · CFE-Ia 협상은 ATTU(지중해~우랄산맥) 지역 내에서 NATO-WTO 회원국이 재래식 무기와 중장비 시설의 보유 상한선 기준에 합의하였다. 다만, 병력 문제는 의견이 첨예하게 대립하며 유보되었다. 제한대상 무기의 종류와 적용지역, 무기 상한선은 수준을 높이는 방향으로 마무리되었다.

CFE-Ⅱ 협상은 1997년 7월 23일 개최된 합동자문단(이하 JCG) 회의에서 '조약 적용을 위한 기본요소(basic elements for treaty adaptation)'에 부분적으로 동의하였다. <표 4-23>은 CFE JCG에서 논의된 협상의제를 정리하였다.

<표 4-23> CFE JCG에서 논의된 협상의제(1997)

① 국가・영토 상한선과 영토 상한선 개정 ② 영토 상한선을 초과할 때의 임시 배치 ③ 장비 이전(移轉)에 관한 규정 ④ 외곽지역(flank zone) ⑤ 지역 주둔군 ⑥ 안전지역(safety zone) ⑦ 검증(verification) 및 데이터 교환

1999년 3월 JCG에서 기본합의가 되었으나, 중동부 유럽 3개국이 NATO에 가입하자 동쪽으로의 확대 정책에 러시아가 강하게 반대하면서 갈등이 증폭되어 한 치 앞도 가늠하기 어려워졌다. 그러나 11월 이스탄불에서 개최된 OECD 정상회담에서 CFE-Ⅱ 협상이 극적으로 타결되면서 'CFE 최종 협약(CFE Final Act)'이 채택되었다. 명확하게 규정하지 못한 내용은 이 협약을 통해 정치적 차원에서 해결 방향을 제시하며 마무리하였음은 좋은 선례(先例)로 남았다. 이로써 CFE-I・CFE-Ia에서 다루지 않은 조항들이 추가로 포함되며 보다 낮은 수준에서 감축할 수 있는 토대를 마련하였다.[51] <표 4-24>는 CFE 조약이 유럽에 끼친 긍정적 요인을 정리하였다.

ATTU지역	러시아-구(舊) 소련	
51,700개 품목을 폐기	14,100개 품목을 감축	강제적 현장사찰: 3,000번 이상

<표 4-24> CFE 조약이 유럽의 안보 질서에 끼친 긍정적 요인

첫째, 소지역・국가별 무기와 장비의 보유 상한선을 설정함으로써 군비경쟁과 기습공격의 가능성을 줄일 수 있었다.
둘째, 군사력 규모・성격에 대한 변화 및 TLI의 현대화 정보가 공유되고, 군사적 투명성이 증대하면서 우발전쟁의 가능성을 낮췄다.
셋째, 엄격한 검증 레짐이 조약 이행과 안보 질서의 안정화에 기여하였다.

---

51) NATO 회원국은 1990년의 상한선을 사용하지 않기로 합의했으며, 1995년 11월 19일부로 CFE 조약이 발효되기 이전의 상한선보다 30%나 적게 장비를 유지하는 모습을 보였다(Hand J, Schmidt, *"NATO and Arms Control:Alliance Enlargement and the CFE Treaty,"* 『PRIT Report』 No. 42. (1996), p. 14.).; 러시아는 2023년 11월 CFE를 탈퇴하며 어떠한 군축협상도 불가능하다고 주장하였기에 역내 불안정을 해소하기 위한 제도적 기반을 마련하는 데 상당한 어려움을 겪고 있다(장철운 외, 앞의 과제(2021.12.30.), p. 30.).

제 5 절

논의 및 시사점

1. 일반적 관점에서의 접근 및 해석

유럽의 '재래식군사력 감축 조약(이하 CFE)'이 성공한 기저(基底)에는 동·서 관계 정상화의 기반이 된 '헬싱키 최종협약(HFA)'이 있다. 그리고 동·서 대결을 끝내자면서 냉전 종식을 가속화 하게 만든 '파리 헌장(Charter of Paris)' 등이 있었기에 광범위한 논의가 가능했다. 즉, 정치적 신뢰구축(CBM), 군사적 신뢰구축(CSBM)을 단계·점진적으로 추진하였고, 성과가 달성됐기 때문이다. <그림 4-10>은 유럽의 재래식 군비통제 협상 전반의 구조·운용적 측면을 제시하였다.

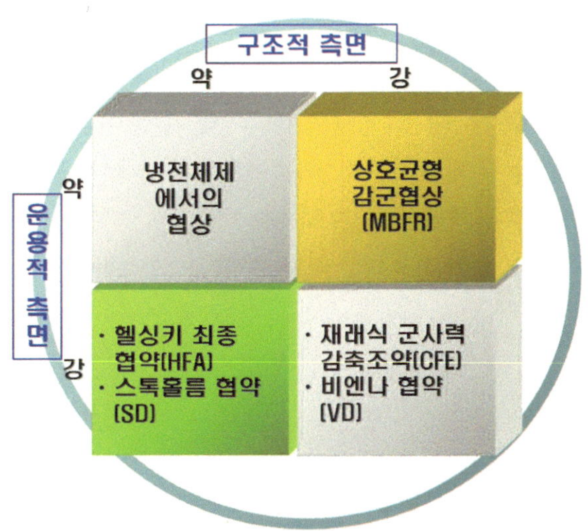

<그림 4-10> 유럽 재래식 군비통제 협상의 구조·운용적 측면

40여 년간 진행되어온 유럽의 CFE 협상 과정은 앞으로의 군비통제 협상에 필요한 제도적 절차, 기술(skill 또는 technology)적 함의(含意)를 식별할 수 있다. 냉전기의 협상 방식은 구조·운용적 측면이 모두 약했다. 한편 운용적 측면은 약했지만, 구조적

측면에서 강했던 협상은 '상호균형 감군협상(MBFR)'을 들 수 있다. 구조적 측면은 약했지만, 운용적 측면이 강했던 협상은 '헬싱키 최종 협약(HFA)'과 '스톡홀름 협약(SC)'이었다. 구조·운용적 측면이 모두 강했던 사례는 'CFE'와 '비엔나 협약(VC)'이었다. 이처럼 강한 추진력과 성과를 낼 수 있는 협상 추진 방식이 군비통제가 지향할 방향이지 않을까 싶다. <표 4-25>는 유럽의 재래식 군비통제 협상을 통해 얻을 수 있는 일반적 교훈을 제시하였다.

<표 4-25> 유럽 재래식 군비통제 협상의 일반적 교훈

첫째, 당사국 간 상호 공존과 전쟁의 위험성을 제거하겠다는 정치적 의지가 확고해야 한다. 둘째, 당사국 간 기초적인 신뢰(CBM)가 동반되어야 한다. 셋째, 쌍방 또는 다자 간 공동 이익에 대한 공감대가 형성되어야 한다. 넷째, 당사국 간 군사력의 구조 및 운용에 대한 상호 대칭적 균형에 기반해야 하며, 개혁조치와 연동되어 자위(自衛) 능력에 대한 자신감이 있을 때 적극적으로 협상을 진행할 수 있다. 다섯째, 효과적인 검증제도의 적용과 위반 시 제재(制裁)할 장치가 마련되어야 한다. 여섯째, 군사적 위협의 수준, 대응 군사력 보유 및 수준이 부합되어야 한다. 일곱째, 무기(무기체계)의 문제이기보다 이를 개발-생산-무장하는 인간 본연의 문제가 더 크다는 점에 대한 이해가 필요하다. 여덟째, 대외적으로 동맹·전략적 관계, 국제 동향을 고려하여 관련 정책을 수립하여야 한다.

첫째, 조건이 불확실하거나, 악의적 의도가 있다는 의혹이 발생할 경우, 자국을 보위하는 안보정책을 채택할 수밖에 없다. 현안(懸案)을 해결하기는커녕 군비통제를 추진하는 자체가 위험해질 수 있어서다. "정작 절실하게 필요한 지역이나 시점엔 실현되기 어렵지만, 필요 없는 지역에서는 오히려 촉진된다."라는 특성을 기억해야 한다.

둘째, 국가안보가 저해되지 않고 정치·경제·문화 분야 등에 이익이 된다는 인식이 확고해야 한다. 자국의 안보이익에 도움이 되지 않을 경우, 누구도 호의 및 선행으

로 느끼지 않는다. MBFR이 16년여 동안 472차례나 노력하고도 실패했음은 NATO-WTO가 초기부터 서로 다른 목적을 가졌기 때문임이다. 반면에 CFE 협상이 성공한 결정적 요인은 미-소가 군사력을 감축한 이후 자신들이 얻게 될 경제적 혜택에 대한 공통의 인식과 믿음을 가져서다.52)

셋째, 군비통제 협상은 이해 당사국 간 고도의 정치적 문제를 협의(조정) 및 조율하는 과정이다. 즉, 정치적 문제를 해결하지 않으면, 군사적 관계 및 개선 노력도 이루어질 수 없기에 군비통제 협상을 추진하는 자체가 쉽지 않다. 결국, 군비통제 협상의 진전 정도는 쌍방 또는 다자 간 정치적 이해관계에 따라 유동적일 수밖에 없다.

넷째, 1985년 3월 권력의 전면에 등장한 미하일 S. 고르바초프가 추진하던 '신(新)사고에 기반한 외교안보정책'과 흐름을 같이했다는 측면에 유의해야 한다. 국가 차원에서 '공동안보(common security)' 개념을, 군사전략 차원에서는 '합리적 충분성(reasonable sufficiency)'과 '방어적 방어(defensive defense)' 개념을 채택하였기에 NATO 측과 구조적 군비통제 협상을 추진할 수 있었다. 더욱이 소련이 중앙집권적 계획경제에 군사비를 과다 투입하며 경제가 동반 침체되는 현실을 타개하고자 추진한 개혁・개방 노선은 강력한 동인(動因-motive)이었다.53)

다섯째, 유럽은 평화와 안전을 위한 제도적 장치로 정치・군사적 신뢰구축(이하 CBM・CSBM)을 진전시키며 군축에 합의하였다. 특히 헬싱키 최종협약(HFA)의 성실한 이행과 스톡홀름 협약(SC)의 의무적 이행은 NATO-WTO의 CBM에 크게 도움이 되었다. 이러한 변화가 CFE 협상에서 실질적인 군사력 감축을 선도하였다. 유념할 대목은 협상 여건이 악화하더라도 당사국 간 의사소통 채널(Hot-Line)이 유지될 경우,

52) 소련은 통일 독일이 정치적 중립을 견지해야 한다고 요구하였다. 통독문제에 자신들의 주장이 반영되지 않으면, CFE 협상이 어렵다는 태도를 굽히지 않았다. 이때 미국과 NATO 측에서 통일 독일이 NATO에 남아 있어도 소련에 위협이 되지 않을 것이라는 「9개항 계획(A Nineь Point Plan)」을 제시하였고, 독일이 통일되어도 군사력은 37만 명으로 한정하겠다고 확약하였다(Thomas Graham, gr., *"The CFE Story: Tales from the Negotiating Table,"* 『Arms Control Today』 Vol. 21. (Jan/Feb, 1991), p. 9.).

53) 전성훈, "한반도 군비통제 방안 연구:유럽 군비통제 조약의 시준점과 관련하여," 『연구보고서』 93-16. (서울:통일연구원, 1993년 12월), pp. 8~10.; 김성진, "군사비 부하(負荷) 공략으로 북한의 핵・미사일 도발역량 고사(枯死)시켜야," 『KONAS』 안보칼럼 (2023.02.16.).

사태 악화를 방지하는 데 크게 기여할 수 있다는 점이다.

여섯째, 확실한 감시와 검증제도가 존재하면, 성실한 합의의 유도와 이행을 촉진할 수 있다. 물론, 위반사항을 객관적으로 조사 및 처리할 공동협의기구가 마련되어야 한다. 그래야 군축을 이행할 때 '시범 이행'과 '시범사찰'로 실효성을 높일 수 있다.

일곱째, 무기의 위력이 커지다 보니 부정적 측면만 너무 도드라져 보이지만, 군비경쟁이 인류의 파멸과 연계되지 않는 한 무기의 위력이 전쟁을 촉발하는 유인(誘因)이라고 하기엔 무리가 있다. 더욱이 갈등을 폭력적 행위로 연결하는 주체는 이의 사용 여부를 결정하는 인간이다. 정책과 조직(지배계층)도 인간의 성향에 의해 좌우된다는 점을 이해해야 한다.

여덟째, 유럽의 재래식 군비통제 협상은 지적(知的) 사고가 낳은 산물이 아니다. 특정 지역에서 특정 시기에 특정 진영에 대응하기 위해 적극적으로 반응하며 등장하였다.[54] 수학 공식과 같은 일관·포괄·논리적 의사결정 절차와 행위의 집합이 아니라는 뜻이다. 재래식군사력의 감축에 성공한 계기는 고도의 군사적 이론과 기술이 발전한 결과이지만, 소련의 해체(1991)와 동구(東歐) 공산국가의 붕괴, 관련국들의 정치적 의지의 변화가 있었음을 되새겨야 한다.

Adam D. Rotfeld(폴)

2. 한반도에 주어진 함의(含意)

2.1. 한반도에서 군비통제 협상이 제한되는 요인

유럽의 재래식군사력에 관한 협상 과정에서 나타난 MBFR의 실패, CFE의 성공 사례는 한반도에 적용이 가능한 유형이라고 진단하기가 쉽지 않다. 그러나 유럽 지역의 재래식군사력 감축에 관한 군비통제 협상 과정에서 도출된 다양한 문제점을 해소 및 극복한 사례는 한반도에 도움이 될 수 있다. 이들의 다양한 신뢰구축 조치(CBM 또는

54) Adam D. Rotfeld, *"Applicability of European Arms Control Model to the Korean Peninsula,"* 『Arms Control on the Korean Peninsula: What Lessons Can We Learn from European Experiences?』 (Seoul:Institute of Foreign Affairs and National Security, 1990), p. 71.; 남만권 앞의 책(2006), pp. 164~169.

CSBM)의 이행이 진통과 갈등 속에서 진화하였기 때문이다.[55] 다만, 한반도에 유럽안보협력기구(OSCE)와 같은 다자간 안보협력기구는 존재하지 않는다. 양자 간 동맹관계, 남-북 간 군사적 대립과 안보위기가 고조되고 있음도 일종의 안보 딜레마라고 볼 수 있다. 남-북 간 역사적 불신과 내・외부의 정치적 환경, 군사력 평가에 대한 합의를 존중하지 않는 현실, 군비통제에 관한 인식에도 차이가 있기에 유럽 지역의 경험을 한반도에 적용하기엔 당연히 한계가 있다. <그림 4-11>은 유럽 지역의 재래식군사력 협상 단계를 정리하였다.

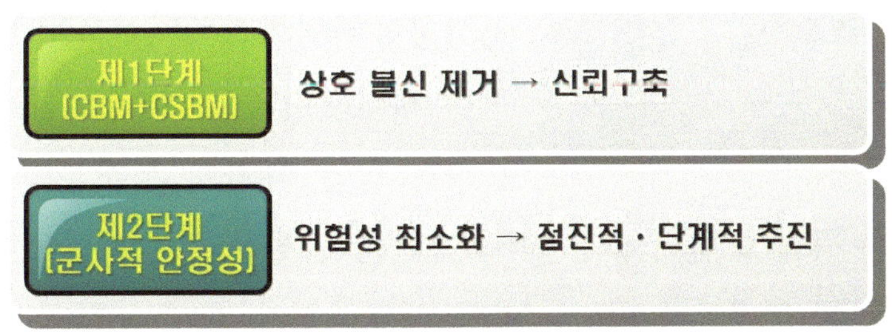

<그림 4-11> 유럽 지역의 재래식군사력 협상 단계(종합)

남-북 간 군비통제(또는 군축) 협상이 제한되는 현실은 세 가지 측면에서 짚어볼 수 있다.

첫째, 인식에 차이가 있기에 추진하는 방안 자체에 대한 의구심이 크다. 유럽의 경우, 실질적인 군축을 달성하기 위해 먼저 신뢰를 구축하는 노력을 시도하며 사찰과 검증 절차에 합의하였다. 그러나 남-북은 이러한 토대 자체가 마련되어있지 않다.

둘째, 유럽 지역의 경우는 백가쟁명(百家爭鳴)식 논의를 거치며 현실화하는 노력이 있었지만, 남-북 간 적대적 환경 및 정치・외교적 여건은 너무 다르다.[56]

---

55) Cathleen S. Fisher and Jefferson B. Seabright, *"Divided States and Confidence Building Measures:The German and Korean Experiences,"* (Washington, D.C.:The Henry L. Stimson Center, 1992), p. 11.

56) 김성진, 앞의 아티클(2023년 12월), pp. 39~43.; 김성진, 앞의 아티클(2023년 10월), pp. 20~23.; 손효종, "우크라이나 상황의 대북 시사점과 한국의 고려사항," 『동북아 안보정세 분석』 (서울:한국국방연구원

셋째, 유럽은 '방어적 방위(defensive defense)' 개념을 채택하여 CFE를 추진하였다. 반면에 남-북은 힘에 의한 평화를 추구하며 '억지 이론(Theory of Deterrence)'과 구조적 군비통제 방안을 모색하고 있다. 이는 군비통제 협상으로 군축을 시도한다면서 군비를 증강하는 결과만 초래하고 있다. 다시 말해 한국은 억지 능력을 높이는데 주력하는 반면, 북한은 내부 노력뿐만 아니라 주한미군의 철수를 통해 한국의 억지 능력을 약화케 하는 데 집중하고 있다는 점을 이해해야 한다.

한반도에서 군비통제 노력이 시작된 시기는 1990년 9월 4일 1차 남북고위급 회담이었다. 불필요한 군사적 긴장을 완화하고, 제도적 장치의 필요성에 공감하면서다. 1992년 2월 21일 정식 발효된 <남북 기본합의서>는 남북 군사공동위원회의 구성, WMD와 기습공격 능력을 제거하기 위한 단계적 군축을 구현 및 검증하는 방안, 대규모 부대 이동 및 군사연습은 사전에 통보하는 등을 포함하였다. 당시 북한은 언제라도 바로 동원할 수 있는 체제의 특성을 가졌기에 무기보다 병력 감축을 선호하였다. 특히 주한미군의 병력과 장비 철수 주장을 반복하며 한・미 연합 방위태세를 약화하는 데 집중하였다. 한국은 북한을 신뢰할 수 없었기에 정치적인 목적으로 변질할 것을 우려하였다. 따라서 병력・무기체계의 감축을 조건으로 제시하지 않고, 협상을 진전시키고자 했다. 가장 큰 오류는 군사적 대결 양상이 심화하다 보니 정책을 신중하게 추진하지 않고 단기적인 성과에 집착하였다는 측면이 아닌가 싶다.

남-북이 군비통제 협상을 전제로 관계개선을 기대하기는 지정학적 여건과 안보 현실이 너무 엄혹(嚴酷-severe)하다. 따라서 정치적 관계의 개선(CBM)→군사적 신뢰 구축(CSBM)→군비통제(군축)"라는 점진・단계적 방식으로 전환할 필요가 있다. 아울러 유럽에서 채택하고 있는 '방어적 방위 개념(defensive defense concept)'을 병행할

(2022.03.03.).; 김성배, "지정학 전통과 한국의 지역 구상 검토:인도태평양 전략의 지정학적 해석을 중심으로," 『INSS 전략보고』 No. 223. (서울:국가안보전략연구원, 2003), pp. 12~17.; 황병덕, "동북아지역 질서 변화와 우리의 대응방안:미・중 관계를 중심으로," 『동북아 안보・경제 협력체제 형성방안』 연구총서 03-17. (서울:통일연구원, 2003), pp. 115~188.

수 있어야 한다. 유념할 대목은 군사적 신뢰구축(CSBM)과 군비통제 협상이 국가안보의 핵심 분야라는 점이다. 또한, 평화체제를 구축하는 목적에서 바라보면, 전체가 아니라 여러 분야 중의 하나라는 점도 짚고 넘어갈 필요가 있다.

2.2. 한반도의 군비통제 협상에 필요한 논제(論題)

세계의 역사는 변함없이 지정학적(geopolitic) 특성에 따라 국가 간 군사・일반적 신뢰구축 활동을 병행했거나, 일반적 관계를 개선한 이후에 관계 진전을 추진하였다. 유럽은 군사적 대립이 첨예하게 맞붙자 군사적 신뢰구축(CSBM)과 관계개선에 노력하면서도 '상호균형 감군협상(MBFR)', '유럽안보협력회의(CSCE)'를 통해 정치・경제・문화・사회・인도적 교류 및 협력을 병행하였다.

동북아지역은 1967년 8월 8일 설립한 '동남아국가연합(ASEAN)'을 통해 일반적인 관계개선에 노력하고 있다.[57] 1991년 처음으로 정치・안보 대화 협의체를 제안하였고, 1994년 7월 25일 개최된 '아세안 지역 포럼(ARF)' 간 다자간 군사 안보협력을 의제로 채택하였다.[58] 한국은 이때부터 관련 연구가 활성화되었다. 즉, 정치・경제・문화・사회적 교류와 협력이 어느 정도 진행된 다음 군사 문제로 전환하였다. 그러함에도 1953년 7월 27일 휴전협정을 체결한 이후 평화체제 구축을 위해 수많은 대책을 협의하고, 때로는 중지를 반복하고 잇지만, 여전히 군사적 긴장이 높은 지역이다. <표 4-26>은 유럽의 재래식군사력 감축 협상 사례가 한반도에 적용하는 데 필요한 인식이다.

57) '동남아국가연합(ASEAN)'은 'Association of Southeast Asian Nations'의 약자다. 1967년 8월 8일 설립된 동남아시아를 대표하는 정치・경제・안보・사회・문화 공동체로서 준(準) 국가연합이자 국제기구다.

58) '아세안지역안보포럼(ARF)'은 'ASEAN Regional Forum'의 약자로서 '아시아-태평양 지역의 다양한 안보 이슈를 포괄적으로 다루는 정부 간 다자 안보협의체'다.

<표 4-26> CFE 사례에서 나타난 특징과 한반도 적용에 필요한 인식

첫째, 포괄적으로 설정된 개념적 틀이 안보와 협력을 증진하는 데 유리하다. 둘째, 단계 · 점진적인 협상 과정이 협상의 진전에 매우 중요하다. 셋째, 유럽은 궁극적인 목표가 매우 다름에도 합의했다는 사실을 포함하여 선행 합의서가 후속 합의에 유용한 여건을 조성하였다. 넷째, 유럽의 군비통제는 특정한 정치적 상황과 밀접하게 연계되었다.

첫째, 유럽에서 CFE가 성공한 요인은 정교한 군사이론이나, 기술적 차원이 높아서가 아니다. '헬싱키 최종협약(HFA)' 등 관계의 원칙을 준수하였기 때문이다. 여기에다 '파리 헌장'과 같이 분단과 냉전 종식에 관한 개념 · 정치적 틀이 존재했다.

둘째, 군비제한(Arms Limitation) 또는 군축과 같이 정치 · 군사적으로 유의미한 결정이 나오려면, 합리 · 현실 · 정치적인 신뢰구축 단계가 선행되어야 한다.

셋째, 남-북이 합의하겠다는 의지와 노력이 필요하다. 이때도 군비통제 협상에 대한 상호 객관적 검증과 정치 · 심리적 신뢰부터 조성되어야 한다.

넷째, 미하일 S. 고르바초프의 '개혁 · 개방정책'이 시행되면서 새로운 데탕트 시대가 열렸고, 동구의 대변혁이 촉매제가 되었다. 한반도에서도 군비통제 협상을 본격적으로 추진하려면, 급변하는 국제사회 및 동북아의 정치 상황에 유연하고 탄력적인 신뢰구축(CBM · CSBM)을 단계적으로 추진하되, 융 · 복합적으로 유연하게 대처할 수 있어야 한다.

군비통제가 한반도 평화체제를 구축하는 과정이자 변화의 중요한 요소라고 할 수 있다. 그러나 전략적 상황 변화에 따라 또다시 변화될 수 있다. 한반도는 냉전기 자유민주주의 진영과 공산 진영 간에 벌이던 극단적인 대립 환경과 유사하다. 그러나 다자간 안보협력체(OSCE)는 존재하지 않으며, 안보동맹의 불확실성, 가파른 군비경쟁으로 공감대는 소용돌이 한가운데 있다. 상반된 인식의 괴리가 유럽의 경험을 한반도에 적용하는 데 한계로 작용하고 있음을 인식해야 한다.

"역사 · 학문적 기록을 살펴 이해하고 노력하다 보면, 어느샌가 자신이 원하는 결론(목적지)에 도달하게 된다."

강의_Ⅳ 중국-러시아 간에 진행된 신뢰구축 (CBM · CSBM) 사례를 이해합시다.

학습하기 이전(以前)에 요구되는 사항

1. 소련연방(소련)과 러시아라는 명칭을 이해하시오.
   * 중-러(소)가 감정적인 역사적 배경과 원인은?
   * 시대적 변천사(變遷史) 및 중-러(소) 관계의 특징은?
   * 美-중 패권경쟁에도 중-러가 쉽게 손잡지 못하는 이유는?
2. 중-러(소) 간 국경 분쟁의 결정적 계기를 이해하시오.
   * 중-러(소) 간 불신이 형성된 역사적 배경과 원인은?
   * 중-인도 국경 분쟁의 원인과 계기는?
   * 중-러(소) 간 신뢰구축(CBM · CSBM)을 추진할 수 있게 된 계기와 주요 사건은?
     - 중-소 국경지대에 관한 협정(1990)
     - 상하이 협정(1998)의 주요 내용과 특징
3. 소련이 붕괴한 이후 새로 국경을 접하게 된 중앙아시아 3개국과의 합의 내용을 이해하시오.
   * 7개 분야에 대한 주요 내용은?
4. 중-러(소)의 CBM과 유럽의 CBM의 차이점을 이해하시오.

제5장

중국-러시아 간 신뢰구축(CBM · CSBM) 사례

제1절 개요

제2절 중-소(러)의 신뢰구축(CBM · CSBM) 과정

제3절 논의 및 시사점

제 1 절

개 요

지정학적 위치, 정치・외교・경제・군사적 능력(ability) 및 역량(capability)에 따라 국가 존립과 국익 추구의 방향은 달라진다. 동북아지역의 안보정세와 환경은 한-미, 미-일, 한-미-일, 중-러, 러-북, 중-북 간의 관계 형성에 지대한 영향을 끼치고 있다.[1)]

1950년대 말기 중-소는 서로가 형제국으로 칭송하기 바빴으나, 점차 준(準) 적대관계로 돌아섰다. 결국, 수정주의와 교조주의라는 극단적인 용어를 주고받으며 돌아올 수 없다는 의미의 "루비콘강(Rubicon River)을 건넜다."라는 말이 돌았다.[2)]

---

1) '소련연방(이하 소련)'은 1917년 10월 혁명으로 탄생하였고, 1991년 소련이 붕괴하면서 '러시아'라는 국호를 사용하고 있다. 여기서는 1950년대에서 1991년까지는 '소련'으로 사용하고, 1992년부터는 '러시아'라는 명칭을 사용하고자 한다.

2) 소련의 니키타 S. 흐루쇼프(Nikita S. Khrushchov) 제1서기는 1956년 2월 14일부터 25일까지 개최된 제20차 전당대회에서 ① 대외정책상 평화공존의 문제, ② 사회주의 국가 건설의 다양성 문제, ③ 이오시프 V. 스탈린(Joseph V. Stalin)을 굶주린 독재자로 비판하면서 수정주의 정책을 표방하였다. 중국의 마오쩌둥은 니키타 S. 흐루쇼프가 선언한 '신(新)사고 정책'의 여파가 자신(개인숭배)에 대한 비판으로 이어질 수 있다는 두려움을 가졌기에 이러한 가능성을 아예 차단하는 강력한 뭔가(gesture)가 필요했다. 이때부터 니키타 S. 흐루쇼프를 마르크스-레닌주의의 혁명적 가르침에서 벗어난 수정주의자로 낙인찍었다. 그러자 소련은 1959년 핵기술의 제공을 거부하였고, 1960년 '중-소 원폭 조약(Atomic Bomb Treaty, 1957.10.05. 체결)'을 일방적으로 폐기하였다. 여기에 기존에 지원하던 경제・기술 분야의 과학자들과 군사고문단도 철수시켰다. 1961년 소련 유학을 마치고 귀국하던 원자력 연구원의 돌연한 죽음 등은 중국에 상당한 부정적 감정을 증폭시켰다. 특히 1962년 10월 20일 中-印 국경 분쟁(일명 中-印 전쟁)에서 쌍방 간 군사적 충돌이 발생했을 때 소련의 군사고문단 등이 인도를 적극적으로 지원하자 중-소간 감정은 완전히 틀어졌다. 또한, 1962년 10월 14일부터 소련이 쿠바

1960년대 초기부터 1980년대에 이르기까지 중-소 관계는 이념적 대결-국경 분쟁-군사적 대결로 격화되었다. 초기엔 관계가 악화했음에도 무력충돌만큼은 자제하는 분위기였지만, 1969년 3월 2일 우수리강 일대의 전바오섬(珍寶島, Zhen Bao Island 또는 Damansky Island)에서 무력충돌이 발생하며 일파만파로 커졌다.3)

중-소 국경 분쟁은 쌍방 간 정치적 적대관계의 형성에 상당한 악영향을 끼쳤지만, 자신들의 주장을 기존의 조약 내용 또는 국제법에 근거하여 명확하게 제시하지 않았기에 더 확산한 측면을 무시하기 어렵다.4) 이러한 연유로 인해 쌍방 간 진지한 협의는 지체되었고, 주변 상황마저 복합적으로 꼬이면서 적대적 관계로 돌아섰다. 이후에도 중국은 끊임없이 국경 협의를 요구했지만, 소련은 국경 이슈 자체를 인정하지 않는 분위기였다.5) 1950년대 중국은 소련과 우호적일 때도 수시로 국경을 침범하였다.

에 핵미사일(R-12・R-14)을 배치하는 과정이 미국에 의해 노출되면서 시작된 미-소 위기사태 때 이오시프 V. 흐루쇼프는 전격적으로 핵무기를 철수하였다. 1963년 8월 5일 미-소가 '부분적 핵실험 금지조약(LTBT, 일명 제한적 핵실험 금지조약)'을 체결하자 서운함은 배가(倍加)되었다(Henry Gelman, "Outlook for Sino-Soviet Relation," 『Problerms of Communism』 (September and December, 1979), pp. 52~53.; 毛澤東, 『毛澤東 選集』 제4호 (北京:人民出版社, 1969), pp. 468~480.; 김성진, 앞의 책(2021b), pp. 227~252.; 김성진, 앞의 책(2020a), pp. 265~274.).

* '부분적 핵실험 금지조약(LTBT)'은 'Limited Test Ban Treaty'의 약자다.

3) 1969년 3월 2일 오후 우수리강에서 발생한 홍수로 인해 중국 영토의 일부 퇴적물이 소련 영토로 이동되면서 영유권 분쟁으로 번졌다. 즉, 전바오섬 일대의 국경지대가 불명확해지면서 중-소 국경수비대원 간의 충돌이 집단 충돌로 확대되었다. 이 과정에서 중국군이 소련군에 일방적으로 제압당하자 중국군 특수부대원들이 가세하며 총격전으로 번졌고, 이마저 소련군에 참패당하며 감정은 더 격앙되었다. 이후 중국군(80만여 명)과 소련군(60만여 명)이 대치하면서 크고 작은 무력충돌이 빈발하였다.

4) George Ginsburg, "The End of the Sino-Russian Territoria Disputes?," 『The Journal of East Asian Affairs』 (Winter/Spring, 1993).

5) 중-소간 국경 분쟁의 원인은 영국과 두 차례의 아편전쟁(1840~1842, 1856~1860)을 치를 당시 중재에 나선 러시아가 중재의 대가로 불평등 조약인 '아이훈 조약(1858)'을 체결하면서 시작되었다. 이로 인해 중국과 접경된 모든 섬이 러시아의 영토로 넘어갔다. 1860년 10월 18일 '베이징 조약'을 통해 연해주 지역마저 러시아의 영토로 넘어가며 중국은 150만㎢의 영토를 침탈당했다. 이때부터 중국은 끊임없이

그러나 아이러니한 대목은 소련이 중국과 최악의 관계 및 상황으로 번졌을 때도 분쟁을 일으킨 중국인들을 돌려보냈고, 최대한 인내심을 유지했다는 점이다. 더욱이 우수리강과 아무르강 일대에 중국인들의 어로 활동까지 허용하는 등의 포용과 나름의 배포도 보여주었다.

결과적으로 소련은 1960년대 후반까지는 쌍방의 적대관계가 악화하는 가운데도 무력 사용을 최대한 자제하였다. 그러나 점차 충돌이 잦아지며 전면전(Total War)으로 확대될 가능성이 커지자 1969년 9월 11일 베이징 공항에서 저우언라이와 알렉세이 N. 코시긴(Aleksey N. Kosygin) 수상이 전격적으로 회동하였다. 다만, 이후에도 1978년까지 협의를 진행했지만, 실무회담 개최 및 대사 교환을 재개하는 선에서 그쳤다.[6] 기초적인 신뢰구축(CBM)이 되지 않은 상황이었고, 정치적으로 적대관계였기에 쌍방의 회담 진행도 형식적일 수밖에 없었다. 이후에도 다양한 방식으로 화해를 모색했지만, 내심으로는 서로가 최대의 안보위협이라는 인식에서 벗어나지는 못했다. 중-소는 각자 국경지대에 대규모 군사력을 증강 배치하며 군사적 긴장을 한껏 고조시켰다.[7]

국경문제를 제기하며 러시아(소련)와 수시로 국경 분쟁을 일으켰고, 적대적 관계를 형성하였다.

6) 중국은 ① 이념적 차이가 관계 정상화를 추진하는 데 장애가 되어서는 안 된다. ② 국경 분쟁이 전쟁으로 확대되어서는 안 된다. ③ 국경 분쟁에 대한 협상(Negotiation)은 비위협적인 분위기에서 진행되어야 한다. ④ 군사적 충돌을 예방하기 위해 접경지역의 군사력을 분리하는 '국경의 현상 유지(실질적인 통제선)에 관한 잠정협정'을 체결해야 한다는 주장을 굽히지 않았다(Li Huichuan, *"Where Lies the Root of Deadlock in the Sino-Soviet Frontier Talks?,"* 『Journal of International Studies』 (July, 1981), p. 15.).

7) 소련은 동북아를 전략적 요충지로 판단하였으나, 미・중・일이 자신을 견제한다는 우려가 있었기에 대규모의 군사력을 극동(極東)에 증강 배치하였다. 중국은 소련이 '남방전략'을 통해 베트남의 해군 기지(Cam Rahn, 1979~) 사용-아프가니스탄 침공(1979)-인도와 유화적 관계를 형성하는 등을 통해 자신들을 봉쇄한다는 인식이었기에 이외에 다른 대안(BATNA)을 모색하기가 어려웠다.

제 2 절

중-소(러)의 신뢰구축(CBM · CSBM) 과정

1. 중-소(러)간 불신(不信)이 형성된 배경 및 원인

중국이 왜! 소련에 대한 거부감과 적대적 관계를 형성한 것인지? 먼저 이해할 필요가 있다. 이를 통해 쌍방 간 무엇이, 어떠한 연유에서 기초적인 신뢰 구축(이하 CBM)과 신뢰 안보구축(이하 CSBM=군사적 신뢰구축)이 어려웠는지?, 어떠한 과정을 통해 CBM · CSBM이 회복되었고, 회복할 수 있었는지? 에 대한 맥락을 되짚어 낼 수 있다. CBM · CSBM을 이해하는 데 효과적이지 않나 싶다. <표 5-1>은 중-소(러)간 불신이 형성된 배경과 신뢰를 회복하는 과정을 역사적 측면에서 정리하였다.

<표 5-1> 중-소(러)간 적대적 관계→CBM의 회복 과정

<table>
<tr><th>구 분(연도)</th><th colspan="2">중 국</th><th>소 련</th><th>비 고</th></tr>
<tr><td rowspan="2">1840~1842,
1856~1860</td><td colspan="2">① 제1차 아편전쟁</td><td>제2차 아편전쟁 중재(仲裁)</td><td rowspan="2">불평등 조약</td></tr>
<tr><td colspan="3">* 1858, 靑-러시아제국, ‘아이훈 조약’ 체결
* 1860, 靑-러시아제국, ‘베이징 조약’ 체결</td></tr>
<tr><td>1961</td><td colspan="3">中, 소련을 수정주의자로 비판</td><td>이념 분쟁</td></tr>
<tr><td>1962</td><td rowspan="2">② 中-印
국경 분쟁</td><td>제1차</td><td rowspan="3">인도(India)에 군사고문단 · MIG 등 지원, 극동 지상군(52개 사단) · SS-4, SS-5 미사일 배치, 태평양 함대 구성</td><td rowspan="3">영토 · 군사
분쟁</td></tr>
<tr><td>1966</td><td>제2차</td></tr>
<tr><td>1980</td><td colspan="2">78개 사단 배치</td></tr>
<tr><td>1969~</td><td colspan="3">③ 중-소, 전바오 섬 무력충돌</td><td rowspan="6">CBM</td></tr>
<tr><td>1986</td><td colspan="3">중-소, 국경회담 개최에 합의</td></tr>
<tr><td>1987~1991</td><td colspan="3">④ 중-소, 국경협상 개최</td></tr>
<tr><td>1989</td><td colspan="3">덩샤오핑-미하일 S. 고르바초프 정상회담 개최</td></tr>
<tr><td>1990</td><td colspan="3">⑤ ‘중-소 국경지대 관련 협정’ 서명
* 中 이붕 수상 → 소련 방문</td></tr>
<tr><td>1991, 1994</td><td colspan="3">장쩌민 주석, 모스크바 방문</td></tr>
</table>

1992	⑥ ‘동부국경 협정’ 서명 * 보리스 옐친 대통령 → 중국 방문	
1996	⑦ 중-러, ‘상하이 협정’ 체결	
1997	⑧ 중-러, ‘모스크바 협정’ 체결	CSBM

① ‘아편전쟁’은 대영제국(이하 영국)이 청나라로 유출되는 은화(銀貨)를 회수하기 위해 아편을 살포하면서 1840년과 1856년 두 차례에 걸쳐 발발하였다. 그러나 1840년부터 1842년까지의 제1차 아편전쟁 과정에서 청나라가 의외로 종이호랑이에 불과하다는 실체가 드러났다.[8)]

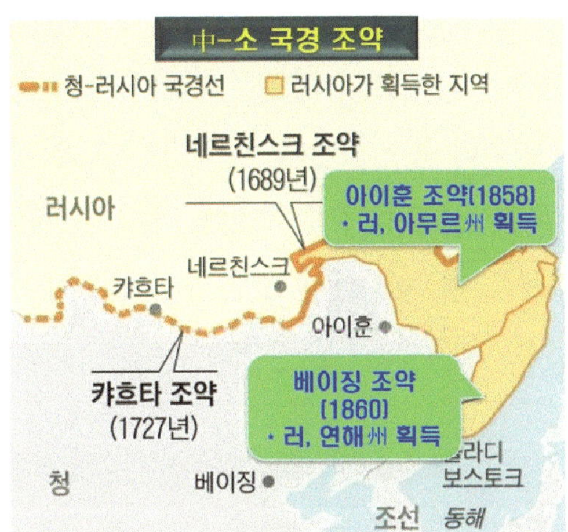

1856년 애로(Arrow)호 사건과 프랑스 선교사의 죽음을 빌미로 청-영-프 간 제2차 아편전쟁(1856~1860)이 발발하였다. 이때 러시아는 청나라가 운신의 폭이 좁은 상황을 이용하였다. 외몽골과 만주 국경에 대규모 병력을 집결시킨 다음 청나라에 아이훈 조약(1858)을 폐기하고 새로운 국경 조약을 체결하자며 압박하였다.[9)]

1860년 영・프 연합군이 베이징을 공격하며 패색이 짙어지자 러시아가 중재하여 청-영-프 간 베이징 조약이 체결되었다. 이때 러시아가 중재에 대한 보상으로 연해주를 가져가면서 청나라(이하 중국)의 감정을 건드렸고, 150만 ㎢에 달하는 영토가 침탈당했다.

---

8) ‘네르친스크 조약(중국명:尼布楚条约-Treaty of Nerchinsk, 1689)’은 ‘당시 러시아가 부동항(不凍港, 일명 동진 정책-東進 政策)을 추진하며 중국과의 전쟁 간 궤멸당하기 직전에 강화를 맺은 조약’이다. 이때 중국과 러시아는 대등한 입장에서 조약을 체결하였다. ‘캬흐타 조약(중국명:布连斯奇 条约-Treaty of Kyakhta, 1727)’은 이후 러시아와 중국이 외몽골과의 국경이 분명하지 않고, 교역 분쟁이 잦아지자 서부 국경에 대하여 체결한 조약’으로 전략적 측면을 고려하여 체결하였다(박만준・마민호, “중러 국경 분계선 분쟁의 해결 과정에서 나타난 역사적 동인연구: 시대별 설명변수들의 통시적 상호연계성을 중심으로,” 『中蘇研究』 제43권 제3호 (서울:한양대학교 아태지역연구센터, 2019), pp. 90~91.).

9) ‘아이훈 조약’은 1958년 5월 16일 청-러시아가 체결하였고, ‘톈진 조약’은 청-러・미・영・프가 체결한 불평등 조약이다. 중국은 러시아의 부동항 정책과 아편전쟁에서 패배하며 외세(外勢)에 대한 경계심을 키웠고, 당시 조공국(朝貢國-조선)에도 ‘러시아 혐오(Russophobia)’를 전파하며 러시아를 공동의 적으로 인식시키기 위해 상당한 공(功)을 들였다(황준헌, 『조선책략』 (파주:범우사, 2007), p. 39, 99.).

② '中-印 국경 분쟁(Sino-Indian border clashes)'은 1951년 한반도에 6·25 전쟁이 발발한 사이에 중국은 티베트(西藏)와 맞대어 있는 국경선이 불법이라며 티베트를 침공하였다. 그러자 인도는 국경선을 더욱 확실히 점유하고자 노력하는 와중에 1959년 티베트의 반중(反中) 활동이 고조되면서 중국군과 무장충돌이 일어났다.10)

1959년 3월 22일 인도군은 중국군이 티베트의 무장세력을 전멸시키고 인도에 티베트의 영토를 반환하라는 강압적인 서신을 보내자 전진 정책으로 맞섰다. 1961년부터 동·서단(東·西段) 국경 일대에 군사거점을 증설하였고, 무력으로 변경을 시도하였다. 중국이 수차례에 걸쳐 협상을 제안하였으나, 인도는 강하게 거부했다. 1962년 10월 12일부터 11월 21일까지 인도군이 동·서단에서 공격을 개시하였으나, 중국군의 반격에 밀려 국경선까지 격퇴되었다. 이후 중국은 일방적으로 휴전을 선포한 다음 中-印 국경선에서 20km 후방으로 철수했다. 이때 노획한 무기와 장비, 포로들은 석방하였다.11)

③ '전바오 섬(Zhen Bao Island) 무력충돌'은 한순간의 감정적 충돌로 발생한 게 아니라 그간의 갈등과 충돌이 누적된 결과다.12) 1860년 베이징 조약에 의해 우수리강 동쪽의 연해주는 소련이, 서쪽은 중

---

10) 中-印 국경의 동단(東段-동쪽 국경)과 서단(西段-서쪽 국경)은 인적이 드문 산악지역으로서 국경선이 분명하지 않았지만, 당시에는 크게 관심이 없었다. 1903년 영국이 티베트(일명 서장-西藏)를 침략하여 통치하였다. 1915년 3월부터 7월까지 티베트 시무라에서 국경문제가 논의되었고, 3월 24일 티베트와 비밀교역을 담당한 헨리 맥마흔과 합의하였다. 이로써 티베트의 국경 동단 9,000㎢는 인도 영토로 편입되었다. 1951년 중국이 점령한 이후 군정과 종교탄압이 심해지자 달라이 라마가 인도에 망명하였다. 이후 인도가 국경 수비를 강화하며 국경 분쟁으로 심화하였다.

11) 2020년 6월 악사이친 일대에서 유혈 충돌이 일어나 중국군과 인도군 24명이 숨졌고, 2022년 12월에도 아루나찰프라데시(타왕)에서 교전이 발생했다(구정은, "인도 땅에 중국식 이름 붙인 중국... 3400km 길이 국경서 벌어지는 '영토 전쟁'," 『한국일보』 (2023.04.08.).

12) 전바오섬(珍寶島, Zhen Bao Island 또는 Damansky Island)은 우수리강에 있는 면적 0.74㎢, 길이 1.7km,

국 영토가 되었다. 1968년 우수리강이 홍수로 인해 일부 퇴적물이 소련 국경으로 흘러 들어가며 영유권 분쟁이 일어났고, 전바오 섬에 중-소 국경수비대가 동시에 주둔하면서 충돌의 불씨가 되었다.

1968년 니키타 S. 흐루쇼프를 권좌(權座)에서 몰아낸 레오니트 I. 브레즈네프(Leonid I. Brezhnev)가 '체코의 민주화 운동에 대한 군사 개입을 선언(브레즈네프 독트린)'하였고, 중국이 본격적으로 핵무장을 하기 이전에 제압하는 방안까지 모색하였다.[13] 그러나 미국과의 협력이 여의치 않게 되자 다시 협상으로 전환하였다.

1969년 9월 11일 베트남의 호치민 장례식에 참석했던 소련 각료회의 의장(Aleksey N. Kosygin)은 중국(저우언라이)이 만나지 않으려고 하였으나, 베이징 공항에서 회동

폭 500m의 작은 섬이다. 당시 마오쩌둥은 스탈린에게 영토문제를 항의하지 못했다. 정권이 출범한 지 10년밖에 되지 않은 데다 소련으로부터 경제·군사적 지원이 절실한 처지였기 때문이다. 그러나 니키타 S. 흐루쇼프가 집권한 1964년부터 국경협상을 요구하면서 긴장이 고조되었다. 중국 측 자료에 의하면, 전바오 섬(珍寶島)에서 무력충돌이 발생하기 이전까지 소련이 중국 국경을 침범한 횟수는 4,189회라고 한다. 당시 소련은 중국의 영토를 침범한 게 아니라 자국의 영토를 관리하는 활동이었다고 주장하였다. 중국이 강력하게 주장할 수 있었던 동력(動力)은 소련의 갖은 방해에도 불구하고 1964년 10월 신장성에서 실시한 핵실험이 성공하며 상당한 자신감이 생겼다. 특히 당시의 중국은 자신들의 인구가 소련의 5배가 넘기에 최종적으론 승리할 수 있다고 확신하였다(최관장, "中蘇關係 정상화의 전개과정과 그 영향," 『슬라브 연구』 제6호 (용인:한국외국어대학교 러시아연구소, 1990), p. 45.).

13) '브레즈네프 독트린'은 1968년 11월 폴란드의 통일 노동당 제5차 대회에서 참석한 레오니트 I. 브레즈네프 서기장이 발표한 '제한 주권론'을 뜻하며, '사회주의 진영 전체의 이익을 위해 개별 국가의 주권을 제한할 수 있다'라는 내용이다. 그러나 내면을 들여다보면, 8월 체코슬로바키아에서 발생한 프라하의 봄(민주화 운동)을 저지하기 위해 투입한 군사력을 정당화하기 위한 주장에 불과하다. 즉, 사회주의에 적대적인 세력들이 자본주의로 바꾸기 위해 종주국(소련)의 통제를 벗어나려 하면, 사회주의 국가 모두에게 문제가 되기에 이들을 침공한다고 해도 문제가 될 게 없다는 의미다. 당시 중국 대외정책의 요체(要諦-핵심)인 '평화공존 5원칙'과 반대되었기에 노선(路線) 갈등으로 비화(飛火)하는 건 시간문제였다(박만준·마민호, 앞의 논문(2019), pp. 95~98.; 조성태, "'평화공존 5원칙' 선언 50주년 맞는 중국외교," 『연합뉴스』 (2004.06.28.).).

* '평화공존 5원칙'은 1954년 6월 28일 저우언라이가 발표한 중-인 공동성명에 포함되어 있다. ① 주권과 영토의 상호 존중, ② 상호 불가침, ③ 상호 내정 불간섭, ④ 평등과 상호 이익 추구, ⑤ 평화공존으로서 제2차 세계대전 직후 식민 지배에서 벗어난 아시아와 아프리카 신생 독립국들의 전폭적인 지지를 받았으며, 중국의 비동맹국가 외교정책의 골간이 되었다.

하였다. 이 회담에서 '평화의 원칙'에 합의하였다.14) <표 5-2>는 알렉스키 N. 코시긴-저우언라이 회담 시 중국의 주장을 정리하였다.15)

<표 5-2> 알렉스키 N. 코시긴-저우언라이 회담 시 중국의 주장

첫째, 이념 분쟁이 양국의 관계 정상화에 장애가 되어서는 안 된다. 둘째, 분쟁 문제가 전쟁으로 확전되어서는 안 된다. 셋째, 국경 분쟁 협상은 비위협적인 분위기에서 진행되어야 한다. 넷째, 군사적 충돌의 예방과 접경지대에서 쌍방의 군사력이 접촉하지 않게 해야 하며, 국경의 현상 유지에 관한 잠정협정이 체결되어야 한다.

1973년 중-소는 각기 국경선 일대에 100만여 명의 병력과 미사일・핵무기를 배치하는 등 위기를 한껏 높였다. 그러나 중국이 핵무기를 실전에 배치하고, 1980년대 들어서며 ICBM 개발에 성공하자 협상에 진전을 보였지만, 관계를 완화하는 데 그쳤다.

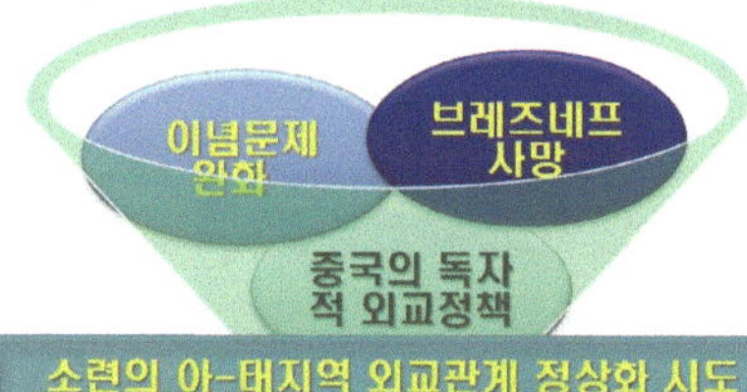

다만, 소련이 레오니트 I. 브레즈네프의 사망과 권력 이양 문제로 내부갈등에 휩싸이면서 이념 분쟁의 완화와 양국 관계가 정상화로 진전될 가능성은 한층 커졌다. 1985년 미하일 S. 고르바초프의 집권과 그의 전격적인 화해 분위기 조성(개혁・개방정책)은 이러한 예측을 현실로 바꾸었다. <표 5-3>은 중국이 소련과 정치 관계를 정상화하기 위해 제시한 전제조건을 정리하였다.16)

---

14) '평화의 원칙'은 '중-소가 협의를 통해 무력충돌을 벌이지 않고, 국경선을 획정한다는 내용'이다. 이에 따라 첨예한 대립을 거듭하던 중-소 국경 분쟁의 강도(强度)가 완화되며, 10월 베이징에서 '국경회담'을 개최하였다. 1978년까지 중국은 우수리강과 헤이룽강(일명 아무르강) 유역을 국제법 기준에 따라 획정(劃定)해야 했기에 하천을 중심으로 국경선이 그어져야 한다고 주장하였다. 그러나 소련의 모호한 태도와 지연 전술은 이후에도 한동안 계속되었다.

15) Li Huichuan, 앞의 논문(1981), p. 15.

16) 중국이 이러한 전제조건을 끄집어낸 배경에는 강대한 소련으로부터 양보를 얻어냄과 동시에 사전 양해를 구하려는 의도가 숨겨져 있다.

<표 5-3> 중-소 정치 관계 정상화를 위한 중국의 전제조건

첫째, 아프가니스탄에서 소련군이 철수하여야 한다. 둘째, 몽골과 중-소 국경에서 병력 감축 및 철수하여야 한다. 셋째, 캄보디아를 침공한 베트남의 지원은 중단돼야 한다.

첫째~둘째, 중국에 직접적 위협인 소련의 군사력을 줄이는 전략이다.

셋째, 베트남을 고립시킴과 동시에 소련의 정치적 의도가 무엇인지를 알기 위한 전략이다. 중국은 중-소간 군사력이 불균형한 현실을 절감했기에 동등한 입장을 확보하려면, 소련의 양보가 필요했다.

④ '국경협상'은 1986년 9월 중국이 미하일 S. 고르바초프 서기장의 블라디보스토크 연설에 긍정적인 반응을 보이면서 두 차례 개최하였다. 이는 미하일 S. 고르바초프의 대중(對中) 관계 정상화 의지와 중국의 독립자주 외교 노선이 공감대를 형성하면서다. 10월엔 중국 대외우호협회 회장(章文晋)이 소련혁명 70주년 경축 행사에 참여하면서 그간 꽉 막혀있던 물꼬가 터졌다. 1987년 8월의 2차 협상에서는 기존 조약과 국경 분쟁을 동시에 해결하기로 합의하는 진전을 보였다. <표 5-4>는 모스크바에서 개최된 국경회담(1987)에서 합의된 내용을 정리하였다.[17]

구 분	개최지
1987. 02.09.~23	모스크바
1987. 8월	

<표 5-4> 제2차 중-소 국경회담(1987) 시 합의사항

첫째, 상호 비방을 중지한다. 둘째, 30억 $ 규모의 구상 무역을 재개한다.[18] 셋째, 부총리급으로 상호 방문을 진행한다.

17) Ededahl and Goodman, *"Gorbachev's New Directions in Asia,"* p. 6.; James Clay Moltz, *"From Military Adversaries to Economic Partners:Russia and China in the New Asia,"* 『The Journal East Asian Affairs』 (Winter/Spring, 1995), pp. 157~182.

18) '구상 무역(求償貿易)'은 발표한 당시엔 '바터무역(Barter Trade-물물교환)'을 의미했으나, 최근엔 '물자의 수출과 수입을 하나로 결합한 무역 방식'을 뜻하고 있다.

1985년 5월 15일 베이징을 방문한 미하일 S. 고르바초프-덩샤오핑의 회담은 그간 경색되어있던 중-소 관계에 훈풍을 불어넣었다. 이후 1989년의 '천안문 6 · 4항쟁', 1991년 소련의 붕괴하고, 국내 정치 상황이 급변하면서 혼란을 겪는 가운데도 전략적 동반자 관계를 맺었다.[19]

중-소간 CSBM이 성사된 배경은 1980년대 후반 미-중-소간 전략적 삼각관계가 변화된 데서 찾아야 한다. 여기서 중국이 독자적인 외교정책을 채택했음은 소련이 크게 위협이 되지 않을 거라는 믿음이 반영된 결과라고 볼 수 있다. 특히 미국의 보조 역할에 의지하는 정책은 자신들에 도움이 되지 않고, 속박당할 가능성이 크다고 결론지었다. 따라서 미국과 등거리 정책을 펼치는 게 도움이 된다고 믿었다. 중국은 소련과의 관계 정상화를 긍정적인 신호로 인식하였다. 미-소가 '중거리 핵전력 협정(INF)'을 체결할 때의 분위기와는 다른 미-중-소의 관계 변화를 느꼈기 때문이다.[20] 그러나 냉전이 종식되자 국제사회의 안보 환경이 급변하였다. 소련이 붕괴하며 공산주의 기반이 무너지고, 자본주의 체제로 변화하며 이념 · 내부적 도전에 직면한 것이다. 더욱이 1987년부터 점차 진전되던 중-소간 국경협상이 중앙아시아 3개국과 새롭게 국경을 맞대면

19) '천안문 사태'는 천안문 광장에서 발생한 민주화 운동을 뜻하며, 1976년과 1989년 두 차례에 걸쳐 일어났다. 제1차 사태는 마오쩌둥이 통치하던 말기인 1976년 4월 5일 문화대혁명에 반발한 사건이다. 여기서는 1989년 6월 4일 발생한 '천안문 6 · 4항쟁'을 의미하고 있다(James Clay Moltz, 앞의 논문(1995), pp. 157~182; Rajan Menon, *"The Strategic Conversion Between Russia and China,"* 『Survival』 (Summer 1997), pp. 101~125.; 조성원, "'천안문' 그 순간 고르비가 있었다," 『KBS 뉴스』 (2022.08.31.).).

20) John W. Garver, *"The New Type of Sino-Soviet Relations,"* 『Asian Survey』 (Dec, 1989), p. 1140.

서 더 복잡해졌다.[21]) 이후 중-러는 중국과 국경을 공유하는 중앙아시아 3개국과 협정을 체결하였고, CSBM은 단계적으로 실천하였다. 이때 각종 선언과 정보의 교환, 운용제한에 따른 CBM을 같이 포함하였다. <표 5-5>는 중-러가 군사적 측면에서 합의한 내용을 정리하였다.

<표 5-5> 중-러 간 군사적 측면의 합의사항

첫째, 상대에 대한 핵 선제공격 또는 핵무기 사용 위협을 금지하기로 한다. 둘째, 우호적인 양국 관계에 걸맞도록 국경지대의 군사력은 최저 수준으로 감축한다. 셋째, 국경선 획정을 비롯한 각종 분쟁은 평화적으로 해결한다. 넷째, 상대에 대한 공격 및 공격 준비를 위한 제3국 영토의 사용은 억제한다.

중-러가 현실적인 합의를 통해 실천한 3단계는 먼저, 중-러 정상회담을 통해 정책방향과 일반 원칙을 조율하고, 국방장관 수준의 군사적 정기교류 및 군사협력 방안을 협의하며, 실무 수준에선 공통 이슈에 대한 논의 등을 추진하였다. 당시 중국은 자신들의 이익을 극대화하기 위해 이념 분쟁이 일어날 요인을 최소화하는 노력이 절실하였다. 러시아를 진정한 정치적 동반자 관계로 만들 수 있어야 국경지대에서 군사력을 감축(CSBM)할 수 있고, CBM도 가능하다고 보았다. 물론 러시아와 선린 우호 관계를 구축하려면, 중국부터 정치・경제・군사적 교류와 협력을 실질적으로 확대하는 노력이 요구되었다.[22])

---

21) 중국은 중앙아시아국가들이 회교권 국가들로서 같은 민족이라고 부추김으로써 전략적으로 중요한 북서지역(핵실험 기지와 미사일 발사 기지) 분리주의자들의 운동을 조장할 수 있다고 우려하였다(Robert Karniol, *"Beijing Faces Challenge from Reawakened Ethnic Interest,"* 『Jane's Defense Weekly』 (Octover 1993), p. 19.; Ya-chun Chang, *"Current Peiking-Moscow Relations,"* 『Mainland China Studies』 (Dec, 1993), p. 70.

⑤ '중-소 국경지대 관련 협정'은 1969년 저우언라이-알렉세이 N. 코시긴 수상이 회동했지만, 이후에도 국경 지역에서 쌍방의 군사력 간 비접촉이 필요하다는 중국의 요구에 답변하지 않으면서 한동안 긴장감이 해소되지 않았다.[23] 소련이 중-소 국경지대에 분쟁이 있다는 자체를 인정하지 않았기에 1990년 4월 중국의 리펑(李鵬) 수상이 소련과의 협정에 서명하기 이전까지는 유의미한 협상으로 진전되지 못했다. 결과적으로 1991년 소련이 붕괴한 다음에도 2004년이 되고서야 마무리되었다.[24]

⑥ '동부국경 협정'은 1987년 2월부터 4년여에 걸쳐 체결한 국경협상이다. 소련이 붕괴하기 7개월 전인 1991년 5월 16일 강동육십사둔(江東六十四屯)은 자신들의 영토로, 무력충돌이 발생한 전바오섬(珍寶島) 등은 중국 영토로 확정하였다.

⑦ '상하이 협정(1996)'은 CBM을 중심으로 추진하였고, '모스크바 협정(1997)'은 군사력 감축(CSBM)을 중심으로 추진하였다. 여기서는 CBM을 핵심 의제로 한 '상하이 협정'을 조금 더 살펴보고자 한다.

2. '상하이 협정'의 CBM 합의

'상하이 협정'은 1996년 12월 11일부터 베이징에서 2주여의 논의 끝에 중국과 러시아,

22) Huang Hong-bo, *"A Study of Sino-Russian Relations in the Post Cold War Era,"* 『Studies in Communism 21:9』 (September, 1995), pp. 5~7.

23) 정식 명칭은 '중·소 국경지대의 군사 분야 신뢰구축과 상호 군사력 감축을 위한 지침에 관한 협정'이다. 이 협정에 따라 평등한 입장에서 선린 우호 관계에 부합하는 최저 수준의 군사력을 감축하기로 합의하였다(Young-koo Cha and Kang Choi, "Land-based Confidence-Building Measures in Northeast Asia:A South Korean Perspective," 『Korean Journal of Defense Analysis』 (Winter, 1994), p. 244.).

24) 1991년 미하일 S. 고르바초프의 결단으로 국경협정을 체결하였지만, 소련이 해체되면서 확실한 결과를 얻지 못했다. 1996년 보리스 옐친 대통령-장쩌민 주석이 '동부국경협정'을 준수하기로 합의하면서 다시 협상의 물꼬가 트였고, 2004년 지금의 국경선으로 획정하였다.

중앙아시아 3국이 체결하였다. 22차례에 걸친 긴 줄다리기 끝에야 CBM에 합의하였다. 당시 중국은 국경선에서 300km까지 확대하기를 원했지만, 러시아-중국 간 병력 규모가 너무 차이가 컸다. 다만, 러시아 내부적으로 대규모 군사력을 시베리아 횡단철도 후방으로 철수하면서 어차피 남아도는 전차와 전투기, 군사 장비와 물자 등을 파괴하거나, 줄여야 했기에 15~20%를 감축하기로 합의하였다. 이듬해 '모스크바 협정'이 체결되었다.[25)]

라잔 메논(Rajan Menon)은 "중국의 북구 국경을 연한 안보 환경의 변화에 가장 크게 기여한 게 있다면, 병력 감축이나, CBM, 양국 군부(軍部) 인사의 접촉이 아니라 소련이 붕괴하면서 그들 군대의 질적 저하가 중국을 더 안도하게 했고, 불안감을 감소시켰다."라고 평가하였다.[26)] <표 5-6>은 '상하이 협정'에서 중국과 러시아+중앙아시아 3국이 합의한 사항을 8개 분야로 정리하였다.

<표 5-6> 중-러+중앙아시아 3국 간 합의사항(CBM)

구 분	주요 내용
① 군사정보 교환	· 국경선 100km 이내에 배치된 지상·공·방공군, 국경수비대 병력과 주요 공격형 무기·장비의 유형, 수량 등
② 군사 활동 제한	· 상대를 의식한 군사훈련 미실시, 국경선 100km 이내 군사훈련을 진행 간 병력 40,000명 이상의 집결은 금지 · 국경선 10km 이내에 국경수비대 이외에는 전투부대의 배치를 금지 · 국경선 15km 이내에서 사격훈련 금지
③ 군사 활동 통보, 참가	· 국경선 100km 이내에서 병력 25,000명을 초과하는 활동은 사전(事前)에 통보 · 국경선 100km 이내에서 35,000명을 초과하는 군사훈련, 25,000명을

25) 서구(西歐) 정치권과 학계는 지지했지만, 회의론자들은 1970년대 말엔 쌍방의 관계 악화를 막는 데에도 실패했다는 자조(自嘲)가 섞이면서 부정적 인식이 강했다. 미국이 주도하는 NATO가 서유럽에만 치중함으로써 제한적으로 반응할 수밖에 없었지만, 방어적 본질을 이해하면서 아프가니스탄과 동구(東歐) 공산국가의 일방적 군사감축이 가능해졌다. 또한, MBFR이 CSCE를 중심으로 추진되면서 WTO와의 갈등이 심화하였다. 헬싱키-스톡홀름-빈 협약에 큰 진전으로 이어질 여지가 없었기에 결국, CFE로 전환될 수밖에 없었음은 역사의 한 단면이다.

26) Rajan Menon, 앞의 논문(Summer 1997), pp. 108~109.

	초과하는 훈련은 의무적으로 참관단을 초청
④ 함정(艦艇) 활동 제한	· 국경선 100km 이내에서 동시에 상주(常駐)할 수 있는 함정을 4개 분대 이내로 조정 · 국경선 100km 이내에 일시적으로 진입해야 할 경우, 7일 이전까지 공식문서로 통보
⑤ 위험한 군사 활동의 방지	· 국경지대의 군사 활동에 의한 불미스러운 결과를 방지하기 위해 병력의 이동 및 일반적인 군사훈련 등에 관해 필요한 조치를 의무화 * 美-러 정치지도자의 결단과 강한 합의 의지가 존재
⑥ 수비부대 간 협력	· 국경을 침입하여도 비인간적이고 부당한 대우를 받지 않도록 국경 수비에 관한 협정을 별도로 체결
⑦ 불명확한 분야 협력	· 모호한 상황에 대한 질의 권한이 있으며, 7일 이내에 답변을 의무화 · 인접 부대 간 다양한 형태의 협력 조치를 의무화 * 지휘관 상호 방문, 학술 교류, 참관단 초청, 부대 역사 및 활동자료와 전투 훈련 · 건설공사 경험의 교환, 건설, 급식 및 물자 공급에 대한 군수 분야 협력, 국경일과 문화 및 체육행사 교류 등 다양한 분야에서 협력적 활동을 이행

쌍방이 모두 공통된 인식과 의지에서 CBM(CSBM) 활동을 실천했기에 방치되고 있던 불법 활동을 예방할 수 있었다. 결과적으로 국경안정에 관한 회합은 1,000여 회에 이르렀고, 관련 회담은 5,000여 회를 개최하였다. 상하이 협정과 비엔나(빈) 협정을 체결할 당시의 상황과 여건은 모두 달랐으며, 크게 세 가지로 정리할 수 있다.

첫째, 상하이 협정과 비엔나(빈) 협정은 서로 다른 상황에서 협상을 진행하였다. <표 5-7>은 상하이 협정과 비엔나(빈) 협정의 차이점(종합)을 정리하였다.

<표 5-7> 상하이 협정과 비엔나(빈) 협정의 차이점(종합)

구 분	상하이 협정	비엔나(빈) 협정
상 태	신뢰 구축(CBM)	신뢰 안보구축(CSBM)
목 적	NATO의 팽창과 美 · 日 안보동맹에 대응하기 위한 전략적 동반자 관계 체결	유럽국가 간 상대적 불신에 따라 군사 활동을 규제
중 점	중-소(러) 관계를 과시하는 징표로 활용	불신(不信)을 해소하기 위한 운용제한 조치
특 징	지리(geographic) · 지정학적(geopolitics) 측면이 상이(相異)	

둘째, 상황적 특수성과 적용지역의 한정성, 그리고 개념에 차이가 있었기에 규정(규제)에 집중하기보다 광의적(廣義的)으로 접근하였다.

셋째, 지리・환경적 여건이 완전히 달랐다. 유럽의 동・서 경계지대는 중-소(러)와 비교할 때 군사적 밀집도가 상대적으로 적었다. 즉, 다수 국가가 협소한 지역에 밀집되어 있었기에 검증의 필요성은 훨씬 컸다고 봄이 합리적이다.

유럽의 '비엔나(빈) 협정'은 CBM을 추진하는 동안 합의를 보장받기 위해 구체적인 조항을 제안 및 체결하였다. 다자간 협의로 진행하였기에 검증이 매우 중요했다. 반면에 '상하이 협정'은 낮은 수준에서 감축이 이루어졌고, 100km 이내의 국경지대에서만 적용했기에 자세한 규정이나, 검증 절차는 오히려 실용성을 떨어뜨릴 수 있었다. 중국은 이러한 과정을 고려하여 광의적으로 접근하였다.

3. 중-소(러)의 신뢰구축(CBM・CSBM) 협상 간 주요 경과

3.1. 주요 협상 경과

1986년 미하일 S. 고르바초프 서기장은 블라디보스토크 연설에서 대규모 군사력 감축을 일방적으로 선언하였고, 곧바로 실천하였다. 이는 미국과 NATO, 중국에 긍정적인 인식을 주었다. 이후 중-소 협상은 순조로운 출발을 보였다. 협상은 두 트랙(two track)으로 동시에 추진하였다. 하나의 트랙은 국경 분쟁에 관한 의제였고, 다른 하나는 국경지대의 군사적 신뢰 구축(CSBM)과 군사력 감축으로 이어졌다.[27] 이를 통해 중-소(러) 관계는 분쟁에서 출발하였으나, 구조적 차원으로 발전하였음을 알 수 있다.[28] 일반적으로 회자(膾炙-be in everyone's mouth) 되는 '적의

27) 중-소(러)가 국경 분쟁 협상을 추진한 방식은 유럽에서 추진한 CBM이 상호 기습공격을 막기 위해 정보를 교환하고 운용을 제한하는 조치에 방점을 찍은 것과는 결(結)이 달랐다. 전통적 방식보다 쌍방의 정치적 관계를 공고히 하는 데 중점을 두었다. 즉, 신뢰 증진만을 목표로 삼는 데서 벗어나 우호적인 관계를 형성하기 위한 정치적 의지와 결단으로 진행하는 Top-down 방식이었다.

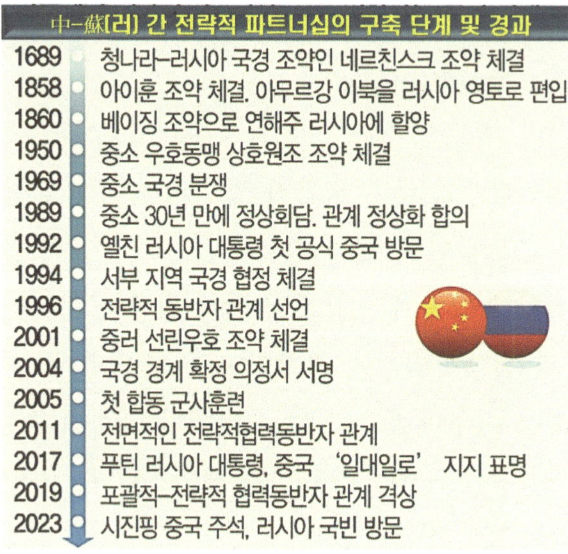

적은 친구'란 시각에서 접근하면 경과를 이해하기가 쉽다. 이는 복잡미묘한 국제관계에서 직면할 수밖에 없는 수많은 분쟁과 갈등국면을 극복하며 현재에 이르고 있어서다.29)

역사・감정적으로 껄끄러운 관계인 중국과 러시아가 탈(奪)냉전기에 다시금 밀착한 이면에는 미국과의 경쟁 구도를 극복하려는 절실함과 동북아의 주도권(영향력)을 확보하려는 전략적 판단이 합쳐진 결과다.

소련은 붕괴하고 나서도 미국과 NATO의 동진(東進) 정책에 강하게 반대하였다.30) 중국은 미국이 아-태 중심의 정책을 인-태 지역 중심으로 확대하면서 완연히 불리해진 경쟁 구도가 되었기에 이를 상쇄할 수 있는 정략・전략적 판단이 필요했다. 결국, 쌍방은 역사적 불신이 쌓인 데다 감정적 공감대가 없었음에도 서로의 위상과 역학 관계에 변화가 생겼다. 미국의 대중(對中) 포위전략, 러-우 전쟁(2022~)을 비롯한 유럽과 중동지역의 분쟁이 발생한 현실도 무시하기는 어려웠다.31) 따라서 당

---

28) 최관장, 앞의 논문(1990), pp. 46~49.

29) 신경립, "'적의 적은 친구'…'동상이몽' 중·러의 반미 결속으로 국제질서 요동친다," 『서울경제』 (2023.04.05.).

30) 김성진, 앞의 아티클(2024년 1월), pp. 18~19.

31) 미국이 2023년 한・미・일 3국 정상 협의체에 이어 2024년 4월 11일 백악관에서 미・일・필리핀 정상 협의체를 출범시킨다(조준형, "美, 한미일 이어 미·일·필리핀 3자 정상 협의체 내달 출범(종합)," 『연합뉴스』 (2024.03.19.).; 김성진, 앞의 아티클(2023년 12월), pp. 39~43.; 김성진, "강대국의 지정학적 충돌과 공존(共存), 국익과 실용주의의 그림자," 『경제포커스』 안보칼럼 (2023.11.13.).).

분간은 서로가 결(結)을 달리하기보다 전략적 연대를 통해 결속을 강화하는 방향을 지향하고 있다. <그림 5-1>은 중-소(러)간 국경 분쟁을 해소하기 위한 주요 경과(1986~1997)를 사건별로 정리하였다.

1986. 9월	중-소 간 국경 회담 재개 합의
1987. 2~8월	국경 회담 개최(2회, 모스크바) · 기존 조약+국경 분쟁 해결에 합의
1989. 5월	중-소 정상회담 개최
1990. 4월	중-소, '국경지대의 군사분야 신뢰구축과 상호 군사력 감축을 위한 지침에 관한 협정' 서명
1991. 5월~1992. 2월	장쩌민 주석(中), 모스크바에서 '동부 국경협정' 서명 · 소련 의회, '동부 국경 조약' 비준
1992. 12월	옐친 대통령(러), 중국 방문, 20여 개의 협정 체결
1994. 4월	장쩌민 주석(中), 모스크바에서 '서부 국경협정' 서명
1994. 5월/8월	중-러 상호 함정(艦艇-battle-ship) 방문, 군사훈련 참관
1994. 9월	장쩌민 주석(中), 모스크바에서 '핵무기 해지 공동 성명' 서명
1996. 4월	'상하이 협정' 체결(CBM)
1997. 4월	'모스크바 협정' 체결(CSBM: 군사력 감축)

<그림 5-1> 중-소(러)간 국경 분쟁 해소에 관한 주요 경과(1986~1997)

1989년 중-소 정상회담을 개최한 이후 양국은 분쟁 해소하는 데 있어서 다소의 진전을 보였다. 미하일 S. 고르바초프가 베이징을 방문하여 발표한 공동선언에 따라 동·서부 국경협상의 회담 수준을 차관급에서 장관급으로 격상하였다.

1991년 5월 중국의 장쩌민 주석이 모스크바에서 '동부 국경협정'에 최종 서명했고, 1992년 2월 13일 러시아 하원이, 2월 24일 중국의 전인대(NPC) 상임위원회가 비준을 마쳤다.[32)]

32) 중국의 '전인대(NPC)'는 '전국인민대표대회(National People's Congress)'의 약자다. 양국이 전쟁으로 치닫곤 하던 국경 분쟁의 98%는 해소되었다고 해도 과언이 아니다(Piying-Hsien, *"The Dynamics of Sino-Russian Relations,"* 『Issues & Studies』 (January, 1996), p. 22.).

국경 분쟁 회담은 5개국이 7년여 동안 20회 이상을 논쟁하였다. 이때 국경에서 100km 이내에 전략무기 보관과 지상・공군 규모의 감축 등을 비롯한 논의를 광범위하게 진행하였다. 투-트랙(two-track)으로 추진했음에도 군사력 감축(CSBM) 협상은 정상적으로 진행하지 못했다. 결국, CBM을 분리하는 방식을 채택하였다. 쌍방이 협상 타결에 대한 적극적인 의지가 작용해서다. 이후 CBM을 계속 협의한 끝에 1996년 4월 '상하이 협정'을 체결하였고, 4월 26일 이를 기반으로 중국과 러시아 주도의 상하이 협력기구(SCO)가 창설되었다.[33] 더욱이 12월 11일부터 27일까지 베이징에서 개최한 제22차 협상에서 군사력 감축(CSBM)에 합의하면서 1997년 4월 '모스크바 협정'도 최종적으로 타결되었다.

3.2. 중-소(러)간 CBM 이행실태 평가

초기 단계의 CBM은 주로 상대의 기습공격에 따른 위험성에 초점을 맞췄으나, 점차 안보 분야 전반으로 확대되었다. 이 과정에서 오해가 야기될 군사정보의 교환, 대규모 군사 활동 통보, 기습공격을 식별할 수 있는 운용제한 조치 등으로 긴장 완화와 평화 조성 및 안정에 노력하였다.[34] 이때 CBM은 결과가 아니라 과정이라는 측면에 주목할 필요가 있다.

1990년부터 1997년 어간에 추진한 CBM 노력은 중-소(러)의 관계를 개선하는 촉진

33) '상하이 협력기구(SCO)'는 'Shanghai Cooperation Organization'의 약자로서 중국과 러시아가 주도하는 정치・경제・안보협력체이다. 중국, 러시아, 카자흐스탄, 키르기스스탄, 타지키스탄 5개국(일명 상하이 파이브-Shanghai Five)이 전신(前身)이다. 2001년 우즈베키스탄이 추가로 가입하였으며, 국제기구로 활동하고 있다.

34) James Macintosh, "Confidence Building in the Arms Control Process:A Transformation View," (Toronto:Ottawa, 1996).

제로 작용하였다. <표 5-8>은 중-소(러) 관계를 극적으로 개선하는 데 긍정적으로 작용한 분야를 정리하였다.

<표 5-8> 중-소(러) 관계의 긍정적인 역할(1990~1997)

첫째, 양국이 과장되어있는 상대의 부정적 이미지를 개선한다.
둘째, 양국은 서로 의사소통(communication)을 할 수 있는 Hot-Line을 개설한다.
셋째, 양국 관료들과의 인적교류를 강화함으로써 화해 및 협력 분위기를 조성한다.
넷째, 양국이 추가적인 후속협정을 위하여 추진력을 가지도록 노력한다.
다섯째, 고위 관료 간 회합하는 통로를 개설하여 중요한 이슈는 우선 해결할 수 있도록 도움이 되어야 한다.
여섯째, 협상 타결을 위하여 양국(兩國)이 서로 국내 분위기를 개선한다.
일곱째, 정책에 대한 투명·예측성을 증대한다.
여덟째, 신뢰를 높이면서 군비제한 및 감축을 추진한다.
아홉째, 돌발적이거나, 부주의로 인해 분쟁이 고조될 위험성은 낮춘다.
열번째, 양국의 군사구조 및 전략의 올바로 이해하도록 노력한다.
열한번째, 비무장지대를 조성하고, 국경 병력과 특정한 무기는 감소시킨다.
열두번째, 양국의 교역을 활성화한다.

CBM이 현실의 갈등과 분쟁에 관한 모든 이슈를 한꺼번에 해결할 수는 없다. 그러나 당사국 간 국익을 추구하는 데 매우 중요한 역할이자 도구로 활용할 수는 있다. 한반도에도 유사한 여건을 조성할 경우, 꽉 막힌 현실을 타개하는 데 상당한 역할을 감당할 수 있다.

제 3 절

논의 및 시사점

1. 개요

중-소(러) 분쟁은 공산주의 이데올로기의 구조적 모순과 공산주의 노선에 대한 해석, 견해의 차이에서 시작되었다. 소련(러)의 남진(南進) 정책과 패권주의는 역사·현실적 측면에서 중국에 심대한 직·간접적 위협일 수밖에 없다. 소련(러)의 이권과 영토 침탈에 대한 중국의 반발은 1949년 10월 1일 중화인민공화국을 수립한 이후에도 계속되며 중국의 반발을 높였고, 오랜 분쟁의 직접적인 요인이 되었다. 소련도 중국과의 패권경쟁이 불가피해진 데다 국제사회에 새로운 강자로 부상할 가능성이 매우 컸기에 견제하는 것은 당연하였다.[35)]

제2차 세계대전 말기 일본에 투하된 핵무기가 인류의 공멸을 초래할 것이란 공포심이 커졌고, 미-소 간 데탕트는 양국의 우호 관계에 결정적인 틈을 벌렸다.[36)] 냉전체제의 속성상 공산주의 종주국인 소련이 볼 때 중국의 핵무장과 국력의 가파른 상승세가 커다란 위협이었다. 따라서 미-소(러) 갈등을 해소하는 데 상당한 노력과 기간이 필요하였다.

---

35) 소련이 획정해놓은 가상선(假想線) 즉, '남진 전략선(南進 戰略線)'과 중국이 설정한 '동방 방위선(東方 防衛線=A2/AD 전략)'이 겹쳐지며 시기의 문제였을 뿐, 어차피 대립 및 갈등국면이 조성될 수밖에 없는 관계였다. 다시 말해 홍해(紅海) 입구에서 인도양을 거쳐 남동지나해(南東支那海)와 한반도 동해안에 이르는 횡선(橫線)이 중첩되었다(김성진, 앞의 책(2023), p. 271.).

36) 1950년대 이후 중-소 분쟁이 격화한 계기는 이념대립에서 출발했다기보다 국제정치 관계에서 초강대국이라는 지위를 담보하기 위한 쌍방 간 경쟁의식이 드러난 결과로 보는 게 타당하다.

2. 신뢰구축(CBM · CSBM) 합의의 내용적 측면

<표 5-9>는 중-소(러)가 CBM · 군사적 신뢰구축(이하 CSBM) 협상에서 합의에 어떻게 성공할 수 있었는지를 제시하였다.

<표 5-9> 중-소(러)가 CBM · CSBM 합의에 성공한 요인

첫째, 양국이 화해 · 협력하기 위해서는 무엇보다 먼저 군사적 측면에서 국경(접경)지대의 안정화 조치가 선행되어야 한다. 둘째, CSBM은 전형적인 군사적 투명성(transparency)과 예측성(Predictability)을 비롯하여 군사적 협력 단계까지 완성해야 한다. 셋째, 군사 활동에 대한 제한구역을 설정하거나, 결정할 때는 현재의 병력 배치실태와 전략적 측면을 같이 고려해야 한다. 넷째, 쌍방 간 일정 부분 신뢰가 형성된 상태에서 협정을 체결할 경우는 합의이행을 보장하기 위한 검증조항을 생략 및 완화하여도 크게 개의(介意)할 필요가 없다. 다섯째, 합의사항 이행에 관한 주기적 검토 및 토의를 진행하기 위한 제도적 장치가 필요하다.

첫째, 중-소(러)간 국경 분쟁은 이데올로기적 충돌과 함께 쌍방의 우호 · 협력관계를 저해하는 최대 이슈였다. 1987년 미하일 S. 고르바초프의 블라디보스토크 연설로 협상의 물꼬가 트이면서 소련은 병력을 대폭 감축하였다. 이후 관계 정상화로 접어들었고, CBM과 CSBM을 타결할 수 있었다. 즉, 쌍방 간 군사적 안정화 조치가 무엇보다 중요했기에 합의에 이르렀다.

둘째, 합의된 CSBM을 살펴보면, 접경지역의 군사력 현황을 교환하고, 군사 활동에 관한 통보 및 상호 참관, 군사 활동을 제한 및 금지하는 등 유럽의 CSBM 사례와 같은 전형적인 군사적 투명성과 예측성을 제고(提高-improving) 하는 조치들이 망라되었다. 특히 경계부대 및 인접 부대 사이의 일반적인 접촉 범위 및 협력 조치를 비롯하여 자연재해 및 감염병을 적시(適時)에 통보할 의무와 상호 지원, 건설 및 보급에 대한 군수지원부대의 협력 사항까지 범위에 포함하고 있다.

셋째, 중국은 본래 CSBM 지역을 국경지대로부터 300km로 확대하자고 제안하였다.[37] 그러나 논의 과정에서 철수한 소련군을 새롭게 재배치하여야 했고, 전투기, 전술핵무기 등의 군사력을 시베리아 횡단 철도 후방으로 다시 철수시켜야 하는 전략적 문제가 나타났다.[38] 이에 따라 국경선 후방 100km 일대로 절충하였다. 소련군은 국경에 100km 이내로 전진 배치한 경비부대의 15~20%를 감축해야 하는 번거로움이 있었으나, 중국군은 거의 영향을 받지 않았다. 소련군의 병력 배치 수준과 군사전략이 CSBM을 획정하는 데 상당한 영향을 끼쳤음을 느낄 수 있다.

넷째, '상하이 협정'의 체결로 실질적인 CBM이 이루어졌다. 관계가 개선된 이후 '위험한 군사 활동 방지에 관한 협정', '상대에 대한 핵무기 선제 사용금지와 전략 핵무기 표적으로부터 해지에 관한 공동성명', 軍의 고위급 인사의 교류, 함정(艦艇) 간 상호 방문, 군사훈련 참관 등의 CSBM이 연이어 체결되었다. 따라서 유럽은 '비엔나(빈) 협정'을 체결 시 NATO-WTO 간 불신으로 검증조항을 상세히 규정하였지만, 중-소(러)는 그럴 필요가 없었다. 이미 중-소(러)간 국경지대 100km를 기준으로 하는 낮은 수준에서 군사력을 감축하였기에 역효과가 우려되어서다. 이를 통해 신뢰가 있다면, CSBM에 검증 관련 조항을 완화 및 생략해도 큰 무리가 없음을 느꼈기 때문이다.

다섯째, 유럽의 CBM은 주기적인 검토 회의를 통해 합의 내용을 준수하고, 갈등(분쟁)의 소지를 예방・보완・발전시켜 나가도록 한다는 측면이 강했다. 상대적으로 '상하이 협정'은 쌍방이 합의의 이행을 보장하는 검증 조치에 관해 상세히 규정하지 않

37) 소련군은 기동타격능력이 상대적으로 우세한 전력을 접경지대에 배치해 놓았지만, 중국은 기동타격전력이 취약했기에 후방 방어선 일대에 배치했다가 300km 지역에서 반격하려는 전략이었다.

38) 19세기에 과감한 동진 정책을 펼친 러시아제국은 1891년 알렉산드르 3세(Алекса́ндр III)의 지시로 철도 공사를 시작했다. 1916년에 모든 구간을 개통하였으나, 주변국들은 러시아의 팽창 및 남진(南進) 정책에 긴장하였다. 만약 당시 동북아지역에 철도를 개통하지 않고 유럽 지역에 막대한 자원을 쏟아부었다면, 역사가 바뀌었을 수도 있었다. 일본이 한반도를 침략하고, 경부・경의선 등 한반도를 종단하는 철도를 건설하였음은 치밀한 전략적 판단의 결과였고, 이를 위한 연장선이었다.

았으나, 확인 절차는 필요하다고 서로가 공감하였다. 따라서 합의이행에 관한 전문가 회담을 번갈아 개최하였다. 이는 합의이행을 위한 주기적 검토 회의가 제도적으로 보장되어야 함을 다시금 일깨워준다.

3. 신뢰구축(CBM · CSBM) 협상의 타결 측면

<표 5-10>은 중-소(러)가 CBM · CSBM 협상을 타결할 수 있었던 주요 요인을 정리하였다.

<표 5-10> 중-소(러)의 CBM · CSBM 타결에 성공한 요인

첫째, 국가 최고지도자 간 긴장 완화, 관계 정상화에 절실한 정치적 의지가 있어야 한다.
둘째, 긴장 완화에 필요한 걸림돌을 제거하려는 공통의 인식과 절실함이 있어야 한다.
셋째, 협상을 통해 다소의 손해가 있더라도 더 큰 이익을 공유할 수 있다는 인식이 있어야 한다.
넷째, 기득권을 가진 측이 먼저 양보하여 화해 분위기를 조성하여야 한다.
다섯째, 어느 한쪽이 긍정 · 일방적으로 조치하여 CBM 합의를 촉진할 수 있어야 한다.
여섯째, 협상에 영향을 미치는 외적 요인이 쌍방 모두에게 긍정적으로 작용해야 한다.
일곱째, 협상(합의)은 일괄타결(package deal) 방식보다 사안별 타결(issue by issue) 방식이 더 수월하다.
여덟째, 실천하기 쉬운 사안(事案) 즉, 공감대가 형성된 사안부터 우선 협상을 추진하는 것이 궁극적인 목표에 빠르게 다다를 수 있다.
아홉째, 사회주의(이하 공산주의) 국가 간 협상에 제3자나 서방(자유민주주의)국가가 개입해서는 성과를 내기가 어렵다.

첫째, 중국은 소련의 지원을 받는 공산주의 국가였기에 공식 · 비공식적 차원에서 국경문제를 해결하는 데 적극적이기 어려웠다. 또한, 정치지도자들의 성향과 역사적 피해의식이 겹쳐지면서 단기간 내에 해결하기는 난감하였다. 이러할 때 미하일 S. 고르바초프의 개혁 · 개방정책과 덩샤오핑의 실용주의적 시각이 특정한 이념 및 형식적인 명분에 얽매이지 않음으로써 개선의 물꼬가 터졌다. 상하이 협정이 정치적 고려로 체결됐다는 이유도 여기에서 찾을 수 있다.

둘째, 소련은 중국이 주장하는 '3대 장애'에 대한 공감대를 수용하였기에 중국도 기초적인 신뢰의 토대를 마련할 수 있었다. 불평등 조약에 의해 영토를 탈취당했다는 중국의 피해의식이 해소되지 않는다면, 소련이 어떠한 정책(전략)을 추진하여도 적대 관계를 해소하기는 쉽지 않았다. 더욱이 소련이 그간 인정하지 않던 국경문제를 인정하는 용기를 보였고, 중국이 실질적으로 통제할 수 있게끔 재조정을 추진하면서 결정적인 계기가 마련되었다.

셋째, 소련은 국경문제를 인정할 경우, 대중(對中) 군사적 우위가 상실될 수 있다고 판단하였다. 그러함에도 체제 위기를 극복하려면, 중국과의 관계를 긍정적으로 유지 및 협력하는 노력이 필요하다는 인식이 공존하였다. 한편 중국도 소련과 화해 및 협력을 시도했을 때 자신들의 내부 모순이 노출되고, 체제에 대한 도전이 발생할 것을 염려하였다. 아울러 신생 중앙아시아국가들과의 갈등이 북서지역 분리주의자들의 운동을 부추길 가능성도 염려되었다. 그러나 중-소 관계가 불안정하면, 결국, 자신들의 안보도 불안정해질 게 뻔했기에 양국의 최고지도자들이 결단하여 점진·단계적으로 CBM·CSBM을 추진하는 결단력을 보였다.

넷째, 소련은 제정러시아 시절에 청나라와 체결한 불평등 조약으로 획득한 기득권을 양보하지 않았다. 미하일 S. 고르바초프는 과감하게 기득권을 포기하였다. 또한, 실체(實體)를 고집하던 국경 분쟁도 국제법에 근거하여 해결하겠다고 천명하며 화해 및 협력의 분위기를 조성하였다. 이를 위해 먼저 별다른 조건도 없이 상당한 양보를 하였기에 비대칭적 군사력과 국가 역량에도 불구하고 CBM을 타결할 수 있었다.

다섯째, 중-소 긴장 완화와 CBM·CSBM은 소련의 일방적인 감축에서 시작되었다. 실질적으로 군사력이 감축된 시기는 1989년부터였다. 일방적인 감축과 양보 조치들이 중국의 긍정적인 반응을 끌어내면서 협상을 추진하기도 수월해졌다. 결국, '상하이 협정(CBM, 1996)'과 '모스크바 협정(CSBM, 1997)'이 체결될 수 있었다.

여섯째, 미하일 S. 고르바초프가 있었기에 중-소 국경지대에 대한 문제 해결이 가능했다. 여기서 유념할 사실은 그가 한 일은 협상 분위기를 조성하는 데 그쳤을 뿐, 직접 진행하고 타결한 것은 아니다. 당시 소련은 국경지대에 병력과 무기 수준을 계속 유지하기가 어려웠다. 개혁・개방정책을 계속하고 아-태 국가에 주도권을 행사하려면, 중국과의 우호 관계 증진과 협력은 필수요건이었다. 중국도 현대화정책을 추진하려면, 소련과의 우호 증진 및 평화적인 분위기 조성이 절실했다. 즉, 소련의 위협을 낮춰야 경제개발에 집중할 수 있고, 국가 이익을 도모할 수 있어서다.

일곱째, 중-소는 협상을 타결하기 위해 일괄 타결방식을 채택하지 않고 사안별(事案別)로 분리하여 추진하였다. 따라서 동부와 서부 국경으로 분리하여 획정하는 '신의 한 수'를 발휘하였다. 이를 위해 CBM과 CSBM을 Two-track으로 진행하였다. 즉, '상하이 협정(CBM)'과 '모스크바 협정(CSBM)'으로 나누어 추진하였다.

여덟째, 일곱째와 더불어 최종 목표를 점진적으로 완성하였다. 즉, '상하이・모스크바 협정'을 체결하기에 앞서 <기본지침에 관한 협정>을 먼저 체결하였다. CBM 협상에서도 실천이 쉬운 군사협력부터 논의한 다음 위험(위협) 수준이 높은 군사 활동을 방지하는 협상에 합의하였다. 이후 군사력의 운용제한에 관한 의제도 진척시켰다.

아홉째, 당시 중국은 용트림하는 국가였음에도 초기부터 소련과 같은 강대국 반열이었다. 따라서 이들의 충돌을 중재할 국가는 미국과 영국, 프랑스를 제외하고는 없었다. 더욱이 양국이 모두 공산주의 국가로서 서방 자유민주주의 국가에 대한 불신이 있었기에 중재 및 간접 협상을 하지 않고, 직접 협상하는 방식을 택했음은 우리에게 시사하는 바가 적지 않다.

"내가 원하는 무엇인가를 얻으려면, 상대에게 먼저 하나를 내주거나, 양보하는 통 큰 결단과 배포가 필요하다."

강의_V 국제 군비통제 체제와 관련 현황을 이해합시다.

학습하기 이전(以前)에 요구되는 사항

1. '비확산체제'의 의미와 개념을 이해하시오.
   * '비확산(non-proliferation)'의 광의적 · 협의적 의미는?
   * 광의(廣義)적 측면에서 대표적인 국제협약은?
   * 협의(狹義)적 측면에서 대표적인 국제협약은?
2. 국제사회의 핵무기 비확산체제를 이해하시오.
   * 필요성을 인식하게 된 결정적 계기와 종류는?
     - 핵 비확산조약(NPT), 포괄적핵실험금지조약(CTBT)
     - 핵분열물질생산금지조약(FMCT), 비핵지대(NWFZ)
     - 핵무기금지조약(TPNW)
   * 국제원자력 수출 통제체제의 종류는?
     - 쟁거위원회(ZC), 핵공급국그룹(NSG),
   * 화생무기 비확산체제의 종류와 이들의 관계는?
     - 화학무기금지협약(CWC), 생물무기금지협약(BWC)
     - 호주그룹(AG)
   * 미사일 비확산체제의 종류는?
     - 미사일 기술통제체제(MTCR), 미사일 방어체제(MD)
     - 미국의 2019 MDR과 2022 MDR의 차이점은?
   * 재래식 무기의 이전 통제체제의 종류와 관계는?
     - 바세나르체제(WA), 특정재래식무기금지협약(CCW), 무기거래조약(ATT), 대인지뢰금지협약(ALPC), 확산탄 금지협약(CCM), 소형무기 · 경화기(SALW) 통제체제

제6장

국제 군비통제 체제 및 관련 현황 이해

제 1 절

개 요

구(舊) 냉전기부터 핵무기를 비롯한 대량살상무기(이하 WMD)는 UN 안전보장이사회의 5개 상임이사국에만 집중되었다.[1] 그러나 원자력의 평화적 이용이 증가하기 시작하면서 서방과 공산 진영을 가리지 않고 매년 각종 미사일 또는 재래식 무기의 이전(移轉)과 핵무기 개발이 가능한 잠재국가의 수는 증가하고 있다. 1970년대로 접어들며 5대 상임이사국 이외의 국가들도 핵무기를 실험 및 보유하는 데 성공하였고, WMD를 보유한 국가의 수는 기하급수적으로 늘어났다.[2]

미-소는 1990년대까지 '전략무기제한협정(SALT)'에서 '전략무기 감축 협정(START)'을 연계하였다.[3] 이를 통해 동·서유럽 진영 간 쌍무적 성격의 군축에 폭넓은 공감대를 형성하였고, '재래식군사력 감축 조약(CFE)'이 체결되었다. 이후 WMD 확산을 방지하기 위해 비확산체제

1) 핵 보유 5개국(UN 안보리 상임이사국)은 2022년 1월 3일 '핵전쟁 및 군비경쟁 방지를 위한 공동성명(Joint Statement of the Leaders of the Five Nuclear-Weapon States on Preventing Nuclear War and Avoiding Arms Races)'을 발표했다. "핵보유국 간 전쟁 회피와 전략적 위험 감소를 우리의 최우선적 책임으로 간주한다."라면서 핵무기는 방어 목적으로만 사용하며, 핵확산금지조약(NPT) 의무를 계속 이행할 것을 약속하였다. 핵보유국은 NPT 제9조 3항의 '1967년 1월 1일 이전에 핵무기와 그 외에 핵폭발 장치를 제조하고 또 폭발시킨 나라'들로서 5개국만 핵보유국으로 인정하고 있다(외교부 군축 비확산담당관실, 앞의 편람(2021년 1월), p. 14.; 유진향, "핵전쟁방지 5개국 공동성명..."국제평화 기여하길"," 『KTV』(2022.01.04.).).

2) 이란-이라크 전쟁(1980~1988)은 국제사회에 WMD 확산의 추세가 심각함을 알리는 계기가 되었고, '화학무기 금지협약(CWC, 1984)'과 '미사일 기술통제체제(MTCR, 1987)'를 결성하는 데 중요한 계기가 되었다(외교부 군축 비확산담당관실, 앞의 편람(2021년 1월), p. 14.).

3) '전략무기제한협정(SALT)'은 'Strategic Arms Limitation Treaty 또는 Strategic Arms Limitation Talks'의 약자로서 '탄도미사일 발사대의 수는 현 수준에서 동결'을, '전략무기 감축 협정(START)'은 'Strategic Arms Reduction Treaties'의 약자로서 '핵탄두와 ICBM의 감축에 합의'하였다. 2010년 4월 신속한 이행을 위해 New-START로 강화하였다.

(non-proliferation regime)를 포함하는 등 점차 대상과 영역, 범위를 확대하였다.[4] 대표적인 협정이 '미사일기술통제체제(MTCR)', '화학무기 금지협약(CWC)', '생물무기 금지협약(BWC)', 대인지뢰 금지협약(MBT) 등이다.[5] 진영 구도로 접근해보면, 강대국은

국제적 영향력을 확대하거나, 국익을 추구할 때 상대적 우위를 유지하는 수단으로 활용하고 있으며, 기타 국가들은 자국의 안보이익을 보장받기 위한 수단으로 활용하고 있음을 부정하기는 쉽지 않다.

국제사회 차원에서 군축·비확산을 위한 외교적 노력은 역사가 오래되었다. 특히 국제평화를 위해 국제 규범과 조약으로 전쟁 발발의 위협을 줄이려는 시도는 1899년과 1907년 두 차례에 걸친 네덜란드의 헤이그 협약에서부터 시작되었다.[6]

대다수 군축조약은 WMD 및 재래식 무기의 확산을 방지하는 비확산체제(non-pro-

---

4) '비확산 체제(non-proliferation regime)'는 특정 무기의 확산을 금지하는 기존의 의미를 넘어서서 핵, 화학, 생물, 미사일 등을 포함한 WMD의 비확산을 뜻하고 있다. 포괄적 의미로 접근하면, 무기나 무기를 만들기 위한 기술 또는 부품 등이 거래되지 않도록 국제사회 차원에서 노력하는 일체를 뜻한다. 이러한 비확산의 배경은 제2차 세계대전이 한창이던 1942년 '맨해튼 프로젝트'를 통해 핵무기를 개발한 데서 시작되었다. 1945년 8월 미국은 항복을 주저하는 일본의 히로시마와 나가사키에 원자폭탄을 투하하였다. 그리곤 이전까지 겪지 못했던 참혹한 결과와 마주하며 충격을 받았다. 국제사회도 핵무기의 파괴력과 군축의 필요성에 절감하면서 비확산 개념 및 관련 제도가 발전했다(외교부 군축 비확산담당관실, 앞의 편람(2021년 1월), pp. 10~14, 29.).

* '비확산(non-proliferation)'은 '특정한 무기 즉, WMD, 소형무기 등 다양한 형태의 군비(軍備)가 수직적(質-quality) 또는 수평적(量-quantity)으로 확산하는 것을 예방하기 위한 외교적 노력'이다. 광의적 의미로는 특정 무기의 확산을 방지하기 위한 모든 체제를 망라하는 것이고, 협의적 의미는 비확산 대상 무기에 대한 수출통제 또는 투명성을 강화하는 조치를 뜻한다.

5) '미사일기술통제체제(MTCR)'는 'Missile Technology Control Regime', 화학무기 금지협약(CWC)'은 'Chemical Weapons Convention', '생물무기 금지협약(BWC)'은 'Biological Weapons Convention', '대인지뢰 금지협약(MBT, 일명 오타와 대인지뢰 금지조약)'은 'Mine Ban Treaty'의 약자다.

6) 중요한 성과로는 국제 분쟁을 평화적으로 해결하는 노력이 필요하다는 인식에 공감대가 형성되었고, 이 조약의 원칙을 다루는 '상설중재재판소(Permanent Court of Arbitration)'를 설치하였다는 점을 들 수 있다. 이때 다룬 네 가지 주요 의제가 ① 국제 분쟁의 평화적 해결, ② 지상전(地上戰)에 대한 법규와 관례, ③ 제네바 조약(1964)의 원칙을 해전(海戰)에 적용, ④ 기구로부터의 투사물(投射物) 또는 폭탄의 투하 금지에 대한 건(件)이다(신성호 외, "우리나라의 군축·비확산 외교 강화방안," (서울:서울대학교, 2009년 12월), pp. 5~7.).

국제 군축 · 비확산체제 현황(2020년 기준)

· 출처: 2021 군축 · 비확산 편람(외교부)

구분		협약 발효	가입국	남·북한 현황	주요 미가입국
국제협약 [廣義]	NPT	'68.7 채택 '70.3 발효	191개국 가입	한국 '75.4 가입 북한 '85.12 가입, '03.1 탈퇴선언	파키스탄, 이스라엘, 인도
	CTBT	'96.9 채택 현재 미발효	168개국 가입 (184개국 서명)	한국 '99.9 가입 북한 미가입	미서명(3) : 인도, 파키스탄, 북한 미비준(5) : 미국, 중국, 이집트, 이스라엘, 이란
	CWC	'93.1 채택 '97.4 발효	193개국 가입	한국 '97.4 가입 북한 미가입	북한, 이스라엘, 이집트, 남수단
	BWC	'72.4 채택 '75.3 발효	183개국 가입	한국 '87.6 가입 북한 '87.3 가입	이스라엘 등
	대인지뢰금지협약 (오타와협약)	'99.3 발효	164개국 가입	남 - 북한 미가입	미국, 중국, 러시아, 인도, 베트남 등
	CCW 제1의정서 개정제2의정서 제3의정서 제4의정서 제5의정서	'83.12 발효 '83.12 발효 '98.12 발효 '83.12 발효 '98.7 발효 '06.11 발효	125개국 가입 118개국 가입 106개국 가입 115개국 가입 109개국 가입 96개국 가입	한국 '01.5 가입 '01.5 가입 '01.5 가입 미가입 미가입 '08.1 가입	북한 등
	CCM	'08.5 채택 '10.8 발효	121개국 서명 108개국 비준	남 - 북한 미가입	미국, 중국, 러시아, 터키, 인도, 이스라엘
국제기구	IAEA	'56.10 헌장 채택 '57.7 설립	172개국 가입	한국 '57.8 가입 북한 '74.9 가입 '94.6 탈퇴	-
	CD	'84.2 설립	65개국 가입	남 - 북한 '96.6 가입	레바논
	COPUOS	'59 설립	95개국 가입	한국 '94.9 가입 북한 미가입	이스라엘, 뉴질랜드, 벨라루스
수출통제체제 [狹義]	NSG	'78.1 설립	48개국 가입	한국 '95.10 가입 북한 미가입	파키스탄, 이스라엘, 인도
	ZC	'74.8 설립	39개국 가입	한국 '95.10 가입 북한 미가입	브라질, 파키스탄, 인도, 이스라엘
	AG	'85.4 설립	43개국 가입 (EU 포함)	한국 '96.10 가입 북한 미가입	중국, 러시아
	MTCR	'87.4 설립	35개국 가입	한국 '01.3 가입 북한 미가입	중국, 파키스탄, 시리아, 이스라엘
	WA	'96.7 설립	42개국 가입	한국 '96.7 가입 북한 미가입	벨라루스, 이스라엘, 중국, 인도네시아
	ATT	'13.6 설립	110개국 비준	한국 '17.2 가입 북한 미가입	미 · 러 · 인도 · 파키스탄, 이스라엘 등 미가입
기타	HCoC	'02.11 설립	143개국 가입	한국 '02.11 가입 북한 미가입	중국, 브라질, 파키스탄, 인도, 이스라엘
	PSI	'03.5 설립	107개국 참여 중	한국 '09.5 정식 참여 북한 미참여	중국, 인도, 이란, 파키스탄, 인도네시아, 이집트

liferation regime)에 기반하고 있다. 그러나 핵 및 화생무기를 포함하여 WMD의 확산을 방지하는 데 역량을 집중하다 보니 특정한 재래식 무기의 생산 및 사용을 통제하는 데 대한 관심은 소홀하다. 더욱이 다자 간 협의(합의)체로서 가입과 탈퇴가 자유로운 데다 전원 일치의 의사결정 방식으로 인해 정작 통제는 느슨하다.[7] 결과적으로 군사력의 균형과 경제적 상호 의존성이 증대될 때, 그리고 분명한 안보 레짐(regime)이 존재할 때 군비통제 협상도 성과를 낼 수 있다.[8]

조금 시선을 돌려 한반도의 지정학적 측면을 살펴보자. 북한은 끊임없이 WMD와 탄도 · 순항미사일의 성능을 개발 및 초음속 탄도미사일을 시험 발사하는 등으로 군사적 도발 분위기를 조장하며 안보위기를 고조시키고 있다.[9] 여기에다 군비통제 업무는 외교부와 국방부를 비롯한

7) 외교부 군축 비확산담당관실, 앞의 편람(2021년 1월), pp. 15~17.

8) 냉전기엔 미-소 간 군비통제(군축) 협상을 추진하는 자체가 어려웠으나, 탈냉전기(Cool War Period)로 접어들면서 활성화되었다. 정치 · 경제 · 사회 · 문화 교류가 활발해지면서 공통의 인식이 생겼고, 미-소는 1962년에 발생한 쿠바 미사일 위기사태 시 양국의 핵전력이 대등하다고 지레짐작하였다. 이로 인해 1970년대 이후부터 핵 관련 협상이 상당한 탄력을 받았다.

9) 국방부 정책기획관실, 앞의 백서(2022), pp. 23~24.; 북한의 김정은은 대남정책의 방향을 근본적으로 전환하라면서 지난 80면 간의 남북관계사에 종지부를 찍었다(최지영 · 김갑식, “북한 최고인민회의 제14기

일부 부처(기관)에 한정되어 있고, 정부에서 출연한 연구소(기관) 또는 UN 군축회의에 참가 및 자문에 응하는 전문가 이외엔 접근하기가 쉽지 않다. 군비통제가 국제사회의 주요 안보 현안이 된 지 오래이지만, 인-태 지역에서의 미-중 패권경쟁과 러-우・이-하 전쟁 등에 따른 안보정세가 격화하며 '국가 우선주의 기조'와 진영 구도만 굳어졌다. 결국, UN 안보리에서 결의조차 하지 못하는 정국이다. 특히 북한은 국제 군축 협약에 가입하지 않았고, 규정을 미준수하는 행태 등으로 동북아・한반도 안보정세에 지대한 영향을 끼치고 있다.

역대 정부는 국제사회의 협력과 공조 등을 통해 다양한 방법으로 위기를 해소하는데 노력하고 있지만, 결코, 쉽지 않은 현실이다. 이러함에도 군비통제(군축) 협상(협의)을 추진하는 지난(至難)한 과정에서 북한을 바라보는 감성적 측면이 엄연히 존재하고 있고, 지정학적 특성상 복합적 패턴으로 인해 단기간에 진행하기는 한계가 있으며, 관련 연구는 미진하다. 관련 분야의 발전을 위해 변화가 필요한 시점이지 않나 싶다.

제10차 회의 분석과 함의:대남정책 전환과 예산·경제정책을 중심으로," 『Online Series』 CO 24-08. (서울:통일연구원, 2024.01.16.), pp. 1~2.).; 장철운, "Ⅷ. 한반도 재래식 군비통제 ," 『KINU 연구총서』 22-13. (서울:통일연구원, 2022.12.30.), pp. 260~269, 296~306.).; 김성진, 앞의 아티클(2023년 12월), pp. 41~42.).

제 2 절

핵무기-화생무기-미사일-기타 무기 비확산체제

1. 국제 핵무기 비확산체제

핵무기에 대한 비확산체제가 필요하다는 인식은 1945년 7월 핵무기의 출현과 동시에 나타났다.[10)] 이후 소련(1949), 영국(1952), 프랑스(1960), 중국(1964)이 잇따라 핵무기의 실험과 개발에 성공하며 국제질서 유지에 심각한 위협이 되고 있다. 이후 인도·파키스탄은 NPT 체제에 합류하기를 거부하고, 핵무장을 완성하였다. 북한은 1985년 소련의 강한 압박으로 NPT에 가입했으나, 1993년 탈퇴한 다음 여섯 차례에 걸쳐 핵실험을 감행한 다음 2005년 핵무기 보유를 선언했다. 이란도 미국 등과 갈등을 빚으며 NPT를 탈퇴할 수 있다는 경고를 하고 있기에 또다시 핵무기 개발 프로그램을 가동하는 게 아닌가 하는 국제사회의 우려와 불안이 증폭되고 있다.[11)]

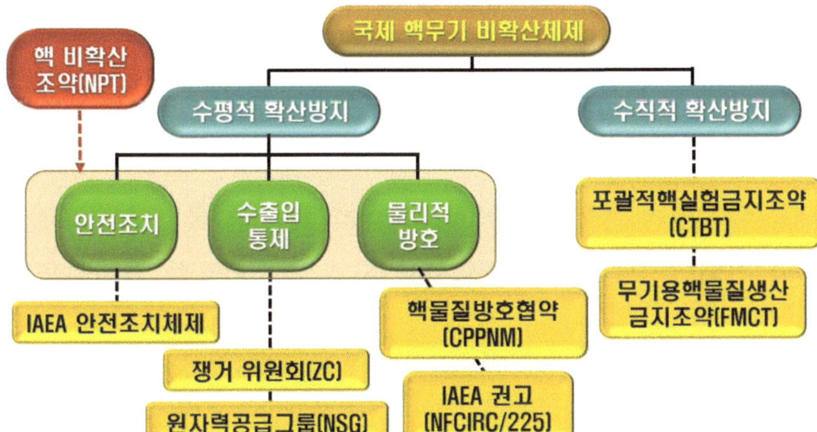

10) 1945년 7월 16일 미국의 뉴멕시코주 앨라모고도(Alamogordo)에서 처음으로 '트리니티 테스트(Trinity Test, 핵실험)'를 하였다. 핵폭탄은 미국이 처음 만들었지만, 핵과 관련해서는 1938년 독일이 '우라늄 프로젝트'를 가장 먼저 시행하였다. 아돌프 히틀러(Adolf Hitler)는 제2차 세계대전을 감행하면서 독일의 모든 우라늄 거래를 중지시켰고, 관련 프로젝트도 중지하였다. 당시 알베르트 아인슈타인(Albert Einstein)이 관련 정보를 접하고는 프랭클린 D. 루스벨트(Franklin D. Roosevelt) 대통령에게 알려 진행한 계획이 '맨해튼 프로젝트(Manhattan Project, 1942~1947)'다. 1945년 8월 6일 일본 히로시마에 핵폭탄(Little Boy)을 투하하였다(김성진, 앞의 책(2020b), p. 220.; 김성진, 앞의 책(2023), p. 65.).

11) 2002년 이란은 '미신고 우라늄 농축시설(Natanz+Arak)'을 보유하고 있음이 드러나자 2003년 영·프·독과 '테헤란 합의 성명(Teheran Agreed Statement)'을 채택하고는 파기했다. 이후에도 NPT 준수 사항을

'핵무기 비확산체제'는 '핵무기의 수평적 확산 방지와 핵무기의 군축, 수직적 확산 방지를 위한 일련의 국제협약・국제기구・지역협약(합의)・수출통제체제 등을 포괄'하고 있다.[12)]

1.1. 핵 비확산조약(이하 NPT)

NPT(일명 핵확산 금지조약)는 1970년 3월 5일 발효된 핵무기 확산을 통제하는 조약으로서 세 가지의 목적을 가지고 있다.[13)] 중점은 핵무기 보유를 원천적으로 봉쇄하는 데 있다. '당사국'은 '핵보유국(Nuclear Weapon State)과 핵 비보유국(Non-Nuclear Weapon State)'으로 구분하고 있으며, 각기 다른 의무를 진다.[14)]

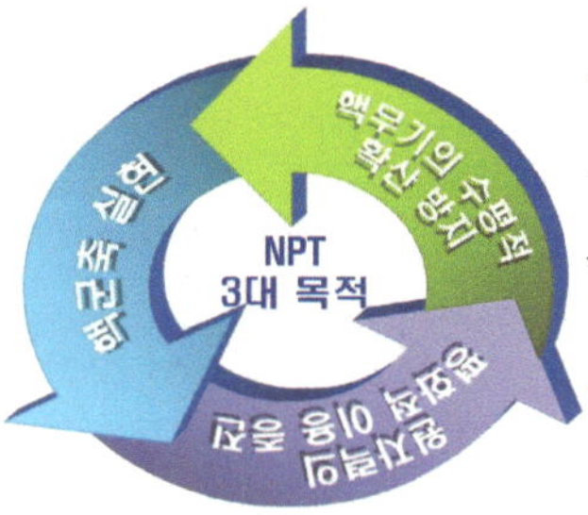

'핵보유국'은 1967년 1월 1일 이전에 핵무기 또는 핵폭발장치를 제조 및 폭발시킨 미국, 러시아, 영국, 프랑스, 중국이다. 이들은 핵 비보유국에 핵무기의 이전(移轉)을 금지하며, 핵을 군축(disarmament)할 의무를 지고 있다.

'핵 비보유국'은 '5개국 이외의 모든 당사국'으로서 핵무기의 제조를 금지하도록

수차례 위반하였다(조준형, "IAEA 총장 "이란서 '北 핵개발 저지 실패' 답습해선 안돼","『연합뉴스』(2023.10.17.).; 2023년 IAEA 분기별 기밀보고서에 의하면, 이란의 '미신고 우라늄 농축시설'에서 허용치의 23배가 넘는 양을 비축하고 있음이 확인되었다(안희, ""이란에 '한도 23배' 농축우라늄…미신고핵시설 의혹 일부 해소","『연합뉴스』(2023.06.01.).).

12) '수평적 확산'은 '핵보유국의 증가'를, '수직적 확산'은 '핵무기의 보유량 증가와 질적 개량'을 뜻하고 있다. 따라서 '핵의 비확산'은 핵무기의 수를 줄여나가는 핵 군축(nuclear disarmament)과 구별되어야 하며, 수평・수직적 확산을 방지하기 위한 조약과 제도, 조치 등을 포괄하는 개념으로 이해할 필요가 있다.

13) '핵 비확산 조약(NPT)'은 'Treaty on the Non-Proliferation of Nuclear Weapons'의 약자로서 1957년 UN 총회에서 폴란드, 아일랜드, 스웨덴 등이 제안하며 논의가 시작되었다. 1960년 2월 프랑스가, 1964년 10월 중국이 핵실험에 성공하면서 핵무기 확산은 현실화하였다. 1968년 3월 미・소가 공동으로 제네바 군축회의에 NPT 초안을 제출하였고, 6월 UN 총회에서 채택되었다. 2024년 현재 인도, 파키스탄, 이스라엘은 NPT 체제에 가입하지 않은 상태이지만, 핵무기 보유국으로 간주(看做)되고 있기에 이들을 가입하게 하여 NPT의 보편성을 확보하는 게 당면과제다. 목적은 ① 핵무기의 수평적 확산 방지, ② 핵 군축 실현, ③ 원자력의 평화적 이용을 증진하는 데 있다(외교부 군축 비확산담당관실, 앞의 편람(2021년 1월), p. 32.).

14) 2020년 12월 기준으로 할 때 '당사국'은 '191개국(북한을 포함)'이며, '비당사국'은 인도, 파키스탄, 이스라엘, 남수단 4개국이다. 대한민국(이하 한국)은 1975년 4월 23일 가입하였다.

하는 의무가 있다. 여기에 더하여 NPT 가입 이후 18개월 이내에 국제원자력기구(IAEA)와 안전조치협정(Safeguards Agreement)을 체결해야 하며, 의무적으로 핵사찰을 받아야 한다. 다시 말해 NPT는 핵보유국과 핵 비보유국의 권리 및 의무를 다르게 규정하는 등 차별적 문제를 안고 있다고 정리할 수 있다.[15)]

'NPT 평가 회의(RevCon-Review Conference)'는 조약의 이행을 점검하기 위해 5년 주기로 개최한다. 이에 따라 1975년부터 2021년까지 10차례에 걸쳐 개최되었다.[16)]

1.2. 포괄적핵실험금지조약(이하 CTBT)

CTBT는 NPT 이외에 핵의 군사적 사용을 방지하기 위해 모든 유형의 핵실험을 금지하는 조약이다. 1954년 10월 인도의 자와할랄 네루(Jawaharlal Nehru) 총리가 UN 총회에서 핵실험 금지를 제창한 이후 1970년대까지 3개의 핵실험 금지조약을 체결하였다.[17)] 1995년 5월 NPT 평가 회의에서 대기권과 외기권, 수중 및 지하에서의 핵실험을 전면 금지하도록 규정하는 협상을 1996년까지 완료하기로 하였으나, 진전시키지 못했다. 1996년 9월 24일 UN 총회에서 승인하였다. 그러나 당사국들의 서명을 유도했으나, 발효되지는 못했다.[18)] 이에 관한 국제감시체제(IMS)는 전 세계에 분포되어있는 321개

---

15) 비핵국가들은 핵확산을 방지하기 위한 목적에서 핵무기의 개발 및 획득을 절대 금지하고 있으며, 안전조치제도에 따라 사찰을 받고 있다. 그러나 핵보유국은 핵무기 감축에 관해 형식적인 노력을 하는 데 불과하다. 즉, 비핵국가는 평화적인 활동에 전념하지만. 핵 국가는 비핵국가의 모든 연구 활동을 감시하는 한편, 자국의 핵무기 감축을 위한 노력은 등한시하고 있다.

16) NPT의 실효성에 대한 회의감은 또 다른 비확산체제인 핵무기금지조약(TPNW, 2017)을 출범시켰다. 다만, 2020년도는 COVID-19로 인하여 2021년으로 순연하였다.(이성훈, "2022 핵확산금지조약(NPT)평가 회의의 개최 의미와 시사점," 『이슈브리프』 제377호 (서울:국가안보전략연구원, 2022.08.05.), p. 1~7.; 박형주, "NPT 준비회의 '북한·이란 핵개발 우려' 의장 요약문 채택 무산 …"이란이 제동"," 『VOA』 (2023.08.12.).).

17) 1963년 8월 미-영-소가 체결한 '부분적 핵실험 금지조약(PTBT-Partial Test Ban Treaty)'은 대기권, 외기권 및 수중에서 하는 핵실험을 금지하였으나, 지하 핵실험은 금지 대상에 포함하지 않으면서 포괄적 측면에서 금지하지 못했다. 1974년 '미-소 간 지하 핵실험의 규모를 150 KT 이하로 제한하는 조약(TTBT-Threshold Test Ban Treaty)'을 체결하였다. 1976년 '핵무기 실험 장소 이외에서 행해지는 핵폭발 규모를 150 KT 이하로 제한하는 조약(PNET-Peaceful Nuclear Explosions Treaty)'을 체결하였다(외교부 군축 비확산담당관실, 앞의 편람(2021년 1월), pp. 42~43.).

의 관측소와 16개의 방사능 핵종연구소로 구성되어있다.[19]

1.3. 핵분열성물질생산금지조약(이하 FMCT)

FMCT는 핵 비확산체제 강화를 위해 무기급 고농축 우라늄과 고순도 플루토늄 등 핵무기용 핵분열성 물질의 생산을 금지하는 조약이다.[20] 1993년 9월 27일 빌 클린턴 대통령은 UN 연설에서 플루토늄과 고농축 우라늄의 재고가 늘어난 현실, 핵 테러 위협이 확산되고 있음을 지적하면서 핵분열성 물질의 생산을 금지하는 다자간 협약을 촉구하였다. 12월 UN 총회에서 결의안(48/75L)이 채택되었다. 1995년 3월 23일 제네바 군축회의(CD)는 핵무기 또는 기타 핵폭발 장치용 핵분열물질의 생산을 금지하는 비차별・다자・국제적으로 검증이 가능한 조약을 협상하는 위원회의 설립에 합의하였다. 그러나 서방과 비동맹국가 간 인식의 차이로 성사되지 못했다.[21] <표 6-1>은 FMCT의 주요 쟁점을 제시하였다.

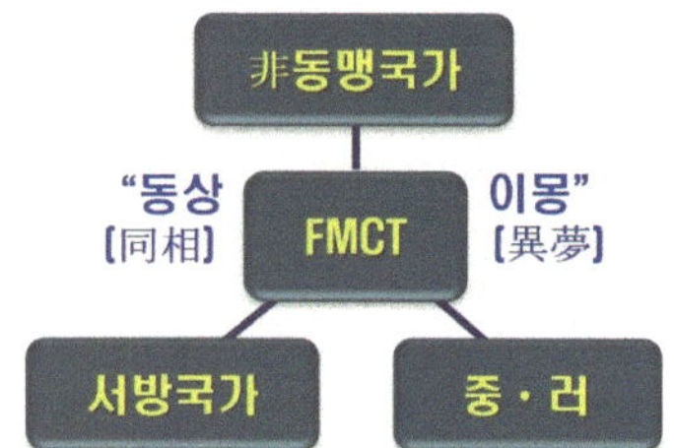

---

18) CTBT의 발효는 미・영・프・중・러, 한국, 인도, 파키스탄, 북한 등을 비롯하여 원자력 능력을 보유한 44개국(부속서 II에 따라 규정상 발효 요건국)의 비준이 필요하지만, 2020년 6월 현재 44개국 중 36개국만 비준하였다. 핵보유국 중 미국과 중국은 비준하지 않았으며, 인도, 파키스탄, 북한은 서명하지 않았다. 1999년 10월 美 상원에서 비준안을 부결시켰고, 조지 W. 부시 행정부(2001)와 도널드 J. 트럼프 행정부(2017)는 비준을 재추진하지 않겠다고 천명하였다. 버락 H. 오바마 행정부(2009)는 추진했으나, 실패하였다(외교부 군축 비확산담당관실, 앞의 편람(2021), pp. 43~44.).; 2023년 11월 러시아는 핵무기에 관한 통제 공약이 서로 동등해야 한다며 2000년에 비준했던 법안을 다시 철회하였다. 비준 철회로 인해 미국과의 핵실험 경쟁이 본격화될 것으로 단정하기는 어렵지만, New-START 참여 중단과 맞물리며 오판을 방지하기 위해 도입한 안전장치는 약화하였다(강석율 외, 『2024 국방정책 환경 전망과 과제』(서울:한국국방연구원, 2023년 12월), p. 11.; 장철운 외, 앞의 연구총서(2021.12.30.), p. 30.; 임병선, "러, 포괄적핵실험금지조약 비준 철회… 푸틴, 법안에 서명," 『서울신문』 (2023.11.03.).).

* 'New START'는 '新전략무기감축조약(또는 협정)'으로 'New Strategic Arms Reduction Treaty'의 약자다.

19) '국제감시체제(IMS)'는 'International Monitoring System'의 약자다. '방사능 핵종 탐지(Radio nuclide)'는 '대기 중 폭발 시 유출되거나, 지하 및 수중에서 폭발할 경우, 유출된 방사성 입자를 탐측할 때 공기 시료(試料-sample)를 활용하는 기술'이다. CTBT에는 관측소가 규정되어 있으며, 최소 절반은 비활성 기체(noble gas)를 탐지할 능력이 있어야 한다. 방사능 핵종연구소는 기존의 연구소를 활용하여 핵종관측소의 분석업무를 지원하고 있다(외교부 군축 비확산담당관실, 앞의 편람(2021년 1월), pp. 46~47.).

20) '핵분열물질생산금지조약(FMCT)'는 'Fissile Materials Cut-off Treaty'의 약자다.

<표 6-1> FMCT의 주요 쟁점

첫째, 금지하는 대상 물질의 범위는?	둘째, 과거에 생산된 핵물질을 포함하는지?
셋째, 민수용 핵물질을 포함하는지?	넷째, 핵 추진 선박용 연료를 포함하는지?
다섯째, 3중수소(tritium)를 포함하는지?	여섯째, 검증체제는 어떻게 할 것인지?

첫째, 미국은 FMCT 대상물실의 범위가 IAEA와 같이 직접 사용물질에 해당하는 핵분열물질을 포함해야 한다고 주장한다. 반면에 중·러는 무기급 핵물질만 금지 대상으로 해야 한다는 주장이다.

둘째, 핵보유국들은 FMCT를 발효한 시점 이후에 생산된 핵물질을 금지하자고 주장한다. 비동맹국가들은 과거에 생산했거나, 비축분들도 금지 대상에 포함해야 한다는 주장이다. 여기엔 규제 대상에 포함하지 않을 경우, 핵무기의 추가 생산으로 이어질 수 있기에 범세계적 핵 군축과의 연계 효과가 떨이진다는 판단이 깔려있다.

셋째, 핵보유국들은 민수용 핵물질을 규제 대상에 포함하는 데 유보적이다. 특히 민간 용도의 재처리 시설을 가동하고 있는 독일과 일본이 강하게 반대하고 있다.

넷째, 핵보유국들은 핵잠수함 연료로 사용하는 비폭발성 농축우라늄의 경우, 군사적 용도로 허용되어도 좋다는 인식이다.

다섯째, 비핵국가들은 3중수소가 핵분열물질이 아니지만, 수소폭탄 등을 비롯하여 핵무기의 제조원료인 핵융합 물질이기에 금지 대상에 포함돼야 한다는 주장이다.

여섯째, 대다수 국가가 IAEA를 FMCT 검증기구로 활용하는 데 동의하지만, 이스라엘과 중국은 검증 기능과 역할에 의구심을 제기하고 있다. 미국은 모든 재처리·농축 시설을 대상에 포함해야 한다지만, 러시아와 중국은 군사용 핵물질을 생산하는 시설에 한정해야 한다는 주장이다.

미국은 FMCT 협상에서 "핵보유국들이 핵분열물질을 보유하지 않고, 기존의 보유

21) '제네바 군축회의(CD)'는 'Conference on Disarmament'의 약자다. 2009년 4월 5일 버락 오바마 대통령이 핵실험에 관한 기존 주장에서 한발 물러나며, '핵무기에 사용되는 핵분열물질의 생산을 검증할 수 있는 새로운 조약(FMCT)'을 제안하였다 5월 29일 UN 군축회의(CD)는 FMCT 협상 위원회를 설립하기로 하였다. 그러나 파키스탄을 비롯한 비동맹국들이 기존에 비축하고 있는 핵물질과 핵탄두를 해체하는 과정에서 추출되는 양까지 폐기해야 한다며 거부하였다(남만권, 앞의 책(2006), p. 244.).

물질은 신고 및 사찰을 받도록 하자"고 하지만, 중국과 러시아는 '외기권에서의 군비경쟁 금지조약(PAROS)'과 연계하자는 주장이다.[22] 그러나 현실적으로 외기권에서의 군비경쟁은 없기에 협상을 하기보다 논의할 사안이란 입장이 다수다. 따라서 FMCT의 제정이 먼저라는 주장과 충돌하며 별다른 해법을 찾지 못하고 있다.

1.4. 비핵지대(이하 NWFZ)

NWFZ는 5대 핵보유국이 비핵지대 조약 당사국을 대상으로 핵무기 사용 및 위협을 금지하는 소극적 안전보장(NSA) 형식의 핵 군축이다.[23] 특정 지역 내에서 조약에 따라 핵무기의 생산-보유-배치-실험 등을 포괄적으로 금지하며 핵무기를 배제 및 핵전쟁에 연루될 가능성을 낮추기 위함이다. <표 6-2>는 NWFZ의 일반적 목표를 정리하였다.[24]

<표 6-2> NWFZ의 일반적인 목표

첫째, 핵무기 사용 및 사용 위협으로부터 역내 국가를 보호한다. 둘째, 핵무기의 횡적 확산 방지에 기여하고, 핵보유국의 핵무기 배치는 지리적으로 제한한다. 셋째, 역내(域內) 국가 간 신뢰를 강화 및 관계개선을 도모한다. 넷째, 핵 군축은 물론 핵무기 없는 세계라는 궁극적인 목표 달성에 기여한다. 다섯째, 평화적 목적의 핵에너지를 개발 및 사용할 수 있도록 국제협력 강화에 노력한다.

<표 6-3>은 NWFZ의 3대 핵심 의무를 정리하였다.[25]

---

22) '외기권에서의 군비경쟁 금지조약(이하 PAROS)'은 'Prevention of Arms Race in Outer Space'의 약자다. 미국은 외기권의 평화적 이용에 관한 문제는 1967년 체결한 '외부 우주 조약(OST)'으로 충분하기에 가상적 상황을 전제로 하는 PAROS는 수용하기 어렵다는 시각이다. 한국은 미국과 의견을 같이하고 있다(오재석, "미, 중·러 외기권 군비경쟁 금지조약" 협상안 거부," 『연합뉴스』 (2002.06.27.).; 문정식, "미 군축대표, 핵분열물질 금지조약 협상 의사 밝혀," 『연합뉴스』 (2004.07.30.).).

* '외부 우주 조약(Outer Space Treaty, 일명 우주 조약)'은 '우주 자원의 책임감 있는 탐사와 활용을 위한 기반 마련과 우주 공간의 평화롭고 공평한 사용을 위한 조약'이다.

23) '비핵지대(NWFZ)'는 'Nuclear Weapon Free Zone'의 약자이고, '소극적 안전보장(NSA)'은 'Negative Security Assurance'의 약자다.

24) 외교부 군축 비확산담당관실, 앞의 편람(2021년 1월), p. 50.

<표 6-3> NWFZ의 3대 핵심 의무

첫째, 역내 국가는 핵무기를 보유하지 않아야 한다. 둘째, 역내 국가는 핵무기를 배치할 수 없다. * 국제법 원칙에 의해, 역내 국가 간 합의만으로 영해에서 핵보유국의 무해통항[26] 및 통과통항권을 저해하는 행위는 불가(不可) * 역내 국가의 영토에서 핵무기 통과(transit)와 관련해서는 일반적인 금지 또는 개별 국가의 결정에 따르도록 하는 등에 관한 규정이 필요 셋째, 역내 목표물을 대상으로 핵무기를 사용하거나, 위협하는 행위를 해서는 안 된다.

<그림 6-1>은 2020년을 기준으로 존재하고 있는 NWFZ는 크게 5개 지역으로 구분하였다.[27]

25) 외교부 군축 비확산담당관실, 앞의 편람(2021년 1월), p. 51.

26) '무해통항(無害通航-innocent passage)'은 '외국 선박이 어떤 국가의 평화·안전·질서에 해를 끼치지 않는 범위 내에서 해당 국가의 영해를 단순하게 항해하는 행위'를 의미한다.

27) 외교부 군축 비확산담당관실, 앞의 편람(2021년 1월), pp. 50~55, 180~181, .; 정욱식, "새로운 길, 한반도 비핵지대," 『제33회 한반도 미래비전과 동북아 평화구축 전문가 정책포럼』 (서울:한반도미래전략연구원, 2020.11.21.), p. 11.; 문장렬, 앞의 논문(2019), pp. 10~12, 17~22.; 이병철, "핵무기금지조약(TPNW)과 세계 핵 비확산체제에 대한 소고(小考)," 『IFES 정책보고서』 2021-09 (서울:경남대학교 극동문제연구소, 2021년 9월), pp. 18~23, 27~31. 등을 참고하여 새로 작성하였음.

<그림 6-1> 5개 비핵지대(NWFZ, 2020년 기준)

① '트라테롤코(Tlatelolco) 조약'은 브라질, 아르헨티나, 베네수엘라, 칠레 등이 포함된 중남미와 카리브해 지역의 33개국이 비준하였다.

② '라로통가(Rarotonga) 조약'은 호주, 뉴질랜드, 파푸아뉴기니 등이 포함된 남태평양 지역의 13개국이 비준하였다.

③ '방콕(Bangkok) 조약'은 동남아시아 지역의 ASEAN 10개국이 비준하였다.

④ '펠린다바(Pelindaba) 조약'은 남아공, 나이지리아, 짐바브웨, 알제리 등 아프리카 지역의 41개국이 비준하였다.

⑤ '세메이(Semey) 조약'은 중앙아시아 5개국인 우즈베키스탄, 카자흐스탄, 키르기즈스탄, 타지키스탄, 투르크메니스탄이 비준하였다.

1991년 미국은 범세계적으로 배치된 지상군과 함대에서 핵무기를 철수하였다. 이는 한반도의 비핵화 선언 및 남북한 불가침 조약을 체결하는데 상당 부분 기여하였다. 이즈음 조지아공대 부설 국제전략기술정책센터(이하 CISTP)는 동북아지역에 '제한적 비핵지대(이하 LNWFZ)'를 설치함이 현실적이라고 주장하였다.[28] 1992년 비핵 운동가이자 한반도 전문가인 존 E. 엔디콧(John E. Endicott)은 LNWFZ이 동북아지역에 새로운 협력안보체제를 구축하는 수단이 될 수 있다고 봤다.[29] 감시 및 검증 등의 업무와 관련하여 역내 국가 간 접촉을 촉진 및 투명성을 높일 수 있다면, 신뢰 증진에 도움이 될 것으로 판단해서다. 이를 위해 다국적 기구(Multinational Agency)를 설치하여 핵보유국의 핵무기 철수, 비핵보유국의 핵무기 불(不) 생산, 불(不) 보유, 불(不) 반입 여부를 감시 및 검증해야 한다는 기본 개념을 제시하였다. 다만, 지리적 구조 문제는 고민할 여지가 있다고 봤다. 즉, 원형 구조(지대

28) '조지아공대 부설 국제전략기술정책센터(CISTP)'는 'Center for International Strategy, Technology and Policy'의 약자다. '제한적 비핵지대(LNWFZ)'는 'Limited Nuclear Weapons Free Zone'의 약자다.

29) 존 E. 엔디콧의 개념은 한반도의 비무장지대를 중심으로 반경 1,200mile의 원형지대를 설정하여 같은 지대 내에 있는 핵무기를 제거하거나, 지대 밖으로 이전하여 비핵지대를 구축하는 것이었다(CISTP, *"The Bordeaux Protocol of the Limited Nuclear Weapons Free Zone for North-East Asia,"* 『A Report Prepared by CISTP』 (Atlanta:CISTP, 1997), pp. 5~19, 61.).

-zone)에 집착하지 않고 타원형 구조 또는 지역 개념(area concept) 등의 추가 연구가 필요하다는 판단에서였다.

1992년 CISTP는 연방정부-학계-국제토의로 발전시켰다. 1995년 1월부터 3월까지 LNWFZ 설치를 토의하였고, 원칙에 합의(The Agreement of Principles)하였다. 1996년 3월에는 제1차 확대 고위급 패널회의에 패널 위원 규모를 5명에서 5개 회원국 전문가(20명)로 확대하면서 '부에노스아이레스 성명서(The Statement of Buenos Aires)'를 발표하였다.[30)]

중동지역은 1995년 NPT 평가회의 시 이란과 이집트 등의 주도로 NWFZ 설립논의를 시작하였다. 이때 NPT의 무기한 연장 결정과 함께 '중동지역 비핵 · 비(非) WMD 지대 설립을 촉구하는 결의'를 채택하였다. 2010년 평가 회의는 2012년에 모든 중동 국가들이 참여하는 중동 비핵 · 비(非) WMD 지대의 설립 회의를 소집하기로 하였으나, 미국-이스라엘의 의견이 충돌하며 성사되지 못했다.[31)] <그림 6-2>는 2020년을 기준으로 한 NWFZ의 일반 현황이다.[32)]

---

30) 유사한 사례로 최근 UN 안보리에서 운용하던 '전문가패널의 연장이 거부된 사태'를 들 수 있다. UN 안보리에서 대북(對北) 제재가 제대로 이행되는 여부를 감시해오던 전문가패널(15명)의 임기 연장이 러시아의 반대로 무산된 것이다. 전문가패널의 원래 명칭은 '제재위원회'다. 2006년 북한이 핵실험을 감행하자 UN 안보리가 만들었다. 당시는 제재 문제가 그렇게 복잡하지 않았다. 2009년부터 제재를 강화하면서 체계화가 필요했고, 전문가들에 의한 기술적인 자문이 필요하였다. 다시 말해 관련 국가가 쓰는 '이해보고서'를 작성하는 과정에서 이를 전문적으로 분석 및 지원, 감시할 수 있는 기능을 담당하는 구체적인 활동이 필요했다. 하지만 전문가패널이 처음 만들어질 당시 1년 동안만 역할을 하도록 규정하였기에 매년 갱신해야 하는 상황이었다. 이를 갱신하기 위해서는 UN 안보리의 결의가 필요했고, 이 과정에서 5개 상임이사국이 모두 동의해야 한다. 즉, 상임이사국 중 한 곳이라도 거부하면, 연장을 진행하지 못하게 되어있다. 따라서 러시아가 거부했고, 중국은 기권하면서 15년 만에 활동을 종료하기에 이르렀다(함형건, ""대북제재 CCTV 사라진다"...UN 전문가패널 내달 해산," 『YTN 뉴스』 (2024.03.29.).; CISTP, 앞의 발표서(1997), pp. 21~31.; 전성훈, "동북아의 새로운 핵질서와 비핵지대화 가능성," 『2017 동아시아 평화와 협력을 위한 구상』 연구총서 41. (서울:제주평화연구원, 2017.12.31.), p. 196.).

31) 동북아에서 비핵지대를 실현하려면, 우선 북한이 '한반도 비핵화 공동선언'을 이행해야 하고, 당사국은 북한이 '동북아 제한적 비핵지대(LNWFZ)' 제안에 동참하도록 유도해야 한다. 그러나 동북아에서 NWFZ를 설치하려면, 한반도의 특수성을 고려해야 하며, 핵보유국이 비핵국가에 핵을 불(不)사용한다는 믿음을 줄 수 있어야 한다. 즉, 역내 국가 간 신뢰구축(CBM · CSBM)을 포함하여 북한의 핵 개발부터 선제적으로 해결하는 과제가 NWFZ를 설치하는 전제조건이라고 봐야 한다.

비핵지대(NWFZ) 현황

조약 \ 항목		트라테롤코 조약 (중남미)	라로통가 조약 (남태평양)	방콕 조약 (동남아)	펠린다바 조약 (아프리카)	세메이 조약 (중앙아)
일반사항	서명	1967.2.14.	1985.8.6.	1995.12.15.	1996.4.11.	2006.9.8.
	발효	1968.4.25.	1986.12.11.	1997.3.28.	2009.7.15.	2009.3.21.
	당사국	33	13	10	41	5
	유효기한	무기한	무기한	무기한	무기한	무기한
	탈퇴조항	3개월 전 통보	12개월 전 통보	12개월 전 통보	12개월 전 통보	12개월 전 통보
부속의정서	핵국의 NSA	(제II의정서) 미·영·불·중·러 서명·비준	(제II의정서) 영·불·중·러 서명·비준 (미국 서명)	• 단일의정서 - 비핵지대 지위를 존중하고 NSA를 제공하도록 요구 • 서명국 없음	(제I의정서) 영·불·중·러 서명·비준 (미국 서명)	• 단일의정서 -NSA 제공 및 역내 영토 보유국의 의무 수락 내용 • 영·불·중·러 서명·비준 (미국 서명)
	핵실험 금지	미규정 (제II의정서상 의무에 구속)	(제III의정서) 영·불·중·러 서명·비준 (미국 서명)		(제II의정서) 영·불·중·러 서명·비준 (미국 서명)	
	역내 영토 보유국의 의무 수락	(제I의정서) 미·영·불·네 서명·비준	(제I의정서) 영·불 서명·비준 (미국 서명)		(제III의정서) 불 서명·비준	

<그림 6-2> NWFZ의 일반 현황(2020년 기준)

1.5. **핵무기금지조약**(**이하** TPNW)

TPNW는 핵무기를 포괄적으로 금지하는 최초의 조약이다. 핵무기의 개발-시험-생산-보유-이전-위협 및 사용뿐 아니라 다른 국가에 핵우산을 제공하지 못하게 하는 등을 규정하고 있다. 2016년 12월 UN 총회의 결의로 TPNW 협상이 개시되었다. 2017년 3월과 6월의 협상 회의에서 조약문을 마련하였고, 7월 122개국의 찬성으로 채택되었다. 2020년 12월 84개국이 서명 및 50개국의 비준으로 2021년 1월 22일 발효되었다.[33)]

---

32) 외교부 군축 비확산담당관실, 앞의 편람(2021년 1월), p. 53.

33) TPNW는 핵 보유에서 예외를 인정한 기존의 핵확산금지조약(NTP)과는 다르게 핵무기 자체를 비인도적이자 불법한 행위로 간주한다. 따라서 핵보유국과 NATO 회원국 등은 TPNW가 기존에 존재하는 국제 핵 레짐인 NPT 체제를 저해할 수 있다며 반대하고 있다(외교부 군축 비확산담당관실, 앞의 편람(2021년 1월), pp. 56~57.; 이병철, “핵무기금지조약(TPNW)과 세계 핵 비확산체제에 대한 소고(小考),” 『IFES 정책보고서』 2021-09 (서울:경남대학교 극동문제연구소, 2021년 9월), pp. 8~9, 15~23.).

<표 6-4>는 TPNW의 주요 경과를 정리하였다.

<표 6-4> TPNW의 주요 경과

구 분	주요 내용
2010.05.03.~28.	· 2010 NPT 검토회의(Review Conference) 시 핵무기 사용의 참상 (humanitarian consequence)을 인지
2014.02.13.~14.	· 핵무기 사용의 영향에 관한 회의가 최초로 개최: 노르웨이, 오슬로 · 핵무기 사용의 영향에 관한 2차 회의 개최: 멕시코, Nayarit
2014.12.08.~09.	· 핵무기 사용의 영향에 관한 최종 회의 개최: 오스트리아, 비엔나 · 129개국이 Humanitarian Pledge에 동의 * NPT 제6조 준수 촉구 및 핵무기 사용의 위험을 줄이는 임시 조치
2015.10.29.	· 유엔총회 1차 위원회, OEWG 신설 통과 * 찬성: 135, 반대: 12, 기권: 33
2016.02.22.~26.	· 제1차 OEWG 개최: 스위스, 제네바[34)]
2016.05.02.~04., 05., 09.~13.	· 제2차 OEWG 개최: 스위스, 제네바
2016.08~16., 19.	· 제3차 OEWG 개최: 스위스, 제네바 → 최종보고서 채택
2016.10.27.	· The First Committee 개최 * 2017년 TPNW 협상 개시를 알리는 결의안 채택
2017.03.27.~31.	· 제1차 협상 개최: 미국, 뉴욕
2017.06.15.~07.07.	· 제2차 협상 개최: 미국, 뉴욕 · TPNW 채택- 찬성: 122, 반대: 네덜란드, 기권: 싱가포르
2017.09.20.	· TPNW 서명 절차 개시 * 50개국 서명, 자메이카(Jamaica) 등 3개국은 비준까지 완료
2020.10.23.~24.	· 50개국 이상 비준 완료: 90일 후 효력 발생 요건을 구비
2021.01.22.	· TPNW 발효

* '핵무기금지조약(TPNW)'은 'Treaty on the Prohibition of Nuclear Weapons'의 약자다.

34) '정보안보개방형 실무그룹(OEWG, 개방형 실무그룹)'은 'Open-Ended Working Group'의 약자로서 UN 회원국이면 누구든 참여할 수 있다(김소정, "유엔 정보 안보 개방형 워킹그룹(OEWG) 회의결과와 한국에의 시사점," 『이슈브리프』 제381호 (서울:국가안보전략연구원, 2022.08.24.).

1.6. 국제 원자력 수출 통제체제

1.6.1. 쟁거위원회(이하 ZC)

최초의 다자간 핵 수출 통제체제인 ZC는 1974년 8월에 핵 공급국들의 주도로 형성되었다.[35] 회원국이 핵 관련 물자를 수출할 때 국제원자력 기구의 안전조치를 조건으로 하는 국제 수출 통제체제다. 미국, 중국, 일본, 한국을 포함하는 36개국이다. 핵 관련 물질과 장비 · 시설, 기술 등을 수출할 때 수입국에 조건부 의무를 부과함으로써 핵물질의 군사적 전용을 방지하고자 함이다. ZC는 핵비확산 조약(NPT) 제3조 2항 규정에 따라 안전조치를 적용하지 않는 핵 물질과 장비는 핵 비보유국에 수출하지 않도록 하고 있다.

그러나 NPT 회원국만 가입할 수 있기에 NPT 회원국이 아닌 핵 공급국에 대해서는 효과적으로 통제하기가 어렵다. 대표적인 사례가 1974년 인도가 진행한 핵실험이다. 원자력의 평화적 이용을 빙자하였으나, 핵확산으로 이어질 가능성이 커지면서 등장한 국제적인 수출통제체제가 '핵 공급국 그룹(NSG)'이다.

1.6.2. 핵 공급국 그룹(이하 NSG)

NSG는 '런던 클럽(London Club)'이라고도 하며, 원자력 또는 원자력 관련 물품 및 기술 수출을 통제함으로써 핵무기 확산을 방지하기 위한 다자간 수출 통제체제이지만, 국제법적으로 구속력은 없다.[36] 인도는 캐나다에서 도입한 연구용 원자로로 핵실

---

35) '쟁거위원회(ZC)'는 'Zangger Committee'의 약자로서 공식 명칭은 'NPT 수출국 위원회'이다. 그러나 창립하는 데 공로가 컸던 초대 위원장(Claude Zangger)의 이름을 따서 쟁거위원회로 불리고 있다. 한국은 1995년 10월에 가입하였다. 선원 물질(source material) 및 특수 분열성 물질(special fissionable material)의 수출을 통제한다. 모든 핵 물질의 수출은 IAEA의 안전조치를 자동으로 유발(trigger)하기에 통제대상 품목을 '트리거 리스트(trigger list)'라고 부른다.

* '트리거 리스트(trigger list)'는 A와 B 두 개의 각서(Memorandum)로 구성되었으며, 각서 A는 핵 물질, 각서 B는 원자력 전용 장비 · 물자에 대한 통제를 핵심으로 하고 있다.

험(1974)에 성공하였으며, ZC에 참여하지 않았다. NSG는 핵 관련 기자재를 공급할 능력이 있는 국가들의 핵확산을 차단하기 위해 만들어졌다. 여기에 NPT 비회원국으로 ZC에 가입하지 않던 프랑스가 동참하며 1975년 1월 설립되었다. 1978년 1월 'IAEA 수출통제지침(INFCIRC/254)'을 발표하면서 공식화되었고, 원자력과 관련된 민감한 품목의 수출통제와 물리적 방호 기준이 결정되었다.[37] 2020년 12월 현재 48개국이 참여하고 있으며, 한국은 1995년 10월에 가입하였다.[38] 1991년 제1차 걸프전 이후 사찰(査察)을 통해 이라크가 이중용도 품목을 사용하여 핵무기를 개발하고 있음이 발견되었다. 1992년 INFCIRC/254 Part 2를 공식 발표했고, 이후 이중용도 품목의 이전에 관한 통제를 시행하고 있다.[39]

NSG가 설립된 이후 1991년까지는 회의가 열리지 않았다. 핵 공급국들의 협의체인 런던클럽이 배타적 카르텔이라는 외부의 비판적 시각에 더하여 ZC 트리거 리스트가 수출통제 기능을 하고 있어서다. 여기에 냉전기 서방국의 수출통제를 담당한 대(對)공산권 수출통제 위원회(COCOM)의 원자력 관련 이중용도 품목에 대한 수출통제 기능도 한몫하였다.

---

36) '핵 공급국 그룹(NSG)'은 'Nuclear Suppliers Group'의 약자로서 ZC와 비교하면, 규제품목과 방법에서 역할을 보강하여 실질적으로 기능을 수행한다. 한국은 1996년에 가입하였다.

37) NSG의 설립 시기를 살펴보면, 외교부는 1978년 1월이다. 한편, 전략물자관리원은 1975년 1월로 되어있기에 외교부 편람에 기록된 시기로 통일하고자 한다(외교부 군축 비확산담당관실, 앞의 편람(2021년 1월), p. 17.; 이인화・이서진, 『수출통제총람 2020: 국제 수출통제 및 우리나라 제도』(서울:전략물자관리원, 2021년 6월), pp. 032~033.).).

38) '수출통제지침(INFCIRC/254)'은 두 Part로 나눌 수 있다. Part 1은 핵 이전에 대한 지침을, Part 2는 핵과 관련된 이중용도 품목 즉, 핵무기의 확산 차단과 핵 테러 방지를 위한 관련 장비・물품, 소프트웨어 등 관련 기술의 이전(移轉-transfer)에 관한 지침이다(외교부 군축 비확산담당관실, 앞의 편람(2021년 1월), p. 17.; 이인화・이서진, 앞의 총람(2021년 6월), pp. 037~038).

39) 이인화・이서진, 앞의 총람(2021년 6월), p. 036.

2. 화생무기 비확산체제

2.1. 화학무기 금지협약(이하 CWC)

1960년대 말~1970년대 초기 베트남 전쟁 간 미국이 다량의 고엽제를 사용하면서 화학무기에 대한 국제사회의 우려와 관심도가 높아졌다. 1969년 처음 제네바군축회의(CD)에서 주요 의제로 상정되었다. 1985년 소련에 미하일 S. 고르바초프가 등장하면서 동·서 냉전이 종식되었고, 화학무기의 군축에도 자극이 되었다. 1990년 최대 보유국인 미·소가 화학탄 보유량을 대량 감축하였고, 1991년 미국의 조지 H. W. 부시 대통령이 화학무기의 무조건 폐기를 선언하였다.

1992년 9월 CWC는 역사상 최초로 평등한 입장에서 군축 협약을 체결하였고, 제네바 군축회의(CD)를 거쳐 1997년 4월 29일 발효되었다.[40] 2018년 5월 팔레스타인이 비준하였으며, 2021년 1월 기준으로 193개국이 참여하고 있다. <표 6-5>는 CWC의 주요 내용을 정리하였다.[41]

<표 6-5> CWC의 주요 내용

첫째, 화학무기 사용의 전면 금지	둘째, 화학무기 및 생산시설의 폐기
셋째, 화학산업에 대한 국제 감시	넷째, 협약 위반 시 집단제재 이행
다섯째, 검증제도(강제사찰) 시행	여섯째, 협약 비당사국에 불이익 부과

40) '화학무기 금지협약(CWC)'은 'Chemical Weapons Convention'의 약자로서 아직도 남수단, 북한, 이스라엘, 이집트는 가입하지 않았다. 한국은 1997년 4월 비준서를 기탁(寄託)하며 원(原) 당사국이 되었다. 북한은 2022년 기준으로 2,500~5,000여 t의 화학무기를 보유하고 있다는 추정을 하고 있다(외교부 군축비확산담당관실, 앞의 편람(2021년 1월), pp. 63~66, 273.; 국방부 정책기획관실, 앞의 백서(2022년 12월), p. 032.).; 1992년 9월 제네바군축회의(CD)에서 CWC 최종문안을 채택하여 UN 총회에 보냈고, 11월 UN 총회에서 146개국의 지지로 협약안이 채택되었다(이인화·이서진, 앞의 총람(2021년 6월), p. 042.).

* '제네바 군축회의(CD)'는 'Conference on Disarmament'의 약자로서 2020년 현재 65개국이 참가하고 있다. 'UN 군축위원회(UNDC)'는 'United Nations Disarmament Commission'의 약자다.

41) 외교부 군축 비확산담당관실, 앞의 편람(2021년 1월), p. 64.

2.2. 화학무기금지기구(이하 OPCW)

OPCW는 CWC를 이행하기 위한 기구로써 CWC 제8조에 따라 1997년 4월 29일 발효되었다. 관련 기관은 총회(Conference of the States Parties)와 집행이사회(Executive Council), 기술사무국(Technical Secretariat)이 있다. <표 6-6>은 OPCW에 의한 지원되는 분야를 정리하였다.[42)]

<표 6-6> OPCW가 지원하는 분야

첫째, 공공연구소(publicly funded laboratories)의 기술적 역량을 향상하기 위한 지원 둘째, 화학관련 연구 프로젝트의 지원 또는 공동지원 셋째, 개발도상국의 개인・기업・공무원에 대한 정보서비스 넷째, 개발도상국 또는 체제 전환 회원국의 화학자・화학 기술자를 위한 연간 훈련과정(annual training course) 또는 협력프로그램(Associate Program)의 제공

2.3. 생물무기 금지협약(이하 BWC)

인류는 오래전부터 질병을 무기로 사용하였지만, 현대 생물무기의 정확한 기원(起源)은 제1차 세계대전이다.[43)] 미・영・일・소 등 강대국들이 이 시기를 전후하여 세

42) '화학무기금지기구(OPCW)'는 'Organization for the Prohibition of Chemical Weapons'의 약자다. 시리아 내전(2011~)이 한창이던 2012년 화학무기(Sarin gas)가 사용되자 OPCW는 당사국, UN 안보리 등과 긴밀히 협력하여 시리아의 CWC 협약 가입 및 화학무기 시설을 검증하는 등 전(全) 세계 화학무기 금지 및 확산 방지에 노력하여 2013년 노벨평화상을 수상하였다(외교부 군축 비확산담당관실, 앞의 편람(2021년 1월), pp. 67~68.; https://www.opcw.org/).

* 사린가스: 액체와 기체 상태의 독성이 매우 강한 화합물로 중추신경계를 손상케 하는 물질이다. 대표적으로 1995년 일본 도쿄에서 발생한 옴진리교 테러(일명 도쿄 지하철 사린 테러) 사건을 들 수 있다.

* '기술사무국(Technical Secretariat)'은 사업계획 및 예산안 준비, 당사국에 대한 검증 활동 이행, 관련 협정의 체결을 위한 당사국과의 협상, 집행이사회와 총회 및 당사국이 협조를 요청할 경우, 행정・기술적 지원 등을 제공하고 있다. 2020년 12월 기준으로 80개 당사국 출신 500여 명이 근무하고 있다.

균을 무기화했기 때문이다. 제2차 세계대전을 전후(前後)하여 미・영은 상당한 양의 세균무기를 비축했으나, 1950~1960년대에 폐기하였다. 생물무기는 궁극적으로 인간・동식물을 사망케 하거나, 피해를 주기 위해 고의로 병원성 물질을 사용하는 것이다. 화학・핵무기와 함께 WMD로 분류하고 있다.

1969년 미국의 리처드 M. 닉슨(Richard M. Nixon) 대통령이 생물무기의 생산과 비축을 포기 및 폐기한다며 모든 생물무기 프로그램을 종료시키면서 관련 논의가 급물살을 탔다. 1971년 UN 총회에서 BWC를 의결하였고, 1975년 3월 26일 발효되었다.[44] 이 협약은 WMD 전체를 금지한 최초의 다자간 군축조약이다. 미생물과 생물학 작용제 및 독소의 개발-생산-비축 및 획득을 금지하고 있다. 또한, 협약이 발효된 9개월 이내에 보유하고 있는 병원균, 독소, 장비 및 운송수단은 폐기하되, 평화적 목적으로 전환하도록 규정하였다. 그러나 규제조항을 감시할 검증체제를 갖추지 못했기에 현실적으로는 한계가 존재한다. <표 6-7>은 생물무기의 종류를 정리하였다.[45]

---

43) 김성진, 앞의 책(2020b), pp. 205~206.

44) '생물무기 금지협약(BWC)'의 공식 명칭은 "세균(생물) 및 독소 무기의 개발, 생산 및 비축의 금지와 그 폐기에 관한 협약(Convention on the Prohibition of the Development, Production and Stockpiling of Bacteriological(Biological) and Toxin Weapons and on Their Destruction)"으로서 BWC 또는 BTWC로 불린다. BWC는 생물무기의 사용만을 금지한 '제네바 의정서(1925.06.17.)'의 내용을 보완하였고, 5년 주기로 운영 전반을 검토하고 있다.

45) 한국은 1987년에 가입하였다(외교부 군축 비확산담당관실, 앞의 편람(2021년 1월), p. 74.)

<표 6-7> 생물무기의 종류

구 분	주요 내용
병원체 미생물 (Pathogenic Microbe)	· 세균(Bacteria): 페스트균, 탄저균, 콜레라균, 장티푸스균 등 · 바이러스(Virus): 일본뇌염, 천연두, Evola 등 · 리케치아(Rickettsia): 발진티푸스 등 · 곰팡이(Fungus): 콕시디움 등
독소(Toxin)	· 보툴리눔(Botulinum) 등
운반체 및 장치(장비)	· 폭탄, 미사일, 분무기 등

<표 6-8>은 BWC의 주요 조항을 정리하였다.

<표 6-8> BWC의 주요 조항

구 분	주요 내용
제1조	· 생물무기의 개발-생산-비축-획득(보유)은 약속하지 않는다.
제2조	· 생물무기를 파괴하거나, 평화적 목적에만 전용(全用)한다.
제3조	· 생물무기를 제조 및 양도하거나, 지원·장려 또는 유도하지 않는다.
제4조	· 국가의 영토, 관할권 또는 통제하는 생물무기의 개발-생산-비축-획득 또는 보유를 금지(방지)하는 데 필요한 모든 국가적 조치를 한다.
제5조	· 양자(다자) 간 협의하고, BWC의 목적과 적용에 관하여 발생하는 모든 문제를 해결하는 데 협력한다.
제6조	· UN 안전보장이사회에 BWC 위반 협의에 대한 조사를 요청할 권리와 UN 안전보장이사회가 개시한 모든 조사에 협조할 것을 약속한다.
제7조	· BWC 위반의 결과로 위험에 노출된 당사국에 지원을 제공한다.

2.4. 호주그룹(이하 AG)

1985년 6월 호주가 주도하여 설립한 AG는 생물·화학무기의 비확산을 실현하기 위해 결성된 비공식 국제협의체다. 참여국들은 어떠한 법적 의무도 지지 않는 대신에 서로 협력하여 운영한다. AG에 참여하는 모든 국가는 CWC, BWC 당사국으로서 시행근거도 CWC와 BWC에 두고 있다.[46)] 1984년 UN 특별사찰단이 이란-이라크 전쟁(1980~1988) 간 화학무기가 사용된 사실을 확인하며 화학물질의 수출을 통제할 필요성을 인식하였다. 이에 따라 1986년 이후부터 매년 10월 파리에 있는 호주 대사관에서 총회를 개최하고 있으며, 화학물질에 관한 수출통제를 협의하고 있다. 2023년 12월 현재 EU를 포함하여 43개국이 참여하고 있다.[47)] 통제지침은 통제목록에 있는 모든 물품을 이전(移轉)하는데 적용된다. 참가국은 매년 생물・화학무기 관련 물질・장비 등을 '공동통제리스트(CCL)'를 이용하여 수출입을 관리한다. <표 6-9>는 AG가 효율성을 높이기 위해 채택한 두 가지 제도를 제시하였다.[48)]

<표 6-9> AG가 채택한 두 가지 제도

구 분	주요 내용
Catch-All	・비(非) 통제품목이라도 수출국 정부 또는 수출업자가 수입업자나 최종 사용자의 생물・화학무기 관련 활동을 통보받았거나 인지했을 경우, 참여국이 수출을 통제하는 제도 * 비(非) 전략물자일지라도 WMD 개발과 연관되면, 수출을 규제
No-Undercut Policy(동일행동 원칙)	・① 참여국이 수출허가를 거부한 것과 같은 품목의 경우, ② 같거나 유사한 특징을 가지고 있는 장비가 같은 수취인에게 판매된 경우, ③ 이중용도 장비의 경우는 최초에 수출을 거부한 참여국과 협의하여 수출을 승인하는 제도
'Catch-All'을 적용받는 통제품목엔 'No-Undercut Policy'을 미적용	

다만, CWC가 발효된 이후 이란, 인도 등 일부 비동맹국가는 AG가 CWC에서 보장하는 협약 당사국의 권리 즉, 평화적 목적으로 사용하는 화학물질 및 관련 과학기술

46) '호주그룹(AG)'은 'Australia Group'의 약자다. 화학・생물무기의 원료 물질 및 제조에 전용될 수 있는 장비, 설비에 대한 국가 간 수출통제의 조화 및 확산이 우려되는 국가에 대하여 관련 정보를 공유하고 있다. 동시에 화학・생물무기의 확산을 저지하고 봉쇄하는 활동을 한다(이인화・이서진, 앞의 총람(2021년 6월), pp. 038~039, 041.).

47) 한국은 1996년도에 가입하였다(외교부 군축 비확산담당관실, 앞의 편람(2021년 1월), pp. 145~147.; 이인화・이서진, 앞의 총람(2021년 6월). pp. 038~042.).

48) 통제 가이드-라인에서 'Catch-All'은 '통제목록에 없는 품목의 수출통제'를, 'No Undercut Policy'는 '타 회원국의 수출거부를 존중'한다(이인화・이서진, 앞의 총람(2021년 6월), pp. 043~046, 048.).

의 자유 교역까지 규제하고 있다며 폐기를 주장하고 있다. AG는 이에 대해 CWC가 보편성과 완전한 협약 이행을 보장하기 이전까지 별도의 규제 메커니즘이 필요하다는 논리로 맞서고 있다.

2.5. AG-CWC-BWC의 차이점

<표 6-10>은 AG-CWC-BWC의 차이점을 비교하여 정리하였다.

<표 6-10> AG-CWC-BWC 간 차이점

구 분	AG	CWC	BWC
명 칭	생물·화학무기와 그것의 제조, 개발에 사용될 수 있는 물질 및 장비, 기술 등의 국가 간 이전을 통제하는 국제체제	화학무기의 개발-생산-비축-사용금지 및 폐기에 관한 협약	생물무기 및 독소 개발-생산-비축 금지 및 폐기에 관한 협약
목 적	생물·화학무기로의 전용을 막기 위해 각 국가 내 적절한 수출허가 수단을 채택	화학물질이 평화적 목적이 아닌 전쟁 목적으로 사용됨을 방지	인체, 동물, 식물 병원균, 독소 등이 평화적 활동 이외의 목적에 사용됨을 방지
주요 경과	· 출범: 1985년 · 당사국: 43개국 · 한국 가입: 1996년	· 발효: 1997년 · 검증 의정서 채택 · 당사국: 193개국 · 한국 가입: 1997년	· 발효: 1975년 · 검증 의정서 미채택 · 당사국: 174개국 · 한국 가입: 1987년
제재 조치	공식적으로 미제재	협약 위반 시 UN 안보리 회부	협약 위반 시 UN 안보리 회부
가입·탈퇴	· 가입: CWC·BWC 당사국으로 조약 의무를 성실히 이행하고 국내 수출통제 입법을 갖추어야 함. · 탈퇴: 가입국 만장일치	· 가입: 협약 발효 전에 협약에 미서명한 국가는 언제든 협약에 가입이 가능 · 탈퇴: 자유	

AG는 생물·화학무기나 그 제조 설비의 이전(transfer)에, CWC와 BWC는 생물·화

학무기의 개발-생산-비축-폐기에 초점을 맞추고 있다.[49)]

3. 미사일 비확산체제

3.1. 미사일 기술통제체제(이하 MTCR)

MTCR은 WMD를 이동시킬 수 있는 무인 운송시스템의 비확산을 목표로 하는 국제협의체다.[50)] 1987년 4월 미국이 주도하여 WMD를 운반할 수 있는 로켓 · 무인 항공기(이하 UAV), 관련 장비 및 기술의 확산을 통제하기 위해 만든 비공식 통제체제다.[51)]

미사일은 자체 추진력을 가진 비행체다. 탑재한 탄두의 종류에 따라 재래식무기 또는 WMD가 될 수 있다. 비용 대 효과 측면에서 중 · 장거리 미사일의 경우, WMD 운반 수단으로 사용되는 경우가 많다. 핵 분열장치, 독소 · 병원균의 살포 장치 등을 목표지역에 정확히 도달시킬 수 있는 운반 수단과 결합함으로써 무기화의 범위가 커졌다. 1950년대 단 · 중거리 탄도미사일 생산이 이루어졌고, 이후 대륙간 탄도미사일(ICBM)을 개발 및 보유하기까지 급속한 발전이 이루어졌다.

냉전기 탄도미사일에 관한 기술이 확산하면서 이란-이라크 전쟁(1980~1988) 시 스커드 미사일이 사용되었다.[52)] NPT 체제하에서 일부 핵 국가만 보유한 것으로만 알고 있던 탄도미사일 기술이 전쟁을 통해 중동지역 국가로 확산하였음도 식별하게 되었

49) 이인화 · 이서진, 앞의 총람(2021년 6월), pp. 053~054.

50) '미사일 기술통제체제(MTCR)'는 'Missile Technology Control Regime'의 약자다. MTCR이 출범된 초기엔 핵무기 운반 미사일만을 대상으로 했으나, 1993년 1월 이후부터 WMD를 운반할 수 있는 모든 미사일로 범위가 확대되었으며, WMD 운반시스템이 사용되지 않는 한 각국의 우주개발사업과 관련한 사업이 행하는 국제적 협력을 저해하지 않는다고 명시하고 있다.

51) 이인화 · 이서진, 앞의 총람(2021년 6월), p. 055.

52) 현재 한국군이 '한국형 3축 체계'에서 채택하고 있는 Kill-chain(2012)의 운영 개념은 당시 美 공군이 이라크군의 스커드 미사일 발사대 차량(TEL)을 조기에 탐지-식별-판단 및 결심-타격하기 위해 설정했던 30분이란 시간 개념을 그대로 가져왔다(김성진, 앞의 아티클(2023년 10월), pp. 20~24.).

다. 곧바로 G7을 중심으로 미사일 확산문제가 논의됐고, 1987년 미사일에 대한 수출 통제를 전담하는 MTCR이 설립되었다.[53] 탑재 중량이 500kg, 사거리가 300km 이상 되는 미사일, 로켓 발사체, UAV 및 관련 부품·기술의 확산 방지 및 이전(移轉)을 통제하기 위해서다. 2020년 12월 기준으로 35개국이 참가하고 있다.[54]

그러나 MTCR이 출범하고, 냉전이 종식된 이후에도 중동 국가를 포함하여 인도, 파키스탄, 북한 등에서 탄도미사일 개발은 확산하고 있다. 국제사회에서 탄도미사일의 개발을 규제할 규범이 필요하다는 인식이 높아지는 이유다.[55] 2002년 11월 25일 헤이그 문안(文案) 교섭 회의는 탄도미사일의 확산을 방지하는 '헤이그 행동 규범(HCoC)'을 채택하였다.[56] 현실을 살펴보면, 미사일 분야는 핵·생물·화학무기와 다르게 이들의 확산을 직접 금지하는 조약(체제)이 없다. 또한, 원자력 분야와 마찬가지로 미사일에 사용되는 로켓 기술은 우주의 평화적 이용을 위한 우주발사체(SLV)와 중첩되어있다. 이러한 이중석 특성이 평화적 목적의 우수발사체 개발 프로그램으로 위장할 개연성을 높인다. <표 6-11>은 MTCR의 현실적 한계를 정리하였다.

<표 6-11> MTCR의 현실적 한계

첫째, 자발적으로 가입하는 구조(비공식 협정)이기에 구속력이 미흡하다.
둘째, 잠재적인 기술 제공이 가능한 국가들이 가입하지 않고 있기에 효과성에 의구심이 사라지지 않는다.
셋째, 공급자 중심의 통제체제로서 이중용도 품목의 수출까지 규제하기에 당사국의 산업 발전에 장애로 작용하고 있다.

53) 외교부 군축 비확산담당관실, 앞의 편람(2021년 1월), pp. 122~123.

54) 한국은 2002년 가입하였다(외교부 군축 비확산담당관실, 앞의 편람(2021년 1월), pp. 124, 127.; 이인화·이서진, 앞의 총람(2021년 6월), p. 056.; https://www.mtcr.info/en.).; 이승윤, "軍 "미사일 사거리 해제, 한국에 대한 신뢰 반영된 결과"," 『YTN 뉴스』 (2021.05.23.).; 양낙규, "올해부터 나오는 괴물 미사일… 개발 역사는," 『아시아경제』 (2024.01.01.).

55) 외교부 군축 비확산담당관실, 앞의 편람(2021년 1월), p. 123.

56) '헤이그 행동 규범(HCoC)'은 'Hague Code of Conduct Against Ballistic Missiles Proliferation'의 약자로서 2002년 2월(파리)/6월(마드리드) 비회원국이 같이 참가하여 문안(文案) 교섭 회의를 개최하였다(외교부 군축 비확산담당관실, 앞의 편람(2021년 1월), p. 124.).

첫째, 정글의 법칙이 존재하는 국제사회는 강대국(미국)의 강력한 통제 의지와 힘의 논리로 규정이 준수될 수밖에 없다. 또한, 회원국의 자발적인 참여에 의존하는 구조이기에 강제력 즉, 구속력이 없다.

둘째, 중국, 북한, 인도, 파키스탄, 이집트, 리비아, 이란, 이스라엘 등은 비회원국이지만, 기술공급이 가능한 국가로서 이들은 탄도미사일 개발을 계속하고 있다. 따라서 MTCR 체제의 통제 영역에 들어오지 않는 한 성과를 욕심내기엔 한계가 있다.

셋째, 미국 등의 주도국이 다른 국가에 대한 산업·무역 규제의 수단으로 사용하고 있기에 제3 세계국가들은 불평등하다고 지적한다. 따라서 제도적 뒷받침이 필요하다. <표 6-12>는 탄도미사일과 우주발사체(SLV)를 비교하였다.[57]

<표 6-12> 탄도미사일과 우주발사체의 차이·유사점 비교

구 분		탄도미사일(BM)	우주발사체(SLV)
차이점	탑재체	·탄두(폭약, 핵무기) *실험 시 탄두 미장착 경우 존재	·인공위성
	궤 적	·초기 수직 궤적 이후 탄두는 포물선 궤적	·초기: 수직 궤적 ·이후: 지구위성 궤적
	적용기술	·탄두 reentry 기술 ↳마찰열 감소 기술 ·중력을 이용 낙하	·위성의 궤도 진입을 위해 킥모터를 이용한 ejection 기술 ↳중력을 벗어나기 위한 기술
	목 표	지·해·공중 목표물	지구 궤도 목표지점
	사거리	100~13,000km	사거리 적용 개념 불가(不可)
유사점	추진력	로켓엔진 사용	
	발사각도	발사 시 수직각도로 상승(boost 단계)	
	적용기술	유도조정장치 활용	
비고	탑재중량	·0.5~1.5t	·0.01~10t * 나로호 탑재 중량: 100kg
	탑재체 식별방법	·외형: 주로 원추형	● 외형: 원통형, 사각형 ● 궤도에 전파를 송신하는 新 인공위성의 존재 확인 * 위성 발사 실패 시 구별 곤란

57) '탄도미사일(BM)'은 'Ballistic Missile'의 약자로서 발사한 이후 자체적으로 고도를 높이며, 대부분 대기권을 벗어나 중력에 의한 자유낙하를 통해 목표에 도달 및 타격한다. '우주발사체(SLV)'는 'Space Launch Vehicle 또는 Launch Vehicle)'의 약자로 '탑재물을 지구 표면으로부터 우주 공간으로 옮기는 데 사용되는 로켓'이다.

3.2. 미사일 방어체계(이하 MD)

MD는 미국과 그 동맹국이 탄도미사일에 공격받을 경우, 요격미사일과 레이저 무기 등을 이용하여 신속하게 요격하는 체계다. 통상 MD는 미사일의 3단계인 상승(Booster)-중간(Midcourse)-종말(Terminal) 단계로서 탐지체계-통제체계-요격체계로 구성되어 있다. <표 6-13>은 美 국방부가 발표한 ‘미사일 방어 검토 보고서(MDR)’의 역할과 기본 원칙-전략을 정리하였다.[58)]

<표 6-13> 美 ‘미사일 방어 검토 보고서(MDR)’의 MD 역할과 기본 원칙 · 전략(2019)

구분	주요 내용
역할	· 본토 · 해외 주둔 미군, 동맹국과 협력국에 대한 보호 능력의 강화 · 적국(잠재적국)의 적대 · 강압적 위협과 공격을 억제(deterrence) · 동맹 · 협력국의 안전을 보장 · 미국의 외교력 행사를 힘의 우위에 기반하여 지원 · 국익 수호를 위해 군사작전을 수행할 수 있도록 행동의 자유를 보장
기본 원칙	· ICBM을 갖춘 적국의 위협에 대한 방어 능력 구비 · 해외 주둔 미군, 동맹 · 협력국을 모든 위협에서 보호하기 위한 방어 능력 정비 · 미래 위협에 대응하기 위한 새로운 미사일 방어 개념과 기술을 추구
MD 전략	· 억제가 실패하고 충돌로 이어질 경우, 상대의 미사일이 발사되기 이전에 격퇴(attack operations)하는 등의 포괄적인 방어 능력을 구축 · 미사일 방어시스템의 유연 · 적응성을 강화 · 탄도 · 순항미사일 방어시스템의 통합 및 상호운용성을 강화 · 미사일 방어 센서 구축을 위하여 우주(universe) 공간을 활용 · 위기 또는 충돌 시 발휘할 수 있도록 군사적 능력을 검증

‘2022 MDR’은 세분화(segmentation), 분산(dispersion), 기동(maneuver)을 강조하고

58) ‘미사일 방어검토 보고서(MDR)’는 ‘Missile Defense Review Report’의 약자다(외교부 군축 비확산담당관실, 앞의 편람(2021년 1월), pp. 129~131.).

있으며, 통합 MD 구축을 정책의 우선 목표로 두었다.[59] <표 6-14>는 공중과 미사일 위협에 대한 대응 범주를 제시하였다.

<표 6-14> 공중・미사일 위협에 대한 대응의 범주(範疇)

첫째, 증가하는 공중・미사일 위협에 대한 환경변화를 개관하고 있다. 둘째, 미국이 추구하는 MD 전략과 정책을 표방(標榜)하고 있다. 셋째, 동맹・우방국과의 국제적 협력을 강화하기 위한 가이드 라인이다.

<표 6-15>는 '2019 MDR'과 '2022 MDR'의 차이점을 정리하였다.[60]

<표 6-15> '2019 MDR'과 '2022 MDR'의 차이점

구 분	'2019 MDR'	'2022 MDR'
분 량	별도 책자(80쪽)	'핵 태세 검토보고서(NPR)'를 포함한 보고서 형태(12쪽)
특 징	기술개발, 예산 편성, 전력 배치・작전 운용 등을 구체화 * 미사일 방어(MD)	미포함 * 통합 미사일 방어(IAMD)
동맹・우방국 협력	'같이하는 일(working with)'	'협력 강화(strengthening international co-operation with)'
북한 위협	'암묵적 위협, 위협 주체'로 명시	중・러, 북한, 이란, 비국가 행위자를 '적(adversaries)'으로 명시

59) 2019년 도널드 W. 트럼프 행정부의 '2019 MDR'은 별도의 책자로, 2022년 조 R. 바이든 행정부의 '2022 MDR'은 '2022 NDR'에다 '2022 핵 태세 검토보고서(NPR)'를 통합하여 발표하였다(김기원・박대광, "바이든 행정부 미사일 방어 검토보고서의 주요 내용과 시사점," 『동북아안보정세분석』 (서울:한국국방연구원, 2022.11.03.), pp. 4~6.).

60) 김기원・박대광, 앞의 분석(2022.11.03.), pp. 1~2.; 하채림, ""美, 북・중 억제 위해 韓에 통합 미사일 방어 자산배치 소요 전망"," 『연합뉴스』 (2022.11.06.).; 美 국방부는 "지상 기반 외기권 방어(GMD)는 중・러가 공중・해상에서 발사하는 대륙간 탄도미사일(ICBM)을 요격하기 위해 만들어진 게 아니며 그럴 능력이 없다."라고 인정하였다. 'GMD'는 'Ground-Based Midcourse Defense'의 약자다.

주목할 대목은 MD 동맹과 우방국의 협력 분야다. '2019 MDR'은 '같이하는 일(working with)'이라는 일반적 의미로 접근하였으나, '2022 MDR'은 '협력 강화(strengthening international cooperation with)'라고 하며 '통합 미사일 방어(IAMD)' 구현이 우선순위에 있음을 명확히 밝혔다.[61] 대응방식에서 유럽은 '확장 억제력 강화와 핵 공유 체제의 공고화'를, 인-태 지역은 '확장 억제력의 신뢰성과 실효성 강화'라는 측면이 차이가 있다.[62] 물론, 북한의 '섞어 쏘기' 위협을 거론하며, 순항(cruse)미사일, 극초음속 미사일 등의 신형 전술 무기와 공격형 UAV, 장사정포 등에 의한 도발에 대비할 필요성도 같이 제시하고 있다. 2023년 12월 19일 북한의 미사일 위협에 대비하고자 한・미・일 실시간 정보공유체계를 가동하고 있음도 같은 맥락이다.[63]

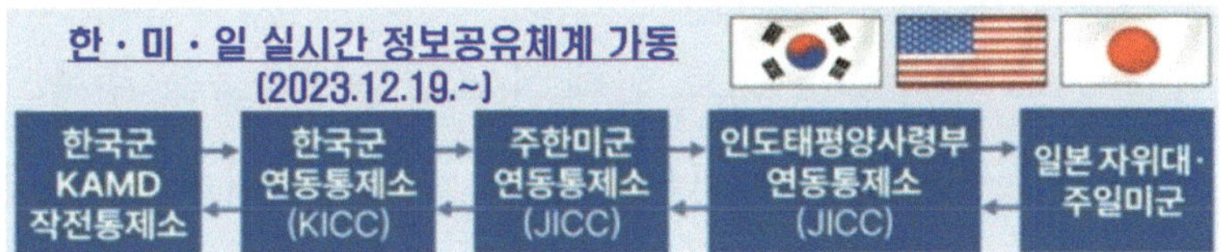

4. 기타 무기 비확산체제

4.1. 재래식 무기의 이전(移轉) 통제체제

61) '핵 태세 검토보고서(NPR)'는 'Nuclear Posture Review', '통합 미사일 방어(IAMD)'는 'Integrated Air and Missile Defense'의 약자다.

62) 남문희, "'한·미 핵협의그룹(NCG)' 일정에 드리운 트럼프의 그림자?," 『시사IN』 (2024.01.12.).

63) '한・미・일 북한 미사일 실시간 공유체계'는 한국군의 KAMD(한국형 미사일 방어) 작전통제소와 연동통제소(KICC)-주한미군 연동통제소(USFK JICC)-美 인도 태평양사령부 연동통제소(INDOPACOM JICC)-자위대+주일미군과 연결하는 체계다(김귀근, "'北 미사일 경보정보 24시간 공유…궤적·기종 분석 능력 높여," 『연합뉴스』 (2023.12.19.).

* '한국군 연동통제소(KICC)'는 'Korea Interface Control Cell'을, '주한미군 연동통제소(JICC)'는 'Joint Interface Control Cell'의 약자다.

4.1.1. 대(對)공산권 수출통제위원회(이하 COCOM)

전략물자의 수출통제는 1949년 11월 22일 설립한 COCOM이 기원이다.64) 제2차 세계대전 이후 이념적 대립으로 동·서진영의 긴장이 고조된 상황에서 서방국가들은 국제정치·경제·전략·기술·군사적 우위를 점하기 위한 수단으로 도입한 국제체제다. 당시 미국은 마셜-플랜(유럽 부흥계획)을 입안하여 서유럽지역에 대규모의 경제지원을 하였고, 1948년 NATO를 창설한 다음 동맹국들에 신형무기 등의 군사적 지원을 아끼지 않았다. 다만, 동맹국이나 서방국가들에 제공한 첨단무기 및 군사기술이 공산권 국가로 유출되면, 자신들의 군사적 우위가 침해당할 수 있기에 경계하였다. 하지만 곧 현실의 문제가 되었다.65) 소련군이 MIG-15기(1947)에 영국의 제트엔진 기술을 접목하는 데 성공했고, 최초의 원자폭탄 실험(1949년 8월)에도 성공하며 서방의 위기감은 잔뜩 높아졌다. 이로 인해 NATO 동맹국들을 주축으로 COCOM을 최초의 다자간 수출통제체제이자 대(對)공산권 봉쇄정책의 하나로 설립하였다.66)

4.1.2. 바세나르 체제(이하 WA)

미국의 빌 클린턴(Bill Clinton) 행정부 대표단은 1994년 3월 31일 COCOM이 해체되자 유사한 국제체제의 설립을 기대했지만, 이루어지지 않았다. 1995년 12월 19일 네덜란드 헤이그에 28개국 대표가 모여 WA에 관해 합의하였고, 1996년 7월 11일부터

---

64) '대(對)공산권 수출통제위원회(COCOM)'는 'Coordinating Committee for Multilateral Export Controls'의 약자다. 냉전기 서방국가들이 중국을 견제하기 위해 전략 물품의 수출을 막고자 다자주의적 틀로 만든 기구다((이인화·이서진, 앞의 총람(2021년 6월), pp. 015~016.; 문병기, "美상무 "냉전때 '코콤'처럼… 中 위협 견제 다자 수출통제 필요"," 『동아일보』 (2023.12.04.).).

65) 외교부 군축 비확산담당관실, 앞의 편람(2021년 1월), pp. 153~154.; 전략물자관리원, 『수출통제총람 2020』 (서울:전략물자관리원, 2020), pp. 015~018.

66) '전략물자 수출통제'란 용어는 COCOM이 수출통제의 대상으로 포함한 물품을 일반적으로 '전략물자(Strategic Items)'라고 부른 데서 유래했다(이인화·이서진, 앞의 총람(2021년 6월), p. 016.).

12일까지 오스트리아 비엔나(빈)에 협정 사무국을 설치하였으며, 11월 1일부터 공식적인 활동을 시작하였다.[67)]

WA는 재래식 무기와 민감한 이중 용도품목 및 군사기술의 수출을 통제하는 최초의 국제체제다. 국제평화에 위협이 되는 국가에 무기 또는 전략물자 등의 수출을 통제하기 위한 '재래식 무기 수출통제 조약'으로 사이버보안기술을 규제 대상에 포함하고 있다. 다만, 강제 협약이 아니라 개별 회원국의 수출통제 법규 및 제도에 따라 진행하고 있다.[68)]

WA가 활동하는 두 가지 축은 ① 재래식 무기와 관련된 분야이고, ② 비(非) WMD에 관한 이중 용도품목과 기술 이전에 관한 분야다. 투명성과 책임감을 높여 무기와 물품・기술이 안정을 해칠 정도로 축적되는 현상을 예방함으로써 지역・국제적 안전(안정)에 기여하는 데 있다. <표 6-16>은 COCOM과 WA를 비교하였다.[69)]

<표 6-16> COCOM과 WA 비교

구 분	COCOM	WA
취 지	공산권의 군사력 강화를 억제	21세기 신(新) 안보위협에 대처
참여국	NATO 중심의 21개국	42개국
통제 대상국	소련과 공산권 국가	통제할 대상국 명단이 없음
통제지침	・사전(事前) 통고제 * 거부권, No-undercut	・사후(事後) 통고제 * 거부권 없음, No-undercut
통제품목	재래식 무기와 기술	재래식 무기와 기술, 이중 용도품목

67) 외교부 수출통제 제재담당관실, "군축・비확산 이슈," 『외교부 홈페이지(https://www.mofa.go.kr/www/main.do)』 (검색일자: 2024년 03월 20일).

68) '바세나르 체제(WA)'는 'Wassenaar Arrangement'의 약자로서 일명 '바세나르 협정'이라고 불리며, 정식 명칭은 '재래식 무기와 이중 용도품목 및 기술의 수출통제에 관한 바세나르 체제(The Wassenaar Arrangement on Export Countries for Conventional Arms and Dual-Use Goods and Technologies)'다. 1994년 3월 31일 대(對)공산권 국가들을 대상으로 전략물자 또는 기술의 수출을 통제하는 '대(對)공산권 수출통제위원회(COCOM)'가 해체되자 이를 대체하기 위해 설립한 후속체제다. 2020년 12월 기준으로 42개국이 참여하고 있다(외교부 군축 비확산담당관실, 앞의 편람(2021년 1월), pp. 153~159.; 이인화・이서진, 앞의 총람(2021년 6월), pp. 057~059.).

69) 이인화・이서진, 앞의 총람(2021년 6월), p. 058.

4.1.3. 무기거래조약(이하 ATT)

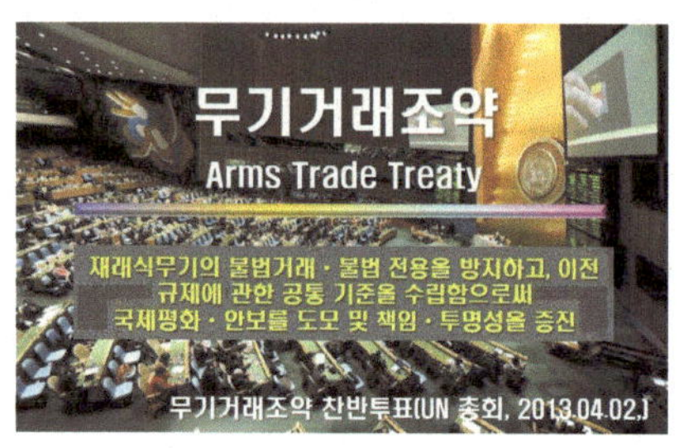

ATT는 재래식 무기의 국제 이전(transfer) 규제에 관해 공통 기준을 마련한 조약이다. 분산되어있던 기존의 재래식 무기협정과는 달리 2014년 12월에 발효된 구속력을 가진 재래식 무기 거래 조약이다.[70)]

1998년 제53차 UN 총회에서 소형무기의 불법 거래에 관한 국제회의를 개최하였다. 2001년 7월 뉴욕에서 '소형무기 행동계획'을 채택했으나, 법적 구속력이 없다. 2006년 UN 총회결의 61/89와 2013년 4월 2일 100개국이 공동 제안하여 무기거래조약을 승인하였고, 2014년 12월 발효되었으며, 113개국이 당사국으로 참여하고 있다. 2017년 제네바에서 당사국 제3차 회의가 개최되었다.[71)]

당사국들은 통제품목을 이전(transfer)하는 행위가 UN 헌장 제7장에 따라 ① UN 안전보장이사회의 의무를 위반하는 경우, ② 국제조약상의 관련 국제의무를 위반하는 경우, ③ 제노사이드(genocide),[72)] ④ 인도(人道)에 반하는 범죄(Crimes Against Humanity),[73)] ⑤ 제네바 의정서(1949)의 중대한 위반, ⑥ 민간인을 대상으로 하는 무

70) '무기거래조약(ATT)'은 'Arms Trade Treaty'의 약자다(외교부 군축 비확산담당관실, 앞의 편람(2021년 1월), pp. 103~106.; 이인화 · 이서진, 앞의 총람(2021년 6월), pp. 064~067.).

71) 한국은 2017년 2월부터 당사국으로 참여하고 있다(김주원 외, 『SIPRI YEARBOOK 2018:군비, 군축, 국제안보』 (서울:피스모모(PEACEMOMO), 2018), pp. 14~17.; 이인화 · 이서진, 앞의 총람(2021년 6월), pp. 065~067.; 양기반, "한국, 무기거래조약 의장국 됐다…폴란드와 '대형 계약' 높아진 '위상'," 『국방신문』 (2022.08.28.).).

72) '제노사이드(genocide, 집단학살)'는 폴란드계 유대인 변호사인 라파엘 렘킨(Raphael Lemkin)이 1944년 독일 나치 정권의 홀로코스트(유대인 집단학살)를 묘사하며 만든 개념이다. 1945년 11월 20일 독일 바이에른주(州) 뉘른베르크에서 나치 전범(戰犯)들에 대한 재판이 열렸고, 142명이 유죄판결을 받았으며, 12명은 사형을 집행하였다. 제2차 세계대전을 발발시키고 핵심 역할을 했던 헤르만 W. 괴링(Hermann W. Göring), 폴란드의 도살자로 불리던 한스 M. 프랑크(Hans M. Frank) 등과 유대인을 비롯해 수많은 인명을 살해한 전범들을 단죄함으로써 인류의 양심과 정의를 실현하기 위함이었다. 1948년 UN은 제노사이드 협약을 국제범죄로 채택하였다(Philippe Sands 著, 정철승 · 황문주 譯, 『인간의 정의는 어떻게 탄생했는가』 (서울:더봄, 2019).).

* '제노사이드(genocide)': '특정 인류 집단을 고의 · 제도적으로 말살하는 행위나, 시도'를 의미하고 있다.

73) '인도에 반하는 범죄(Crimes Against Humanity)'는 허쉬 라우터파하트(Hersch Lauterpacht)의 개념이다.

력 공격・전쟁범죄에 해당하는 경우는 승인할 수 없다. 또한, 같은 조항에 해당하지 않는 경우도 ⑦ 재래식 무기와 관련 품목이 평화 유지 및 안전에 위해(危害)가 될 소지는 없는지, ⑧ 국제인권・인도법에 심각한 침해 사유는 없는지, ⑨ 거래되는 무기가 테러리즘과 초국가적 범죄에 사용될 여지는 없는지, ⑩ 성(性)에 기반한 폭력 또는 여성과 아동을 대상으로 하는 심각한 폭력에 사용될 가능성은 없는지를 평가하여 위험에 이를 가능성이 크다고 판단될 경우도 수출을 금지하고 있다.

국제・지역적 평화, 안보(안정)에 기여하고, 인간의 고통을 감소시키며, 재래식 무기를 거래하는 과정에서의 협력 및 투명성을 높임으로써 책임을 촉진하기 위함이다. 특히 공통적인 거래규제 기준을 확립하고 불법 거래나, 전용(轉用) 방지에 노력하고 있다. 아울러 전차와 장갑차, 대구경 대포, 전투기, 공격용 헬기, 전함(戰艦), 미사일과 미사일 발사체(발사대), 소형 화기 및 경(輕-light)화기 등은 거래 금지 무기로 지정하였다. 재래식 무기가 민간인 또는 학교・병원 등의 건물을 공격하는 데 사용될 가능성만 있어도 수출을 금지 및 제한한다. 핵심은 조약을 이행하는 국가들이 예외 및 차별 없이 국내체제를 정비하는 데 있다. 다만, 수출입과 이전(transfer), 환적(換積-transshipment) 및 중개행위엔 적용되지만, 기술의 이전은 적용 대상이 아니다. 중국은 2020년 7월 7일 정식 가입하였지만, 아직도 러시아, 인도 등이 조약 비준에 기권을 선택하고 있기에 실효성 측면에서 비판적인 시각이 많다.[74)]

4.1.4. UN 재래식 무기 등록부(이하 UNROCA)

UNROCA는 ① 재래식 무기의 수출입 현황에 관한 보고서, ② 군비 보유현황에 관한 배경설명서, ③ 국내생산을 통한 무기조달 및 관련 정책과 입법 동향에 관한 배경설명서를 UN에 제출하는 제도다.[75)]

74) 한국무역협회(KITA), "중국, 무기거래조약 정식 가입… "미 견제 움직임"," 『무역뉴스』(2020.07.07.).

75) 'UN 재래식 무기 등록부(UNROCA)'는 'UN Register of Conventional Arms'의 약자다(United Nations, General Assembly, 'United Nations Register of Conventional Arms', Report of the Secretary-General, A/73/185, 18 July 2018. Most, but not all, reports by member states that are included in this annual report, as well as member state reports from earlier years, can be found in the UNROCA database,

1991년 2월 제46차 UN 총회에서 군비통제의 투명성에 관한 결의안 46/36L를 채택하여 1993년부터 시행하였다. UNROCA는 모든 회원국에 7가지 범주의 재래식 무기에 관한 수출입 정보를 보고하도록 하는 등 공식적으로 무기 이전에 대한 투명성을 높이는 국제 메커니즘 역할을 하고 있다.[76] 그러나 참여국 과반수가 무기의 이전 또는 취득에 관한 최소 자료만 제출하고 있을 뿐이다. 더욱이 자료도 배경설명서만 제출하기에 핵심적인 내용을 파악하기가 쉽지 않다. 여기에다 무기의 이전(transfer)에 관한 자료들만 집중되기에 국내생산에 의한 무기 공급 또는 조달 현황은 파악하기 어려운 취약점을 안고 있다.

4.2. 대인지뢰 통제체제

4.2.1. 특정재래식무기금지협약(이하 CCW)

CCW는 지뢰, 부비트랩, 소이무기 등을 비롯하여 민간인에게까지 무차별적 살상을 초래하는 비인도적 무기는 사용하지 못하게 한다.[77] 베트남 전쟁 때 사용된 비인도적 무기를 규제해야 한다는 국제 여론이 높아지자 국제적십자는 1972년부터 1973년까지 조사한 보고서를 UN 총회에서 다뤘다. 1974년 이후부터는 UN 외교협회 차원에서 비인도적 재래식 무기에 대한 규제 논의를 UN 총회 의제로 상정하였다. 1980년 10월 CCW를 정식 의제로 채택하였고, 1983년 12월에 발효되었다. 1995년 9월 제1차 평가 회의

<https://www.unroca.org/>.).

76) 2023년 기준으로 175개국이 UNROCA에 최소 한 번 이상은 보고하였고, 전(全) 세계 무기 거래량의 약 90%를 차지하는 것으로 추산되고 있다. 한국은 1993년부터 참가하고 있다 (https://disarmament.unoda.org/convarms/register/; 남만권, 앞의 책(2006), p. 261.).

77) '특정재래식무기금지협약(CCW)'은 'Convention on Certain Conventional Weapons'의 약자로서 정식 명칭은 '과도한 상해나 무차별적 영향을 초래하는 특정 재래식 무기의 사용을 금지 또는 제한에 관한 협약(Convention on Prohibitions or Restrictions on the Use of Certain Conventional Weapons Which May Be Deemed to Be Excessively Injurious or to Have Indiscriminate Effects)'이다. 일명 '비인도적 재래식 무기 협약(Inhumane Weapons Convention)'이라고도 불리고 있다.

에서 ‘제2 의정서(지뢰사용 금지 의정서)’를 개정하고 제4 부속 의정서로 채택하였다.[78] <표 6-17>은 CCW의 주요 구성 내용을 정리하였다.

<표 6-17> CCW의 주요 구성

구 분	주요 구성	발효 시기/규모
제1의정서	X-Ray로 탐지 불가능한 파편 무기 사용금지	1983년 12월/ 118개국
제2의정서	지뢰 또는 부비트랩 사용금지 및 제한	1998년 12월/ 104개국
제3의정서	소이성(燒夷性-Incendiary munitions) 무기의 사용금지 및 제한	1983년 12월/ 115개국
제4의정서	실명(失明) 레이저 무기는 사용금지	1998년 7월/ 108개국
제5의정서	전쟁 잔류 폭발물(ERW)의 제거 및 협력	2006년 11월/ 93개국

4.2.2. 대인지뢰 금지협약(이하 APLC)

APLC는 1996년 10월 캐나다의 오타와(Ottawa)에서 처음 회의를 개최하였다. 여기서 APLC를 1997년까지 체결하는 오타와 선언과 행동계획이 채택되었다.[79] 1997년 6월 협약에 관한 목표와 일정을 재확인하는 ‘브뤼셀 선언(Brussels Declaration)’이, 1997년 9월 노

78) 개정된 내용은 ‘탐지할 수 없는 대인지뢰는 사용을 금지하고, 자동 폭발 및 자동 무능화 기능을 의무화하는 등 지뢰를 사용하는 행위를 엄격하게 규제’하고 있다. 2020년 기준으로 125개국이 가입하였으며, 한국은 제1 의정서와 제2 의정서(2001년 5월 개정), 제5 의정서(2008년 1월)에 가입하였다(외교부 군축 비확산담당관실, 앞의 편람(2021년 1월), pp. 107~111.; 남만권, 앞의 책(2006), pp. 262~263.).
   * CCW는 2개 의정서 이상 가입하면 당사국으로 규정하고 있다.

79) ‘대인지뢰 금지협약(APLC)’은 ‘Anti-Personnel Mine Ban Convention’, ‘오타와 협약(OA)’은 ‘Ottawa Arrangement’의 약자다. 1996년 5월 재래식 대인지뢰의 사용을 제한하고 이전을 통제하는 ‘제2 의정서(지뢰사용 금지 의정서)’를 개정하였으나, 상당수 서방국가는 대인지뢰의 사용 및 이전(transfer)에 대한 통제만 강화하고 있기에 지뢰의 폐해를 근본적으로 근절하기는 미흡하다며 개정에 불만을 제기했다. 따라서 대인지뢰의 사용을 전면적으로 금지하는 국제협약을 독자적으로 결성하자는 움직임이 나타났고, 캐나다, 오스트리아 등의 서방국가와 NGO가 중심이 되었다(외교부 군축 비확산담당관실, 앞의 편람(2021년 1월), pp. 112~117.).

르웨이 오슬로(Oslo) 회의에서 '대인지뢰 금지협약에 관한 문안(文案)'을 확정하였다. 최초의 회의 개최지가 오타와였기에 '오타와 협약(OA)'으로 불리고 있으며, 1999년 3월 1일 발효되었다. 2020년 기준으로 164개국이 가입하고 있다.[80)]<표 6-18>은 APLC의 주요 내용을 정리하였다.

<표 6-18> APLC의 주요 내용

첫째, 지뢰탐지, 제거 및 폐기 기술의 개발을 위한 극히 제한된 양(量)의 대인지뢰만 보유를 허용하는 이외에 모든 대인지뢰의 사용-개발-생산-비축-이전은 포괄적으로 금지한다. 둘째, 당사국 내에서 협약이 발효된 이후 4년 이내에 대인지뢰의 비축분을 폐기하고, 10년 이내에 매설되어있는 대인지뢰는 폐기한다. 셋째, 특정한 조항에 대한 유보는 인정하지 않는다. 넷째, 40번째 비준서를 기탁한 후 6개월 뒤에 발효한다.

2014년 6월 아프리카의 모잠비크에서 개최된 제3차 평가 회의에 옵서버 자격으로 참석한 미국은 오타와 협약이 금지하는 대인지뢰의 생산 및 여타 지뢰에 대한 획득 중단을 선언하였다. 9월 버락 H. 오바마(Barack H. Obama) 대통령은 한반도 이외 지역에서는 대인지뢰를 사용하지 않겠다고 선언하였다. 그러나 2020년 1월 도널드 J. 트럼프(Donald J. Trump) 행정부가 전(全) 세계 지역에 대인지뢰 사용을 허용하는 등 정책 노선을 정반대로 전환했다. 또한, 대인지뢰 정책도 대통령 소관에서 국방부 소관으로 조정하여 군사작전에 차질이 생기지 않도록 조치하였다. 국제사회는 이러한 정책 변경에 대하여 미국의 대인지뢰 정책이 후퇴했다며 비판을 제기하고 있다. 한국은 2020년 처음으로 APLC 당사국 회의에 옵서버로 참여하여 한반도에서의 지뢰 제거 노력을 소개한 바 있다.

80) 대인지뢰의 사용 및 생산을 전면 금지할 뿐 아니라 재고분 폐기, 기존에 매설한 지뢰까지 제거하도록 규정하고 있기에 안보 측면에서 대인지뢰가 필요한 국가들은 가입하지 않고 있다. 대표적으로 한국과 북한, 미국, 중국, 러시아, 인도, 파키스탄, 이스라엘, 베트남 등을 들 수 있다(외교부 군축 비확산담당관실, 앞의 편람(2021년 1월), pp. 112~113.).; 조 R. 바이든 행정부는 대인지뢰가 북한의 남침 방어용으로 사용되는 특수한 현실을 고려하여 "한반도 내 대인지뢰 사용은 예외로 할 것이다."라고 발표하였다(정상원, "미국, 오타와 협약 따라 대인지뢰 전면 금지…한반도는 예외," 『한국일보』 (2022.06.22.).).

4.2.3. 확산탄 금지협약(이하 CCM)

CCM은 집속탄의 사용과 보유, 제조를 전면 금지하는 국제협약이다.[81] 2006년 이스라엘이 남부 레바논을 공격할 때 사용한 확산탄(cluster munitions, 일명 집속탄)으로 엄청난 인명피해가 발생하였다. 국제사회엔 확산탄 규제가 필요하다는 여론이 높아졌다. 2022년 러-우 전쟁이 끝날 기미가 보이지 않는 가운데 소모전 양상으로 접어들었고, 2023년 7월 미국의 조 R. 바이든 대통령이 우크라이나에 확산탄(집속탄) 지원을 결정하며 찬반 논란으로 번졌다.[82]

2006년 제3차 CCW 평가 회의에서 확산탄 의정서 마련에 관한 협상을 개시하자는 노력이 국가 간 이해관계로 의견이 갈렸다. 그러자 노르웨이를 비롯한 27개국이 주도하여 신뢰도가 낮고 부정확한 확산탄의 개발-생산-비축-이전-사용금지 및 비축 확산탄의 폐기를 촉구하는 선언을 채택하였다.[83] 2007년 2월 노르웨이 오슬로에서 확산탄 관련 회의를 통해 2008년까지 확산탄 규제 규범을 마련한다는 '오슬로 선언(Oslo

---

81) 외교부 군축 비확산담당관실, 앞의 편람(2021년 1월), pp. 118~119.

82) 엄지민, "집속탄 1발이면 축구장 4개 초토화...어떤 무기이길래?," 『YTN 뉴스』 (2023.07.10.).; 임대환, "집속탄, 이래서 '게임 체인저'…전세 단번에 바꿀 엄청난 위력," 『문화일보』 (2023.07.14.).

83) '확산탄 금지협약(CCM)'은 'Convention on Cluster Munitions'의 약자다. 일명 '집속탄 금지 협약(集束彈禁止協約)' 또는 '클러스터 폭탄 금지협약'이라고 불리고 있다.
 * '확산탄(擴散彈-Cluster Bomb)'은 '탄체 내부에 수 개에서 수백 개에 달하는 복수의 자탄(子彈)을 탑재한 폭탄'으로 광범위한 살상 및 파괴 효과를 높이기 위해 개발되었다. 여기서 확산탄과 집속탄(集束彈 또는 군집탄-群集彈), 클러스터 폭탄은 모두 같은 뜻이다. 다만, 미군은 '공대지 미사일로 무장한 공격용 항공기와 헬기, 탄도미사일로 투발하는 확산탄'을 '클러스터 폭탄(Cluster Bomb)'이라고 하며, '지상 발포 또는 공중에서 투하하는 확산탄'은 포괄적 의미에서 '이중목적 개량 고폭탄(DP-ICM)'으로 불린다.
 * '이중목적 개량 고폭탄(DP-ICM)'은 'Dual-Purpose Improved Conventional Munition'의 약자다.

Declaration)'이 채택되었다. 2008년 5월 107개국이 참여하여 CCM 문안(文案)을 채택했고, 2010년 8월 1일 발효되었다. 2020년 기준으로 110개국이 참여하고 있으며, 57개국과 기타 4개 지역엔 여전히 지뢰가 매설되어있다.[84)]

4.2.4. 소형무기와 경화기 통제체제(이하 SALW)

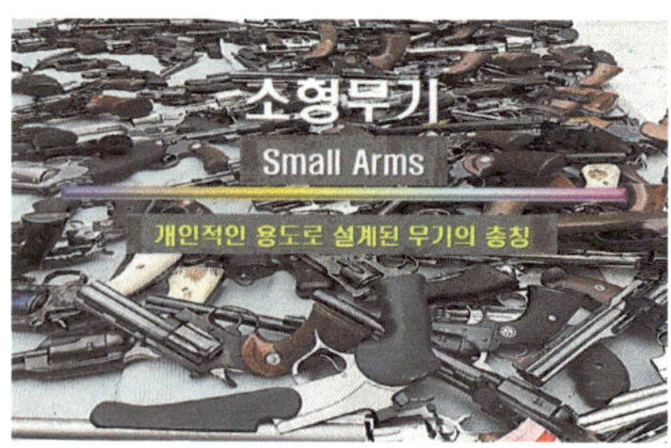

SALW는 반군 및 테러집단, 마약 및 범죄집단 등이 사용하는 추세가 급격히 증가함으로써 국제사회의 관심과 우려가 큰 의제다.[85)] 1974녀 이후 매년 UN 결의안을 채택하고 있다. 소형무기에 관한 규정은 1991년 12월 UN 결의안 'A/RES/46/36'으로 제정되었고, 1996년 1월 'A/RES/50/70'으로 확장되었다.

1997년 7월 소형무기의 유형, 불안정한 축적과 불법 이전(移轉)의 성격, 방지방안 등에 관하여 'UN 소형무기 정부 전문가그룹 보고서'를 채택하였고, 국제사회에 중요한 행동지침을 주고 있다.

1998년 7월 노르웨이 오슬로에서 21개국 전문가들은 소형무기의 불법 이전 방지 및 분쟁이 종식된 이후 소형무기 제거작업을 지원하는 방안 등에 대한 '오슬로 플랫폼(Oslo Platform)'을 채택하며 국제사회의 노력을 촉구하였다. 10월 벨기에 브뤼셀에서는 '소형무기 문제에 대한 행동계획(Brussels Call for Action)'이 채택되었다.

2001년 7월 뉴욕에서 개최된 소형무기 불법 거래에 관한 UN 총회에서 정치적 합의

---

84) 한국과 미·러·중, 인도, 파키스탄, 이스라엘, 브라질 등 주요 확산탄 생산·보유국은 참가하지 않고 있다(외교부 군축 비확산담당관실, 앞의 편람(2021년 1월), pp. 118~119.; 김주원 외, 앞의 편람(2018), pp. 15~17.).

85) '소형무기와 경화기 통제체제(SALW)'는 'Small Arms and Light Weapons'의 약자다. 2005년 12월 8일 UN 총회에서 채택된 국제추적기구(ITI-International Tracking Institute)는 '소형무기'와 '경무기(輕武器)'를 이렇게 구분하고 있다. '소형무기'는 '개인적인 용도로 설계된 무기의 총칭'이며, 개인이 사용할 수 있는 리볼버·피스톨 권총과 소총, 기관단총, 경기관총이 포함된다. '경무기'는 '2~3명이 사용하도록 설계한 가벼운 무기(Light Weapons)' 즉, 대물(對物)·대전차 미사일, 로켓·대공 미사일 시스템의 휴대용 발사기, 범용(汎用-mediocrity)·중형 기관총, 휴대용 화염 방사기, 수류탄, 유탄 발사기, 지뢰·탄약, 100mm 미만인 박격포 등을 포함하고 있다(김성진, 앞의 책(2020b), pp. 227~240.).

이자 기본지침 성격의 '소형무기 행동계획(PoA)'을 채택하였다.[86]

2013년 4월 2일 '무기거래조약(ATT)'을 압도적으로 승인하였다.[87] 이어서 9월 26일 UN 안전보장이사회가 각국의 소형무기에 대한 금수(禁輸) 조치와 함께 '소형무기와 경화기 통제체제(SALW)'의 통제 프로토콜 준수를 촉구하는 결의안 제2117호를 통과시켰고, UN 군축사무국(UNODA)은 이에 관한 조정 업무를 수행하고 있다.[88] EU는 1998년 제정된 'EU 행동강령'을 개정하여 군수품의 수출뿐 아니라 무형적 기술 이전과 중개행위 등을 포함한 통제 범위의 확대 및 인권 상황을 함께 고려하며 조치하고 있다.

바세나르 체제(WA)는 2002년 기본 원칙문서에 '소형무기의 수출과 관련한 최적 관행 지침'을 채택함으로써 과도한 무기의 축적과 수입, 국내의 무력분쟁, 인권 상황 등을 소형무기의 수출 통제기준으로 제시하는 등 발전을 거듭하고 있다. 다만, 무기거래조약(ATT)과 함께 전면적인 무기 통제로 연결되지 못한다는 비판이 여전히 존재함은 아쉬운 부분이다.[89] 유럽안보협력기구(OSCE)는 2003년 '최적 관행 지침서'를 채택하였다.

"편린(片鱗-조각)에 얽매이지 말고 전체를 조망하여야 하며, 대관소찰(大觀小察)할 수 있어야 한다."

---

86) '소형무기 행동계획(PoA)'은 'Program of Action'의 약자다(외교부 국제기구정책관, "소형무기/휴대용 방공미사일(MANPADS) 관련 주요 이슈," (https://www.mofa.go.kr/www/brd/m_3989/view.do?seq=304017, 2007.10.04.).

87) 이 근거에 따라 전함(戰艦-battle ship)과 항공기로부터 소형무기와 경무기에 이르기까지 다양한 재래식 무기의 국제적 거래를 합법적으로 통제할 수 있게 되었다.

88) 'UN 군축사무국(UNODA)'은 'UN Office for Disarmament Affairs'의 약자다(외교부 국제기구정책관, 앞의 이슈(2007.10.04.).).

89) 이인화 · 이서진, 앞의 총람(2021년 6월), pp. 066~067.

강의_VI 한반도의 군비통제 여건과 원칙을 이해합시다.

학습하기 이전(以前)에 요구되는 사항

1. 한반도의 지정학?지경학적 특성을 구분하여 이해하시오.
   * 북한-러시아-중국-미국-일본의 최근 안보정세와 전망은?
2. 한반도 군비통제 협상 간 필요한 기본 요건을 이해하시오.
   * 군비통제 협상을 추진 시 요구되는 기본 원칙은?
   * 군사회담을 추진 시 요구되는 기본 원칙은?
3. 남-북 간 군비통제 협상의 기본 성격을 이해하시오.
   * 남-북 간 기본 성격과 현실적 한계는?
   * 군비통제 협상과 군사회담의 상관성은?
   * 남-북 간 군사적 대결 및 갈등과 군비통제의 관계는?
4. 남-북 군비통제 및 대화가 교착된 배경과 원인을 이해하시오.
   * 역대 정부의 진보 · 보수 성향에 따른 시각 및 정책 변화는?
   * 남-북 간 재래식 · 비대칭 군비경쟁의 변화 패턴은?
5. 남-북 · 미-북 간 군비통제 협상의 원칙을 이해하시오.
6. 군비통제 협상의 성과를 달성하기 위한 점진적?단계적 추진 방식 (또는 추진 단계)을 이해하시오.
   * 군비통제(Arms Control)를 한마디로 정의한다면?
7. 영화 《터미네이터 제네시스-Terminator Genisys, 2015》, 《베를린-The Berlin, 2013》, 《엑스맨: 퍼스트 클래스-X-Men: First Class, 2011》을 시청하시오.

제7장

한반도 군비통제 요건과 기본원리 이해

제1절 개요

제2절 한반도 대내외적 환경

제3절 한반도 군비통제의 기본 요건

제4절 한반도 군비통제의 추진 경과 및 장애 요인

제5절 한반도 군비통제의 기본 원칙 및 요구되는 정책과제

제6절 논의 및 시사점

제 1 절

개 요

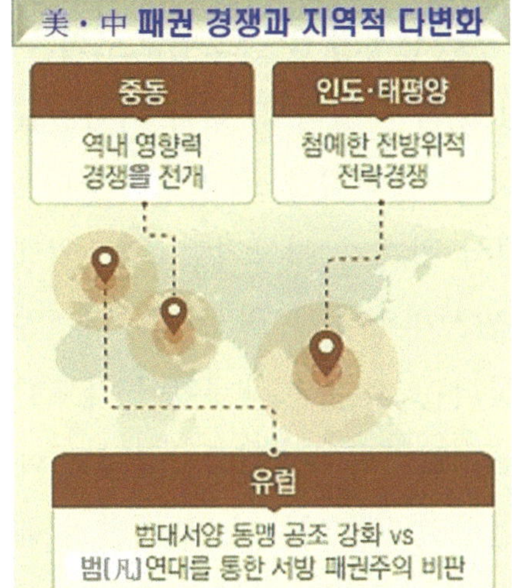

구(舊) 냉전기 시 대표적인 갈등요소가 국가 간 이념 충돌이었다면, 2000년대는 인종(민족)・종교・영토・자원・문화 및 환경・역사적 인식의 반목 등으로 다양화되고 있다. 2022년 2월에 발발한 러-우 전쟁과 2023년 10월에 시작된 이-하 전쟁은 비정한 국제관계에서 '국가 우선주의 기조(各國圖生)'와 '이합집산하는 진영 구도'를 적나라하게 보여주고 있다.[1] 2023년 11월의 미-중 정상회담은 서로에게 유익한 파트너라고 하였지만, 양국의 내면에 깔린 인식의 괴리(gap)는 전략경쟁 및 갈등이 불가피함을 드러냈다.[2]

국제사회의 군사력 증강과 군사비 지출이 감소한다지만, 그 폭은 생각보다 크지 않다. 특히 동북아시아(이하 동북아) 지역의 군사비 지출은 신(新) 냉전기임에도 계속 증가하는 추세다.[3] 인-태 지역은 미국이 주도하는 자유민주주의 진영(대한민국-이하 한국, 일본・호주・필리핀) 대(對) 중국이 주도하는 사회주의 진영(북한, 러시아)의 구도로 굳어졌다. 출구가 보이지 않는 러-우・이-하 전쟁에 미국은 '동맹을 중심으로 접근하는 전략'을, 중국은 '제3 세계국가, 그리고 북한・러시아와의 전략적 연대' 구

---

1) 강석율 외, 『2024 국방정책 환경 전망과 과제』 (서울:한국국방연구원, 2023년 12월), pp. 23~28.

2) 조 R. 바이든 대통령은 전략경쟁과 경제안보의 논리에 따라 대(對)중국 의존도를 줄이는 탈 위험(de-risking) 정책이 불가피함을 밝혔다. 반면에 시진핑 주석은 美中 간 경쟁이 대세가 아님을 강조하며 대(對)중국 수출통제와 투자제한 조치 등의 탈 위험 정책이 자신들의 정당한 이익을 심각하게 훼손하고 있다고 비판한 바 있다(강석율 외, 앞의 과제(2023년 12월), p. 23.; 윤양희・김미현, "백악관 "미중회담 결과 만족"…"독재자" 여진은 계속," 『MBN 뉴스』 (2023.11.17.).

3) 일본의 2024 방위비 예산은 16.5%를 증액한 7조 9,496억 엔(한화 약 70조 원, GDP의 1.19%)으로 사상 최대 규모다(오현우, "日, 국방비 역대 최대…세계 3위 군사대국 속도," 『한국경제』 (2024.03.03.).).

도를 더욱 확연히 하고 있다.[4)]

한국은 북한과 구조・운용적 차원의 대립과 갈등이 반복됨에도 실망하지 않고 다양한 노력을 기울이고 있다. 서로의 신뢰를 구축하고, 긴장을 완화하기 위한 남북 기본합의서 채택과 비핵화 공동선언, 고위급 회담 등으로 전쟁을 억제하고, 민족적 동질성과 공감대를 유지하고자 하였으나, 북한의 핵 개발로 틀어졌다.[5)]

북한은 2005년 핵무기 보유를 선언했고, 2022년 '핵무력정책법'을 공포함으로써 핵 전쟁의 문턱을 낮췄다. 이들은 러-우 전쟁에서 전략적 보폭을 넓히고, 핵과 미사일을 시험 발사하며, 하이브리드 방식의 도발 책동으로 긴장과 불안감을 조장하고 있다.[6)] 2023년 9월 13일 보스토치니 우주기지의 정상회담에서 관계가 격상되었고, 11월엔 러시아의 지원을 받은 군사 정찰위성(만리경-1호)을 발사하였다. 12월 26일부터 5일간 진행된 노동당 제8기 9차 전원회의에선 "대한민국과는 적대적 관계이며 타도할 대상"으로 적시(摘示)하였고, 2024년 1월 15일 열린 최고인민회의, 2월 9일 건군절에선 헌법에 명기하라는 지침과 대남협상은 없다고 공언하였다.[7)] 이들의 핵 개발과 핵무력 강화는 한반도에 평화적 여건을 조성하기 어려운 틈새를 찾아내어 공략하기 위함이다.[8)] 이들의 행태가 한국의 대응태세를 무시하려는 책동인지, 아니면, 김정은의 치밀한 시간 끌기 전략인지, 전략적 행보에 대처하는 한국의 대응 역량이 부족한지를 불문하고 북한 핵은 실체적 위협으로 존재한다. 이에 따라 '군비통제(Arms Control)'를 추진함은 정치・군사적 갈등을 관리하는 현실적 해법이라고 할 수 있다.

---

4) 김성진, 앞의 아티클(2024년 01월), pp. 17~21.; 김형구, "'미·일·필 3국 정상협의체' 내달 출범…한·미·일 이은 對中 포위망," 『중앙일보』 (2024.03.19.).

5) 핵 전문가들의 해박한 논지(論旨)가 많으나, 개인의 기질(氣質) 및 성향에 따라 다양하고 복잡하다. 이는 불필요한 논쟁을 초래할 수 있고, 이 책의 학문적 접근 노력과도 부합하지 않는다. 따라서 핵에 관해서는 기본적인 내용만 간략하게 탐구한 다음 재래식 군비통제를 중심으로 진행하고자 한다.

6) 김성진, "하마스의 침공방식과 북한의 하이브리드戰, 대응체계," 『KONAS』 안보칼럼 (서울:재향군인회 안보전략연구원) (2024.01.18.).

7) 차두현・한기범, "북한 노동당 제8기 9차 전원회의 분석:'획기적인 성과'와 대남 적대노선의 강조" 『이슈브리프』 (서울:아산정책연구원, 2023년 10월).; 지성림, "김정은, '건군절' 맞아 국방성 방문…"임전태세" 당부," 『연합뉴스 TV』 (2024.02.09.).; 최두희, "김정은 "대한민국은 주적...기회 온다면 초토화할 것"," 『YTN 뉴스』 (2024.01.10.).

8) 김성진, 앞의 아티클(2023년 06월), pp. 41~45.

제 2 절

한반도의 대내외적 환경

1. 한반도의 지정학·지경학적 환경

2008년 미국발 금융위기가 발생한 이후 국제사회의 경제적 양극화와 사회 균열은 심화했고, 대외 경제적 영향력은 약화하였다. 여기에 중·러의 패권적 성향과 혼란한 국제정세는 미국의 독존적(獨尊的) 지위를 위협하고 있다. 이에 따라 '이익조화'와 '예외주의', '규칙에 따른 질서 유지의 원칙'은 폐기됐고, 외부의 도전엔 '설득'보다 '강한 힘'으로 결과를 쟁취하는 추세다. 버락 H. 오바마 행정부는 '유럽-대서양 지역 우선(Pax Americana) 정책'을 '아-태 재균형(Strategic Re-balancing) 정책'으로 전환하였다. 도널드 J. 트럼프 행정부는 '미국 우선주의(American First Policy)와 고립주의(Isolationism)'를 내세우며 국익을 우선시하였으나, 관료조직이 바라보는 인식은 달랐기에 혼란을 가져왔다. 2021년 조 R. 바이든 행정부가 들어섰지만, '미국만의(Americana Only) 정책'엔 변함이 없다. 이들은 북한 비핵화를 최종 목표로 하며, 싱가포르 협상을 출발점으로 하고 있다. 즉, 비핵화를 출구로 하되, 동결을 입구로 하는 적극적인 관여에 방점을 찍고 있다. 그러나 아쉬운 대목이 외교 중심의 방식에 집중되어있다는 점이다.[9)]

중국은 '시진핑 신시대 중국 특색 사회주의 사상'을 기반으로 하는 전략을 추진하고 있다.[10)] '평화발전', '신형 국제관계', '인류운명공동체'라는 개념이 평화를 옹

9) 조 R. 바이든 행정부는 2014년 러시아가 크림반도를 강제 병합한 사건 이후 채택한 저(低) 위력 핵무기의 현대화 프로그램 대부분을 큰 변화 없이 유지하고 있다. 탄력·정밀성이 담보된 핵무기 옵션을 유지하여 러시아의 강압적 핵 방식에 '억제' 의지를 보여주기 위함이다(강석율 외, 앞의 과제(2023년 12월), pp. 29~31.; 안성배 외, "2021 국가 의제와 미래전략," 『협동 연구총서』 21-38-01. (세종:경제·인문사회연구회(https://www.nrc.re.kr/index.es?sid=a1), 2021), pp. 470~472.

호하고 조화로운 국제사회를 지향하는 듯하지만, 공격적 성향과 역내 질서를 위계적으로 구축하겠다는 내심(內心)이 숨겨져 있다. 중화민족의 위대한 부흥이라고 하는 '중국몽'이 국가전략의 핵심이다. 경제적 측면에서는 '일대일로 프로젝트'와 '아시아 인프라 투자은행(AIIB)', '역내 포괄적 경제 동반자 협정(RCEP)' 등으로 다자주의 경제협력을 주도하는 노력과 함께 '중국제조 2025'에 기반한 첨단기술 강국을 건설하고 있어서다.[11] 2015년부터는 군사 대국화를 위한 군사역량의 강화, 핵 억지력 확보, 정밀 타격 미사일 방어체계 구축, 첨단 무기(장비)의 개발 및 발전 등을 목표로 한 군사변혁을 강력히 추진하고 있다.[12] 대(對)한반도 정책은 군사력을 한반도 주변에 집중한 이외에 큰 변화는 없다. <표 7-1>은 중국이 고수(固守)하는 기본 원칙을 제시하였다.

---

10) 새로운 중국의 역사 시기를 '혁명, 건설과 개혁'에서 '혁명, 건설, 개혁'으로 구분하며 정치 패러다임의 변화가 시작되었다. '마오쩌둥-혁명의 시기', '덩샤오핑-건설의 시기', 지금의 시진핑 시대가 '진정한 개혁의 시기'임을 강조하여 시진핑 자신이 스스로 진정한 개혁가라고 단정한다(양갑용, "중국의 '신시대' 변화 논리와 함의," 『INSS 전략보고』 No. 65. (서울:국가안보전략연구원, 2020년 2월), pp. 5~8.).

11) '중국제조 2025 전략'은 2015년 리커창(李克强) 총리가 제조업 분야에서 기술 혁신과 생산성을 향상하여 세계적인 리더국이 되고자 추진하였다. 이전까지 중국이 제조업의 양적 성장에 의존했다면, 질적 성장을 통해 2025년까지 제조업 강국 대열에 합류하겠다는 의지의 출발이었다. 3대 목표는 ① 기술 혁신의 촉진, ② 생산성 향상, ③ 산업구조 조정이다. 이를 위해 10대 전략산업과 5대 중점 프로젝트를 진행하고 있다. '5대 중점 프로젝트'는 ① 국가 제조업혁신센터 구축, ② 스마트 제조업 육성, ③ 공업 기초 역량 강화, ④ 첨단장비의 혁신, ⑤ 친환경 제조업 육성이다. 경제적으로 세계를 주도하는 역할을 하겠다는 야심이 있기에 미-중 간 무역분쟁의 주요한 이슈로 부각(浮刻)되었다. 그러나 부문별 인재가 부족하여 경제적 성과가 기대에 못 미치자 한국의 반도체 산업 인재를 빼간다거나, 이들을 꼬드겨 부정적으로 기술을 유출케 하는 방법을 쓰고 있다(김영훈, "반도체 핵심기술 잇따라 유출…"최대 징역 18년" 양형기준 강화," 『KBS 뉴스』 (2024.01.22.).; 김형래, ""반도체 인력' 중국으로 조직적 유출…수사 본격화," 『SBS 뉴스』 (2024.01.16.).).

* '아시아 인프라 투자은행(AIIB)'은 'Asian Infrastructure Investment Bank'의 약자로서 중국이 주도하여 2016년 1월 16일 출범하였다.

* '역내 포괄적 경제 동반자 협정(RCEP)'은 'Regional Comprehensive Economic Partnership Agreement'의 약자로서 중국이 주도하여 2020년 11월 15일 최종 서명하였다. 미국의 '환태평양 경제 동반자 협정(TPP-Trans-Pacific Partnership)'에 대항하기 위함이다.

12) 김성진, 앞의 책(2023), pp. 268~299.; 김성진, "한반도를 둘러싼 5대 안보위협 변수와 지정학(地政學)," 『KONAS』 안보칼럼 (2023.03.09.).

<표 7-1> 중국이 고수(固守)하는 기본 원칙

첫째, 한반도의 안정과 평화 둘째, 한반도의 비핵화 셋째, 대화 및 협상을 통한 문제 해결 넷째, 남북한 등거리외교 정책과 지경학적 수단을 이용하여 한반도에 대한 영향력의 유지 및 확대

핵심은 '한반도의 비핵화' 과제다. 중국은 국제사회의 대북제재에 모호한 태도를 보이다가도 결정적 시기엔 북한의 주장에 동조하며 '북한=전략자산'임을 숨기지 않는다. 또한, 동북아에서 '일대일로 프로젝트 확장'을 시도하고 있다. 지・해상으로 추진하는 이 프로젝트는 한반도와의 연계성을 잘 살펴야 한다. 남・북・러 3자 간 경제협력, 신동방정책과 신북방정책 등으로 한・러 경제협력을 비롯한 역내 소(小) 다자주의 및 다자 간 경제협력과 깊이 연계되어 있어서다.[13)]

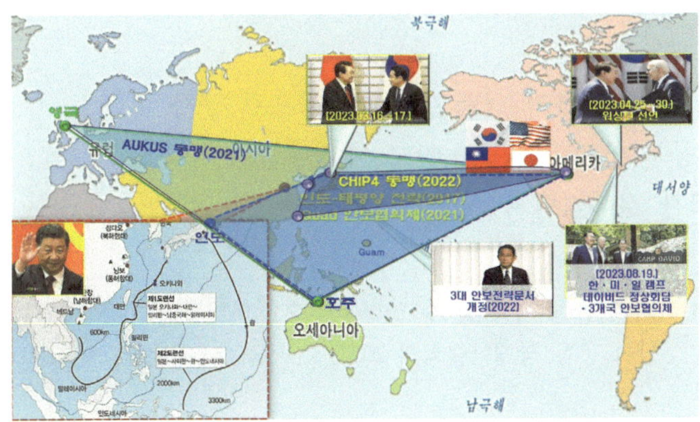

중국은 미국의 봉쇄전략을 무력화하여 불리한 국면을 유리하게 전환할 수밖에 없다. 결국, 미-중 간 경제・군사적 패권경쟁 구도는 한반도에 상당한 영향을 미친다. 더욱이 일본과 러시아 등과의 관계 정립에도 지대한 영향을 끼친다. 이에 따라 2023년 한・미・일 캠프데이비드 정상회담과 3국 안보협력 체제를 강

13) '신동방정책'은 '서독 총리(Willy Brandt)가 동구(東歐) 공산국가와의 관계를 개선하기 위해 추진한 정책'이다. '신북방정책'은 중국이 미국과 패권경쟁을 하는 과정에서 일대일로・신동방정책 등을 통해 유라시아의 통합을 추진하자 문재인 정부가 이에 대응하고자 '해양과 대륙을 잇는 가교(架橋)역할과 대한민국의 정체성 회복, 북방지역을 새로운 '번영의 축'으로 삼기 위해 추진한 대외정책'이다(조한범 외, "신남방정책・신북방정책 근미래 전략과 주요사업 추진방안," 『KINU 연구총서』 21-34. (서울:통일연구원, 2021.12.30.), pp. 27~30, 58~94.).

화하였다.[14] 최근 한·중 협력 확대 등 선택의 폭은 넓혀졌지만, 역내 불안정성은 더 커졌으며, 안보위기를 촉발할 수 있는 요인도 난마(亂麻)처럼 얽혀있다.[15]

소련이 붕괴(1991)하고, 바르샤바조약기구(WTO)가 해체되자 미국과 NATO는 동구 공산권 국가들의 문호를 개방하고자 동진(東進) 정책을 추진하였다. 러시아는 강하게 거부하며 2007년 조지아를 무력으로 점령했고, 2014년 크림반도는 강제합병했으며, 2022년 2월 우크라이나를 침공하였다.[16] 일련의 과정은 강대국이 지정학적 영향력을 강화하기 위해 시도한 결과이지만, 미-러 간 뿌리 깊은 불신과 반감이 작용한 결과이기도 하다.[17] 러시아의 대(對)한반도 정책은 별다른 변화가 없으나, 외교적으로 민감하게 반응하는 모습들이 늘어나고 있음을 주목해야 한다.[18] <표 7-2>는 블라디미르 푸틴 정부의 대(對)한반도 정책을 정리하였다.

<표 7-2> 러시아의 대(對)한반도 정책

첫째, 남-북 간 등거리외교의 고수(固守), 전략적 선택은 비일관적으로 구사 둘째, 북핵 문제의 평화적 해결과 동북아 다자 평화·안보 메커니즘의 구축 셋째, 남-북 간 경제협력 확대 및 3자 경제협력의 실현

14) 3국 안보협력은 역내 평화와 번영을 유지하기 위한 초석이 될 수 있다(이수훈, "한미동맹 70주년, 전환기 한미동맹 국방협력:한미일 안보협력," 『한미 공동 국제학술회의 2023』 (서울:한국국방연구원, 2023년 9월), pp. 32~42.).

15) 김동수, "미·중 갈등 대응전략 연구," 『NRC POLICY BRIEF』 2023 ISSUE 63. (세종:경제·인문사회연구회, 2023.12.18.), pp. 04~05.

16) 김성진, 앞의 아티클(2024년 1월), pp. 17, 19~20.; 김성진, "강대국의 지정학적 충돌과 공존(共存), 국익과 실용주의의 그림자," 『경제포커스』 안보칼럼 (2023.11.13.).

17) 박정호 외, "미·중·러 전략경쟁 시기 러시아의 대중국 관계 발전과 정책 시사점," 『KIEP 연구보고서』 22-14. (서울:대외경제정책연구원, 2022.12.30.), p. 14.; https://www.cnbc.com/2023/12/26/what-could-happen-in-the-russia-ukraine-war-in-2024.html (검색일자: 2024년 1월 24일).

18) 지성림, "러시아, 과도한 북한 편들기…한·러 거친 '설전' 이어져," 『연합뉴스 TV』 (2024.02.05.).; 신지혜, "한러 갈등 속 러시아 외무차관 방한…"북한과 협력 의향 확고" 표명," 『KBS』 (2024.02.04.).

첫째, 남-북 간 균형적인 우호 관계를 유지하고 있으나, 최근 러-우 전쟁에서 뾰족한 출구 전략을 찾지 못한 데다 부족해진 재래식 무기를 북한과 물밑거래로 충당하면서 한국에 비판적인 논조(論調)가 증가하는 추세다.

둘째, 국제사회에서 북핵 문제는 안보위기이지만, 우크라이나 전쟁 수행과 영향력 행사에 도움이 된다는 인식이다.[19] 반면에 동북아 역내의 한・미-미・일-북・중 동맹의 구도가 더 위협적이라고 인식한다. 특히 조지아 무력점령과 크림반도의 강제합병, 우크라이나를 기습적으로 침공하고도 정세를 주도하지 못한다는 조바심이 포함되어 있으며, 옛소련의 영광을 재현하려는 전략과도 맞닿아 있다.[20]

셋째, 2012년 대통령으로 복귀한 블라디미르 푸틴은 '동방정책'을 가속화하고 있다.[21] 동북아 국가들과의 긴밀한 경제협력 관계를 형성하여 극동을 개발하겠다는 의지가 엿보이는 대목이다.

2. 한반도의 지정학・지경학적 특징

북한은 급변하는 국제정세에도 '무력에 의한 적화통일 정책'을 바꾸지 않는다. 이는 국제사회의 정치・외교적 고립을 탈피하기 위해, 내부 단속과 체제를 유지하기 위해서는 핵・미사일 등 비대칭 무기에 의한 우위 정책을 포기하기 어려워서다. 1948년 김일성이 조선민주주의인민공화국을 수립할 당시에 소련의 이오시프 스탈린 서기장으로부터 부여받은 절대 사명을 벗어나는 순간 국가 정체성(identity) 자체를 부정해야 하기 때문이다. 따라서 극심한 경제난에도 자급자족의 내핍형(耐乏形-austerity) 전략을 내세우

---

19) 송금한, "'북한, 러시아에 컨테이너 6,700개 무기 지원'…방산업체 조직적 해킹도," 『KBS 뉴스』 (2024.02.28.).; 김태훈, "북한 무기 지원받은 푸틴 "러시아가 우크라 이긴다"," 『세계일보』 (2024.01.17.).

20) 러시아와 중국은 2024년 1월 1일부로 6개국을 추가한 '브릭스-플러스(BRICS-Plus)'를 확대 출범시켰다. 개발도상국과 제3 세계국가들의 모임인 '글로벌 사우스(Global South)'의 대표적인 협의기구로 만들기 위함이다(김성진, 앞의 아티클(2024년 1월), pp. 17~21.).
 * 추가로 가입한 6개국: 아르헨티나, 이집트, 에티오피아, 이란, 사우디아라비아, 아랍에미레이트연합

21) 우크라이나 침공으로 서방과 관계가 악화하자 경제(무역액 증가)・정치적(지역 문제)인 영향력을 발휘하기 위함이다(Rovshan Ibrahimov, "러시아 외교 정책의 새 기조와 '신동방정책(Turn to the East)':기대와 현실," 『EMERiCs』 탈 전문가 오피니언 (서울:대외경제정책연구원, 2023.11.20.).

며, 국제사회의 전방위적 제재는 비타협적 돌파 전략으로 맞서고 있다.[22] 아울러 핵과 미사일 등 WMD를 개발 및 보유하는 데 전력(全力)을 다하고 있다.

김정은은 Red-line을 넘나들며 국제・지역적 안보위기를 극대화하는 '벼랑 끝 전술'을 들고 나왔다.[23] 전략적 보폭을 확장한 만큼 화해 및 협상 분위기와 연계될 개연성은 낮아졌다. 이러한 현상은 체제 붕괴의 요인임에도 한국이 내미는 신뢰구축(CBM)과 제한적 군비통제 제안을 거부하고 있다.[24]

한국은 그간 '7・4 남북 공동성명(1972)', '남북 기본합의서(1991)와 부속 합의서(1992)', '한반도 비핵화 공동선언(1992)', '6・15 남북 공동선언(2000)', '6자 회담(2003~2008)' '10・4 남북 관계 발전과 번영을 위한 선언(2007)', '한반도의 평화와 번영, 통일을 위한 판문점 선언(2018)' 등을 비롯하여 총 50여 회에 이르는 군사회담을 진행했지만, 쌍방이 추구하는 목표가 달랐기에 실질적인 성과로 이어지지는 못했다. <그림 7-1>은 남북 군사회담이 개최된 현황을 정리하였다.[25]

---

22) 이상현, "김일성 '천리마운동' 부활 나선 김정은…'주민 쥐어짜기'," 『연합뉴스』 (2024.01.27.).; 안성배 외, 앞의 책(2021), pp. 465~470.

23) '벼랑 끝 전술'은 남-북 또는 북미 협상 과정에서 북한이 취하고 있는 전술로서 일명 똥배짱 정신 또는 '무데뽀(muteppô-일의 앞뒤를 잘 헤아려 깊이 생각하지 않고 행동하는 즉, 신중하지 않은 태도의 속된 표현) 정신'이라고 할 수 있다. 다시 말해 '협상을 막다른 상황으로까지 몰고 가는 초강수를 둠으로써 상대의 혼을 완전히 빼놓는 동시에 자신이 원하는 대로 가져가려는 일종의 배수진'을 의미한다(김성진, 앞의 아티클(2023.12.20.), pp. 39~43.; 박수찬, "'전쟁하자" 선언한 김정은, 어떻게 대응해야 할까," 『세계일보』 (2024.02.02.).; 김경희, "美 전문가 "北 정찰위성 발사, 러시아발 지원의 직접적 결과"," 『연합뉴스』 (2023.11.23.).).

24) 2023년 12월 말에 개최된 제8기 9차 전원회의와 2024년 1월 15일의 최고인민회의에서 김정은은 "대한민국은 제1 적대국"이라고 평가하며 "전쟁이 일어나면, 대한민국을 평정하고, 영토로 편입해야 한다."라는 지침을 하달하였다. 그러나 숨겨진 맥락을 짚어보면, 내부의 이완(弛緩) 현상에 관한 우려와 긴장감, 조바심이 묻어나 있다(김성진, "하마스 침공방식과 이스라엘의 초기 대응, 한반도의 대비 수준은?," 『KONAS』 안보칼럼 (2024.02.01.).).

25) 국방부 정책기획관실, 『국방백서 2022』 (서울:국방부, 2022년 12월).; 지표누리 e-나라지표(https://www.index.go.kr/unity/potal/search/search.do) (검색일자: 2024.02.12.).

<그림 7-1> 남북 군사회담 개최현황(2004~2023)

<표 7-3>은 2004년부터 2023년까지 개최된 남북 군사회담의 주체를 구분하여 정리하였다.

<표 7-3> 남북 군사회담 주체별 개최 현황(총 32회, 2004~2023)

구 분	2004	2005	2006	2007	2008	2009	2010	2011	2012~13	2014	2015~17	2018	2019~23
국방장관	-	-	-	1	-	-	-	-	-	-	-	-	-
고위급	-	-	-	-	-	-	-	-	-	1	-	-	-
장성급	2	-	2	3	-	-	-	-	-	-	-	3	-
군사실무	3	3	2	7	2	-	1	1	-	-	-	1	-
계	5	3	4	11	2	-	1	1	-1		-	4	-

북한 도발 책동
핵무기 보유 2005
핵무력 완성 2017
핵무력 법제화 2021
핵무력정책법 2022
ICBM(고체) 2023.04.13.
군사정찰위성(만리경-1호) 11.21.

2022년 9월 8일 김정은은 핵무기의 선제적 사용에 관한 '핵무력정책법'을 채택하여 핵무기를 사용할 문턱을 대폭 낮춰 언제든 침공이 가능한 태세를 갖췄다.[26] 또한, 각종 탄도·순항미사일 등을 발사하며 질적 수준을 고도화하여 한반도의 긴장감과 국민적 불안감은 급격히 높아졌다. 결국, 동북아에서 지정학·지경학적 경쟁 구도는 더 깊어질 수밖에 없다.[27] 2023년 한국

26) 국방부 정책기획관실, 앞의 백서(2022년 12월), pp. 020~022.

27) 2023년 11월 16일 미국 조 R. 바이든 대통령은 샌프란시스코의 APEC 정상회의에서 한·미·일 정상

외교(안보)의 최대 현안은 북한의 비핵화 문제였고, 성과는 4월 26일의 워싱턴 선언, 8월 18일 개최된 한・미・일 캠프 데이비드 정상회담, '캠프 데이비드 정신(공동성명)'과 원칙, 3국 안보협력의 합의문 채택이다.28)

한반도에 항구적 평화와 안정을 정착시키려면, 군사적 긴장의 완화가 절실하지만, 위협요인을 감소 및 제거하기는 상당히 힘들다. 역사적 측면에서도 군사적 충돌(conflict)이 갑작스레 평화로 전환된 사례를 찾기는 쉽지 않다. 전쟁을 예방하고, 평화를 추구하려면, 상대 국가의 전쟁 의도를 함께 제거할 수 있어야 한다. 따라서 가장 먼저 상대 국가(세력)의 위협인식이 낮춰져야 한다. 이러한 과정을 통해 점진・단계적인 신뢰 구축(CBM→CSBM)이 필요하며, 군사력의 안정과 신뢰 및 인정할 수 있는 객관적 수준으로 진전시켜야 한다.29)

문제는 남과 북이 각자의 체제를 유지하면서 평화공존이 가능한가에 있다. 최근 김정은이 전략적으로 도발하는 행태는 이러한 변화를 거부하는 조짐으로 볼 수 있다.30) 김정은이 평화체제 구축을 거부하는 이면에는 절대권력이 김일성-김정일-김정은으로 대물림되는 '수령 절대주의'의 여파로 봐야 한다.31) 즉, '사람(최고 정치지도자)'이 문제다. 한국은 정권의 정치적 성향에 따라 도발

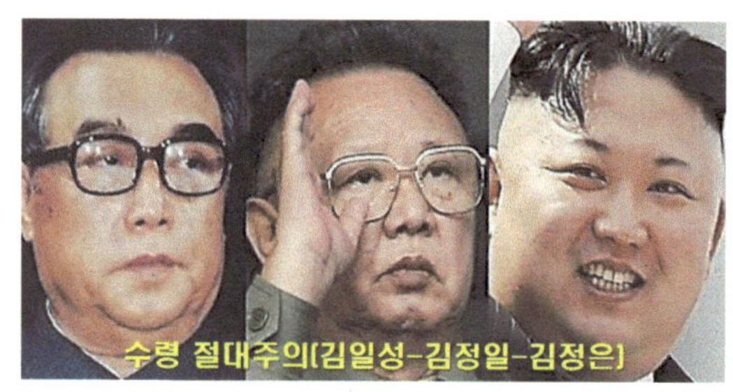

이 회동 간 "미국 대통령으로서 임무를 수행하는데 윤 대통령과 기시다 총리 덕분에 짐을 크게 덜 수 있었다"라고 밝힌 데서도 미국의 내심이 드러난다(권호・황수빈, "바이든 "尹・기시다 덕분에 짐 덜었다"…한・미・일 정상 결속 과시," 『중앙일보』 (2023.11.17.).)

28) 국가안보실, 『윤석열 정부의 국가안보전략:자유, 평화, 번영의 글로벌 중추국가』 (2023년 6월), pp. 28~34.

29) CBM은 정치적 신뢰 구축을, CSBM은 군사 안보적 차원의 신뢰 구축이다.

30) 국방부 정책기획관실, 앞의 백서(2022년 12월), pp. 023~024.; 김성진, 앞의 논단(2024.02.01.).; 김성진, "하마스 침공 방식과 북한의 하이브리드戰, 대응체계," 『KONAS』 안보칼럼 (2024.01.18.).; 김윤미, ""북한 러시아는 형제" 밀착하는 속내," 『MBC 뉴스』 (2023.10.21.).; 김연숙, ""북, 최근 러시아에 단거리 탄도미사일 이송 시작"," 『연합뉴스』 (2024.01.04.).

31) '수령 절대주의'는 소련의 스탈린주의를 모방한 '북한식 독재주의'로 인민은 수령에 의해 태어나므로

행태에 대응하는 차원과 수준이 달라진다. 현 정부는 '힘에 의한 평화'를 국가 · 군사 전략으로 채택하였지만, 대결 구도 및 국제정세가 어떻게 변화되는지에 따라 중요한 변인(變因-factor)으로 작용하고 있음은 역사의 수레바퀴와도 같다.

동북아와 한반도의 안보환경은 지정학 · 지경학적 측면에서 점차 협력이 절실할 수 밖에 없다. 역내 국가들은 자국 우선주의를 내세우며 '대립하는 가운데도 협력적 관계를 모색해야 하는 모순적 관계'가 계속될 것이다. 무엇보다 국제적 열전화(熱戰化)가 증폭되는 가운데 남-북, 중-타이완의 분단이 해결될 기미는 없다. 갈등 요인이 산재(散在)되어 있음에도 이를 억제 및 조정할 제도적 장치가 없음이 더 큰 문제다.

3. 남-북 관계의 기본 성격 진단 및 한계

남-북 관계는 태생적 본질부터 되짚을 필요가 있다. 과거를 살피고 현실을 직시해야 개선 및 발전을 도모할 수 있어서다. 북한의 도발 행태는 한반도가 전쟁 발발의 위험성이 큰 현장임을 여실히 보여주고 있다. 대표적으로 군사분계선(DMZ) 일대에 전진 배치되어있는 170mm 자주포와 240mm 방사포를 포함한 1,000여 문의 장사정포는 수도권을 조준하고 있다. 여기에다 시도 때도 없이 발사되는 각종 탄도 · 순항미사일과 해안포, 드론 침투, 서해 NLL 침범 및 연평도 포격, 천안함 폭침, 6차례에 걸친 핵실험, 5대 핵심 전략무기 개발, 군사 정찰위성(만리경-1호) 등이 있다.[32] 북한의 비상식적이고 영활(靈活)한 도발 방식을

이를 위해 복무해야 한다는 주장이다(송민섭, "北 김씨 일가 주치의 "김일성, 불로초 구한 진 시황제처럼 살았다"," 『세계일보』 (2014.10.20.).; 이정은, "김일성의 '수령 절대주의' 물려받아 독재체제 구축·강화," 『동아일보』 (2011.12.20.).).

32) 최두희, "北, 이번엔 동해서 순항미사일 발사...나흘 만에 또 도발," 『YTN 뉴스』 (2024.01.28.).; 김은빈 ·

고려할 때 정치・군사적 차원의 해결방법과 다양한 수단으로 대비할 필요가 있다.

이전까지 남-북 협상의 주제는 모두 경제・사회・문화적 교류에 국한되어있고, 대다수 행사는 일회성에 그친다. 대표적으로 적십자 회담과 이산가족 상봉, 금강산 관광, 남-북 간 철도・도로 연결 공사, 개성공단(남북 경제협력 추진위원회) 등이다.[33] 또한, 정치적 수사(rhetoric)로 접근하고 있다는 점을 한 번쯤 되돌아볼 필요가 있다.

북한은 분단의 성격을 6・25전쟁 시 남한 전역(全域)을 적화시키지 못했다는 시각에서 출발하고 있다. 1950년 12월 21일 김일성은 평안북도 만포진 별오리에서 개최된 조선노동당 중앙위원회 회의에서 대남군사전략의 실패를 통렬히 비판하며 실패한 8대 과오(過誤)를 군사・전략적 측면에 접근하고 있다. 즉, 한국과 북한은 처음 시작할 때부터 한반도 통일에 대한 접근방식이 다르다는 점을 인식해야 한다. 방향성(directivity)과 최종 상태(End-State)가 모두 양・질적으로 괴리가 크다.[34]

한반도 평화체제의 현실적 한계는 "남과 북이 각자의 체제를 유지하면서 평화적으로 공존할 수 있는가?"다. 북한이 한국과의 평화적 공존 관계를 유지하는 것을 거부하고 있기 때문이다. 북한은 "남과 북은 원래 하나의 민족으로 조선이 혈통과 민족을 중시하기에 평화공존이라는 말을 사용할 수 없다."라는 주장이다. 이는 평화공존이란

김한솔, "북한 "군사정찰위성 발사 성공적…궤도에 정확히 진입했다"," 『중앙일보』(2023.11.22.).; 김성진, "북한 무인기의 침투와 방어 대응 실패, '합동 드론사령부' 창설," 『국민정책평가신문』 안보칼럼(2023.01.29.).; 김성진, 앞의 논단(2023.01.02.).

33) 북한은 이러한 틈새를 이용하여 전략적 보폭을 넓혀왔고, 핵무력정책법(2022)을 선포하였으며, 최근엔 북-러 정상회담(2023)을 통해 형제국가로 격상되었다. 12월 말 제8기 9차 전원회의와 2024년 1월의 최고인민회의 시정연설에서는 "헌법에 대한민국은 제1 적대국"이라고 명기해야 한다면서 "대남기구를 폐지하고 전쟁이 발발하면, 대한민국을 점령・평정・수복하고, 영토를 편입하라"라고 지시하였다(양민철, "김정은 "헌법에 '대한민국 제1 적대국' 명기"…대남기구도 폐지," 『KBS 뉴스』(2024.01.16.).).

34) 북한의 궁극적 목표는 '주체사상에 의한 전(全) 한반도의 공산화'이기에 대남전략이 적화통일 전략 중심으로 일관되어있다. 그러나 한국은 주적(主敵)을 김정은과 전쟁지도부라고 하면서도 민족적 감성과 정서가 애매하게 얽히고 설켜져 있기에 미-소의 냉전기보다 더 위험한 형국(situation)이다. 미-소는 적대적이었지만, 물리적인 전쟁보다 데탕트가 가능한 외교・정치적 환경이었던 반면에 한반도는 6・25전쟁과 또 다른 어떤 전쟁에 대한 억제 또는 극복이 필요해서다. 따라서 어떻게 해야 전쟁상태를 해소할 수 있는지에 대한 진중한 고민이 필요하다(국방부 정책기획관실, 앞의 백서(2022년 12월), p. 039.).

단어가 대남혁명 전략과 배치(背馳-contrariety)된다는 인식에 젖어서다. 따라서 냉전 구도를 해소하려면, 두 가지 요인이 전제되어야 한다.

남북 기본합의서 체결[1991.12.13.]

첫째, 북한 최고 정치지도자의 인식 전환이다. 북한이 평화체제 구축을 거부하는 이면엔 김일성이 닦아놓은 대를 이은 '수령 절대주의 체제'와도 깊이 연결되어있다.

둘째, 소련에서 미-소 냉전을 해소하는 결정적 요인이 내부 변화이었듯이 북한 체제 내부의 변화 노력이 없다면, 냉전 구도를 해체하거나, 평화체제 구축을 위한 단초(端初-beginning)를 마련하기가 쉽지 않다. 1991년 12월 13일 체결한 '남북 기본합의서'는 북한이 경제 파탄과 국제적 고립에서 벗어나기 위한 남북한 UN 동시 가입과 남-북 간 고위급 회담을 수락하는 수준까지 진전시켰다. 그러나 이는 대남적화전략(통일전선전략)의 일환이었을 뿐 한국이 원하는 평화공존과 거리가 멀다. 당시 호사가들은 이러한 현상 변경이 북한 체제를 변화시킨다고 판단했으나, 이내 섣부른 착시 현상이었음이 나타났다.[35)]

제2차 하노이 회담[2019.02.27.~28.]
판문점 회담[2019.06.30.]
개성 남북공동연락사무소 폭파 [2020.06.16.]

문제의 본질은 한반도의 전(全) 영토와 민족을 어느 세력이 먼저 쟁취하는지로 보고 있다는 점이다. 북한의 주장은 외세 배격, 한·미공조 중단, 주한미군 철수로 정리할 수 있다. 결국, 한반도는 어느 한 체제가 소멸하기 이전까지 냉전 구도를 타파하거나, 해결하기가 상당히 어려운 현실이다. 김정은은 2019년 2월 싱가포르 하노이의 북·미 회담이 실패하자 한국의 중재 실패라고 하며 책임론을 제기했고, 2019년 6월 30일 판문점 3자 회동 이후에도 계속됐다. 또한, 한·미 군사연습의 중단 요구에 대응하지 않자 8월 5일 친서를 보내 모든 대화 단절에 대한

---

35) 한국은 교류·협력을 증대하고 평화체제를 구축하게 되면, 군비통제 협상이 자연스럽게 진전될 것으로 가정(假定)하며 이를 구현할 수 있다고 내다봤다. 그러나 북한은 항시 그래왔듯이 선전(propaganda)·선동(agitation) 전략에 대가(大家)다. 즉, 김정은의 대남 정책(전략)은 언제나 한국 국민의 대북감정을 긍정적으로 만들기 위한 군사전략·책략(策略)의 차원에서 진행하고 있다.

책임을 전가하였고, 개성 연락사무소는 폭파하였다.[36] 더욱이 2018년 평양에서 개최된 남북정상회담에서 9・19 군사합의를 체결한 다음 한동안은 평화적 분위기가 유지되었으나, 곧 다양한 도발 책동을 반복하고 있다. 2023년 11월 21일 러시아의 첨단 군사기술을 지원받아 군사 정찰위성(만리경-1호)을 성공적으로 발사하였다.[37] 12월 1일 한국도 처음으로 군사 정찰위성 1호를 발사하면서 9・19 군사합의가 파기되었고, 한반도는 위기국면으로 가파르게 진입하였다.[38]

4. 남-북 간 군사적 갈등과 군비통제와의 상관성

일본이 제2차 세계대전에서 무조건 항복을 선택하였고, 1945년 8월 15일 한반도는 해방되었지만, 미・소에 의해 38도선을 기준으로 양분되었다. 1950년 6월 25일 시작된 동족 간 참극은 4백만여 명의 사상자를 발생시켰다. 1953년 7월 27일 휴전협정을 체결했으나, 이후 군사적 타협은 없는 가운데 군비증강으로 일관하고 있다.

한국은 미국이 주도하는 자유민주주의 국가 진영으로서 일본과 안보협력을 강화하고 있으나, 북한은 중・러가 주도하는 사회주의 국가 진영에 깊이 침잠(沈潛)되어 있다.[39] 공동・협력 안보가 절실함에도 강대국 간 패권경쟁이 격화하면서 자국 우선주

36) 안성배 외, 앞의 책(2021), pp. 470~472.

37) 김경희, "美 전문가 "北 정찰위성 발사, 러시아발 지원의 직접적 결과"," 『연합뉴스』(2023.11.23.).; 김성진, 앞의 아티클(2024년 1월), p. 20.

38) 국방부 전력정책국, "군 정찰위성 2호기 발사 성공…전천후 감시역량 강화," 『대한민국 정책브리핑』(2024.04.08.).; 조용성, "합동참모본부 "북한, 정찰위성 발사 준비하고 있지만 임박 징후는 없어"," 『YTN 뉴스』 (2024.04.22.).; 유호윤, "북한, 9·19 군사합의 파기 선언…탄도미사일도 발사," 『KBS 뉴스』(2023.11.23.).; 이종윤, "국방부, 北 '9·19 파기' 선언에 "적반하장… 국민 보호 조치 강구"," 『파이낸셜 뉴스』(2023.11.23.).

의 기조와 진영 구도만 굳어지고 있을 뿐이다.

한반도에서 긴장 완화와 평화를 유지하려면, 주변의 4대 강국+북한을 연계할 수밖에 없다. 그간 대규모 전쟁이 발발되지 않은 것은 현대판 기적이지 않나 싶다. 한반도라는 지정학적 여건 자체가 항시 전쟁의 불두덩이 한가운데 있어서다. 결국, 전쟁을 예방하고 방지 대책을 마련하는 전반이 심대한 국가안보전략 과제다. 따라서 북한과 하는 모든 대화 및 접촉은 군사위협을 감소하고, 전쟁을 억제하는 방안이어야 하며, 위협요인을 제거할 수 있어야 한다. 그러나 진정한 화해와 긴장 완화, 군비통제를 실현하기 어려운 이면(裏面)에는 어쩔 수 없는 이념・심리적 차이가 존재하고 있어서다. 한국의 안보정책은 전쟁을 억제하고 평화적인 통일정책을 뒷받침하기 위함이지만, 북한의 국방・통일정책은 오로지 무력통일과 대남 적화전략에 있다. 그러나 아직 북한 내부에 변화의 조짐은 없고, 각종 도발 책동은 긴장감과 국민적 불안감을 고조시키고 있다. 여기에다 한국은 내부적으로 진보・보수 정부가 집권하는 여부에 따라 정책의 변동 폭과 방향성에 상당한 변화가 있기에 일관성을 갖기가 어렵다는 측면이 아쉽다.

군비통제는 정치적 갈등을 관리하며 우발적 충돌을 예방함과 동시에 남-북 관계를 긍정적으로 전환하기 위한 필요충분조건이다. 결국, 남-북 간 어느 쪽을 불문하고 긴장을 해소하는 노력의 정도가 한반도 안정과 평화를 가져오는 핵심변수다. 북한은 분단이 미국의 적대정책과 주한미군 주둔에 있다고 보기에 군사회담 자체를 외면하고, 대화 자체를 불신하고 있다. 즉, 한국에 대한 적대적 인식에 변화가 없고는 군사적 신뢰구축(이하 CSBM)에 접점을 찾기가 쉽지 않다. 이를 해소하려면, 반복되는 시행착오가 조기에 개선되어야 한다. 그러나 현실은 군사적 대결 양상이 고조되고, 이념

39) 러시아는 대외적으로 민주주의 국가, 연방제 국가를 표방하고 있으나, 실제로는 대통령의 권한이 지나치게 강하고, 민주주의는 제대로 작동하지 않고 있으며, 지방 자치 권한이 매우 작기에 사실상의 중앙집권제 국가라고 할 수 있다(https://namu.wiki/w/러시아/정치).

적 간극(間隙-gap)을 좁히는 노력은 등한시한된채 내부의 일방적 시각으로만 접근하는 급진·단기적 해법에 매몰되어 있다.

따라서 군비통제와 CSBM이 국가안보 분야의 핵심과제나 종착역 수준으로 판단되어서는 안 된다. 즉, 핵심과제이기보다 주변적 사안으로 구분함이 타당하며, 적대적 긴장을 완화하는 역할이어야 한다. 이는 유럽에서 재래식군사력 감축 조약(CFE)을 점진·단계적으로 추진하는 노력을 접목해야 한다. 특히 CSBM 방안 중 일부에서 합의가 된 결과를 부풀려 마치 평화가 온 것처럼 느끼게 하려는 '허위 안보의식(False sense of security)'은 오히려 국가안보를 저해할 수 있다. CSBM과 군비통제(Arms Control)가 적대적 관계를 모두 해소할 수 있다는 일부의 착각은 금물이다. 유연하고 탄력적인 군사적 안보위기관리 및 대응체계가 필요하다. 일방·경직·편향적 시각에 경도(傾度)되어 항구적 평화가 도래할 수 있다고 착각(오류)해선 안 된다.[40]

40) 2018년에 나타난 제한적인 성과 즉, 대결국면이 대화국면으로 전환된 배경에는 남-북-미 3자 간 상호작용과 독자적인 접근 노력이 화학작용을 일으킨 결과다. 평창올림픽(2018)을 계기로 한 문재인 정부의 대북 대화 제의와 북-미 간 대화의 중재 노력, 2018년 3월의 한·미 연합훈련 일정을 연기하는 등의 분위기 조성 노력도 한몫하였다(김상기 외, "한반도 외교 안보 환경변화와 평화·비핵체제 모색:한반도 평화·비핵체제 주요 사안의 재검토-한반도 비핵화와 평화협정," 『KINU 연구총서』 22-13. (서울:통일연구원, 2022.12.30.), pp. 228~229, 259, 263).

제 3 절

한반도 군비통제의 기본 요건

1. 개요

1945년 한반도는 일본의 압제로부터 해방되었다. 1950년 6·25전쟁의 참화를 겪은 이래 70년이 지난 지금 군사적 신뢰구축(CSBM) 방법과 수단을 마련한다고 하여 없던 신뢰가 갑작스레 생겨날 것으로 기대하기는 결코, 쉽지 않다. 따라서 정치·군사적 능력에 초점을 맞추되, 불필요한 오해를 방지하고, 무력충돌의 가능성은 줄이는 적극적인 정치·정책적 공감대가 필요하다.

2. 한반도 군비통제를 추진 시 목표 및 기본 원칙

2.1. 군비통제의 목표 설정

군비통제는 정상·안정적인 추진으로 동족상잔의 비극이 또다시 발생하지 않도록 예방(방지)함과 동시에 한반도의 평화체제를 공고히 하는 데 방점을 두어야 한다. 이를 위해 제반(諸般) 군사위협요인을 줄이거나, 제거하는 노력이 필요하다. <표 7-4>는 군비통제 협상의 목표를 정리하였다.

<표 7-4> 군비통제 협상의 목표

첫째, 한국을 배제하고, 미국과 직접 협상을 시도하려는 북한의 의도를 사전에 차단할 수 있어야 한다.
둘째, 협상 당사국(한국)의 위상을 공고히 할 수 있어야 한다.
셋째, 합의 이행에 관한 보장장치 또는 대책이 사전에 마련되어야 한다.

이에 관해 상당한 고민이 필요하다. 크게 두 가지로 정리할 수 있으며, 어떻게 적용하는지에 따라 다양한 결론에 도달할 수 있다.

첫째, 북한의 변화수준과 상황을 어떻게 마련할 것이며, 이와 연계하여 군비통제(군축)는 어떠한 조건과 방법·수단으로 진행할 것인지?

둘째, 북한의 변화를 유도하기 위해 준비한 Action-plan을 시대 변화 및 정부의 성향과 상관없이 일관되게 추진할 수 있는지?

2.2. 군비통제의 기본 원칙

<표 7-5>는 군비통제를 추진할 때 준수할 기본 원칙을 제시하였다.

<표 7-5> 군비통제 추진 시 기본 원칙

첫째, 북한의 WMD 제거를 먼저 추진하여야 한다. 둘째, 군사적 안정성을 유지하는 범위 내에서 추진하여야 한다. 셋째, 남-북 관계의 변화와 수준 및 속도를 고려하여 탄력적으로 추진하되, 필요할 경우 속도를 조절할 수 있어야 한다. 넷째, 근본적으로 존재하는 갈등과 불신의 고리를 제거할 수 있어야 한다. 다섯째, 군(軍) 내·외부로부터 폭넓은 공감대가 형성돼야 한다.

첫째, 한국이 WMD를 보유하지 않는 정책을 펼치고 있기 때문이다.

둘째, 국가안보에 긍정적 요인으로 작용케 함으로써 군사적 안정성이 증대되어야 한다.

셋째, 핵 무력 정책을 포기하거나, 대남(對南) 정책의 변화 추세에 따라 유연하고, 탄력적인 대처가 필요하다.

넷째, 북한의 국가목표 또는 이념적 갈등을 뛰어넘을 수 있는 무언가

주한미군 철수,
평화협정 체결
병력 감축
군사적 안정성 증대

군사적 접촉
기회 증대
비군사적 교류
협력활동 증대
상호주의에 입각한
경제협력사업 활성화

군사적 위협감소
+ 안정성 증대
군비통제의 필요성과
당위성에 대한 對국민홍보

가 필요하다.

2.3. 군사회담의 기본 원칙

북한 핵 문제가 원만하게 해결되고, 1991년 12월 13일 남-북 간 체결한 '화해와 불가침 및 교류·협력에 관한 합의서(남북 기본합의서)'가 존중되는 여건이 만들어져야 남-북 관계와 군사회담(협상)도 정상적으로 재개될 수 있다. 그러나 최근 김정은의 도발 수위와 격앙된 적대적 논조(論調)가 한계로 다가온다. 그러함에도 대화의 장을 만들고, 문호(門戶)를 개방하며, 건설적 미래를 위해 군사회담이 진행되었을 때에 대비한 방향성(directivity)을 정립할 필요가 있다. <표 7-6>은 군사회담 간 준수되어야 할 기본 원칙을 정리하였다.

<표 7-6> 남-북 군사회담 시 준수해야 할 기본 원칙

첫째, 상호주의에 따라 협의 또는 해결을 위한 의제를 선별해야 한다.
둘째, 남-북 간 군사 분야는 한반도 내부의 문제로 한정돼야 한다.
셋째, 합의사항을 실천할 때는 감시 및 검증 조치가 병행될 수 있어야 한다.
넷째, 군비통제에 관한 추진 대강(大綱)을 마련한 이후에도 반드시 실천 대책이 마련돼야 한다. 순서는 바뀌어도 생략되어서도 안 된다.
다섯째, 협상 타결 및 합의의 이행이 가능한 사안(事案)부터 협상을 시작해야 한다.
여섯째, '先 신뢰 조성, 後 군비통제(Arms Control) 또는 군축(disarmament)'의 절차가 준수되어야 한다.
일곱째, 군비통제 방안은 단계·점진적으로 진전시켜야 한다.

첫째, 상호주의 원칙에 따라 해결 방안을 모색하려는 취지다. 남-북의 비대칭적 군 구조와 제도가 합의 창출에 한계로 존재하지만, 공동의 이익을 위해 절충점을 찾으려는 절실하고 부단한 노력이 필요하다.[41)]

둘째, 군사 문제는 최대한 단순화하되, 협의를 통해 현안을 해결해야 한다.[42)] 한반

41) 김상기 외, 앞의 연구총서(2022.12.30.), pp. 260~269.

42) 미-소 쿠바 미사일 사태(1962) 시 존 F. 케네디 대통령의 정치·전략적 결단과 의지가 있었기에 가능했

도에서 군사력 운영은 동북아 전략 구도와 맞물려 있기에 해결 방식을 찾기가 다소 난망하다. 그러함에도 중요・시급성에 따라 끈기 있게 추진할 수밖에 없다.

・출처: <2022 국방백서>, 연합뉴스 등 언론보도를 종합하여 저자가 재작성

셋째, 협상 초기부터 감시・검증 절차를 병행하는 과정에서 필요한 원칙이 마련되어야 한다. 따라서 거부감이 클 수 있는 시기 즉, 초기 단계엔 북한 측의 주장과 배치(背馳-contrariety)되는 제안은 최대한 자제할 필요가 있다.

넷째, 군비통제에 관한 대강(大綱-outline)을 마련한 다음 실천 대책을 마련해야 한다는 취지다. 이후 중장기 군사정책의 지표-선행 지침을 준비함이 바람직하다.

다섯째, 군사적 긴장 완화와 신뢰를 구축하는 데 도움이 될 방안 즉, 협상이 가능하며 합의와 함께 곧바로 실천할 수 있는 사안부터 우선 협상 목록에 배정해야 한다. 특히 합의한 이후 여러 가지 핑계로 이행하지 않는 폐단을 예방하려면, '건별(件別) 합의-즉각 실천의 원칙'을 준수하는 분위기를 조성할 필요가 있다.43)

고, 거란이 침공(993)한 당시 서희 장군은 정치・외교적 협상을 통해 강동 6주를 가져올 수 있었던 교훈을 이해할 수 있어야 한다(김성진, 앞의 책(2020a) pp. 294~031, 376~378.).

43) 북한의 김정은은 2017년 핵 무력을 완성한 이후 급격하게 유화정책으로 돌아섰다. 그러나 2019년 하노이 회담이 좌절되자 제7・8차 당 대회에서 미국의 선의에 의존하는 대화 및 협상은 하지 않겠다고 천명하였다. 이어서 핵 무력 법제화(2021)-핵무력정책법(2022)을 선포하였고, 영역이 모호한 하이브리드戰 도발 방식을 채택하였다(정영철, "급변하는 세계 질서 속 한반도:북한정세 변화와 남북 관계 전망," 『IFES 통일전략포럼 자료집:2023년 한반도 정세평가 및 2024년 전망』 No. 72. (서울:경남대학교 극동문제연구소, 2023년 12월), pp. 117~125.).; 김성진, 앞의 글(2023년 3월), pp. 38~41.).; 김성진, 앞의 아티클(2023년 10월), pp. 20~24.).; 이가혁, ""북, 계획된 전쟁은 못할 것" 국지전 가능성은?," 『JTBC 뉴스』(2024.01.22.).; 김지연, "북, 핵무력정책 헌법에 명시…김정은 "반미연대 강화"(종합)," 『연합뉴스』(2023.09.29.).

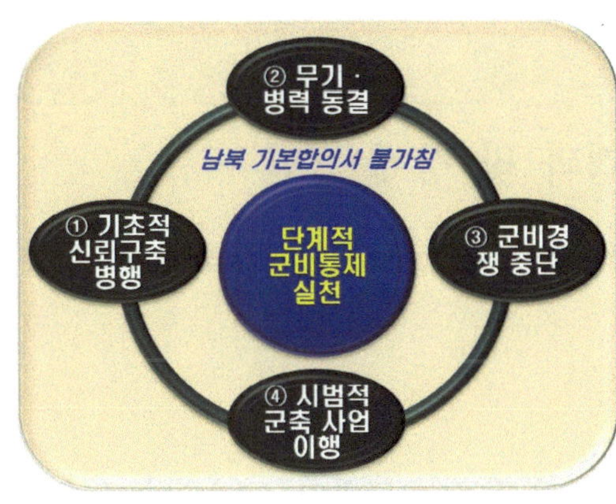

여섯째, 안정성을 증대하기 위하여 '先 신뢰 조성, 後 군축'을 추진하되, 서로 공감대를 형성하는 바탕 위에서 진전을 도모해야 한다.

일곱째, 단계적인 진전을 위해 네 가지 과정을 실천할 필요가 있다. 즉, ① 기초적인 신뢰구축(CBM), ② 무기와 병력 동결, ③ 군비경쟁(Arms Race) 중단, ④ 시범적 군축 사업이다.

한반도 군비통제의 추진 경과 및 장애 요인

1. 개요

한반도는 정치·군사적 대결국면에서 군사력의 우세가 중요하다고 판단했기에 군비경쟁(Arms Race)을 멈출 기미가 없다. 여기에 안전을 담보하기 위해 불가피한 선택이라는 논리가 자리를 잡고 있기에 변화의 조짐도 보이지 않는다.

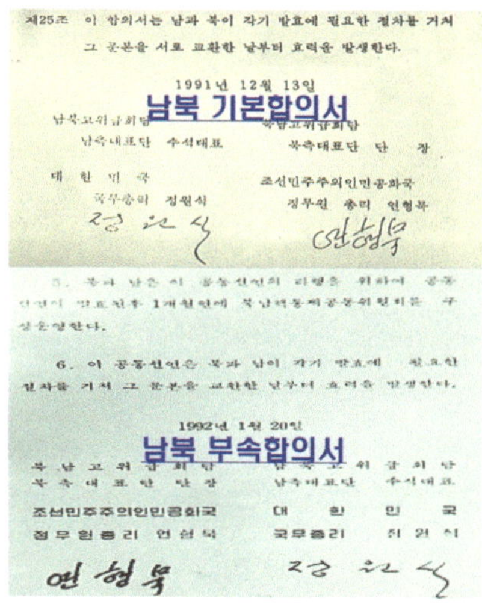

한반도에서는 1990년대 남-북 간 기본합의서와 불가침 부속 합의서를 체결하면서 군비통제 논의가 시작되었다. 그러나 2011년 12월 17일 김정일이 사망하며 등장한 김정은은 2022년 러-우 전쟁과 2023년 이-하 전쟁의 틈새에 전략적 보폭을 넓히며 새롭게 안보위기를 고조시키고 있다. 이는 긴장 완화와 평화정착을 위해 군사적 안정이 필요하다는 인식과 완전히 배치(背馳-contrariety)된다. 여기에 한국은 정권(政權)의 진보·보수 성향에 따라 정책(전략)이 바뀌기에 일관성을 유지하기가 쉽지 않다.

2. 시기별 주요 경과 및 전망

2.1. 1950~1980년대

북한의 군축 방안은 실효성보다 책략(策略-strategy 또는 trick) 즉, 대남적화전략을 수행하는 방편으로 접근하기에 선전·선동전략(Propaganda & Agitation Strategy)의 한 수단으로 접근하고 있다. <표 7-7>은 1950~1990년대 이전까지 남-북 간에 제시된 군축 방안을 정리하였다.

<표 7-7> 남-북 간 군축 방안(1950~1990년대 이전)

구 분	한 국	북 한
1950년대	-	· 남-북 간 무력 불사용 선언 · 주한미군 철수 · 한 · 미 상호방위조약 폐기 · 병력 10만 명으로 감축 등
1960년대	-	· 기존 제안의 반복 · 남-북 간 평화협정 체결 등
1970년대	· 상호 비방 금지 · 비무장지대(DMZ)의 평화적 이용 · 상호 무력 사용을 포기 · 남-북 간 불가침협정 체결 · 남 · 북 · 미 · 중 4자 회담 등	· 기존 제안의 반복 · 남-북 군사당국자 회담 · 비무장지대의 평화지대화 · 한국 내 핵무기 철수 · 미-북 간 평화협정 체결 등
1980년대	기존 제안을 반복하여 제시	
	· 상호 군비경쟁을 지양 · 상호 군사교류 · 훈련 참관 · 남-북 간 최고당국자 회담 제안 · 남-북 간 총리 회담 등	· 남-북 정치 · 군사회담 · 남-북 간 불가침협정 체결 · 한반도 비핵지대화 · 한 · 미 군사훈련 금지 등

1970년대는 기초적인 대화 통로가 개설된 시기다. 한국은 단계 · 기능적 차원에서 통일정책을 추진하였다. 북한은 미-중 관계 정상화와 미-소 간 화해 분위기가 형성된 이후 정세 변화에 따라 대처하고 있다. 특히 1975년 4월 30일 월남(남베트남)이 패망하던 시기에 한 · 미 관계가 악화하며 대(對)한반도 안보지원이 취약해진 틈새를 노렸다. 김일성은 선제적으로 주한미군 철수와 동시에 병력을 10만 명 이하로 감축하자면서 미-북 간 평화협정 체결, 한국 내의 핵무기 철수를 같이 제안하였다.

1980년대는 한국이 군비경쟁을 지양하자고 제안하는 가운데 군사적 신뢰구축(CSBM) 분위기를 조성하고, 비무장지대(DMZ) 내 군사시설의 완전 철거, 군사교류와 훈련 참관, Hot-line 설치, 최고 당국자 회담 등을 제안하였다. 그러나 북한은 정치 · 외교적 차원의 선전 · 선동 활동에 치중하였다. 이는 '한 · 미 연합방위체제의 와해와 주한미군 철수로 적화통일의 여건을 조성하려는 책략'이다.

2.2. 1990년 남북 기본합의서를 체결한 전·후

한국은 경제발전과 전방위적 외교활동으로 형성된 대북 우위에 기반하여 남-북 간 고위급 회담을 제안하였다. 북한은 고립무원의 외교적 국면을 탈피하고, 경제 침체에서 벗어나고자 참여하였다. 이를 통해 공식적으로 군비통제 논의를 시작하였다. 1990년 9월 4일부터 7일까지 3박 4일간 남-북 총리가 수석대표인 고위급 회담을 하고 난 다음 1991년 12월까지 다섯 차례의 본회담을 진행하였다. <표 7-8>은 1990년 남-북 기본합의서를 체결한 전·후에 추진된 신뢰구축 및 군축 방안을 정리하였다.

<표 7-8> 남-북 간 군축 방안(남-북 기본합의서 체결 전·후)

<table>
<tr><th>구 분</th><th>한 국</th><th>북 한</th></tr>
<tr><td>기본 원칙</td><td>· 전제조건: 없음
· 접근시각: 신뢰구축-군비제한-군축 순으로 점진·단계적 접근</td><td>· 전제조건: 주한미군 철수, T/S 훈련 중지 선언
· 접근시각: 신뢰구축과 군축을 동시에 일괄적으로 추진</td></tr>
<tr><td rowspan="2">신뢰구축</td><td>· 군사훈련 사전 통보 및 참관
· 비무장지대(DMZ) 완충지대화
· 軍 인사 상호 방문</td><td>· 군사훈련 제한 및 사전 통보
· 비무장지대(DMZ) 평화지대화</td></tr>
<tr><td colspan="2">· 軍 Hot-line 설치 · 군사공동위원회 설치</td></tr>
<tr><td>군비제한</td><td>· 주요 공격무기와 병력을 같은 규모(同數)로 배치
· 군사력 배치 제한구역의 설치</td><td>-</td></tr>
<tr><td>군 축</td><td>· 통일 국가로서 적정한 군사력 수준을 유지하는 선에서 상호 균형감축안을 제시
· 부대를 방어형 전력으로 개편
· 공동 검증단(상주감시단)을 운영</td><td>· 3~4년간 3단계로 병력 감축
* 30만→20만→10만 명
· 핵무기 즉각 제거
· 군사 장비의 질적 갱신을 금지
· 군축 형태를 통보 및 검증</td></tr>
<tr><td rowspan="2">평화보장 방안</td><td colspan="2">남-북 불가침 선언</td></tr>
<tr><td>남-북 평화협정 체결</td><td>북-미 평화협정 체결</td></tr>
</table>

2.3. 1991~2000년대 초기

1990년대 초기 북한은 김일성-김정일의 권력 세습에 대한 부정적 인식의 증대 및 경제 파탄이라는 내부 요인이 있었지만, 소련의 해체에 따라 냉전체제가 와해했다는 부담이 더 크게 작용하였다. 특히 한국이 '북방정책(北方政策)'에 성공하고, UN 가입이 임박해지는 등 외부 환경이 불리해진 데서도 원인을 찾을 필요가 있다.[44] 북한은 바르샤바 조약기구(WTO)가 해체되는 충격으로 한국에 흡수통일이 될 수 있다는 위기의식이 컸기에 현상 유지 전략을 모색하며 불가침선언에 동참하였다.

당시 한국은 사회적 개방과 교류협력에 치중하면서도 "정치·군사적 신뢰구축을 달성한 이후, 무력행사와 폭력행위를 포기하는 불가침선언을 채택한다."라며 점진·단계적 추진에 공을 들였다. 북한이 이를 거부하자 '헬싱키 최종 협약(HFA)'과 유사한 수준에서 포괄적으로 타협하였다. 아쉬운 점은 그때 북한이 적화통일 전략(정책)을 포기한다는 의사 여부를 명확하게 확인하지 않는 우(愚)를 범했다. 한국과 북한의 상반된 입장을 확실한 규명 절차도 없는 상태에서 북한의 불가침선언을 그대로 믿고 수용했던 패착이 아쉽기만 하다. 이후 북한과 불가침 부속 합의서를 채택하였으나, 우려하던 갈등이 그대로 표출됐다. 북한과 최종 문구(文句)에 합의하였지만, 북한은 합의 초기 단계부터 기존의 주장에서 한 치도 벗어나거나, 양보하지 않았다. 결국, 어정쩡한 상태에서 남-북 대화 및 군사공동위원회가 가동되었다. 최근까지도 북한의 대

---

44) '북방정책(Diplomacy toward North)'은 한국 정부가 동·서독이 통일되기 이전에 서독의 빌리 브란트(Willy Brandt) 정부가 실시하던 동방외교 방식이 남-북 간 대립 구도와 유사한 논리적 구조를 가졌다고 판단하여 벤치마킹한 정책이다. '1988년부터 한국 정부가 추진한 대(對) 공산권 국가 즉, 중국과 소련, 동구권(東歐圈) 국가, 사회주의 국가, 북한을 대상으로 하는 외교정책'을 함축적으로 표현하기 위해 붙인 명칭이다. 총 3단계로서 제1단계는 중-소-동구(東歐) 국가들과의 수교, 제2단계는 남·북 통일, 제3단계는 연변과 연해주 등 생활·문화권의 확대 등으로 구분하여 추진하였다(노태우, 『노태우 회고록 下卷: 전환기의 大戰略』(서울:조선 뉴스 프레스, 2011), p. 141.).

* 사회주의와 공산주의는 사유재산 제거와 집단 소유제를 지향하기에 크게 차이는 없지만, 사회주의는 공산주의와 자본주의의 과도기적 형태로 봐서 구분하였다.

남인식은 바뀐 게 없기에 관련 협상과 회담이 진행된다고 해도 파행될 여지는 충분하다. <표 7-9>는 남-북 간 군비통제 및 군축을 제안한 내용을 정리하였다.[45)]

<표 7-9> 남-북 간 군비통제 및 군축 방안(1991~2000년대 초기)

구 분	한 국	북 한
단계적 개념	· 정치적→군사적 신뢰구축	· 군사적 신뢰구축→무력 감축→외국 무력 철수→평화보장
군사적 신뢰구축 (CSBM)	· 군 인사 상호방문 및 교류 · 군사정보 공개 및 교환 · 여단급 이상 부대 이동 및 기동훈련은 45일 전에 사전 통보 · 참관 허용 · 비무장지대의 평화적 이용 · 수도권 안전을 보장	· 한 · 미 연합훈련 중단 · 비무장지대 평화지대화, 중립국 감시단 배치 · 충돌방지를 위한 군사적 조치 · 남-북-미 군사 공동기구 구성
	Hot-line 설치, 군사공동위원회 운영	
외국군 철수	· 평화체제 진전 시 한 · 미 간 논의	· 조선반도의 비핵지대화 · 쌍방이 외국군 철수(撤收)에 노력
군 축	· 공격전력 우선 감축 및 기습공격능력 제거 · 동수(同數) 보유 원칙과 균형의 유지 · 병력 감축에 따라 예비전력 등의 유사 군조직 감축 · 군사력 불균형 개선 · 핵 · 생화학무기 등 WMD 개발 금지	· 단계적 감축 * 3~4년간 3단계로 하되, 병력 감축 · 군사 장비의 축소 및 폐기 · 군사장비 질적 수준으로 갱신을 중지 * 신(新) 군사기술 및 무장 장비 반입을 금지
검 증	· 현장검증, 공동검증단, 상주감시단으로 구성	· 군축에 관해 상호 통보 및 검증
평화협정	· 남-북 간 당사자 원칙 적용	· 남-북 간 불가침선언, 미-북 간 평화협정 체결

한국과 북한은 처음부터 접근 인식과 최종 상태가 달랐다. 한국은 유럽의 재래식 군비통제 방식을 본떠 국가안보-평화공존-평화통일이라는 단계적 군사회담(군비통제

45) 남만권, 앞의 책(2006), pp. 298~304.; 조은일 · 이미숙, 앞의 논문(2020), pp. 60~63.

협상)을 선호했다. 특히 북한이 우위에 있는 비대칭 군사력을 줄이는 데 집중했다.[46] 북한은 군사력 증강을 통해 미군 철수와 자신들이 요구하는 군축을 주장하는 데 몰입됐다. 한반도를 자신들이 원하는 정치체제로 만들기 위함이다. 이들은 불리해지면 공세적 군사정책은 잠시 뒤로 한 채 안보이익을 달성하는 방식을 채택하였고, 필요할 때 다시 군비통제(군축)를 끄집어내고 있다.[47]

2.4. 2000년대 초기~2010년대

2000년대 들어서도 한국과 북한이 군비통제(이하 군축으로 통일)를 바라보는 시각과 접근방식엔 별다른 변화의 조짐은 보이지 않는다. <표 7-10>은 남-북 간 접근 인식과 방식의 차이점을 정리하였다.

<표 7-10> 남-북 간 접근 인식과 대처 방식의 차이점(2000~2010년대)

구 분	한 국	북 한
평화체제 구축단계	· 신뢰구축→평화정착→평화협정 체결	· 정전협정→북-미 평화협정 체결
재래식무기 감축	· 남-북 간 해결	· 주한미군 철수와 연계
주한미군 철수	· 안보위협이 존재하는 한 주한미군의 주둔이 필요	· 조선반도를 강점한 미군이 철수하는 게 온당(穩當-reasonableness)
평화협정 체결	· 점진 · 단계적 접근 *긴장 완화→정치 · 경제 · 사회 · 문화 교류→군사적 신뢰구축(CSBM) 확대	· 미-북 간 평화협정 체결→군사적 신뢰구축(CSBM)

46) 한국은 북한의 남침 의도가 전혀 바뀌지 않았음을 간파하여 군비통제의 선행단계인 신뢰구축에 방점을 두고 있다. 즉, ① '초보적인 신뢰구축(CBM)' 단계를 거치며 서로 긴장을 완화케 하고, ② 남-북 간 관계개선과 '군사적 신뢰구축(CSBM)'을 추진하여 서로 신뢰를 쌓은 다음, ③ 군사력을 제한 및 감축하면서 ④ 남-북 간 평화공존체제가 확립되는 단계로 진전시키는 점진 · 단계적 접근 전략을 채택하였다. 그러나 이러한 전략적 접근방식은 북핵 문제가 전면에 등장하면서 후(後) 순위로 밀렸다.

47) 마오쩌둥의 '지구전 · 유격전 사상'과 맞닿아 있다(김성진, 앞의 책(2022), pp. 161~170.).

한국은 평화가 정착돼야 군축이 진전될 수 있다고 본다. 반면에 북한은 휴전협정을 미-북 간 평화협정으로 대체해야 한다는 주장이다.[48] 한국과 북한은 평화정착 방안부터 주한미군 철수에 이르기까지 모든 분야에서 인식을 달리하고 있다.

한국은 주한미군 문제를 한・미 동맹이 해결할 과제로 보고 있다. 이에 따라 군사적 신뢰구축(CSBM) 방안은 정치・경제・사회・문화적 교류협력과 연계가 필요하다는 인식에서 점진・단계적으로 확대되어야 한다고 본다. 반면에 북한은 주한미군의 존재 자체가 남조선을 강점(强占)한 외국군이기에 이들을 한반도에서 먼저 철수해야 대화할 수 있다는 인식이며, 재래식 무기의 감축과 주한미군 철수 문제를 같이 연계할 사안(事案)으로 보고 있다.

2.5. 2018년(9・19 평양 공동선언) 이후

2017년 11월 29일 북한은 '국가 핵 무력의 완성'을 선언하였다. 이를 통해 대남・대미 군사억제력을 확보했다는 판단하에 2018년 1월 신년사에서 대화를 제안하였다. 그리고 2월 평창동계올림픽 참가로 화해국면을 조성하였다.[49] 4월 27일 남-북 정상회담(4・27 판문점 선언)을, 6월 12일 제1차 북・미 정상회담을 계기로 재래식 군축을 본격적으로 추진하였다. 첫 단계는 2018년 9월 19일 평양 공동선언과 부속 합의서(판문점 선언 이행을 위한 군사 분야 합의서, 이하 9・19 군사합의)에서 확인할 수 있다. <표 7-11>은 9・19 군사합의와 주요 시행 상황을 정리하였다.[50]

48) 김태현, 앞의 논문(2018), pp. 16~17.

49) 남・북・美의 독자적 접근방식과 상호작용이 복합적으로 작용한 결과다. 김정은이 핵 무력 건설을 달성했다고 조급하게 선언한 이면(裏面)에는 미국과 힘의 균형을 맞춘 다음 담판하겠다는 계산이 깔려있다(장철운 외, 앞의 연구총서(2021.12.30.), pp. 20, 229.; 조성렬, 『한반도 비핵화 리포트:포괄적 안보-안보교환론』(서울:백산서당, 2019), p. 293.).

50) 국방부 정책기획관실, 『2020 국방백서』(서울:(주)다나기획, 2020년 12월), pp. 258~263, 298~307.

<표 7-11> 9·19 군사합의와 주요 시행 상황(2018)

구 분	주요 합의 사항	시행 여부
적대행위 금지	·지상: MDL 5km 내 포사격·연대급 이상 기동훈련 금지 ·해상: 서해 덕적도-초도, 동해 속초-통천 수역 내 포사격·기동훈련 중지, 해안포· 함포 포문 폐쇄 ·공중: 동·서부 비행 금지 구역 내 실탄사격과 전술훈련의 금지	2018.11.01.부 시행
작전 수행절차 변경	·지상·해상: 1차 경고 방송→2차 경고 방송→1차 경고사격→2차 경고사격→군사 조치 ·공중: 경고 교신→차단 비행→경고사격→군사 조치	
비행 금지 구역	·고정익기: 동부 40km, 서부 20km ·회전익기: 10km ·무인기: 동부 15km, 서부 10km ·기구: 25km	
GP 철수	·DMZ 내 1km 이내 근접 GP(남북 각 11개) 철수	2018.11.30.부
JSA 비무장	·남·북·UN사 3자 협의체 구성, 지뢰 제거(~10.20.), 인원·무기 철수(5일), 공동검증(2일) ·JSA 내 관광객 및 참관 인원은 자유 왕래를 허용	2018.10.20.부 완료
공동 유해발굴	·지뢰 제거(~11.30.), 도로 개설(~12.31.), 공동발굴단 구성(2019.02월), 시범 발굴(2019.04~10월)	
한강하구 공동 이용	·70km 공동 이용 수역 설정:김포반도-교동도 서남쪽↔황남 연안군 해남리-판문군 임한리 ·12월 말까지 공동 이용 수역을 공동으로 현장조사	2018.12.09.부 완료
군사공동위원회 구성 및 가동	·대규모 군사훈련 및 무력증강 문제, 다양한 형태의 봉쇄와 차단 및 항행 방해 문제, 상대방에 대한 정찰행위 중단 등을 협의 ·군사공동위원회 구성 및 운영은 협의(協議)로 해결 ·시범 공동어로구역 범위는 남측 백령도~북측 장산곶 사이에 설정하되, 구체적인 경계선은 남북 군사공동위원회에서 협의 및 확정	추후 협의

한국은 정부의 성향에 따라 평화공존 또는 힘에 의한 평화를 주창하고 있다. 한편 북한은 군사력 증강을 일관되게 추진할 것이기에 '안보 딜레마'가 극적으로 변화하거나, 개선될 여지는 희박하다.[51] <표 7-12>는 역대 정부에서 추진한 대북(對北) 군비통

제 정책의 목표를 정리하였다.[52)]

<표 7-12> 역대 정부 대북(對北) 군비통제 정책의 목표

<table>
<tr><th colspan="2">구 분</th><th>노태우</th><th>김영삼</th><th>김대중</th><th>노무현</th><th>이명박</th><th>박근혜</th><th>문재인</th><th>윤석열</th></tr>
<tr><td colspan="2">정부성향</td><td colspan="2">보수</td><td colspan="2">진보</td><td colspan="2">보수</td><td>진보</td><td>보수</td></tr>
<tr><td rowspan="3">군비통제</td><td rowspan="2">정책</td><td colspan="2">한반도식 통제</td><td colspan="2">통제 제도화</td><td colspan="2">정책의 혼란</td><td>재활성</td><td>통제</td></tr>
<tr><td colspan="2">국방정책
(군사전략)</td><td colspan="5">대북정책과 동일</td><td>국방
전략</td></tr>
<tr><td>전략</td><td colspan="2">대비</td><td colspan="2">화해</td><td colspan="2">대비</td><td>화해</td><td>대응</td></tr>
<tr><td colspan="2">대북정책</td><td>북방
정책</td><td>민족
공동체</td><td>화해
협력</td><td>평화
번영</td><td>상생
공영</td><td>신뢰
프로세스</td><td>신한반도
체제</td><td>힘에 의한
평화</td></tr>
<tr><td colspan="2">대남도발
형태</td><td colspan="2">저・중강도</td><td colspan="2">중・고강도</td><td colspan="2">고강도</td><td>중단</td><td>중・고강
도</td></tr>
</table>

<표 7-13>은 남-북 군사 당국 간 회담 현황을 정리하였다.

<표 7-13> 남-북 군사 당국 간 회담 현황(1998~2022)

구 분	김대중 (1998~2003)	노무현 (2003~2008)	이명박 (2008~2103)	박근혜 (2013~2017)	문재인 (2017~2022)
국방장관	1	1	-	-	1(9・19 군사합의)
장성급	-	7	-	-	3
실 무	5	31	3	-	1
기 타	-	-	-	1(군사당국자 접촉)	-

---

51) 장철운 외, 앞의 연구총서(2021.12.30.), pp. 23~25.; 장철운, “북한의 미사일 개발 전략 변화와 남북한 미사일 개발 경쟁,” 『통일연구원 Online Series』 CO 21-11. (서울:통일연구원, 2021.03.31.), p. 6.

52) 국정홍보처, 『국민의 정부 5년 국정자료집 제1권: 정치・외교・통일・국방』 (서울:국정홍보처, 2003), p. 63.; 국정홍보처, 『참여정부 국정운영 백서❺: 통일・외교・안보』 (서울:국정홍보처, 2008), p. 23.; 통일부, <2018 남북관계 주요성과 설명자료> (2018.11.29.), pp. 7~8.; 대통령기록관, 『제17대 대통령 청와대』 (서울:국정홍보처, 2013), p. 68.; 조은일・이미숙, 앞의 논문(2020), pp. 63~69.; 조한범 외, “신한반도체제 추진 종합연구(1):신한반도체제의 개념과 추진 전략,” 『합동연구총서』 20-50-01. (세종:경제・인문사회연구회, 2020년 10월), pp. 71~120. 등의 관련 자료를 종합하여 저자가 재구성하였음.

2021년 1월 21일 당시 문재인 대통령은 NSC 전체회의와 부처 업무보고에서 “강한 국방이 평화의 기반이며, 이제 누구도 넘볼 수 없는 강한 국방력을 갖추어 나가고 있다.”라고 하였다. 9월 15일 국방과학연구소에서 진행한 잠수함 발사 탄도미사일(SLBM) 시험에선 “우리 미사일 전력의 증강이야말로 북한의 도발에 대한 확실한 억지력이 될 수 있다.”라고 언급하였다.[53)]

2021년 1월 6일 김정은은 제8차 당 대회에서 “국가의 방위력을 더 높은 수준으로 강화하여 나라와 인민의 안전, 사회주의 건설의 평화적 환경을 믿음직하게 수호하겠다,”라며 군사력의 강화를 재천명하였다. 2022년 9월 7일부터 1박 2일간 개최된 최고인민회의 제14기 제7차 회의는 핵무력정책법을 제정하면서 핵무기의 운용・통제・사용에 관한 내용을 포함하였다. 2023년 9월 26일부터 1박 2일간 개최된 최고인민회의 제14기 제9차 회의에서는 헌법 개정 등을 통해 핵무기 발전을 고도화한다는 기조를 그대로 유지하였다. 2024년 1월 15일 개최된 최고인민회의 제14기 제10차 회의에선 한국을 ‘제1 적대국’으로 지칭하며 남북회담과 교류업무 기구들을 모두 폐지하였다.[54)]

어차피 한국과 북한은 각자의 정책 구상과 방식대로 갈 것이기에 남-북 간 대결 구도는 격화할 수밖에 없다. 여기엔 유럽의 러-우 전쟁과 중동의 이-하 전쟁이라는 복합적 요인이 섞여 있다. 따라서 미국은 ‘동맹을 중심으로 하는 접근 전략’을 취할 것이며, 중국과 러시아의 ‘전략적 연대’는 더 확연해질 것이다.[55)] 더욱이 2023년 11월의 군사 정찰위성(만리경-1호)과 탄도・순항미사일 발사 등으로 9・19 군사합의를 파

53) 장철운 외, 앞의 연구총서(2021.12.30.), pp. 23~24.; 조성렬, 앞의 책(2019), pp. 293~298.).; 조은일・이미숙, 앞의 글(2020), pp. 69~73.; 보도국, “문대통령 “미사일 전력 증강, 北 도발에 확실한 억지력(종합)”,” 『연합뉴스 TV』 (2021.09.15.).

54) 장철운 외, 앞의 연구총서(2021.12.30.), pp. 24~25, 145~157.; 나기성, “북한, 최고인민회의서 '핵무력정책 헌법화' 채택,” 『연합뉴스』 (2023.09.28.).

55) 김성진, 앞의 글(2024년 1월), pp. 18~19.

기하였고, 상황을 주도하고자 노력하고 있다.[56] 그는 2023년을 정비・보강계획에 따라 경제적 성과를 완수한 것으로 설정하고, 2024년은 본격적인 경제 건설과 동시에 군사적 긴장은 고조시키는 등 내부 결속과 민심 다잡기에 나서고 있다. 최근의 행태와 연계하여 볼 때 비무장지대(DMZ) 및 접경지역에서 군사적 도발 책동이 더욱 활발해질 개연성은 더욱 커졌다.[57] <표 7-14>는 한반도의 군비통제 및 대화가 교착 국면에 이르게 된 배경과 원인을 정리하였다.

<표 7-14> 한반도 군비통제 및 대화가 교착된 배경 및 원인

구 분	주요 배경 및 원인
북한 측	① 단계・동시적 접근 및 조처에 너무 집착(執着)하였다. ② 김정은-도널드 J. 트럼프 간 우정을 너무 과도하게 믿었다. ③ 한・미 연합훈련과 한국의 군비증강에 대한 과도한 불신은 근거 없는 감성적 반발의 결과다. ④ 유럽과 중동의 급변하는 국제안보정세 요인이 전략적 보폭을 넓히는 데 상당한 작용을 하였다.
한국 측	⑤ 북-미 대화가 잘 될 것이라 믿으며, 막연한 기대감에 의존했다. ⑥ 영변 핵시설 폐기에 너무 과도한 가치를 부여하였다. ⑦ 전시작전권 환수에 대한 집착이 너무 컸다. ⑧ 한・미 연합훈련과 대규모 군비증강을 계속하고 있다.
미국 측	⑨ 도널드 J. 트럼프의 산만함과 감정 표출이 과도했다. ⑩ ‘빅딜론’과 대북제재의 효과를 너무 맹신(盲信)하였다. ⑪ 내부적으로 한반도의 현상 유지가 필요하다고 믿는 주류계층과 도널드 J. 트럼프의 즉흥・감정적 충돌이 이어졌다. ⑫ 조 R. 바이든 행정부가 추진하는 대북정책의 한계가 드러났다.

① 북한이 주장하는 ‘조선반도 비핵화’는 북-미 간 적대관계의 청산과 평화체제 구축이 단계・동시적으로 추진되어야 한다는 인식에서 나왔다. 즉, 북한은 핵시설을 폐기한다고 하고서도 영변의 핵과 위성 발사 시설만 폐기하였다. 그러나 이러한 접근방식은 당시 미국의 대북(對北) 불신을 쉽게 봤다. 미국은 이들이 핵무기・핵물질을 폐

56) 김상기 외, 앞의 연구총서(2022.12.30.), p. 296.; 김성진, “4・10 총선과 격화하는 한반도 안보정세, 하이브리드식 침공” 『KONAS』 안보칼럼 (2024.03.28.).

57) 장철운 외, 앞의 연구총서(2021.12.30.), pp. 130~132, 139, 140~142, 145~157.

기하지 않았다고 인식하였기에 근본적으로 불신을 해소하기는 어려웠다.[58)]

② 북한의 유일한 수령 절대주의 지배체제(김정은)와 다르게 미국의 대통령은 모든 정책(전략)을 혼자서 결정하지 않는다. 자유민주주의 체제에선 견제와 균형의 원리가 정부 부처나, 어떠한 계층에서도 존재하기 때문이다. 특히 미국의 주류계층이 한반도의 현상 유지를 선호하고 있음을 너무 쉽게 생각했다. 주류계층은 2019년 2월 베트남 하노이에서 북-미관계 정상화 및 한반도의 평화체제 구축에 관한 합의 내용에 상당한 거부감을 가졌다. 반면에 당시 김정은은 정상간 우정이면, 적대관계를 간단하게 청산할 수 있다고 자신만만하였다. 따라서 자기중심적 확증편향에 따라 도널드 J. 트럼프와의 인간적 관계에 노력하였으나, 산만하며 독특한 성격에다 주류계층의 거부감이 강함을 소홀하게 취급하였다.

하노이 회담(2019.02.27.~28)

③ 2019년 3월 한・미 연합훈련은 시뮬레이션 위주로 재개하며 규모를 축소하였다. 북한은 하노이 회담의 결렬에 대한 실망감과 배신감으로 반발 수위를 끌어올렸으나, '과유불급(過猶不及)'이었다. 판문점 선언 시 합의한 군사공동위원회는 가동하지 않았고, 위원회 구성에 관한 협의 요청에도 응하지 않았다. 북한은 협상과 대화를 통해 문제를 해결하기보다 한・미 연합훈련과 한국의 첨단무기 도입을 핑계 삼아 대화를 거부하며, 이를 자신들의 핵・미사일 프로그램을 증강하는 명분으로 삼았다.[59)] 유념할 대목이 "문제를 피하려고 마음먹으면, 구실을 찾게 되고, 문제를 풀려는 마음이 있으면, 해법을 찾기 마련이다,"라는 점이다.

---

58) 美 국가정보위원회(NIC)는 하노이 회담 한 달 전에 내놓은 보고서에서 "북한은 미국과 국제사회의 핵심적인 양보를 얻기 위해 부분적인 비핵화 조치를 협상하려고 할 것"이라고 분석하였다. "완전한 비핵화는 북한의 의도가 아니라는 것"이다(Daniel R. Coats, "WORLDWIDE THREAT ASSESSMENT of the US INTELLIGENCE COMMUNITY," (January 19, 2019), https://www.dni.gov/files/ODNI/documents/2019-ATA-SFR---SSCI.pdf> (Accessed May 28, 2022).; 김상기 외, 앞의 연구총서(2022.12.30.), p. 232.; 장철운 외, 앞의 연구총서(2021.12.30.), pp. 145~156.

* '국가정보위원회(NIC)'는 'National Intelligence Council'의 약자다.

59) 국방부 정책기획관실, 앞의 백서(2022년 12월), pp. 023~024.; 장철운 외, 앞의 연구총서(2021.12.30.), pp. 27, 231~232.

판문점선언 이후 남북 및 북·미 관계 일지	
2018년 4월27일	1차 남북 정상회담, 판문점선언 채택
5월26일	2차 남북 정상회담(판문점)
9월18~20일	3차 남북정상회담(평양), 평양공동선언 및 판문점선언 군사분야 이행 합의서 채택
2019년 2월 27~28일	2차 북·미 정상회담(하노이) 결렬
6월30일	남·북·미 정상 판문점 회동
2020년 6월16일	북한, 남북공동연락사무소 폭파
9월22일	북한, 소연평도 해상서 실종된 공무원 총격·시신 훼손
10월10일	북한 노동당 창건 75주년 기념 열병식서 신형 ICBM 공개
2021년 1월15일	북한 8차 노동당대회 기념 열병식서 새 SLBM 공개
3월25일	북한, 탄도미사일 2발 발사
3월29일	백악관 "바이든, 김정은 만날 의향 없어"

④ 한국의 한반도 평화 프로세스는 미-중 간 전략적 패권 경쟁이 격화하며 한계에 도달하였다.[60] 북한은 통미봉남(通美封南) 정책으로 미국과 담판하며 북-중 간 혈맹 관계를 복원하고자 하였다. 중국은 북-미 관계가 급진적으로 강화되는 추세에 대한 우려가 컸기에 북한의 동시・단계적 해법을 적극적으로 지지하였다. 최근도 러시아가 우크라이나를 무력으로 침공하고, 중동에선 팔레스타인 무장 정파(하마스)가 이스라엘을 기습 침공하면서 지정학적 불안이 고조되자 김정은은 전략적 보폭을 넓히고, 핵무기와 재래식군사력으로 주도권 확보에 몰입하고 있다.[61]

⑤ 진보와 보수를 불문하고 역대 정부가 가졌던 오류는 남-북・북-미 관계가 결국엔 선순환 구조로 전환될 거라는 막연한 기대감이었다. 기대가 현실이 되려면, 정책・전략적 대안(BATNA)이 필요하지만, 소홀했다. 북-미 간 비핵화에 관한 정의를 내리는 과정이 순탄치 않았고, 최종 목표를 두고 서로 갈등이 높아졌음에도 대안(對案) 마련에 고민하지 않았다.[62] 한・미 간 구성된 working-group도 북-미 간 대화나, 한반도 프로세스를 촉진하기 위한 정책 공조나, 협의 역할보다 대북정책을 간섭하는 창구(窓口)기능에 그쳤음은 아쉬운 부분이다.[63]

⑥ 9・19 군사합의엔 "미국이 6・12 북-미 공동성명의 정신에 따라 상응하게 조처하면, 영변 핵시설을 영구적으로 폐기하는 등의 추가 조치를 계속할 용의가 있음을

60) 원재연, "北은 대화 불응・美와는 엇박자..동력 잃은 평화프로세스," 『세계일보』 (2021.04.27.).

61) 최용환, "북한정세와 남북 관계 전망," 『IFES 통일전략포럼 자료집:2023년 한반도 정세평가 및 2024년 전망』 No. 72. (서울:경남대학교 극동문제연구소, 2023년 12월), pp. 137~142.; 김성진, 앞의 글(2024년 1월), pp. 17~20.

62) 한국은 '핵 개발 저지', 미국은 '핵 개발 저지→핵 사용 저지'로 변화하고 있다(변해정, "푸틴 "北 자체 핵우산"…정부 "핵보유 불인정 입장 변화 없어"," 『VOA』 (2024.03.11.).; 함지하, " "비핵화 '중간단계' 비현실적…비밀 핵활동 포착 못 해"," 『뉴시스』 (2024.03.14.).).

63) 당시 한국은 working-group의 종료에 대하여 '종료(terminated)'라고 판단했지만, 미국은 '정리 후 재조정(readjusted)'이라는 의미로 해석하며 미묘한 온도 차를 보였다(한상용, "한미, '워킹그룹 종료' 놓고 온도차..합의용어는 'Conclusion'," 『연합뉴스』 (2021.06.23.).).

표명한다.”라는 내용이 있다. 당시 한국 정부에선 북한 핵 능력의 70~80%를 차지하는 영변 핵시설을 폐기함은 불가역적인 비핵화 조치라고 긍정적으로 평가하는 기류가 강했지만, 과도한 해석이었다.64)

⑦·⑧ 박근혜 정부가 전작권 전환에 합의한 조건은 한·미 연합훈련으로 한국군이 주도적 역할을 할 수 있는가였다. 따라서 검증과 군사력 증강을 병행함으로써 북한의 핵과 미사일 공격에 즉각 대응할 능력을 확보하는 여부가 핵심 관건이었다. 그러나 한반도 비핵화와 평화 프로세스의 관련 조건은 갈수록 상당한 격차가 발생하였다. 여기에 도널드 J. 트럼프가 갑작스레 연합훈련을 중단시키며 안보위기는 더 높아졌다. 문재인 정부는 남-북 정상회담을 통해 ‘단계적 군축’으로 방향을 선회하였다. 결과적으로 한국은 역대 정부의 정치성향에 따라 추진 방식이 달라졌고, 인식의 격차도 컸다.65)

⑨ 2019년 도널드 J. 트럼프는 중국과의 무역 전쟁을 비롯하여 한반도 방위비 분담금의 인상을 압박하다가 갑자기 미국의 국내 정치로 화살을 돌리면서 ‘거래 주의 성향’의 민낯을 드러냈다. 하노이 회담을 결렬시킨 것도 무역 전쟁을 벌이는 중국에 강력한 메시지를 보내려는 의도가 담겨 있음을 감추지 않았다. 그는 한국과 일본, NATO 동맹국에 방위비 분담금의 대폭 인상을 요구했고, 이는 6월 30일 판문점에서

64) 즉각 무기화할 수 있는 핵물질을 포함하여 50개 안팎의 핵무기를 보유한 것으로 추정하고 있었고, 영변 핵시설을 폐기한다고 해도 비핵화의 핵심인 핵무기와 핵물질은 그대로 남게 되어서다(김상기 외, 앞의 과제(2022.12.30.), pp. 236~237.; 구갑우, “급변하는 세계질서 속 한반도:북한의 정세 인식과 남북관계 전망,” 『IFES 통일전략포럼 자료집:2023년 한반도 정세평가 및 2024년 전망』 No. 72. (서울:경남대학교 극동문제연구소, 2023년 12월), pp. 134~135.; 고은희, “‘CVID’ 대신 ‘완전한 비핵화’…의미는?,” 『KBS 뉴스』 (2018.06.12.).).

65) 김상기 외, 앞의 연구총서(2022.12.30.), pp. 237~238.; 김희윤, “[전작권 전환 논란]③전작권 전환 시 전략자산 사용 권한은 어디로,” 『아시아경제』 (2017.10.31.).

의 3자 회동 이후에도 유지되었다. 그는 남-북 교착상태를 해소하는 데 중점을 두기보다 한・미 연합훈련 중단과 북미 정상회담을 재개한다는 자신의 구두 합의를 지키고, 한국 정부가 방위비 분담금을 얼마나 낼 것인지에 관심을 두었다.[66)]

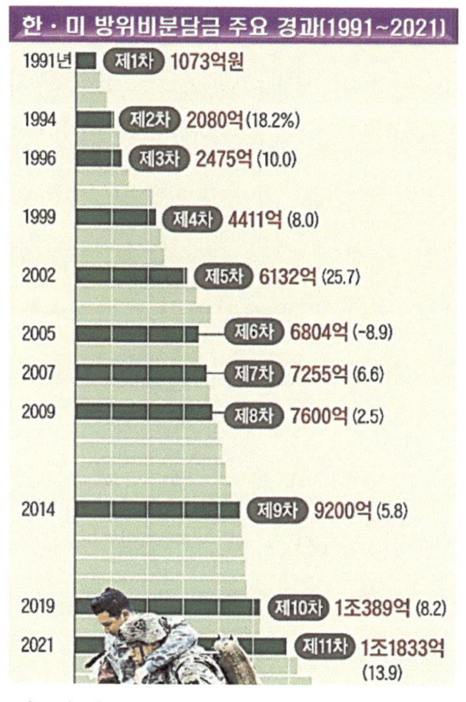

⑩ 하노이 북-미 정상회담(2019)에서 도널드 J. 트럼프는 김정은의 제안을 거부하지 않으면서도 '결렬(No-Deal)'을 선택했다. 당시 존 R. 볼턴(John R. Bolton) 백악관 안보보좌관이 주도한 문서에는 북한이 핵과 모든 종류의 탄도미사일, 생화학무기와 이중용도 프로그램을 폐기할 경우, 북한의 경제발전을 지원하겠다는 내용을 담았다. 김정은이 고려하지 않을 게 뻔했지만, 당시 도널드 J. 트럼프의 생각은 달랐다. 김정은과의 회담 개최는 자신이 김정은을 압박하여 진행한다는 자기만족, 대북제재를 유지 및 강화해도 김정은이 양보할 수밖에 없다는 확증편향의 사고방식이 만든 산물에 불과했다.

⑪ 미국 내 주류(主流) 계층은 전통적으로 한반도의 현상 유지를 원하는 데 비해 도널드 J. 트럼프는 출발점이 달랐다. 북한과 전쟁을 벌일 수 있는 독특한 성향에 주한미군을 즉흥적으로 철수시킬 수 있는 인물이어서다. 즉, 그의 도발・즉흥적 행동은 주류의 관점에선 긴장과 우려의 존재였다. 이후 주류는 다양한 방식으로 부정적 의지를 밝혔다. 대표적으로 2018년 마이크 폼페이오(Michael Pompeo) 국무장관과 존 R. 볼턴 국가안보보좌관은 남-북-미 정상 간 논의하던 '종전선언'을 원래대로 복귀시켰고, 대북제재 문제는 동시・단계적 조치에서 예외 조항으로 평가하였으며, 비핵화를 달성한 이후에 제재 문제가 논의되도록 관철(貫徹)시켰다. 주류 언론과 다양한 싱크탱크들은 도널드 J. 트럼프가 김정은의 속임수에 넘어간다며 비난을 쏟아냈고, 의회

66) 국방부 정책기획관실, 앞의 백서(2022년 12월), pp. 156~157.; 이하원, ""한미 방위비 협상, 美 대선에 연동해서 속도 조절해야"," 『조선일보』 (2024.03.22.).

는 하노이 정상회담 기간에 맞춰 그의 개인 변호사(Michael D. Cohen)에 대한 청문회를 진행하며 압박하였다.[67]

⑫ 조 R. 바이든 행정부는 그간 김정은에게 조건 없이 대화하자며 코로나-19 백신 등을 포함한 인도적 지원 의사를 발표하였고, 그 수준은 계속 유지되고 있다. 물론 북-미 대화의 전제조건이 대북제재의 완화나, 한・미 연합훈련의 유예 등일 수 없음도 분명히 하고 있다. NATO와 함께 동쪽으로의 문호 개방(東進)정책으로 러시아의 영향력을 줄이는 동시에 동구(東歐) 공산 국가들에 영향력을 확대하는 노력은 진행형이다. 따라서 미국이 '동맹 접근 전략'을 포기하기는 결코, 쉽지 않다. 미-중 경쟁은 갈수록 다변화되는 데다 러-우・이-하 전쟁은 종식될 기미가 보이지 않는 가운데 전선(戰線)은 확장 일로에 있다. 이로 인해 국제사회의 불안정성이 갈수록 심화(深化)되면서 가뜩이나 복잡다기한 국제사회는 경제 난국과 전쟁 지원의 수렁에서 헤어나지 못하고 있다.[68] <표 7-15>는 미국의 2023년 대내외정책은 2022년 10월 12일 백악관에서 발표한 '국가안보전략서(NSS, 2022.10.12.)'에서 제시한 3대 노력선을 바탕으로 추진되고 있다.[69]

<표 7-15> 2022 美 국가안보전략서(NSS)의 3대 노력선

첫째, 끊임없이 투자하여 경쟁 우위를 담보하는 환경을 만들고 있다. 둘째, 외교력을 통해 강력한 국제적 연대를 구축하고자 진력(盡力-endeavor)하고 있다. 셋째, 군사력 현대화를 위한 노력을 지속 추진하고 있다.

이 문서는 중국을 국익과 국제질서에 '결정적인 위협'으로 평가하고, 러시아는 '긴급한 위협'으로 규정하였다. 이들의 시각에서 아시아 동맹국들은 블라디미르 푸틴의

67) 김상기 외, 앞의 연구총서(2022.12.30.), p. 235.; 홍정수, "폼페이오 "美, 亞서 억지력 상실 직전"… 한반도 안보위기 경고," 『동아일보』(2024.02.01.).; 이민석, "볼턴 "트럼프 대통령에 부적합…北과 무모한 핵 협상 시도 가능성"," 『조선일보』(2024.01.31.).; 김응규, "미 언론, '북미회담 회의론' 여전..관심은 코헨 청문회," 『KBS 뉴스』(2019.02.28.).

68) 강석율 외, 앞의 과제(2023년 12월), pp. 29~31.; 김상기 외, 앞의 연구총서(2022.12.30.), p. 234.

69) '국가안보전략(NSS)'은 'National Security Strategy'의 약자다.

고립 및 응징에 적극적이지만, 유럽 동맹국의 시각은 타이완의 중요성과 더불어 인-태 지역의 안보 이슈가 유럽에 위협이 될 수 있다고 본다. 또한, 10월 27일의 국가방위전략(NDS)은 아시아와 유럽 사이에서 균형을 유지하려는 내면을 엿볼 수 있다.[70] 비대칭적 우위의 동맹국-우방국 간 협력 네트워크로 국익을 추구하면서 보호 및 증진을 병행하겠다는 의지도 나타내고 있다. 북핵위협은 한반도 비핵화를 위한 외교적 노력, 위협에 대한 확장억제를 강화하겠다고 했지만, 외교적 수사(rhetoric)에 불과하다는 느낌을 지우기 어렵다.[71] <그림 7-2>는 2023년 북한이 핵 투발(投發) 무기를 시험 발사한 현황이다.[72]

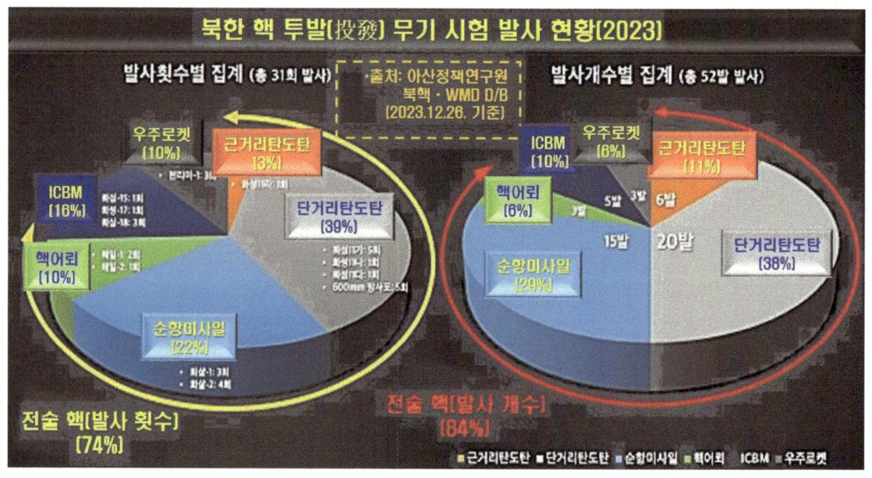

<그림 7-2> 북한이 핵 투발(投發) 무기를 시험 발사한 현황(2023)

---

70) '국가방위전략(NDS)'은 'National Defence Strategy'의 약자다. 이들은 중국의 도전을 가장 심각한 최우선 위협으로, 러시아를 두 번째 군사위협으로 평가하였다. 세 번째 위협은 북한·이란과 극단주의 집단이다. 즉, 미국은 국가방위전략에서 '1+1+3'이라는 개념을 내세웠다(강석율·권보람, "바이든 행정부 국방전략서의 주요 내용과 시사점," 『동북아 안보정세 분석』 (서울:한국국방연구원, 2022.11.03.).).

71) 마이클 그린 호주 시드니대 미국학 센터 소장, "미 국가안보전략(NSS)보고서, 북한 언급은 한 문장뿐," 『중앙일보』 글로벌 포커스 (2022.10.21.).

72) '핵미사일'이나, '핵무기'라고 칭하지 않고, 굳이 '핵 투발 무기'라는 명칭을 사용한 것은, 2023년도부터 미사일 이외에 핵 어뢰가 새로운 투발 수단으로 추가됐기에 이를 반영한 결과다(양욱, "2023년 북한 핵개발 현황 및 평가:국방력 강화 속에 계속된 2024년 도발," 『ISSUE BRIEF』 (서울:아산정책연구원, 2023.12.28.).; 강석율 외, 앞의 과제(2023년 12월), pp. 23~28.).; 김상기 외, 앞의 연구총서(2022.12.30.), p. 234.).

한반도의 군사적 안보위기가 고조되고 있지만, 미국은 1990년대 이후 NATO와 함께 동구(東歐) 국가들의 문호개방으로 유럽과 중동지역에서 영향력을 유지하는 것을 최우선 과업으로 판단하였다. 즉, 유럽의 러-우 전쟁과 중동의 이-하 전쟁 종식이 어떠한 정치・외교적 과제보다 우선순위가 되었다. 결국, 한반도의 비핵화를 포함하는 대북정책이 우선순위에서 밀릴 수밖에 없다.

3. 군비통제의 한계 및 장애 요인

3.1. 북한의 처지에서 바라본 군비통제 추진의 한계

김일성-김정일-김정은이 권력을 대물림하며 고수하는 주한미군 철수, 연방제 통일, 일방적 군축론에 대한 인식의 변화가 없고서는 남-북 관계개선이나, 군비통제 협상을 추진하기가 쉽지 않다. <표 7-16>은 북한의 시각에서 접근할 때 나타나는 군비통제의 한계를 정리하였다.

<표 7-16> 북한의 시각에서 바라보는 군비통제 추진의 한계

첫째, 북한의 권력 구조는 '수령 절대주의' 즉, 강력한 1인 독재체제다. 둘째, 김정은을 중심으로 하는 선군정치(先軍政治) 노선에 따라 군부(軍部)가 절대적인 영향력을 행사하고 있다.[73)] 셋째, 대남 군사력의 우위 유지정책을 고수(固守)할 뿐, 변화를 모색할 환경(여건)이 마련되지 않았다. 넷째, 주한미군 철수는 군비통제의 선결(先決) 조건이자 기본 전제(前提-precondition)다. 다섯째, WMD 불(不) 포기정책을 변화시킬 아무런 이유가 없다. 여섯째, '남-북 간 평화공존=민족분단의 고착화' 공식을 바꿀 생각이 없다.

첫째, 1인 독재체제의 통치 수단은 '강력한 군대를 유지'하는 데 있다. 즉, 전형적인 군사통치체제로 군사력 감축과 군사적 도발의 포기를 전제하는 군비통제(군축)를 수

73) 선군정치는 2021년 당 규약을 개정할 때 삭제됐다(김학일, "北 인민군 최고사령관 깃발은 왜 사라졌나?," 『CBS노컷뉴스』 (2024.03.31.).).

용할 개연성은 지극히 낮다.

둘째, 선군정치 노선을 바꾸지 않는 한 군부의 위상을 낮추는 군사정책을 기대하기는 거의 불가능에 가깝다. 용어는 삭제되었으나, 위상 격하는 불가능한 환경이다.

셋째, 전략적으로 비대칭적 구조나, 군사적 불균형을 시정(是正)하기 위해 자신들의 비대칭 군사력 우위를 포기하는 일은 없을 것이다. 국제사회의 진영 구도가 격화되고 있는 계기를 빌미로 삼아 한·미 연합군사력을 압도하기까지는 군비증강을 멈추기가 쉽지 않다.

넷째, "주한미군이 주둔하는 자체가 한반도 긴장의 원인이고, 한반도 통일에 최대의 걸림돌이다."라는 인식에서 벗어나지 않는다. 이를 포기하는 순간 그들 정권이 존립하는 의미가 없어지기 때문이다. 따라서 주한미군 철수를 관철하기 위해 외교적 책략을 벌이는 것으로 보이지만, 일부 동조하는 의견이 있음도 현실이다.

다섯째, WMD의 포기는 무장해제의 의미와 같다. 따라서 WMD는 외교협상의 강력한 지렛대로서 한반도 적화(赤化)전략 목표를 달성하는 데 효과적이다.

여섯째, 군비통제가 민족분단을 고착화한다는 인식을 하고 있다. 따라서 통일 지향적 노력이 더 중요하기에 군사력보다 통일문제에 더 집중해야 한다고 본다.

북한은 교류협력을 통한 신뢰구축보다 정치·군사 분야를 일괄타결해야 한다는 인식에서 '先 군축, 後 신뢰구축'을 고수하고 있다. 즉, 급격한 병력 감축에 초점을 맞추고 있어 긴장 완화 조치가 이행될 가능성은 매우 낮다. 특히 이들에게 군부(軍部)는 1인 독재체제를 유지하는 데 필요한 김정은 정권의 최후 보루이기에 군부의 위상을 격하하거나, 자본주의 물결이 유입될 여지가 많은 군비통제(군축) 추진에 대한 인식이 긍정적이지만은 않다.

유념할 대목은 북한이 협상국에 따라 서로 다른 맞춤식 전략(전술)을 채택하고 있다는 점이다. 남-북이 동등한 입장임에도 타협 또는 고압·강압적 측면의 '혼합전략'을 즐겨 사용한다. 북한은 2000년대 초기까지만 하여도 미국(핵 강대국)과 같이 협상테이블에 앉는 게 불가능했지만, '벼랑 끝 전술(Brinkmamship)'을 통해 성사시켰다. 한-미 간 이간계는 별다른 성과를 거두지 못하고 있다. 그러함에도 북한은 여전히 최소한의 양보를 통해 최대 성과를 얻으려는 행태를 취하고 있다.[74]

3.2. 한국사회의 대북(對北) 군비통제에 관한 인식과 한계[75)]

3.2.1. 보수 · 보수 성향의 인식

보수 또는 보수 성향의 대체적인 인식은 북한의 군축 방안과 정책에 대하여 의구심과 비판적인 태도를 나타내고 있다.[76)] <표 7-17>은 보수 · 보수 성향의 인식을 정리하였다.

<표 7-17> 대북(對北) 군비통제에 관한 보수 · 보수 성향의 인식

첫째, 북한이 내세우는 주한미군 철수 등의 제안엔 숨겨진 다른 목적이 있다.
둘째, 군비통제가 진전되지 못하는 이유는 북한이 고집하고 있는 정략 · 비타협적 대남(對南) 정책 때문이다.
셋째, 북한의 비대칭적인 군사력 구조가 한국에 불리하게 작용한다는 측면부터 인정해야 한다.
넷째, 유럽의 재래식군사력 감축 조약(CFE)과 유사한 단계적 추진방안이 한반도의 군사적 안정성을 확보하는 데 유리하다.

첫째, 북한은 군축 제안으로 자신들에 유리한 여건을 조성하기 위해 네 가지 측면

74) 한용섭, 앞의 책(2015), pp. 466~476.

75) 한국 사회에서 대북제재나, 남-북 간 군비통제(군축) 추진을 바라보는 인식은 집단적 이해관계 및 각자의 소신에 따라 다르다. 이 문단에서는 이를 조금 더 깊게 구분하기 위해 '보수 또는 진보'로 구분하였을 뿐, 정치적 논쟁을 하기 위함이 아니다. 즉, '보수=우파, 진보=좌파'로 구분하여 정파(政派)적 측면에서 내 편, 네 편을 가르자는 목적이 아니라 학문적 주장이나 논리 전개의 차이점을 논하기 위함이다. 여기서 '진보'는 '변화에 적극적이고, 기존 질서를 개혁함으로써 더 나은 사회를 지향하는 계층으로 이상적 가치를 추구하며 평등 및 분배를 중시하는 집단 · 개인'이다. 즉, '사회적 약자의 권리를 주장하는 계층'을 뜻한다. '보수'는 '변화에 다소 소극적이지만, 권위와 질서에 기반하여 전통적인 가치와 권위를 존중하는 집단 · 개인'이다. 즉, '사회 · 경제적 자유, 경쟁을 통한 성장을 주장하는 계층'이다. 따라서 옳고 그름 또는 정치(정파-政派)적 측면에서 좌파-우파로 구분하는 게 아님을 전제(前提)하고자 한다.

76) '의구심(疑懼心)'은 '진실인지 아닌지 확신은 없지만, 생기는 의문에 대하여 더 구체적인 정보나 증거를 수집해봐야 확신할 수 있다는 적극적인 태도'를, '의심'은 '사실 여부를 조사하거나, 상대에게 질문을 통해 확인하는 다소 소극적인 행위'다.

을 고수하고 있다.

① 한국 사회 내부의 정치・사회적 갈등을 최대한 확대하는 데 있다.

② 북한 내부적으로 통일・남북 협상의 주도권을 장악했다는 선전・선동전략을 통해 절대권력을 공고히 하고, 주민들의 허리띠를 더욱 졸라맬 명분을 다지는 데 있다.

③ 한반도 안정을 바라는 국제・지역 여론에 편승하여 평화적 이미지를 조성함으로써 불량국가(rogue-state)에서 벗어나기 위함이다.

④ 한-미 간 이간계로 남-북 회담(협상)의 실질적인 진전은 회피하면서도 책임을 전가(轉嫁-imputation)하는 도구로 이용하기 위함이다.

둘째, 북한이 정략・비타협적 대남정책에 큰 변화가 없는 한, 군비통제 협상이 추진되거나, 설사 진행하더라도 실질적인 성과를 가져오기는 어렵다.[77)]

셋째, 남-북 간 존재하는 '군사적 비대칭성'은 크게 네 가지로 요약할 수 있다.

① '심리적 비대칭성'이다. 한국은 북한의 남침(南侵)으로 인해 동족상잔의 비극(6・25전쟁)을 겪었기에 북한 측에서 먼저 한국 측이 신뢰할만한 충분한 조치가 있어야 한다.

② '지리적 비대칭성'이다. 군사분계선(MDL)에서 평양까지는 150km, 서울까지는 50km에 불과하다.[78)]

③ '무기와 전력 배치의 비대칭성'이다. 북한은 정권이 수립된 초기부터 소련의 '공세 기동전과 기습교리' 등을 접목하여 자신들의 군사교리를 발전시켰고, 75% 이상의 전투력은 전방으로 추진 배치하였다. 특히 170mm 자주포와 240mm 방사포를 비롯한 1,000여 문의 장사정포가 수도권을 조준하고 있다.[79)]

④ '체제상 비대칭성'이다. 북한은 폐쇄사회로서 내부 정보가 외부로 노출되지 않기에 군사 표적을 식별하기가 쉽지 않다. 반면에 한국의 관련 정보나 군사 표적은 대

77) 북한이 UN 군축회의에서 "국방력 강화 조치는 자위권 차원"이라며 미국과 동맹에 비난의 화살을 돌렸다(조상진, "북한, 군축회의서 "국방력 강화, 정당한 자위권 행사"…미・한・일 "북핵 해결 시급"," 『VOA』 (2024.02.29.).).

78) 김성진, "김정은의 神政 통치와 급변사태, 한국군 대비 수준은?," 『문화일보』 안보칼럼 (2023.07.17.).

79) 국방부 정책기획관실, 앞의 백서(2022년 12월), p. 026.; 김성진, "하마스의 침공방식과 북한의 하이브리드戰, 대응체계," 『KONAS』 안보칼럼 (2024.01.18.).; 김성진, "한반도를 둘러싼 5대 안보위협 변수와 지정학(地政學)," 『KONAS』 안보칼럼 (2023.03.09.).

부분 노출되어있기에 북한의 군사위협이나 해킹을 포함한 도발 책동에 취약하다.

넷째, 점진・단계적 군비통제가 현실에 부합할 수 있으나, 신뢰를 구축하는 활동(CBM)과 군축을 병행함이 바람직하다.

3.2.2. 진보・진보 성향의 인식

진보 또는 진보 성향의 인식은 남-북 간 쟁점이 되는 사안(事案) 위주로 접근하는 태도를 나타내고 있다. <표 7-18>은 진보・진보 성향의 인식을 정리하였다.

<표 7-18> 대북(對北) 군비통제에 관한 진보・진보 성향의 인식

첫째, 북한 제안에 이중적 성격은 있으나, 의도를 분석하기보다 군축의 특징 분석 또는 목표를 추론(推論)하는 데 집중하고 있다. 둘째, 한국의 군비통제 정책 및 점진・단계적 추진방안에 부정・비판적인 정서가 짙게 깔려있다. 셋째, 현실에서 쟁점 및 앞으로 예상되는 논란을 예방하려면, 절충안이 필요하다.

첫째, 북한의 군축 제안은 미국 측과 합세한 한국의 군사 전략적 측면보다 합리적이며 우위에 있다. 통일 기반을 주도적으로 조성하고, 경제적 어려움을 타개하는데 필요한 사안이며, 평화적 이미지를 고양하는 긍정적인 방향으로 추론하고 있어서다. <표 7-18-1>은 북한이 주장하는 군축 정책을 긍정적으로 보는 이유를 정리하였다.

<표 7-18-1> 북한이 주장하는 군축 정책을 긍정적으로 보는 이유

① 군축 문제는 한반도의 평화통일을 추구하기 위한 정책 중의 하나다. ② 북한이 유리하게 끌고 가려는 군사 전략적 판단의 하나로 볼 수 있으나, 북한엔 군비통제의 개념 자체가 존재하지 않는다. 따라서 북한이 제안하는 군축 방안이 유리하다. ③ 북한이 공세・적극적인 태도를 견지하고 있는 데 비해 한국은 소극・형식적으로 접근하고 있다.

둘째, 한국은 미국의 군비통제 방식을 따라가고 있으며, 냉전적 사고에서 나온 정책 기조를 고수하고 있다. 또한, 북한의 군축 제안이 군사력 열세를 고착시킬 수 있기에 소극적인 태도를 보인다. 반면에 북한이 곧 붕괴할 것이라 믿으며 인권 등의 문제로 대북(對北) 압박을 계속하고 있다. 한반도 평화통일은 같은 민족끼리 해결해야 하는 과제이기에 북한이 주장하는 대로 주한미군이 먼저 철수해야 하지만, 한국은 주한미군이 철수하면 공산화된다는 조바심으로 협상 목록에서 제외하고 있다. 아울러 북한은 '한반도 평화통일(적화통일)'이 최우선 목표다. 반면에 한국의 평화통일은 위장 평화공세에 불과하다.

셋째, <표 7-18-2>는 발전적인 사고의 학자들이 가진 인식을 정리하였다.[80)]

<표 7-18-2> 발전적인 사고의 학자들이 가진 인식(종합)

① 주한미군 철수	② 군비통제 접근방식
③ 무기·군사력 감축 대상의 우선순위	④ 군사력을 감축하는 방식

① 한국 정부의 정책에 '주한미군 철수'를 포함하는 유연하고 자주적인 태도가 필요하다. 또한, 군축은 북한이 계속 주장하는 사안이기에 남-북 군사협상이 진전(進展)을 보이는 데 장애가 된다는 측면, 주한미군에 관한 북한의 입장이 평화유지군을 용인(容認)한다는 측면, 주한미군 주둔 의제(agenda)가 한국 정부의 의사(意思)는 배제되고, 미-북 간 직접 협상으로 결정될 가능성이 커졌다는 측면 등에 초점을 맞췄다.

② 한국은 점진·단계적 방식을 선호하지만, 북한은 '先 군축' 입장임을 고려하지 않을 수 없다. 따라서 협상에 임하려면, '동시 협상, 동시 시행'이 되어야 한다. 즉, 한국이 요구하는 신뢰구축(CBM)이 북한에서 제안하는 군축의 전제조건이 되어선 안

80) 한반도 군비통제에 관해 발전적인 시각으로 접근하고 있는 연구자료는 다수 있다(조성렬, 앞의 책(2019).; 전성훈, 앞의 글(2018년 10월).; 김강녕, 『남북한 관계와 군비통제』(경주:신지서원, 2008).; 남만권, 앞의 책(2006).; 김동성, "새로운 남북관계의 현실과 군비통제," 『한반도 군비통제』 군비통제자료 32.(서울:국방부, 2002년 12월).; 박영규, 『한반도 군비통제의 재조명:문제점과 개선 방향』(서울:통일연구원, 2002.12.28.).; 송대성, 『한반도 평화체제 구축과 군비통제:2000년대 초 장애 요소와 극복방안』(서울:세종연구소, 2001년 6월). 등.).

된다는 측면, 신뢰구축이 군축과 연계된다는 약속을 보장하기 어려운 측면, 6·25전쟁 이후 70여 년을 뿌리 깊은 불신과 첨예한 대립으로 점철되었음을 고려할 때 북한의 군축 방식이 상호 불신을 해소할 수 있다. 이에 따라 한국 정부가 제기한 '先 신뢰, 後 구축' 방식은 재고(再考)되어야 한다.

③ 한국은 '무기 감축'을, 북한은 '병력 감축'을 우선 과제로 본다. 남-북이 모두 과도한 병력을 보유하고 있기에 군사비의 지출을 절감하거나, 병력 감축과 질적 수준이 높은 기술집약형 군대로 개편해야 한다.

④ 한국은 군사력을 더 많이 보유한 측에서 먼저 감축하되, 같은 수준이 된 이후에 다시 군축을 시도하는 '동수(同數) 균형 감축 방식'을 주장한다. 북한은 남-북이 10만 명과 상응하는 무기를 동시에 감축하는 '병력 중심의 단계적 감축 방식'을 주장하고 있다.[81] 이에 기반하여 남-북이 모두 동의할 수 있는 '동수(同數) 보유 원칙'으로 추진하자는 일부의 주장도 있다. 먼저 대상 무기와 병력은 합의한 대로 같은 상한선 상에 도달할 때까지 보유 수(數)의 격차를 인정하되, 같은 비율로 감축하는 방식을 채택하자는 것이다. 상한선의 수준은 적게 보유한 측을 기준으로 하되, 협상으로 결정하며 대상과 유형에 따라 달리할 수 있어야 한다.

객관·학문적인 시각에서 정리해보면, 보수·보수 성향의 주장은 군비통제의 제약이 북한의 대남정책과 그들의 숨겨진 의도가 있다고 믿으며 이를 중심으로 판단 및 분석하고 있기에 객관성이 떨어진다. 반면에 진보·진보 성향의 주장은 남-북 간 쟁점 사안(事案)에 대한 해결 방안을 중심으로 접근하고 있기에 전체적인 틀(大綱)을 제시하지 못하고 있으나, 이를 간과하고 있다. 즉, 각자 '따로국밥' 식의 사고에 빠져 서로 공감대를 형성하기가 쉽지 않다.

3.3. 한반도 군비통제 추진 간 장애 요인

최근 북한은 이전까지와 다르게 '대한민국'으로 호명하며, 한반도에 '두 개의 국가'가 있음을 공식화하였고, 타격 대상임을 분명히 하였다. 주목할 대목은 '대한민

81) 9·19 군사합의 시 남-북이 서로 11개 GP를 철수한 사례와 같은 방식이다(국방부 정책기획관실, 앞의 백서(2020년 12월), pp. 258~260.).

국 것들'이라고 지칭하며 "정치 군사 깡패무리들 또는 개나발들을~"이라는 거친 표현을 하고 있다는 점이다.[82] 이전까지 공식적인 '우리 국가 제일주의'의 이데올로기는 그대로 가져가되, '민족 개념'은 없애고, '국가'로 전환하려는 의지를 내보이고 있다. <표 7-19>는 한반도에서 군비통제를 추진할 때 우려되는 장애 요인을 정리하였다.

<표 7-19> 한반도 군비통제 추진 시 장애 요인

첫째, 6·25전쟁을 겪으면서 싹튼 뿌리 깊은 불신(不信) 및 적대의식이다. 둘째, 남-북 간 정치·이념·군사적 측면에서 심한 괴리는 단계적으로 신뢰구축(CBM·CSBM)을 추진하는 데 한계로 작용하고 있다. 셋째, 남-북이 모두 '한반도 평화통일'이 목표라고 주장하지만, 추구하는 목표가 상반되기에 국가전략과 통일정책이 각기 다르다. 넷째, 한국은 북한이 대화의 주체(당사자)라고 하지만, 북한은 미국으로 보고 있다. 다섯째, 북한의 선군정치엔 변화가 없고, 군비증강을 계속하고 있기에 남-북 간 군비통제를 추진하는 자체가 쉽지 않다. 여섯째, 북한의 핵무장과 비대칭 무기는 군사력의 불균형과 군사적 비대칭성을 심화시켰다. 따라서 핵·비대칭 무기의 해제를 의제로 선정하지 않을 경우, 군비통제(군축)를 추진하는 자체가 불가능하다. 일곱째, 한반도는 정전(停戰) 중이기에 군비통제를 추진할 때도 현실적 한계를 무시하기 어렵다. 여덟째, 한국과 북한은 평화통일이라는 기본인식에서부터 차이가 있고, 군비통제에 접근하는 시각은 다르다. 아홉째, 남-북은 군사력 수준과 전력 구조에 대한 평가를 각자의 시각에서 평가하고 있을 뿐, 객관적인 평가를 하려고 하지 않는다.

첫째, 북한은 한국을 美 제국주의의 앞잡이로 본다. 한국은 김정은과 북한 정권, 북한군을 주적(主敵)으로 적시하고 있다.[83] 즉, 북한이 적화통일 목표를 바꾸지 않은 채 군축을 제안하는 저의(底意)에 의구심을 가진다. 북한도 한국을 제1의 적대적 관계로

82) 정영철, 앞의 연구총서(2023년 12월), pp. 126~129.; 안정식, ""개나발들을 작작하고"…초등학생 투정 같은 김여정 담화," 『SBS 뉴스』 (2024.01.12.).; 한혜란, "북한, 9·19 군사합의 파기 선언…"모든 군사조치 즉시 회복"," 『연합뉴스』 (2023.11.23.).

83) 국방부 정책기획관실, 앞의 백서(2022년 12월), p. 039.

적시하기에 마주 앉기가 쉽지 않다. 따라서 군비통제(군축)를 추진하기는 상당히 제한될 수 있다.

둘째, 한국은 신뢰구축(CBM · CSBM)이란 용어를 사용하며 '先 신뢰, 後 군축'을 추진하고 있다. 그러나 유럽에서 채택한 방법론을 따라 하기엔 한계가 있다. 남-북 간 안보환경의 비대칭성이 심해져서다. <표 7-19-1>은 남-북 간 신뢰구축을 저해하는 요인을 정리하였다.

<표 7-19-1> 남-북 간 신뢰구축을 저해하는 요인

① 남-북이 추구하는 궁극적 목표가 '공존(共存)'이 아닌 '민족통일(평화 또는 적화)'이기에 현상을 타파하려는 측면
② 남-북 관계는 이민족 간의 계약관계가 아니라 같은 민족 내부의 애증(愛憎)이 얽히고설켜 있다는 측면
③ 실리보다 명분을 앞세우는 민족 정통성이 경합 양상으로 진행되고 있으나, 분쟁을 해결할 수 있는 수단이 극히 제한되는 측면
④ 남-북이 서로를 공정하게 바라보지 않고, 일방적인 공감(또는 굴복)을 요구하는 내전(Civil War)의 형태를 띠고 있는 측면

북한은 한국과 협의 또는 약속한 대부분을 정치적인 선전(propaganda) · 선동(agitation)으로 대응하였고, 합의하더라도 이를 준수케 할 강제 조항이나 보장 수단이 없다.[84] 최근 핵무기를 개발하고, 재래식군사력을 증강함으로써 한반도의 긴장을 의도적으로 고조시키는 행태는 단기간 내에 서로 신뢰를 형성하기가 쉽지 않게 한다.[85] 따라서 장기적으로 접근해야 하며, 북한 내부를 변화시킬 '신의 한 수'가 필요하다.

셋째, 한국은 '先 평화, 後 통일'을 위해 체제 우위를 유지하는 가운데 통일정책을 추진하되, 기간이 지날수록 유리하다고 본다. 북한은 기간이 지날수록 불리하다고 판

84) 장철운 외, 앞의 연구총서(2021.12.30.), pp. 306~311.; 임경구, "北, 최전방 초소 복구·중화기 배치…9.19 군사합의 무력화 파장," 『프레시안』 (2023.11.27.).; 홍의표, ""'완충구역' 없다"‥북한 이어 우리 군도 '9.19 군사합의' 파기 선언," 『MBC 뉴스』 (2024.01.08.).

85) 강석율 외, 앞의 과제(2023년 12월), pp. 90, 92~93.; 장철운 외, 앞의 연구총서(2021.12.30.), pp. 145~150.

단하여 빠르게 통일 논의를 구체화하여야 한다는 인식이다. 이들은 군축이 통일문제에 종속되어 있다고 판단하여 민족통일을 앞당기기 위해서는 군축을 서둘러야 한다면서도 전제조건을 '주한미군의 철수'로 보고 있다. 한국은 안보가 보장되는 범위 내에서 점진・단계적으로 추진한다는 데 반해 북한은 신속하게 군축을 끝내야 한다고 판단한다. 또한, 북한은 1973년 김일성이 제창한 '고려연방제'를 그대로 유지하고 있다. 한반도의 통일을 위해 과도기적 정치제도가 필요하다는 판단에서다. 한편 김정은은 2023년 12월 노동당 중앙위원회 전원회의와 2024년 1월 최고인민회의 제14기 제10차 회의 시정연설에서 "남북은 적대적 두 국가 관계이며, 전쟁 중인 두 교전국 관계로 완전히 고착화 되었다."라고 강조하며 9・19 군사합의를 폐기하였다.[86]

한국의 역대 정부는 한반도의 긴장 완화와 평화적 통일 기반을 마련하는 원칙을 준수하고자 한다. 반면에 북한은 그들이 원하는 방식으로 통일하기 위해 군비통제(군축)를 정치・전략적 틀로 접근하고 있다.

넷째, 북한의 궁극적인 목표는 '적화통일'이다. 적화통일이 되면, 그들 이외의 나머지를 숙청(제거)해버리는 베트남 전쟁과 패망한 이후 나타난 Boat-People의 전철을 따라갈 수 있다. 따라서 외부 침투 및 무력 침공에 대비하고자 군사력을 증강(확충)할 수밖에 없다. 그간 북한은 수많은 도발을 감행하면서 단 한 번도 인정하지 않았다. 상대를 계획・의도적으로 파괴 및 말살하려는 의도가 명확할 경우, 쌍방 간 진정한 평화는 유지되기 어렵기에 자유민주주의 국가(한국)의 정책 추진엔 제한이 따를 수밖에 없다. 북한은 '한국=미제 괴뢰 식민지의 불쌍한 집단이자 미제 속국 또는 남조선 괴뢰도당'이라는 고정인식에서 벗어나지 않는다. 즉, "남조선에서 군사통제권을 가진 주체(主體)는 미국이다. 따라서 한국과는 휴전협정을 평화협정으로 바꾸거나, 군사적 대치 문제를 실질적으로 논의할 수 없기에

86) 김성진, 앞의 글(2024년 1월), p. 20.; 김성진, "하마스 침공방식과 이스라엘의 초기 대응, 한반도의 대비 수준은?," 『KONAS』 안보전략논단 (2024.02.01.).; 신현준, ""김정은의 불가피한 선택"...통일 지워버리는 북한 속내," 『YTN 뉴스』 (2024.02.05.).; 원선우, "김정은 "통일 폐기" 한마디에… 범민련 남측본부 해산 수순," 『조선일보』 (2024.02.02.).; 최혜원, "남북관계 50년에 빨간불…김정은 "통일·화해 개념 완전 제거"," 『MBN 뉴스』 (2024.01.16.).

미국과 논의해야 한다."라는 인식이 굳어져 있다.[87]

다섯째, 북한은 군사형 독재체제의 국가다. 이러한 유형의 국가는 오롯이 전쟁 승리를 목적으로 하며, 피라미드식 위계체제는 상급자가 명령 및 통제하면, 하급자는 무조건 복종하는 구조다. 그러나 한국이 마냥 일방적인 시각으로 북한에 유럽의 재래식 군비통제 방식을 그대로 채택하자고 고집하기엔 제한이 많다. 따라서 정치체제의 이질성을 해소 및 가치관을 공유하거나, 이해하는 과정을 거치지 않는 한 신뢰구축(또는 군축)을 추진하기가 결코, 쉽지 않다.

여섯째, 북한은 2015년 핵무기 보유를 선언하였고, 2022년 핵무력정책법을 법제화하며 핵 사용 문턱을 대폭 낮췄다. 또한, 고체연료인 ICBM과 전술핵무기를 개발하고 있기에 재래식 군비통제의 추진이 가능할까" 라는 의구심이 많다.[88] 여기에다 한국이 재래식군사력으로만 대비(대응)할 경우, 비대칭적 측면에서 상당한 열세에 처하게 될 것은 자명한 현실이다.

일곱째, 휴전협정 이후 그간의 도발 사례가 말해주듯이 화해 분위기는 조성되지 않았으며, 서로 유화적이지도 않다. 시도 때도 없이 도발을 반복하는 한 군비통제 협상을 진전시키기는 매우 어렵다.

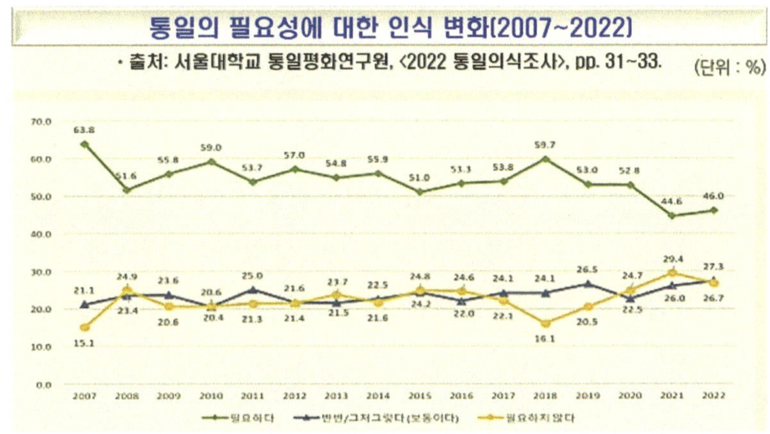

여덟째, 한국의 '先 평화, 後 통일' 방식과 북한의 '先 통일, 後 평화' 방식은 완전히 거꾸로다. 여기서 한국의 군비통제는 전략적 억지 정책(Deterrence Policy)의 하나이지만, 통일정책과는 별개의 전쟁

87) 빅대의 • 김성훈, "판돈 키운 김정은·예측불허 트럼프 … 더 위험해진 '브로맨스'," 『매일경제』 (2024.02.05.).; 이우탁, "트럼프 재등장과 미북관계…관심끄는 '트럼프-김정은 친서'," 『연합뉴스』 (2023.12.26.).

88) 이우탁, "미국 내 북한 전문가들 잇따라 '北 핵전쟁' 경고…현실화 가능성은," 『연합뉴스』 (2024.01.16.).; 유호운, "북한, 신형 극초음속 고체엔진 시험 성공 주장…곧 시험발사?," 『KBS 뉴스』 (2024.03.21.).

을 예방 및 평화를 정착하기 위한 수단으로 보고 있다. 반면에 북한은 한반도에서 자주적인 평화통일을 이룩하려면, 주한미군(외국군)이 우선 철수해야 한다고 본다.[89] 이들의 뇌리엔 주한미군과 한・미 연합훈련(연습)이 북한을 침공하는 방법이자 수단으로 각인되어있어서다. 여기에 김정은과 전쟁지도부는 한국이 제시하는 논리 자체를 수용하거나, 이해할 마음이 전혀 없다. 2023년 말 개최된 노동당 중앙위원회 전원회의에서 김정은이 "더는 통일을 논하지 않고, 남-북 관계를 교전 중인 두 국가 관계로 보겠다."라는 언급은 체제 유지에 따른 위기감과 핵무기를 보유했다는 자신감의 발로라고 평가할 수 있다.[90]

남-북 군사력 현황(2022년 기준)

한국	병력(평시)	북한
36.5만여 명	육군	110만여 명
7만여 명(해병대 2.9만여 명 포함)	해군	6만여 명
6.5만여 명	공군	11만여 명
-	전략군	1만여 명
50만여 명	계	128만여 명
	육군	
12개(해병대 포함)	군단(급)	15개
37개(〃)	사단	84개
34개(〃)	여단(독립여단)	117개
2,200여 대(〃)	전차	4,300여 대
3,100여 대(〃)	장갑차	2,600여 대
5,600여 문(〃)	야포	8,800여 문
310여 문	다련장/방사포	5,500여 문
발사대 60여 기	지대지유도무기	발사대 100여 기(전략군)
	해군	
90여 척	전투함정	420여 척
10여 척	상륙함정	250여 척
10여 척	기뢰전함정(소해정)	20여 척
20여 척	지원함정	40여 척
10여 척	잠수함정	70여 척
	공군	
410여 대	전투임무기	810여 대
70여 대(해군 포함)	감시통제기	30여 대(정찰기)
50여 대	공중기동기(AN-2 포함)	350여 대
190여 대	훈련기	80여 대
700여 대	헬기(육・해・공군)	290여 대
310만여 명 (사관후보생, 전시근로소집, 전환/대체 복무인원 등 포함)	예비병력	762만여 명 (교도대, 노동적위군, 붉은청년근위대 포함)

・출처: <2022 국방백서>, p. 334.

아홉째, 남-북 간 군사력에 관한 전력(戰力) 지수를 살펴보면, 한국은 상대적으로 열세인 데다 방어형 구조에 한정되어 있다고 한다. 한편 북한은 전격전(電擊戰) 능력을 갖춘 기갑・기계화 부대(6,900여 대) 등의 공세형 기동전력과 20만여 명에 이르는 특수작전군을 보유하고 있다. 장사정포 등이 군사분계선(MDL) 일대에서 수도권을 조준하고 있으면서도 자신들의 전력 구조는 방어형이라고 주장하고 있다.[91] 따라서 미국과 NATO, 소련과 바르샤바조약기구(WTO)가 '상호균형 감군협상(MBFR)'을 진행하는 과정에서 각기 다른 접근 인식과 방식에만 고집함으로써 실패했던 전례(前例)를 진중하게 돌아봐야 한다.

---

89) 김범수 외, "제1장 통일에 대한 인식," 『2022 통일의식조사』 (서울:서울대학교 통일평화연구원, 2022.12.21.), pp. 63~64.; 박주화 외, "한국인의 통일인식," 『KINU 통일의식조사 2022』 연구총서 22-20. (서울:통일연구원, 2022.12.30.), pp. 38~46.

90) "[이슈&한반도] "남북은 두 국가"…북한의 속내는?," 『KBS 뉴스』 남북의 창. (2024.02.17.).; 김문관, "北, 최고인민회의 전원회의서 남북경협 합의서 일방 폐기," 『조선비즈』 (2024.02.08.).

91) 국방부 정책기획관실, 앞의 백서(2022년 12월), pp. 026~033.; 김성진, 앞의 글(2023년 10월), pp. 20~23.; 김성진, "하마스의 침공 방식과 북한의 하이브리드戰, 대응체계," 『KONAS』 안보칼럼 (2024.01.18.).

제 5 절

한반도 군비통제의 기본 원칙 및 정책과제

1. 개요

대한민국은 '힘에 의한 평화'를 국가전략으로 내세우며 자유와 평화, 번영의 지렛대로 삼고 있다. 2022년 한-미 간 격상된 '글로벌 포괄적 전략동맹'과 한·미·일 안보협력 등 중첩된 전략적 협력체제를 핵심축으로 하여 수준을 진전시키고 있다.[92] 그러나 적과 우방이 모호해진 요즈음 국제사회와 국가 우선주의 기조, 진영 구도가 명확해진 이때 국익을 추구하려면, 공고한 협력체제와 확실한 우호 진영이 필요하다.

최근 북한이 험악한 말 폭탄을 쏘아대는 가운데 중국이 보이지 않는 현실을 잘 살필 필요가 있다. 러시아의 세르게이 라브로프(Сергéй Ви́кторович Лавро́в) 외교부 장관이 분쟁이 우려되는 지역을 아프가니스탄-타이완-한반도라고 언급하는 등 적극적인 활동을 보이는 패턴과는 사뭇 달라서다. 2023년 3월 21일 모스크바 정상회담에서 시진핑-블라디미르 푸틴은 '새 시대를 위한 조정의 포괄적 전략적 파트너십'을 선언하며, "한반도와 관련된 쌍방이 냉정과 자제를 통해 국면을 완화하는 노력이 필요하다. 대북제재와 압박은 문제 해결에 도움이 되지 않는다. 대화와 협상만이 문제를 해결할 수 있는 유일한 길이다."라고 밝혔다.

---

92) 국방부 정책기획관실, 앞의 백서(2022년 12월), pp. 155.; 이수훈, 앞의 학술회의(2023년 9월), pp. 39~42.; 선경철, "확고한 한미·한미일 공조…흔들림 없는 대북 비핵화 정책 추진," 『외교부 정책 브리핑』 (2023.03.08.).; 김성진, 앞의 글(2024년 1월), pp. 20~21.

그러나 북-중, 북-러, 중-러 관계는 결이 다르며, 이면(裏面)이 있어 보인다. 서방(西方)은 중국이 군사적 용도로 전환할 수 있는 이중용도 품목을 러시아에 공급한다고 주장하지만, 아직 분명하진 않다. 다만, 군사협력 및 무기나 군수물자를 제공하는 흔적이 보이진 않지만, 핵무기에 대한 인식은 다소 다르다. 대표적인 사례가 2017년 사드를 배치할 때 중국이 보인 행동이다.[93] 이들은 한반도에서 위기가 고조되거나, 관련 사태가 발생할 때마다 상황 및 여건에 따라 전략적인 행동을 취하곤 했다. 1월 도널드 J. 트럼프 행정부가 출범하면서 대중(對中) 무역 전쟁이 시작되었고, 한반도에선 사드 배치가 이슈의 중심이 되자 이들은 한발 물러섰다. 이후 싱가포르 북-미 정상회담(2018) 개최, 하노이 북-미 정상회담(2019)이 결렬되는 과정에도 중-북-미 간 묘한 흐름이 반복되었다.[94] 즉, 한반도에 위기가 고조되면, 미-중 관계는 부드러워졌다. 북-미 관계에 조금이라도 훈풍이 부는 조짐이 발생하면, 미-중 관계는 덩달아 악화하는 패턴을 반복하고 있다. 중국은 주변국과 군사·전략적으로 무조건 협력하지 않으며, 주변국들과의 관계 변화에 따라 전략적 행보도 달라진다. 시진핑은 한반도에서 문제를 근본적으로 해결하는 데 방점을 찍지 않고, '한반도는 자신들의 전략적 판단하에서 한정적으로 행동하게 만드는 현상 유지의 대상'으로 인식할 뿐이다. 따라서 한반도의 평화방정식을 풀기 위한 필요충분조건은 '남-북 간 협력'이 될 수밖에 없다.

---

93) 김성진, "한반도를 둘러싼 5대 안보위협 변수와 지정학(地政學)," 『KONAS』 안보칼럼 (2023.03.09.).

94) 2015년 8월 목함지뢰 사건이 발생했을 때 북한은 자신들이 저지른 결과임이 드러나게 되자 다급했다. '준 전시상태'를 선포하며, 박근혜 정부가 48H 이내에 대북 확성기를 철거하지 않으면, 군사행동을 하겠다고 뜬금없이 으름장을 놓았다. 박 대통령이 강하게 '先 조치 後 보고'를 지시하자 동북아의 안정이 필요했던 미국이 급하게 한국 정부를 설득했고, 중국은 접경지역에 병력을 배치하며 북한을 압박하였다. 2017년 도널드 J. 트럼프 대통령은 북한의 '완전한 파괴'를 다짐했고, 김정은은 '괌 포위사격'을 하겠다며 위기를 고조시켰다. 8월 16일 중국은 베이징을 방문한 조지프 F. 던퍼드(Joseph F. Dunford Jr) 美 합참의장과 미-중 군사 당국 간 소통을 강화하는 데 합의하였다. 2018년 싱가포르 북-미 정상회담으로 관계가 진전되자 2011년 12월 김정은이 권력을 잡은 이후 7년간 무심하던 시진핑은 갑자기 북한과 '전략적 소통 관계'를 다짐하였다(김민석, "김정은 도발이 소환한 김관진의 원점→지원 세력→지휘부 타격전," 『시사저널』 (2024.01.12.).; 양정대, "던퍼드 미 합참의장, 북·중 접경지 관할 중 사령부 방문," 『한국일보』 (2017.08.16.).).

2. 동북아 안보정세 및 전망

2.1. 북한의 안보정세 및 전망

2023년 김정은은 적대적 대남인식을 극대화하였고, 공세적인 군사전략과 비대칭 군사력 증강으로 국제사회와 동북아의 안보위기를 고조시켰다. 제8기 제9차 당 전원회의에선 "대남・통일정책의 방향을 전환하여 한반도에서 적대적 관계로서의 두 개 국가"를 명확하게 언급한 바 있다. 또한, 2024년 1월 초 김정은은 최고인민회의 제14기 제10차 회의를 통해 통일과 민족 개념을 완전히 제거하였으며, 한국과 동족 또는 통일이나 화해란 용어 사용을 아예 단절하도록 지시하였다.95)

이들은 대남(對南)・대미(對美) 위협 행보를 계속하되, 대내적으로는 '자력갱생'을, 대외적으로는 '신냉전 또는 강 대(對) 강 정면승부'를 내세우며, 극한의 벼랑 끝 외교전략을 펼치고 있다. 더욱이 역내 갈등 구조 속에서 러시아와 연대를 강화하며 전략적 보폭을 넓히고 있다.

군사적 측면에선 기술 분야에 대한 실험을 반복하여 전술・전략 핵무기-탄도・순항미사일-군사 정찰위성(만리경-1호)을 주축으로 하는 양탄일성(兩彈一星)의 완성을 도모하고 있다.96) 대외적으로는 러시아를 비롯한 중국 등 반미연대 국가들과의 공조 및 군사협력을 강화하는 추세다. 대남도발 측면에서는 적대의식을 강하게 표출하며 극단적인 방식으로 위협하되, 배합전(配合戰)을 포함한 하이브리드戰과 회색지대 분쟁 방식으로 불시에 동시다발적 도발을 시도할 수 있음을 부정하기 어렵다.97)

95) 최지영・김갑식, "북한 최고인민회의 제14기 제10차 회의 분석과 함의:대남정책 전환과 예산・경제정책을 중심으로," 『Online Series』 CO 24-08. (서울:통일연구원, 2024.01.16.).

96) '양탄일성(兩彈一星)'은 '두 개의 폭탄과 하나의 인공위성'이라는 뜻으로 1960년대 중국이 진행했던 '핵무기 및 장거리 탄도미사일 개발 계획'을 의미하고 있다(강석율 외, 앞의 과제(2023년 12월), pp. 37~38.; 최용환・정영철, "북한의 정세 인식과 남북 관계 전망," 『통일전략포럼 자료집:2023년 한반도 정세평가 및 2024년 전망』 (서울:경남대학교 극동문제연구소, 2023년 12월), pp. 118~130, 137~142.).

핵심변수는 ① 러-우·이-하 전쟁이 종식되는 시기와 출구 전략의 수준, ② 미국의 대선 결과 및 동북아 주변 국가들이 벌이는 각축전(角逐戰)의 종착지다.[98] 더욱이 유럽과 중동지역의 불안한 안보정세는 미국과 국제사회를 북한 문제에 오롯이 집중하기 어렵게 한다. 따라서 러-우 전쟁과 이-하 전쟁의 종식 여부와 형태가 중요한 변수로 작용할 것이며, 북-러 협력도 당분간은 상당한 수준으로 유지될 것이다. 남-북 관계는 11월 미국 대선이 끝날 때까진 현재 상황을 유지할 것이지만, 핵·미사일을 이용한 대남 위협 수위는 더욱 높아지고, 더 노골적인 방식으로 진전될 수 있다.[99]

2.2. 러시아의 안보정세 및 전망

러시아는 2022년 2월 무력으로 침공한 우크라이나 전쟁이 소모전으로 전환되며, 국민적 피로도가 증가하였다. 국력이 취약해지기 이전에 전쟁을 끝낼 방안을 모색했지만, 출구 전략을 내놓을 시기를 놓쳤기 때문이다. 그러함에도 블라디미르 푸틴의 국내 지지도는 85%대로 대선에서 승리하며, 장기집권에 성공했다.[100] 다만, 병력을 무제한으로 동원하며 대외 경쟁력은 떨어졌고, 국제사회의 제재와 대규모 노동 인력이 유출되며, 경제 내구성이 약화하는 등 복합·부정적 요인도 많아지고 있다.[101]

---

97) 김성진, 앞의 책(2023), pp. 90, 99, 122.; 김성진, 앞의 책(2022), pp. 171, 173.; 김성진, "4·10총선과 격화하는 한반도 안보정세, 하이브리드식 침공," 『KONAS』 안보칼럼 (2024.03.28.).; 김성진, " 하마스의 침공방식과 이스라엘의 초기 대응, 한반도의 대비 수준은?," 『KONAS』 안보전략논단 (2024.02.01.); 김성진, "하마스의 침공방식과 북한의 하이브리드戰, 대응체계," 『KONAS』 안보칼럼 (2024.01.18.).

98) 타이완 총통선거가 종료(1월)되었고, 러시아(3월)는 블라디미르 푸틴의 5선으로 장기집권 구상이 완성되었다. 우크라이나(5월) 대선, 미국의 대선(11월)이 있다. 선거 결과에 따라 기존의 강경 기조를 유지할는지, 아니면 변화를 선택할지에 대한 고민이 복잡하게 얽혀있다(김성진, 앞의 아티클(2024년 1월), p. 20.; 강석율 외, 앞의 과제(2023년 12월), pp. 27~33.; 김상기 외, 앞의 과제(2022.12.30.), pp. 207~217.).

99) 북한은 정찰위성의 3차 발사(만리경-1호)에 따라 한국 측이 9·19 군사합의의 일부 조항을 효력 정지시키자 곧바로 합의 파기를 선언하였다. 9·19 군사합의가 파기되고, '대북(對北) 전단 살포 금지법'도 위헌으로 판결이 나며 접경지역의 국지·군사적 충돌 우려는 더 커졌다(김환용, "북한, 9.19 군사합의 사실상 파기 선언…한국 "도발 시 강력 응징"," 『VOA』 (2023.11.23.).; 한지혜, "北 "대북전단 금지법 위헌, 韓 종말의 기폭제"…통일부 "엄중 경고"," 『중앙일보』 (2023.11.09.).

100) 서혜림, ""정적' 나발니 사망에 푸틴 자신감 증폭?…"더 무모해질 수도"," 『연합뉴스』 (2024.02.19.).

101) 강석율 외, 앞의 과제(2023년 12월), pp. 55~56.; 김성진, 앞의 아티클(2024년 1월), pp. 18~20.

더욱이 공을 들이던 유라시아 역내(域內) 영향력의 감퇴는 상당한 아픔이다. 중국과 카자흐스탄 등이 참여하는 상하이 협력기구(이하 SCO)의 대규모 연합훈련을 주도했던 이전의 모습과 달리 연합・합동훈련(Center-2023)을 개최하지 못한 현실이 대비된다. 핀란드와 스웨덴의 NATO 가입으로 전략적 행보와 운신의 폭마저 좁아졌다. 동맹국인 아르메니아는 등을 돌렸고, 러시아-NATO 회원국과의 국경선은 1,300km로 확대되었다.[102] 결국, 블라디미르 푸틴은 싫으나, 좋으나, 중국과의 협력에 공을 들일 수밖에 없다. 이를 통해 중국이 주도하는 상하이 협력기구(이하 SCO), 브릭스-플러스(이하 BRICS-Plus) 등과 양자・다자 간 협력을 확대해 나가는 추세다. 다만, 러-중-북 간 3국 공조・협력은 각자의 이해득실에 따라 단기간 내에 본격화하거나, 고도화된 군사협력의 관계로 발전할 가능성은 크지 않다. 러시아가 대북(對北) 영향력을 주도해야 미국의 동북아 패권을 견제할 수 있기에 중-러-북이 직면한 전략적 입장은 서로 다르지 같다.[103]

2.3. 중국의 안보정세 및 전망

중국은 2022년 10월 '제20차 전국대표대회'와 '제20기 제1차 중앙위원회(이하 중앙위) 전체회의'을 통해 시진핑 제3기가 출범하였다. 2023년 2월 제20기 제2차 중앙위 전체회의에선 '당과 국가기구의 개혁 노선'에 따라 당의 권한 및 기능을 강화하며 조직과 제도 개편도 완료하였다. 3월 전국인민대표대회에선 시진핑이 국가주석과 중앙군사위원회 주석으로 재선출되며 당・정・군을 통제하는 '집중 통일 영도체제'를 완성하였다.[104]

---

102) 러시아는 독점적으로 군사적 영향력을 행사하며 북극 개발에 공을 들였지만, 새로운 위협에 직면하였다. 결국, 2개 작전사령부는 창설을, 군 편제는 '100만 명→115만 명'으로 확대하였고, 징집병의 연령대는 '18세→30세'로 상향하였으며, 예비역의 동원 연령대는 '45세→55세'로 상향하는 '군 복무 개정안'을 통과시켰다(강석율 외, 앞의 과제(2023년 12월), pp. 53~56.).

103) 이수석, "러북정상회담 이후 중국의 입장," 『ISSUE BRIEF』 제489호 (서울:국가안보전략연구원, 2023.11.23.), p. 1.

104) 김진호・박병광・주재우, "중국의 제3기 시진핑 체제와 국제질서 그리고 한반도," 『KDI 북한 경제 리뷰』 제25권 제3호 Vol. 25./No. 3. (서울:한국개발연구원, 2023.04.04.), pp. 4~17.; 전재우, "2023년 중국

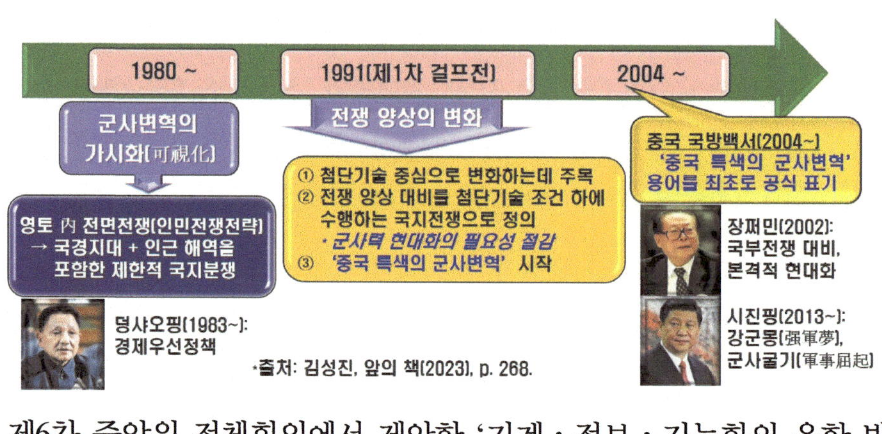

*출처: 김성진, 앞의 책(2023), p. 268.

군사적 측면에선 2015년부터 시작한 '중국 특색의 군사변혁'이 점차 성과를 나타내고 있다. 2020년 제19기 제6차 중앙위 전체회의에서 제안한 '기계 · 정보 · 지능화의 융합 발전' 기조에 기반하여 극초음속 미사일과 첨단 스텔스 항공기 등의 공군력, 항공모함과 첨단 잠수함 및 구축함을 포함한 해양력, 사이버 첩보 및 공격 · 방어작전의 수행 역량, 위성 교란 및 무력화 등 우주 역량을 포함하는 군사 현대화를 추진하고 있다.105) 또한, 군구(軍區)에서 전구(戰區) 체제로 개편하며 통합작전 수행체계를 완성하였고, 하이브리드戰을 비롯한 비전통적 전쟁의 수행 역량을 강화하는 데 성공하였다.106)

외교적 측면에서는 미국의 진영 구도에 대응하며 SCO, BRICS-Plus를 주도적으로 확장함으로써 전통 · 비전통적 대응방식, 지역 구도 및 역학 관계, 미-중 간 패권경쟁, 기술적 발전 등을 포함하여 복합적으로 대응하고 있다. 그러나 다른 한편으로는 지도부 숙청과 교체에 관한 불분명한 태도, 부채(負債)의 누적, 청년실업 및 경기 둔화, 산발적 시위가 반복됨에 따른 사회 내부의 불만도 쌓여가고 있다.

중국군의 현대화는 첨단 과학기술과 시진핑의 강력한 리더십이 불가분의 관계로 엮여있다. 다시 말해 미-중 간 기술패권 경쟁은 단기적으로 해결하기가 쉽지 않다. 여기에 북-러와의 전략적 연대로 북한을 묶어놓고 핵심기술 일부를 지원하여 미국과 한반도의 숨통을 동시에 옥죔과 동시에 타이완 등을 압박하여 미국의 운신을 좁힐 것이다. 그러나 러-북과 어느 정도는 거리를 둘 수밖에 없다. 러시아와 북한이 국제사회에서 고립된 현실을 무시하기가 쉽지 않아서다. 현실적으로 중국의 국제 · 정치 ·

'양회'의 주요 이슈와 시사점," 『동북아안보정세분석』 (서울:한국국방연구원, 2023.03.17.).

105) 김성진, 앞의 책(2023), pp. 269~273.

106) 김성진, 앞의 책(2023), pp. 277~294.

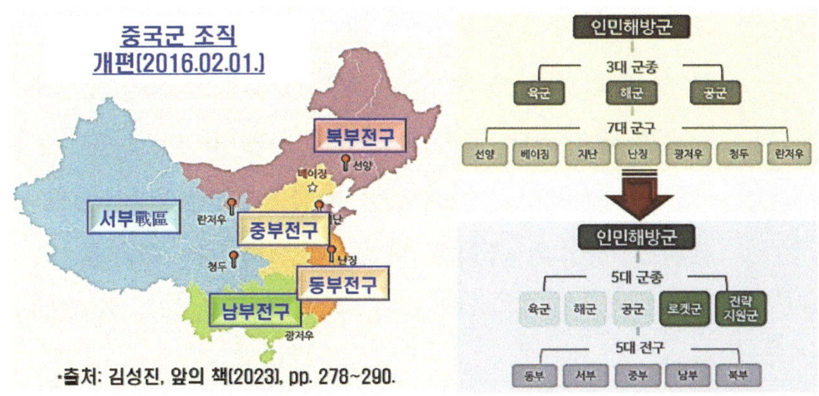

•출처: 김성진, 앞의 책(2023), pp. 278~290.

경제적 역할이 뚜렷한 데다 인-태 지역의 주도권을 확보해야 하는 이때 주변국들의 인식이 부정적으로 변하면, 목표를 달성하기가 쉽지 않다. 따라서 전략적 행보를 취하고 있음은 당연하다.107) 한편 세계 군사력 2위인 러시아가 우크라이나 전장에서 고전하며, 북한의 재래식 포탄을 지원받고 있다. 이러한 현실 또한 중국이 러시아와 거리를 둘 수밖에 없게 한다.108) 다만, 러시아 또는 북한과 일정한 거리를 두되, 제한된 협력 및 공조 가능성은 항시 열려있다. 2023년 11월 아시아 태평양경제협력체(APEC) 정상회의에서 미-중 간 군사소통 채널을 복원하기로 합의한 결과는 한국으로선 다행스러우면서도 역내(域內) 군사 활동을 촉진하는 계기가 될 수 있기에 우려스럽기도 하다.109) 중국은 대북 영향력으로 미국의 동북아 패권을 견제하려 하기에 러시아의 전략적 입장과 별반 다르지는 않다. 그러나 외형적으론 중-러-북 간 동맹 관계를 강화하지만, 결속력은 이와는 또 다른 차원의 문제다.

2.4. 미국의 안보정세 및 전망

미국은 2022년 10월에 발표한 '국가안보전략서(NSS)'의 통합억제-전역화(戰域化)-지속적 우위 건설의 3대 노력선을 토대로 국제 안보전략을 추진하고 있다.110) 이를

---

107) 김성진, 앞의 아티클(2024년 1월), p. 20.

108) 미국과 경쟁하고 있지만, 러시아에 깊이 연루될 경우, 냉전적 구도로 인해 오히려 중국의 국제적 위상과 스스로 행동반경을 제한하는 방향으로 작동할 수 있다(이수석, 앞의 글(2023.11.23.), pp. 2~4.).

109) 상석율 외, 앞의 과세(2023년 12월), pp. 49~52.

110) ① 보복·거부적 억제력이라는 통합억제 논리로 '핵 3축 체계와 지휘·통제·통신(NC3)' 등의 현대화와 다층적 미사일 격퇴·방어, '발사의 왼편(Left of Launch)' 대응을 위한 체계를 구축하였다. ② 중국(전략적 경쟁국)의 '반접근·지역거부(A2/AD)전략'을 상쇄하기 위해 장거리 정밀 화력체계를 구축하였고, '공해 전투(Air-Sea Battle) 전략' 개념을 발전시켰다. ③ 全 영역에서 동시·통합적 운용 능력을 강

미국 국가안보전략서(NSS, 2022)

통해 ① 국력 향상을 위해 적극적인 투자로 전략경쟁에서 우위를 점하는 모습을 보여주고 있다. ② 외교력은 강력한 국제연대 구축에 진력하고 있다. 특히 비대칭적으로 우위(優位)인 입장에서 동맹・우방국과의 협력 네트워크 운영은 국익을 보호・증진하려는 의지를 보여주고 있다. ③ 군사력 현대화를 위한 노력을 계속하고 있다.

인-태 지역의 협력적 네트워크 구축은 구체적인 성과를 보였다. 2023년 7월 호주의 장거리 미사일 개발을 지원하는 데 합의하며 대중 견제 효과를 높였다. 또한, 역내 소다자(小多者) 협의체 즉, 한・미・일, 미・일・호 등과의 협력, 8월 한・미・일 캠프 데이비드 정상회담과 협력체제의 제도화, 9월 미-베트남 간 포괄적 전략적 동반자 관계 수립, 2024년 4월 11일 워싱턴 D.C.에서 실시한 미・일・필리핀 정상회담은 인-태 전략의 발전적 성과라고 평가할 수 있다.[111)]

다만, 2023년 2월의 신년 국정연설에서 공화당과 협력이 성공적이었다고 자평했지만, 공화당과 권력의 분점(分店-divided) 구도로 인해 정책 추진 동력이 많이 떨어져 있다. 다른 한편으로 2024년 대선은 정당 간 힘겨루기와 음모론으로 점철되고 있어 정상적인 의회정치가 무너질 개연성이 커졌고, 초당파적 합의 도출이 곤란해졌으며, 연방정부의 셧다운 사태에 대한 불안감은 혼란을 더 부추길 수 있다. 이러한 요인은 조 J. 바이든의 리더십 발휘에 부정적인 영향을 미칠 것이며, 경쟁적 우위 담보가 절실한 대외정책에 상당한 한계로 작용할 수 있다. 그러함에도 협력 네트워크 구축을 위해 세 가지 측면을 노력해야 한다. ① 쿼드(QUAD) 차원의 군사적 협력 가시화, ② 정보동맹을 더 광역화하여 중첩된 협력관계의 구축, ③ 인-태 전략(2022)에 따라 인-

---

조하며 우주・사이버 영역에서 군사적 능력을 구축하는 데 주력하였다(강석율 외, 앞의 과제(2023년 12월), pp. 41~44.; 김성진, 앞의 책(2022), pp. 272~273.; 김성진, 앞의 칼럼(2023.03.09.).).

111) 김경희・김범수, "'중국 견제' 미국, 베트남과 '포괄적 전략 동반자'로 관계 격상," 『연합뉴스』(2023.09.11.).; 미・일・필리핀은 해양 진출을 강화하는 중국을 억지하기 위해 3국 고위 관리가 안전보장에 관한 협의체를 창설하기로 하였다(박성진, ""미・일・필리핀, 중국 억지 안보협의 창설키로"," 『연합뉴스』 (2023.03.28.).).

태 지역과 유럽 동맹·우방국 간 협력 네트워크 구축이다.[112]

2.5. 일본의 안보정세 및 전망

•출처: 이영희, "日 이젠 '적 기지 공격' 가능해진다…안보 3문서 개정안 통과," 『The JoongAng』 (2022.12.16.).

기시다 후미오(岸田文雄) 총리는 정책의 제도적 기반을 마련하는 데 역점을 두고 있다. 2022년 12월 국제사회와 주변국들의 반대에도 <3대 안보전략 문서>를 개정하였다.

핵심적인 성과 두 가지는 ① 국제질서의 유동성이 확장되면서 전후(戰後) 가장 심대한 안보환경에 직면하자 적극적으로 안보를 주도하고 있다.

② 미·일 동맹을 강화하면서도 안보 협력관계의 질·양적 확대를 모색하고 있다.[113] 이는 중국과의 경쟁에서 우위를 유지하기 위한 미-일의 노력과 맞닿아 있다. 기시다 총리는 낮은 지지율에도 안보·방위정책의 대전환을 주도하며 수준을 높이는 데 성공하였다. <표7-20>은 일본 나름의 다양한 정책적 성과를 정리하였다.[114]

<표 7-20> 일본의 정책적 성과(2023)

첫째, 2023년을 '방위력 강화 원년(元年)'으로 강조하며 실질적인 방위 능력을 구축하는 데 성공하였다. 둘째, 미·일 동맹의 현대·일체화 수준을 높이는 데 성공하였다. 셋째, 소다자 안보협력체제를 활용하여 미국 이외의 국가들과 안보협력의 수준을 높이는 등 안보협력체제를 강화했고, 끊임없이 추진하고 있다.

112) The White House, 『The Indo-Pacific Strategy of the United States』(Washington D.C.:White House, 2022).

113) 김유진, "미·일 군사동맹 최고 수준 격상…대중 견제 앞장선 일본 '전쟁할 수 있는 나라'로," 『경향신문』 (2024.04.11.).

114) 강석율 외, 앞의 과제(2023년 12월), pp. 45~46.; 이영희, "日 이젠 '적 기지 공격' 가능해진다…안보 3문서 개정안 통과," 『The JoongAng』 (2022.12.16.).

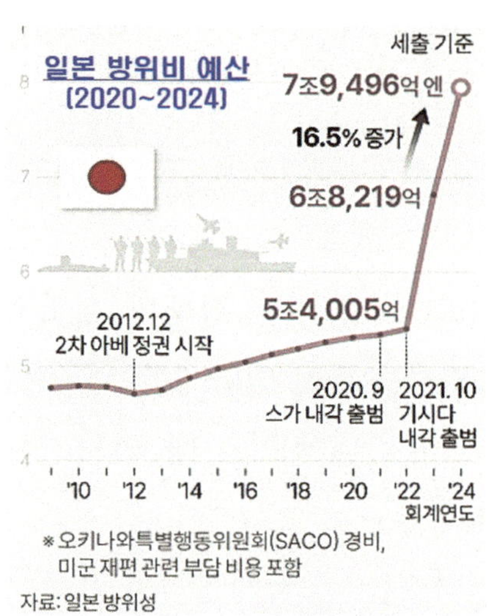

첫째, 방위예산은 2023년 대비 16.54%를 증액하였으며, 이는 GDP의 약 1.3%다.[115] 이들은 우주 안보전략에 관한 '우주 전략 구상'과 '능동적 사이버 방어전략'의 법제화를 발빠르게 추진하고 있다.[116]

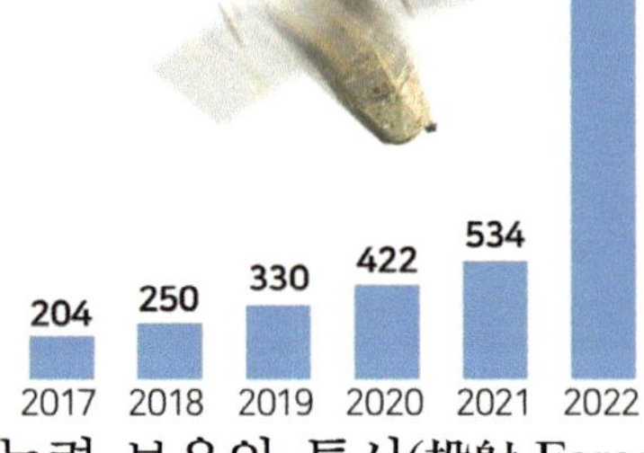

둘째, 자신들의 방위력을 혁신적으로 강화하면서 美 국방전략의 핵심인 '통합억제'와도 연계하였다. 특히 자위대의 반격능력 보유와 투사(投射-Force Projection)[117] 능력은 군사적 책임을 분담할 수 있는 영역까지 확대함으로써 美 전력의 불균형을 보완하는 의미도 있지만, 국익을 추구하려는 의지를 엿볼 수 있다.[118]

셋째, 2022년 10월 2일 日-호주는 연합훈련 등의 목적으로 입국 시 무기반입 절차를 간소화하는 '상호접근 협정(또는 원활화 협정, 이하 RAA)'을 체결하여 합동훈련 횟수를 늘리고 있다. 2023년 1월 11일 영국과 군사 분야 RAA를 체결하며 안보협력을 심화시켰다.[119] 프랑스 · 필리핀과도 협상을 진행하고 있다.[120]

대내외적 불안정성이 계속되지만, 특유의 뚝심으로 일관된 정책을 추진할 것이다. 특

---

115) 박상현, "일본 1천조원 규모 예산안 중의원 통과…방위비 역대 최대," 『연합뉴스』 (2024.03.02.).

116) 이성훈, "중국 '로봇 팔' 위성, 북한의 재밍공격…한반도 우주를 지켜라 [Deep&wide]," 『한국일보』 (2024.02.19.).; 구채은, ""미 · 중 경쟁 한계선 불분명..韓 소다자주의로 돌파구 찾아야"," 『아시아경제』 (2023.12.11.).; 김정선, "미일, 사이버 · 우주 안보협력 강화..중국 견제에 '공조'"," 『연합뉴스』 (2019.04.20.).

117) '내가 마음먹은대로 지구상에 있는 어느 지역이나 장소를 불문하고, 신속한 경보 전파가 가능하며, 병력 동원 및 전개, 작전을 수행할 수 있는 능력'이다(김성진, 앞의 책(2020b), p. 35.).

118) 이정민, "미 · 일 · 필리핀, 중국에 "공동 대응"…필리핀에 대규모 투자," 『KBS 뉴스』 (2024.04.12.)

119) '상호접근 협정(RAA)'은 'Reciprocal Access Agreement'의 약자로서 일명 '상호 군수지원 협정'이라고도 불린다. 일본에서는 '원활화 협정'으로 불리며, '서로 군대 파병이 가능하도록 하는 안보협정'이다(윤석진, "다시 손잡은 일본·영국…"양국 상호 파병 손쉽게" 협정 체결," 『국방신문』 (2023.01.12.).; 박성진, "中겨냥 한뜻…日·호주, 유사시 협력논의 "日미사일 시험 타진"," 『연합뉴스』 (2024.01.15.).).

120) 이세중, "일본-필리핀, '군사 파병 허용' 협정 추진," 『KBS 뉴스』 (2023.10.25.).

히 미・일 동맹에 따른 전략적 측면의 현대・일체화는 계속 추진하되, 상설 통합사령부・통합사령관 등의 설치에 노력할 것이다. 작전적 측면에선 3대 안보전략문서 개정에 따라 타이완 해협의 공동작전계획을 마무리할 것이며, 미・일 방위협력 지침도 개정할 것이다. 아울러 소다자 협의체는 상호 보완적 운영을 위한 협력관계를 보강할 것이다. 글로벌 다극화 추세에 따라 이들의 대외정책이 글로벌 사우스 국가들과 협력하기 위해 대외원조정책인 ‘정부안전보장능력 강화 지원(OSA)’과 ‘해외 개발원조(ODA)의 전략적 협력 및 활용에 공을 들일 것이다.[121)]

3. 남-북 간 군사적 대립 및 경쟁 관계 전망

3.1. 남-북 간 적대의식과 군사적 긴장감 고조

2018년 ‘9・19 군사합의’는 한반도에 ‘평화의 봄’을 조성하며 군사적 안정성이 보장됐으나, 2023년 말 파기되며 우려는 커졌다. <표 7-21>은 북한의 도발 책동에 관한 현황을 정리하였다.[122)]

<표 7-21> 북한의 도발 책동 현황(2019~2024)

구 분	주요 내용
2019	・노동당 중앙위 제7기 제5차 전원회의: 정면돌파戰 선언
2020	・대변인 담화: 해・공군 연합훈련 진행은 9・19 군사합의에 역행하는 노골적 배신행위, 대북(對北) 전단 살포를 맹비난 * 남북공동연락사무소 폭파, 남-북 軍 통신선 완전 차단

121) ‘정부안전보장능력 강화 지원(OSA)’은 ‘Overseas Security Assistance’의 약자로서 일명 ‘해외안보원조’라고 불리며, ‘방위 장비의 해외 이전계획’을 뜻한다. ‘해외 개발원조(ODA)’는 ‘Overseas Development Assistance’의 약자로서 ‘우호국들이 방어를 강화하도록 재정을 지원하는 계획’이다(“家安全保障戰略について(令和 4年(2022년) 12月 16日, 家安全保障會議 決定・閣議 決定).”.; 김성진, 앞의 글(2024년 1월), pp. 18~20.; 박성진, “日, 말레이에 구난정・감시용 드론 무상 제공…"중국 견제 의도",” 『연합뉴스』(2023.12.15.).).

122) 국방부 정책기획관실, 앞의 백서(2022년 12월), pp. 338~351.; 강석율 외, 앞의 과제(2023년 12월), pp. 37~38.; 정영철, 앞의 글(2023.12.13.), pp. 118~129.; 김성진, 앞의 글(2024년 1월), pp. 17~21. 등 다수.

	· 제7기 제5차 예비회의: 대남 군사행동 계획을 보류
2021	· 전술 유도무기, 북극성 5형 최초 공개 · 핵 무력 법제화, 남-북 軍 통신선 복원
2022	· 다양한 미사일 시험 발사, 대적 투쟁을 공공연히 언급 · 정전협정 체결 69주년 기념식: "동족 대결 정책과 사대(事大) 매국(賣國) 행위로 인해 전쟁 접경으로~" · '핵무력정책법' 선포: 전술핵무기 소형 · 경량화, ICBM 및 극초음속 미사일 기술 개발
2023	적대적 인식, 군사위협 고조 · 전술핵 대량생산 시사(示唆), 전술핵공격잠수함 진수(進水), 고체 추진 ICBM 발사, 군사 정찰위성(만리경-1호) 발사 · 제8기 9차 전원회의: 대한민국+제1 적대국, 대한민국을 평정 및 영토로 편입을 지시 · '9 · 19 군사합의' 파기
2024	· 최고인민회의 · 건군절: 대한민국+제1 적대국, 대사변 시 대한민국을 평정 및 영토로 편입을 재강조

러-우 · 이-하 전쟁은 국제사회의 불안감과 경제 혼란을 더욱 가속화 하였다. 한편 러-북 관계는 격상되어 첨단 군사 과학기술을 이전하면서 한반도의 긴장 · 불안감은 그 어느 때보다 고조되었고, '9 · 19 군사합의'는 북한에 의해 사문화(死文化)되었다.[123] 빠른 기간 이내에 남-북 간 마땅한 후속 조치나, come-down 여건을 조성하지 못할 경우, 한반도의 군사적 안정성과 균형을 유지하기는 제한될 것이기에 해법 마련과 진중한 전략적 분석 및 판단이 필요하다.

3.2. 남-북 간 재래식 · 비대칭 군비경쟁의 심화

군사혁신(이하 RMA)은 '무기를 포함한 군사적 차원의 유형 자산과 전투력 운용 방식, 부대 구조와 조직을 연계 및 재조직하고, 전투 수행 능력은 증대시켜 새로운 전쟁 양상과 수행 방식을 창출'하기 위함이다.[124]

---

123) 안정식, "북, 9.19 군사합의 파기 선언…"모든 군사조치 즉시 회복"," 『SBS 뉴스』 (2023.11.23.).

124) 한국의 첨단 재래식군사력 증강은 국제사회에서 빠른 속도로 나타나는 저출산과 고령화 즉, '인구절

한국 첨단 재래식군사력의 증강은 국제사회의 RMA 추세에 부합하는 노력의 일환이다. 미국 등이 추구하는 RMA의 핵심은 베트남 전쟁에서 패퇴한 이후 좌절하지 않고, 1980년대부터 1990년대까지 끊임없이 발전시키면서 이전과 다른 군구조와 국방운영체계 전반의 질적 혁신을 가져왔다.[125] 한편 북한 핵·미사일 능력의 고도화는 한국 재래식군사력의 질적 수준을 높이는 데 상당한 영향을 끼쳤다.[126] 물론 역대 정부의 재래식군사력 증강은 미국이 가진 전시작전통제권(이하 전작권)을 환수하는 데 필요한 조치이기도 했다. <표 7-22>는 한반도 군비경쟁의 시대별 특징적 구조 및 행위자의 변화 패턴을 정리하였다.[127]

<표 7-22> 한반도 군비경쟁의 특징적 구조 및 행위자의 변화 패턴

<table>
<tr><th colspan="3">구 분</th><th>행위자</th><th>대치 구조</th><th>패턴</th></tr>
<tr><td rowspan="5">냉전기</td><td rowspan="2">6·25 전쟁</td><td>이전</td><td>한국(1):북한(1)</td><td rowspan="2">대칭적
(재래식:재래식)</td><td rowspan="2">균형</td></tr>
<tr><td>이후</td><td rowspan="2">한·미군(2):북한·중국군(2)</td></tr>
<tr><td colspan="2">핵무기 한반도 배치</td><td rowspan="3">비대칭적
(비재래식:재래식)</td><td rowspan="3">불균형</td></tr>
<tr><td colspan="2">중국군 철수</td><td>한·미군(2):북한군(1)</td></tr>
<tr><td colspan="2">한·미연합사 창설</td><td rowspan="3">한·미 연합군(1):북한군(1)</td></tr>
<tr><td rowspan="2">탈냉전 이후</td><td colspan="2">핵무기 한반도 철수</td><td>대칭적
(재래식:재래식)</td><td>균형</td></tr>
<tr><td colspan="2">북한, 핵무기 개발</td><td>비대칭적
(비재래식:재래식)</td><td>불균형</td></tr>
</table>

한반도의 군비경쟁은 특수전 전력을 제외한 지상군과 해·공군 등 대다수 분야에서 한국이 우위라는 평가가 중론(衆論)이다. 북한 군사력의 양적 우위 대(對) 한국 군사력

벽'의 현실과 맞닿아 있기에 상당한 어려움으로 작용하고 있다(김성진, 앞의 책(2023), pp. 29~31.).

125) '군사혁신(RMA)'은 'Revolution in Military Affairs'의 약자다(김성진, 앞의 책(2023), pp. 222~224.).

126) '동맹의 미사일 대응(4D) 전략'은 북한의 탄도미사일 위협에 대응하기 위한 한·미 공동의 작전 수행 단계로서 탐지(Detect)-결심(Decision)-격퇴(Defeat)-방어(Defend)로 구성되어있다(국방부 정책기획관실, 앞의 백서(2022년 12월), pp. 160~165.; 김상기 외, 앞의 연구총서(2022.12.30.), pp. 262~265.

127) 장철운 외, 앞의 연구총서(2021.12.30.), pp. 259~262.

의 질적 측면에서 균형을 이룰 수 있기에 이견(異見)을 내기가 쉽지 않다. 북한은 2023년 9월 보스토치니 북·러 정상회담을 통해 이전보다 양국 관계를 격상시켰다. 이후 전략적 연대를 통해 미사일 유도기술과 군사 정찰위성에 관한 첨단기술을 이전받으면서 수준이 급격히 향상했음을 느낄 수 있다. 따라서 한국이 중·장거리 미사일 분야에서 열세인양 보일 수 있으나, '한국형 3축 체계' 등 즉각 대응태세를 완비하는 데 노력하고 있다.128) <그림 7-3>은 10년간 나타난 국방예산의 구성 비율과 추세를 정리하였다.129)

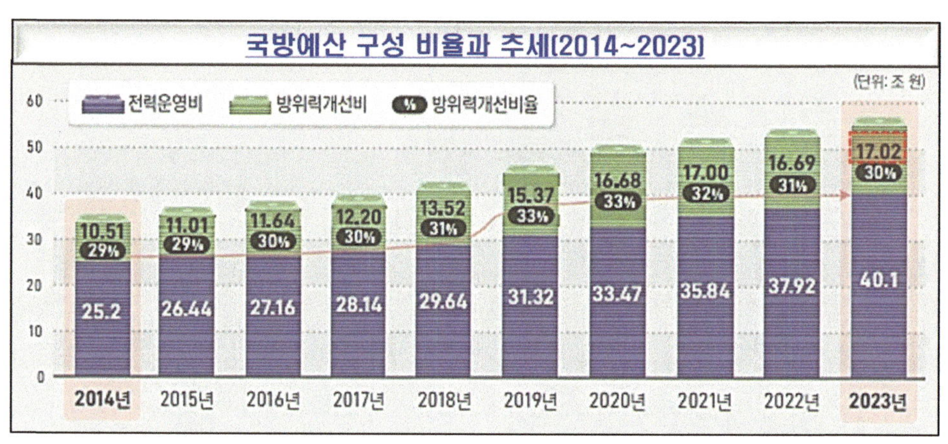

<그림 7-3> 국방예산의 구성 비율과 추세(2014~2023)

정부는 2014년부터 '총사업비 관리제도'를 도입하여 재정 지출의 효율성을 높이고 있다. <표 7-23>은 노무현부터 문재인 정부까지 전작권 전환 조건이 변화한 과정을 정리하였다.130)

---

128) 국방부 정책기획관실, 앞의 백서(2022년 12월), pp. 057~062.; 김희원, "재래식 무기 주고, 첨단 우주기술 받고…북·러 보스토치니 정상회담 '목적'," 『세계일보』 (2023.09.13.).; 장철운 외, 앞의 과제(2021.12.30.).

129) 강석율 외, 앞의 과제(2023년 12월), pp. 74~77.

130) 국방부 정책기획관실, 앞의 백서(2022년 12월), pp. 170~173.; 김상기 외, 앞의 연구총서(2022.12.30.), pp. 260~263.

<표 7-23> 노무현~ 문재인 정부의 전작권 전환 추진 조건(종합)

구 분	주요 핵심
노무현 정부	· 조건: 전작권 전환 '시기(Time)'
이명박 · 박근혜 정부	· '조건(condition)에 기초한 전환'의 세 가지 조건 ① 연합방위 주도를 위해 필요한 군사적 능력 ② 동맹의 포괄적인 북한 핵 · 미사일 위협에 대응하는 능력 ③ 안정적인 전작권 전환에 부합하는 한반도 및 역내 안보환경
문재인 정부	· ① · ②을 충족하기 위한 군사 능력의 강화

북한은 만성적인 경제난에 비해 재래식군사력을 과도하게 보유하고 있다. 러-우 전쟁을 계기로 첨단 · 정예화 수준에 구체적인 성과가 있었음은 여러 자료를 통해 확인할 수 있다. 특히 극초음속 미사일을 비롯하여 고체연료를 주입한 탄도미사일과 유도기능을 장착한 방사포 등에 대한 시험 발사와 성공 비율도 급격히 높아졌다.[131] 한편 한국은 그간 은밀 · 신속 · 안전성 등에서 상대적으로 우세한 고체 탄도 · 순항미사일 개발에 주력하고 있다.

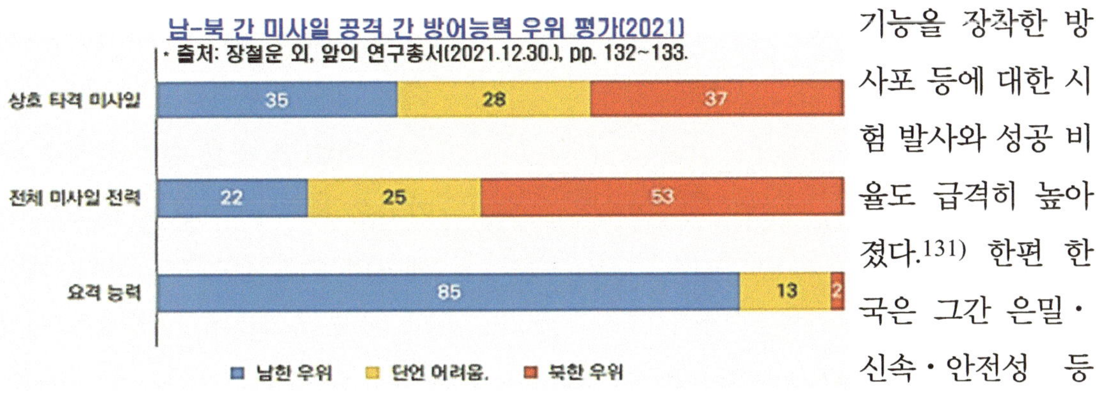

윤석열 정부는 북핵 대응과 재래식군사력의 증강정책 등을 이전(以前)의 정부와 차별화하고 있다. 그러나 큰 흐름에서 보면, 역대 정부의 기조가 계속 이어졌다고 봐야 한다. 1992년 3월 12일 북한의 NPT 탈퇴 선언 즉, 제1차 북핵 위기가 시작된 이래 전술핵무기의 재배치, 독자적 핵무기 개발 등 대칭적인 방법보다 미사일 전력 증강을 포함한 스텔스 전폭기, 이지스 구축함 등의 첨단 재래식 전력을 획득하고 있어서다.

131) 장철운 외, 앞의 연구총서(2021.12.30.), pp. 132~134.; "[이슈&한반도] 북, 도발 재개…'극초음속' 기술 진전," 『KBS 뉴스』 남북의 창 (2024.03.23.).; 최민기, "北, 240㎜ 방사포 개량...서울 정밀타격 노리나?," 『YTN 뉴스』 (2024.02.18.).; 정혜경, "서울 노리는 240mm 방사포…북한 "유도화 성공" 주장," 『SBS 뉴스』 (2024.02.12.).

즉, 첨단 전력의 획득 및 4차 산업혁명 관련 과학기술을 주요 무기체계에 접목하는 방식으로 증강정책을 추진하고 있다.[132] 여기서 군사력 증강 분야는 1990년대 이후 역대 정부에서 추구하는 군사력 강화 정책과도 궤를 같이하며 발전시킨 노력의 결과라고 평가할 수 있다.

북한의 핵・미사일 능력은 질적 수준이 급격히 향상되고 있다. 다만, 2021년 제8차 노동당 대회에서 김정은이 강조한 "첨단・정예화된 군대로의 비약적 발전"은 단기간에 성과로 나타나기가 쉽지 않다. 대표적으로 최고인민회의에서 발표한 예산 항목 중 군사비는 매년 15.8~16.0%로 거의 일정한 수준이다. 다만, 2021년에서 2023년까지는 1% 내외 수준에서 반등하였다. 그러나 UN과 국제사회의 대북제재가 장기화에 접어들었고, COVID-19와 팬데믹, 주요 예산수입원인 거래수입금과 국가기업 이익금 증가율이 1%대로 악화하는 추세에 큰 변화는 없다. 2023년 무역이 재개되며 경제가 부분적으로 반등하였으나, 2021년 예산 수입과 지출 증가율은 1%가 축소된 측면, 2022년 예산의 수입 증가분이 0.8%, 예산의 지출 증가분이 1.0%에 그친다는 점에 주목할 필요가 있다.[133]

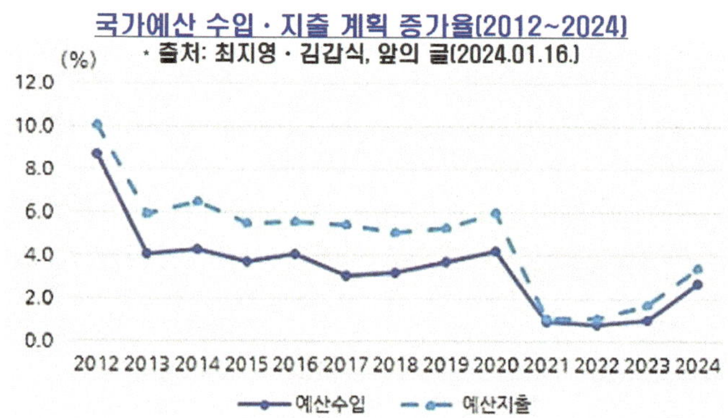

3.3. 남-북 간 재래식 미사일 경쟁의 심화

남-북 간 재래식 군비경쟁에서 미사일 관련 동향은 더 두드러질 수 있다. 2021년 제8차 노동당 대회에서 김정은이 지시한 '국방력 발전 5개년 계획'과 '5대 핵심 전략무기 개발'은 아직 완수하지 못한 것으로 평가되고 있어서다. 김정은은 5개년 계획이

132) 김상기 외, 앞의 연구총서(2023), pp. 278~286.; 김성배, 앞의 글(2023년 10월), pp. 8~17.; 한반도미래전략연구원, 『제33회 한반도 미래비전과 동북아 평화구축 전문가 정책포럼』(2020.11.21.), pp. 28~44.

133) 최지영・김갑식, 앞의 글(2024.01.16.), pp. 3~4.

마무리되는 2026년까지 5대 핵심 전략무기 개발을 비롯한 주요 목표를 달성하기 위해 핵·미사일 능력의 고도화를 강력하게 추진할 것이다.[134] 주목할 대목은 장거리 타격 전력을 공세적으로 확충하고 있다는 점이다. 2014년 한국은 미국과 '맞춤형 억제전략'에 기반하여 북한의 미사일 위협에 대비하는 '동맹의 미사일 대응(4D)전략' 즉, '4D 전략개념'을 계속 발전시키고 있다.[135] <그림 7-4>는 '4D 전략개념'과 '맞춤형 억제전략'을 정리하였다.

<그림 7-4> '4D 전략개념'과 '맞춤형 억제전략'

북한의 전방위적 안보위협에 대비하기 위해 독자적인 억제·대응 역량을 확보하는 '전략적 타격체계'와 '한국형 3축 체계'에 노력하고 있다.[136] <그림 7-5>는 '한국형

134) 북한의 '5대 핵심 전략무기'는 ① 극초음속 미사일, ② 대용량 고체연료, ③ 다탄두 개별유도기술(MIRV), ④ 핵 추진 전략잠수함, ⑤ 정찰위성과 무인기다(오수진·김지헌, "북 "신형 중장거리 극초음속 미사일 고체연료 엔진 지상시험 성공"," 『연합뉴스』 (2024.03.20.).; 김상기 외, 앞의 과제(2023), pp. 287~291.; 장철운 외, 앞의 연구총서(2021), pp. 240~246.; 김성진, "한반도를 둘러싼 5대 안보위협 변수와 지정학(地政學)," 『KONAS』 안보칼럼 (2023.03.09.).; 이봉준·김가람, "[영상] 북 "극초음속미사일 발사 성공"…김정은 "전쟁 억제력 강화"," 『연합뉴스』 (2022.01.12.).).

* 'MIRV'는 'Multiple Independent Targetable Reentry Vehicle'의 약자다.

135) '4D 작전 수행개념'은 북한의 탄도미사일 위협에 효과적으로 대응하기 위해 한·미 공동의 작전 수행단계로서 '탐지(Detect)-결심(Decide)-격퇴(Defeat)-방어(Defend)로 되어있다. 맞춤형 억제전략(TDS-Tailored Deterrence Strategy)은 2013년 제45차 SCM부터 시작하였다. 북한이 핵 사용을 위협하며 직접 사용하는 단계에 이르기까지 위기상황별로 가능한 군사·비군사적 대응방안을 포함하고 있다(국방부 정책기획관실, 앞의 백서(2022년 12월), pp. 161~165.; 장철운 외, 앞의 연구총서(2021), pp. 243~244.).

3축 체계'의 주요 경과를 정리하였다.

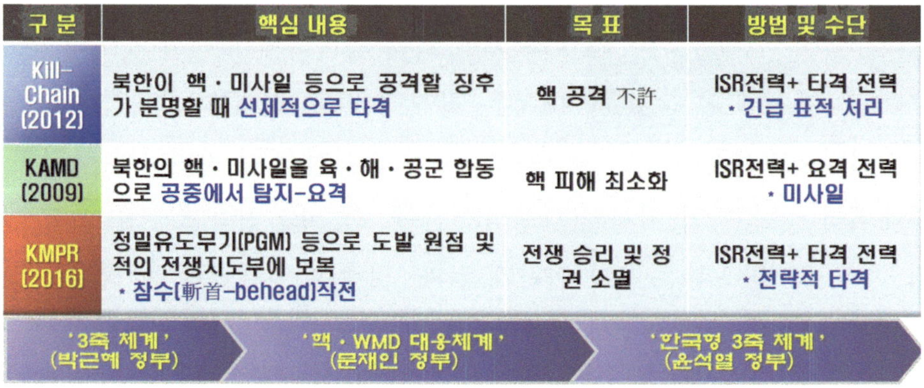

구 분	핵심 내용	목 표	방법 및 수단
Kill-Chain (2012)	북한이 핵・미사일 등으로 공격할 징후가 분명할 때 선제적으로 타격	핵 공격 不許	ISR전력+ 타격 전력 ・긴급 표적 처리
KAMD (2009)	북한의 핵・미사일을 육・해・공군 합동으로 공중에서 탐지-요격	핵 피해 최소화	ISR전력+ 요격 전력 ・미사일
KMPR (2016)	정밀유도무기(PGM) 등으로 도발 원점 및 적의 전쟁지도부에 보복 ・참수(斬首-behead)작전	전쟁 승리 및 정권 소멸	ISR전력+ 타격 전력 ・전략적 타격

'3축 체계' (박근혜 정부) → '핵・WMD 대응체계' (문재인 정부) → '한국형 3축 체계' (윤석열 정부)

<그림 7-5> '한국형 3축 체계'의 주요 경과

남-북 간 미사일 개발 경쟁은 안보 딜레마의 대표적인 사례다. 이로 인해 '고르디우스의 매듭(Gordian Knot)'을 자르는 것과 같은 극적인 변화 요인이 발생하지 않을 경우, 군비경쟁은 더 치열해질 것이며, 위협 수준은 한층 높아질 것이다.[137] 따라서 한반도의 불안정・불확실성을 낮추기 위해서는 현실을 극적으로 변화시킬 무언가가 필요하다.

4. 남-북 간 군비통제 원칙과 정책적 관점

4.1. 군비통제 추진 시 성과 달성을 위한 기본 원칙

136) '한국형 미사일 방어체계(KAMD)'는 'Korea Air and Missile Defense'의 약자이고, '대량응징보복(KMPR)'은 'Korea Massive Punishment and Retaliation'의 약자다. '전략적 타격체계'는 기존의 '킬체인(Kill-Chain)'과 '대량응징보복(KMPR)'을 같이 포괄하고 있다(국방부 정책기획관실, 앞의 백서(2022년 12월), pp. 057~062.).

137) '고르디우스의 매듭(Gordian Knot)'은 복잡하게 얽혀있는 문제를 완전히 새로운 방식이나, 기존의 틀 또는 형식에서 벗어난 기상천외한 발상, 누구도 예측하지 못한 방법으로 단숨에 문제를 해결한다는 뜻이다. 현재 튀르키예 수도인 앙카라 근처에 있는 프리기아(Phrygia) 왕국 신전에 복잡하게 얽힌 매듭이 있었다. 이를 풀면, 아시아의 왕이 된다는 신탁(信託)에서 유래되었다.

4.1.1. 남-북 간 협상(대화) 측면

<표 7-24>는 남-북 간 협상(대화) 시 준수해야 할 원칙을 제시하였다.

<표 7-24> 남-북 간 협상(대화)할 때 준수해야 할 원칙

첫째, 북한과 협상 여건을 조성할 때 심리적 열등감, 북한 협상팀이 북한 당국으로부터 감시당한다는 경직된 태도를 해소하려면, 서로 일정한 수준에 도달할 때까지는 한반도 이외의 장소에서 진행해야 한다. 둘째, 북한의 선전·선동 전술, 모욕적 언사 및 도발 행위, 인신공격 등에 구애받지 않고 선정(합의)한 의제(agenda)를 중심으로 진행해야 한다. 셋째, 한국이 더 많은 유인책을 마련하되, 대안(BATNA)을 만들어 북한의 요구와도 일정 부분을 연계시킴으로써 협상의 완성도를 높여야 한다.[138)] 넷째, 한국은 정치적 입장과 의제는 최대한 분리해야 하며, 대북정책은 일관성이 필요하다. 특히 협상 결과를 정치·정파(政派)적 목적에 이용해서는 안 된다. 다섯째, 북한이 한국보다 미국으로부터 더 많은 이익을 얻을 수 있다고 판단하는 한 대화를 서두를 필요는 없다. 다만, 미국으로부터 한반도의 평화 조성 및 화해 분위기 조성에 주도적으로 참여할 수 있는 권한(발언권)을 확보하여야 한다.

<표 7-25>는 남-북 간 협상(대화)에 필요한 일반지침을 정리하였다.

<표 7-25> 남-북 간 협상(대화)에 필요한 일반적 지침

첫째, 합의서를 잘못 해석하거나, 위반사항을 방지하기 위해 문안(文案)은 구체적으로 적시(摘示)하여야 한다.[139)] 둘째, 용도가 폐기되었거나, 양보한 카드를 다시 사용해서는 안 된다.[140)] 셋째, 포괄적 접근방식을 유지해야 한다. 모든 요구 목록을 다 제시하는 조건보다 '살라미 전술'을 사용하는 등의 포괄적 접근법을 채택해야 한다.

138) 김성진, 앞의 책(2020a), pp. 37, 38, 166.

139) 1991년 12월 31일 남-북 협상으로 한국은 팀스피리트(T/S) 연습을 취소했고, 북한은 IAEA 사찰을 받기로 합의하였다. 그러나 문서화 노력이 적극적이지 않았기에 이후 해석을 둘러싼 논쟁은 불가피했다.

4.1.2. 미-북 간 협상(대화) 측면

<표 7-26>은 미-북 간 협상(대화) 시 준수해야 할 기본 원칙을 제시하였다.

<표 7-26> 미-북 간 협상(대화)할 때 준수해야 할 기본 원칙

첫째, 미국은 북한에 균형 잡힌 '당근과 채찍 전술'을 사용해야 한다. 그들의 '벼랑 끝 외교정책'과 WMD 개발이 자신들에 이익이 된다는 잘못된 생각을 고치는 데 필요한 '채찍'도 내놓되, 최선의 대안(BATNA)이 준비되어야 한다.[141] 둘째, '힘에 의한 평화'와 '힘에 의한 현상 변경을 반대'하는 한국 정부와 호흡을 맞춰야 한다. 북한의 이간계를 예방하는 효과가 있다. 셋째, 핵 비확산 전문가 또는 정책결정권자들은 2003년 이라크에 적용한 강제사찰을 채택하기보다 북한의 특성과 기질을 이용해야 한다.

4.2. 군비통제에 관한 정책적 접근 관점

4.2.1. 접근에 관한 중심(重心-the center of gravity) 식별

한국 정부는 한반도 평화를 뒷받침하는 전략적 환경을 조성하여 평화와 번영이라는 비전을 실현함으로써 국익을 극대화하고자 노력하고 있다. 그러나 진전을 도모하려면, 국제 · 지역 · 한반도 안보정세 및 환경적 측면을 면밀하게 파악하여야 하며, 도전과 기회 요인을 정확하게 짚어내야 한다.[142]

핵심과제는 북한의 기습공격 능력을 제거하는 데 있다. 즉, 김정은이 상당한 전쟁 준비를 하지 않고는 단기간에 남침할 수 없도록 해야 한다. 다만, 유럽의 재래식 군비통제(상호균형 감군협상-MBFR)가 실패한 사례에서 보듯이 군사적 신뢰구축(CSBM)-군비

1994년 제네바에서도 북미 간 정치적 합의에 도달하였으나, 문서화 노력에 소홀했고, 해석을 둘러싼 논쟁이 또다시 불거졌음은 시사하는 바가 크다.

140) 1993년 한국은 팀스피리트(T/S) 연습을 재개하였고, 북한은 NPT를 탈퇴하였다.

141) 김성진, 앞의 책(2020a), pp. 38, 166.

142) 강석율 외, 앞의 과제(2023년 12월), pp. 57~59.

제한-군축의 추진은 오랜 기간과 복잡한 과정을 거쳐야 한다. 그리고 한국과 북한의 뿌리깊은 역사적 불신과 냉전적 대결 구도가 고려되어야 한다.

4.2.2. 군비통제의 점진・단계적 추진 방식

점진・단계적 추진은 남-북이 협상테이블에 앉더라도 상당한 기간이 지체될 것이다. 북한은 수령 절대주의 체제에 별다른 변화가 없지만, 한국은 5년마다 보수 또는 진보 성향의 정부로 교체되어왔기에 정치적 성향에 따라 정책 방향이 달라진다. <그림 7-6>은 남-북 간 추진하는 일반적인 군비통제 단계를 설정하였다.

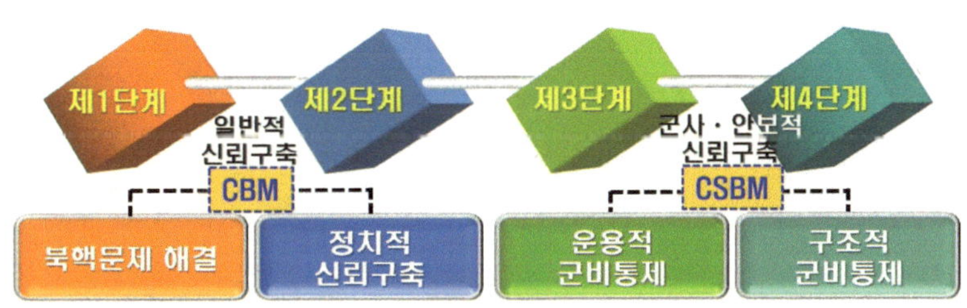

<그림 7-6> 남-북 간 일반적인 군비통제 추진 단계

제1단계(북핵 문제 해결)는 핵보유 선언(2005)-핵 무력 완성(2017)-핵무력 법제화(2021)-핵무력정책법 공포(2022) 등의 과정을 거치면서 상당한 수준에 도달했다고 보는 게 일반의 인식이다.[143] 군비경쟁을 계속할 수밖에 없는 한반도의 현실이 '안보 딜레마'의 악순환 자체다.[144] 여기에서 벗어나려면, 상대적 우위에 있는 일방의 '용

143) 미국의 과학국제안보연구소(ISIS)는 북한의 핵무기가 35~65개(추정)로 중간값이 45기라고 주장하고 있으며, 공포심을 극대화하고자 핵탄두와 발사체를 즉각 발사할 수 있는 상태로 작전 배치를 시도할 개연성이 크다고 봤다. 특히 핵탄두는 2027년엔 ±240개, 2030년엔 최대 300개까지 보유할 것으로 예측하였다(지성림, "미국 국제안보연구소 "북한, 핵무기 약 45기 보유 추정"," 『연합뉴스』(2023.04.12.).; 권혁철, "북한 핵미사일 대비 방향:3축 체계 중심으로," 『월간 KIMA』 Vol. 51. (성남:한국군사문제연구원, 2022.05.02.), pp. 4~5.)

* 美 '과학국제안보연구소(ISIS)'는 'Institute for Science and International Security'의 약자로서 워싱턴 D.C.의 비영리 기관이다. 핵무기 관련 기술의 확산 방지와 핵무기 보유를 줄이는 데 노력하고 있다.

144) '안보 딜레마'는 군사적 대립(대결) 구도에서 어느 일방이 상대의 군사력 증강에 대응하기 위해 군사력을 증강하게 된다는 뜻이다. 상대도 마찬가지이기에 군사력 증강이 결국 의도한 바와 다르게 나타나

기 있는 결단'과 상응한 조치가 뒤따르는 선순환 구조가 필요하다.[145] 이를 위해 남-북 비핵화 공동선언(1991)의 정신으로 돌아가 군사공동위원회를 재가동해야 하며, 북한의 핵・미사일 위협 문제를 포함한 군사・안보적 사안이 정식 의제로 다뤄져야 한다.[146] 즉, '강(强) 대 강(强)' 구조가 불가피하지만, '채찍'과 '당근'을 유연하게 사용하여야 한다.[147]

제2단계(정치적 신뢰구축, 이하 CBM)는 북핵 문제가 해결되어도 WMD와 재래식 군사력의 위협이 여전히 존재하기에 상호 불신이 사라지기는 쉽지 않다. 따라서 우선 비군사 분야 접촉을 통해 협력을 모색하여야 한다. 이를 위해서는 남-북 기본합의서 체결 당시로 돌아가는 결단이 필요하며, CBM 조치의 이행에 집중해야 한다.[148]

제3단계(운용적 군비통제)는 제1・2단계가 완성되면서 본격적인 군사적 신뢰구축(이하 CSBM)으로 넘어가는 단계다. 궁극적인 목표는 한반도에서의 전쟁 재발을 방지하는 것이기에 "북한의 기습능력을 제한하되, 억제하는 방향"이어야 한다. 따라서 군사 활동의 투명성과 예측성은 증대시키고, 기습공격 및 우발적 무력충돌을 방지하는 조치가 이행되어야 한다. 대표적으로 군사정보의 교환, Hot-Line 유지, 주요한 군사 활동의 공개 및 훈련 참관(필요시), 현장사찰(OSI) 및 검증(verification) 등에 관한 협의가 필요하다.[149]

제4단계(구조적 군비통제)는 한반도 평화 및 안정을 구현하는 단계로서 군사적 안

며 자신의 안전보장을 더욱 위태롭게 한다는 뜻이다.

145) 군사적 대립의 역사, 서로에게 존재하는 뿌리 깊은 불신(不信), 핵・미사일 시험 발사를 거듭하는 현실에서 일방의 양보와 다른 일방이 상응하는 선순환하는 구조로 만들기는 쉽지 않다.

146) 김상기 외, 앞의 연구총서(2022.12.30.), pp. 306~311.; 장철운 외, 앞의 연구총서(2021.12.30.), pp 166~183.; 남만권, 앞의 책(2006), p. 371. 등의 자료를 재정리하였음.

147) 김효정, "'북핵 협상' 한반도본부 18년 만에 간판 내린다…국장급으로 축소(종합)," 『연합뉴스』 (2024.03.07.)

148) 북한이 한국을 "제1 적대국 또는 평정할 대상"이라고 하는 인식에서 벗어나야 한다. 한국의 정치체제를 인정하고 존중해야 하며, 모략(謀略-artifice) 중상(中傷-slander) 또는 일체의 비방(誹謗)은 중지돼야 한다. 내정에 간섭하지 않고, 상대를 적대시하거나 파괴 및 전복하려는 행위를 중단해야 하며, 어떠한 경우도 무력을 행사해서는 안 되며, 평화적으로 해결하는 태도가 뒷받침되어야 한다.

149) 신뢰구축 또는 우발적 무력충돌방지와 같은 소극적 통제대책으로 목적을 달성하기는 어렵다. 의도적이거나, 계획된 기습공격의 가능성을 사전에 제거할 수 있도록 적극적인 대책이 마련돼야 한다.

보위기의 주(主)원인인 공격무기를 감축시켜 군사력을 균형되게 하는 데 있다. 이 단계는 긴장된 군사적 대치를 없애고, '공동 안보' 차원의 구조적 군비통제(군축)를 본격적으로 추진하기 위함이다. 특히 적정한 규모의 균형전력을 유지하도록 협상을 추진하되, 최종 상태는 평화로운 통일 한국을 지향해야 한다.[150]

군비통제 협상은 유럽의 '재래식군사력 감축 조약(CFE)'과 같이 무기 유형별 양적 비교를 통해 열세한 측에 맞춰야 하며, 단계적으로 추진되어야 한다. 이때 현장 사찰(OSI)과 검증은 꼭 필요하며, 평화와 안전에 대한 국제사회와 지역 국가들의 협력이 절실하다. <표 7-27>은 남-북 간 존재하는 제반(諸般) 한계와 논의가 필요한 분야, <표 7-28>은 남-북 간 양적(量的)인 무기 감축에 논의가 필요한 분야를 제시하였다.

<표 7-27> 남-북 간 제반(諸般) 한계와 논의가 필요한 분야

첫째, 한국이 보유해야 할 적정한 군사력의 양・질적 수준은 어느 정도이어야 하는지? 둘째, 군사적 안정성이라고들 하지만, 무조건 군사력 수준을 낮추는 것이 남-북 간 긴장 관계를 해소하는 데 도움이 될는지? 셋째, 한국은 '先 평화 後 통일'을, 북한은 '先 통일 後 평화'를 주장하고 있다. 전제조건은 어떠한 방식과 내용이어야 하는지? 넷째, 남-북 군비통제가 서로의 안보이익에 도움이 될 경우, 호혜적(互惠的) 입장에서 서로 동의하고 처리할 수 있는지?

<표 7-28> 남-북 간 양적(量的) 무기 감축에 논의가 필요한 분야

첫째, 핵 및 화생무기, 미사일 등을 비롯한 WMD 및 비대칭 무기를 우선적인 감축 대상 무기로 판단해야 하는 게 아닌지? 둘째, 무기 보유량을 적게 보유한 측의 수준에 맞춰 군사력 불균형을 우선 추진하고자 할 그 기준과 평가 주체는 어디가 되어야 하는지? 셋째, 감축할 대상 무기를 전량 폐기하도록 한다지만, 북한 측이 동의하고서도 비용 부담 문제를 전가(轉嫁)한다면, 과연 한국이 부담할 수 있는지?, 국민 정서는?

150) 기습공격 또는 공세적인 작전능력을 먼저 제거 및 억제함으로써 전쟁 발발의 위험성은 줄여야 하고, 안전(safety-물리적 상태) 및 안정(stability-심리적 상태)이 제고되어야 한다.

넷째, 감축할 대상 무기를 지정하는 장소에 대한 검증 책임과 주체는 누구인지?, 자료 목록과 현황을 교환할 때 검증을 주도할 주체는?
다섯째, 통일 이후의 안보환경, 경제・군사적(군사전략) 측면을 고려하여 군사력을 조정할 군비통제(군축) Action-plan은 수립되어있는지?, 있다면, 어느 수준인지?

군비통제(군축) 협상 추진으로 남-북이 원하는 최종 목적을 달성할 수 있다고 자신하기는 어렵다. 무기를 감축하는 것만으로도 소기의 목적을 달성할 수 있다지만, 북한이 접근하는 인식은 한국과 완전히 다르다. 예를 들면, '절대 수령주의 체제'인 북한은 언제든 병력 동원이 가능하기에 군사전략 상 더 유리하다고 판단할 수 있다.[151] 한편으로는 남-북 간 정치・사회적 통치 체제가 완전히 다르기에 병력 감축이 큰 의미가 없다고도 한다. 더욱이 인구절벽 현상의 심화(深化)로 병력 규모가 자연스레 감축될 수밖에 없는 현실이지만, 병력 감축이 협상 의제로 상정될 경우, 어떻게 대응해야 할는지? 에 관한 진중한 고민은 꼭 필요하다. <표 7-29>는 남-북 간 병력 감축에 관해 바람직한 접근방안(directivity)을 제시하였다.

<표 7-29> 남-북 간 병력 감축에 관해 바람직한 접근방안(directivity)

첫째, 대상 무기에 대한 감축을 실천하고 나서 병력 감축을 추진하여야 한다.
둘째, 대상 무기와 병력 감축을 동시에 추진하여야 한다.
셋째, 병력 감축을 시행할 땐 현장 사찰(OSI)과 검증제도를 채택하여야 한다.

151) 북한은 고도로 조직화 된 국가이기에 언제라도 즉각 동원이 가능한 병영국가다. 북한 주민은 군대(18~25세)에 징집되기 이전까지는 붉은청년근위대(15~17세)에서 복무한다. 제대한 이후에는 공장・기업소・집단농장 등에서 생활한다. 40세 이전까지는 해당 지역의 예비군 부대에서 관리하며, 이후엔 예비병력이지만, 노농적위대에 재배속되어 전쟁에 대비한 상비병력 체제를 유지하고 있다. 6・25전쟁 이후 '전(全) 인민의 무장화' 원칙에 따라 모든 주민이 '전투병력'이기에 유사시 곧바로 전투에 투입할 수 있는 '예비전투병력'으로 봐야 한다.

제 6 절

논의 및 시사점

군사력으로 무장을 강화하고 군비를 증강함은 경쟁국 또는 적국(잠재적국)이 존재하기 때문이다. 군비통제(Arms Control)는 군비(軍備) 전반을 무조건 제한한다는 의미보다 현실의 정치・정서적 갈등을 관리함으로써 군사적 분쟁과 갈등을 줄이기 위하는 데 있음은 일반적인 사실이다. 설사 유형(type) 및 차원(dimension)에 따라 합의에 도달하지 못해도 군사적으로 이해를 높일 수 있다는 측면에서 긍정적으로 작용한다. 신뢰가 쌓이면, 긴장 완화 분위기를 조성할 수 있기에 실질적인 군비통제(군축) 협상으로 이어지기도 한다. 유럽의 재래식 군비통제 과정은 험난했지만, 서로가 이해 및 공감, 양보하는 등의 노력을 통해 성과를 달성하였다. 그러나 당사국이 외교・군사정책을 한정된 시각으로만 접근하면, 성과를 달성하기는 쉽지 않은 정국(政局)이다.[152]

경쟁국(적국 또는 잠재적국)이 당사국을 무력으로 침공하지 않는다고 느끼거나, 무력으로 개입할 수 없다는 안정적 인식이 있을 때 성과를 달성할 수 있다. 따라서 군비통제 협상은 당사국 간 대화 또는 긍정적 인식이 전제되지 않고는 추진하기가 쉽지 않다. 미국・NATO는 소련(러시아)・WTO와 '상호균형 감군협상(MBFR)'에 16년여의 노력을 투자하고도 실패하였다. 이후 유럽의 대다수 국가가 참여하면서 재래식군사력 감축 조약(CFE)이 성사된 요인은 재래식군사력을 감축해도 전쟁이 발발하지 않을 것이라는 정치・군사적 분위기가 형성된 결과로 볼 수 있다.

한반도에서 군비통제(군축) 연구는 대다수 "왜! 남-북은 군축협상을 하지 않는가?"라는 논제(論題)에 집중되어있다. 차제에 시각을 조금 바꿔 "남-북은 군축을 절실하게 원하고 있는가?"라는 화두(話頭)를 먼저 던져야 한다. 한국과 북한이 모두 군비통제

152) 한국과 북한은 UN 군축회의에서 서로 네 탓 공방을 벌였다. 한국이 북한을 대화의 장으로 나오라고 촉구하자 북한은 "부당한 궤변으로 사실을 왜곡하며 외부세력과 결탁하여 무모하게 군사도발을 하는 한국과는 대화할 의향이 없다."라고 주장하였다(이명동, "한국, 유엔 군축회의서 북한에 "대화하라"…北 "관심 없어"," 『뉴시스』 (2024.03.27.).).

(군축)를 크게 기대하지 않는다면, 굳이 군비통제(군축)라는 논제에 몰입할 필요가 없지 않나 싶다. 또한, 연구자들이 '억지와 균형 논리'를 많이 내세운다. 이는 남-북 간 군비경쟁을 하는 이면에 서로가 상대보다 열세에 있다는 조급함과 조바심이 있기 때문은 아닌지? 남-북이 서로 열세라고 인식한다면, 군비통제(군축) 협상에 절실할 필요가 없다. 북한 김정은의 시각에서 보면, 수령 절대주의 체제가 무너지게 되는데, 국제사회가 제재를 가한다고 무조건 제재를 수용해야 한다는 논리를 수용하기는 어려울 것이다. 이러한 여건이 되게 하려면, 한국과 북한이 군사력을 극한 경쟁으로 몰아가기보다 이를 객관적으로 평가하려는 인식이 어느 정도인가부터 살펴보고 방안을 마련해야 하지 않을까 싶다.

일부 전문가는 유럽의 군비통제 경험이 한반도에도 유용하다고 주장하지만, 한반도의 환경 및 상황에선 그다지 타당하지 않아 보인다. 유럽의 안보 상황과 여건이 한반도와 완전히 다르기 때문이다.[153]

한국과 북한이 서로에게 말 폭탄을 주고받으면서도 군비통제(군축)를 언급하지 않는 이유는 방법론이 없어서가 아니다. 바라보는 인식 자체가 달라서다.[154] 협상을 시작하려면, 협상 방식이 필요한 게 아니라 어떠한 상황과 조건에서 협상을 진행하는지에 따라 성사 여부가 결정되기 마련이다.[155] 유념할 대목이 남-북 간 군비통제(군축) 협상은 서로 바라보는 관점과 접근하는 인식 구조를 바꿔야 첫발을 뗄 수 있다는 점이다. 김정은은 자신이 주도하는 적화통일에 집착하기에 대결 구도를 멈출 생각이 없다. 한국 정부에서 김정은의 인식을 어떻게 변화시킬 수 있을지가 군비통제 추진의 성사(成事) 여부를 가름할 수 있는 첫 단추가 아닌가 싶다. 물론 김정은의 인식에 변화가 있을 거라는 기대감과 이들 내부로부터의 변화에 대한 기대감 중 어느 쪽이 더 현실적일지는 추가적인 분석과 평가 및 대처하는 노력이 필요하다.

153) 유럽국가들의 안보 환경과 국가 간 발생하는 이해관계는 한반도의 현실과 완전히 다르다. 유럽의 관련 조치는 대부분 우발적 또는 비의도적 군사충돌을 방지하기 위함이었다. 반면에 북한은 우발적인 군사충돌보다 의도·계획·공격적인 군사도발 측면이 더 강하다. 쌍방이 느끼는 위협인식도 뿌리 깊은 불신(不信)에서 비롯되고 있다.

154) 군사협상의 노-하우 '제8계, 제9계, 제13계'를 접목해야 한다(김성진, 앞의 책(2020a), pp. 112~114, 116~117.).

155) 협상에 성공하려면, 9가지의 기본 법칙이 필요하다(김성진, 앞의 책(2020a), pp. 81~88.).

한국이 한반도의 긴장 완화 및 평화를 정착해야 한다는 우선적 소명의식(calling)을 고려할 때 강력한 대북 억제체제는 구축하되, 무력충돌을 방지하고, 군사적 신뢰구축(CSBM) 등을 비롯한 불가침 합의와 전쟁 예방에 중점을 둔 협의를 일관성 있게 추구해야 한다. 이러한 노력은 국가안보와 한반도의 평화를 가름할 수 있는 중요한 방편(方便)이기에 단기・단편적인 성과에 집착해선 안 된다.

2022년은 한・미・일 안보협력 체제의 가동과 '한・미 글로벌 포괄적 전략동맹'으로 격상된 의미 있는 해이다. 2023년은 캠프 데이비드 정상회담과 3국 미사일 경보정보 실시간 공유 체제 등을 통해 국가안보의 수준을 더욱 굳건히 하였으나, 더 결속하여 국익 추구에 매진할 때다. 상징・형식・수사(修辭-rhetoric)적인 긴장 완화 조치로 일관하다 한국군의 즉각 대응태세나, 주한미군의 존재가 위협받는 상황이 되어서는 안 된다. 한・미 동맹은 미국의 대선(大選) 결과에 따라 일부 조건이 바뀔 수 있겠지만, 안보동맹의 근간을 흔드는 행위는 자제해야 서로에게 도움이 될 수 있다. 작금의 국제정세와 급변하는 동북아 환경은 여느 국가도 여유롭지 않음을 누구나 느낄 수 있다. 북한의 비핵화 추진과 군사적 위기의 축소 및 해소가 한반도의 최대 안보 현안이 된 현실은 북한의 핵무기를 포함한 WMD의 완전한 폐기 및 투명성을 보장하는데 모든 정치・외교적 능력(ability)과 역량(capability)을 집중할 때다.

"아무리 쉽고 좋은 기회가 생기거나, 형편이 되어도 자신이 이를 직접 헤쳐 나아가지 못하면, 온전한 내 것으로 만들 수 없다."

에필로그

‘군비통제론’은 가장 재미없으면서도 준비하기는 너무 힘든 논제(agenda)이자 강의 주제다. 이로 인해 호기심과 집중도를 높이고자 전쟁사와 무기체계 등에 관한 자료를 검색하며 story-telling에 고민하던 기억이 새롭다.

저자는 네 차례에 걸쳐 고민하였고, 혼란기를 겪었다. 전방지역 작전에서 후방지역 작전을 할 때, 정규작전에서 통합방위・대테러 업무를 할 때, 민사심리전 업무를 접했을 때, 그리고 강단에 섰을 때다. 돌아보면, 직업군인이기에 국방・안보 전문가가 아니라 합리적 논거(reasonable argument)로 현장의 문제를 고민하고 풀어낼 역량을 갖췄을 때 ‘전문가’라고 자신할 수 있음을 깨우친 것도 이러한 과정을 겪으면서다.

초기엔 드라이하게 원고를 집필하였다. 유럽 지역에서 시작된 군비통제의 본질적 의미 및 개념, 유형(type)과 차원(dimension)을 통해 실패・성공 요인을 끄집어내면 된다는 확신이 있었다. 그러나 이내 고뇌의 벽에 갇혀버렸다. “이 정도면, 충분하지 않을까?” 에서 “유럽 방식이 한반도에 적용될 수 있을까?, 어떠한 방식으로 덧셈과 뺄셈 방정식의 기준을 만들어야 하지?, 환경과 조건이 다른데 어떻게 조합해야 하나?” 라는 다른 차원의 수렁에 빠지면서다. 아무리 원고를 뒤집고 헤집어도 뾰족한 해법(solution)이 떠오르지 않았다. 그러던 어느 날 “유럽에서 시도한 원칙과 원리를 기반으로 하되, 한반도의 지정학・지경학적 측면을 한쪽에 치우치지 않고 드라이하게 쓰면 되겠다.”라는 논리적 방황을 끝내고서야 다시금 원고를 쓸 동력(動力)을 가졌다.

이 책에서 한반도에 관한 분량은 70여 쪽이다. 그러나 단순히 저자의 독자적 주장이나 논리만을 담지 않았다. 각종 공개 자료에 기반한 지정학・지경학적 특징과 기본원리 및 원칙, 남-북의 성격 진단, 진보・보수계층의 시각과 한계, 장애 요인, 정책과제 등을 제시하며, 학문적 틀을 벗어나지 않기 위해 노력하였다. 이 책이 조금이나마 군비통제에 관한 기초 지식을 습득하는 데 도움이 되기를 희망한다.

“오늘 걷지 않으면, 어차피 내일은 뛰어야 한다.”

약어정리

ABM(Anti-Ballistic Missile Treaty)	탄도탄 요격 유도탄 조약
Absolute(또는 Perfect) Verification	완벽 검증
ABT(Atomic Bomb Treaty)	중-소 원폭조약
ACA(Arms Control Association)	무기 통제협회 또는 군축협회
adequate verification	적절 검증
AG(Australia Group)	호주그룹
APLC(Anti-Personnel Mine Ban Convention)	대인지뢰 금지협약
ARF(ASEAN Regional Forum)	아세안 지역 안보포럼
Arms Control	군비통제(軍備統制)
Arms Management	군비관리(軍備管理)
Arms Race	군비경쟁
Arms Reduction	군비축소 * 점차 군축(Disarmament) 또는 무장해제와 동의어로 발전
Arms Limitation	군비제한
ASEAN(Association of Southeast Asian Nations)	동남아시아 국가연합
asymmetrical reductions	비대칭적 감축
AT(Antarctic Treaty)	남극조약
ATT(Arms Trade Treaty)	무기거래조약
ATTU(From the Atlantic to the Urals)	대서양~우랄산맥까지
balance of terror	공포의 균형
Bilateral Arms Control	쌍무적 군비통제
BWC(Biological Weapons Convention)	생물무기 금지협약
CBM(Confidence Building Measures)	신뢰구축 조치
CCM(Convention on Cluster Munitions)	확산탄 금지협약
CCW(Convention on Certain Conventional Weapons)	특정 재래식무기 금지협약
CD(Conference on Disarmament)	군축회의
CDE(Conference on Military Detente and Disarmament in Europe)	유럽군축회의
CFE(Conventional Force in Europe)	재래식군사력 감축 조약
CFSP(Common Foreign and Security Policy)	공동외교안보정책
challenge OSI	강제 또는 특별 사찰

CI(Challenge Inspection within specified areas)	특별사찰
CISTP(Center for International Strategy, Technology and Policy)	조지아공대 부설 국제전략기술정책센터
Coercive Strategy	강압전략
COCOM(Coordinating Committee for Multilateral Export Controls)	대(對)공산권 수출통제위원회
Common Security	공동안보
Comprehensive Security	포괄적 안보
Cooperative Security	협력안보
CPC(Conflict Prevention Center)	갈등방지센터
CSBM(Confidence and Security Building Measures)	신뢰 안보구축 조치(또는 군사적 신뢰구축 조치)
CSCE(Conference Security and Cooperation in Europe)	유럽안보협력회의 * OSCE(Organization for Security and Co-operation in Europe), 1995년 유럽안보협력기구로 변경
CTBT(Comprehensive Nuclear Test Ban Treaty)	포괄적 핵실험 금지 조약
CTBTO(Comprehensive nuclear Test Ban Treaty Organization)	포괄적 핵실험 금지조약 기구
CTR(Cooperative Threat Reduction)	협력적 핵위협 감소 프로그램
CVM(Cooperative Verification Measures)	협력 검증 수단
CWC(Chemical Weapons Convention)	화학무기 금지협약
designation OSI	지정사찰
defensive defense	방어적 방위
Deterrence Theory	억지이론
DGET(Draft General European Treaty)	유럽 일반조약안
Diplomacy toward North	북방정책
Disarmament	군축 또는 군비축소
DSI(Declared site inspection)	신고장소 사찰
effective verification	효과 검증
FMCT(Fissile Material Cutoff Treaty)	핵분열물질 생산 금지조약
GCD(General Complete Disarmament)	보편적 완전 군축
GLCM(Ground-Launched Cruise Missile)	지상 발사 순항미사일
GMD(Ground-Based Midcourse Defense)	지상 기반 외기권(外氣圈) 방어
HCoC(Hague Code of Conduct Against Ballistic Missiles Proliferation)	헤이그 행동규범
HFA(Helsinki Final Acts)	헬싱키 최종협약 또는 헬싱키 최종합의서
IAMD(Integrated Air and Missile Defense)	통합 비사일 방어
IC(Inspection of Certification)	확인사찰
IGC(Inter-Governmental Conference)	정부 간 회의
IMS(International Monitoring System)	국제감시체제
INF(Intermediate-Range Nuclear Forces Treaty)	중거리 핵전력 조약
IR(Inspection of reduction)	폐기사찰
IRBM(Intermediate Range Ballistic Missile)	중거리 탄도미사일

ISIS(Institute for Science and International Security)	美 과학국제안보연구소
ITI(International Tracking Institute)	UN 산하의 국제추적기구
ITM(International Technical Means)	국제기술수단
JCG(Joint Consultative Group)	합동자문단
juridical verification	사법적 검증
KAMD(Korea Air and Missile Defense)	한국형 미사일방어체계
KMPR(Korea Massive Punishment and Retaliation)	대량응징보복
LNT(London Naval Treaty)	런던 해군 군축 조약
LTBT(Limited Test Ban Treaty)	부분적 핵실험 금지조약 * PTBT(Partial Test Ban Treaty)와 같이 사용
MAD(Mutually Assured Destruction)	상호확증파괴
MBFR(Mutual and Balanced Force Reductions)	상호균형 감군협상
MBT(Mine Ban Treaty)	대인지뢰 금지조약(일명 오타와 금지조약)
MDR(Missile Defense Review Report)	미사일 방어검토 보고서
Military Build-up	군비증강
military spending(또는 war expenditure)	군사비 또는 군비(軍費)
military verification	군사적 검증
MIRV(Multiple Independent Targetable Reentry Vehicle)	다탄두 개별유도기술
MP(Military Preparedness)	군비(軍備)
MTCR(Missile Technology Control Regime)	미사일기술통제체계
MTM(Multinational Technical Means)	다국적 기술수단
MTR(Military Technical Revolution)	군사기술혁명
Multilateral Arms Control	다자간 군비통제
multiplier effect	승수 효과
Mutual Security	상호 안보
NAC(North Atlantic Council)	북대서양위원회
NDS(National Defence Strategy)	국가방위전략
NFZT(Newclear Free Zone Treaty)	비핵지대 조약(남태평양 비핵지대 조약)
NIC(National Intelligence Council)	美 국가정보위원회
non-proliferation regime	비확산체제
NPR(Nuclear Posture Review)	핵태세 검토보고서
NPT(Treaty on the Non-Proliferation of Nuclear Weapons)	핵비확산 조약
NSA(Negative Security Assurance)	소극적 안전보장
NSG(Nuclear Suppliers Group)	핵공급국 그룹
NSS(National Security Strategy)	국가안보전략
NTBT(Nuclear Test-Ban Treaty)	부분적 핵실험 금지조약
NTM(National Technical Means)	국가기술체계
Nunn-Lugar Act(Nunn-Luger Cooperative Threat Reduction)	넌-루거 법안

OA(Ottawa Arrangement)	오타와 협약
OEWG(Open-Ended Working Group)	정보안보개방형 실무그룹(일명 개방형 실무그룹)
OPCW(Organization for the Prohibition of Chemical Weapons)	국제 화학무기금지기구
NWFZ(Nuclear Weapon Free Zone)	비핵지대
Operational Arms Control	운용적 군비통제
OSI(On-Site Inspection)	현장검증
OST(Open Skies Treaty)	영공 개방조약
OST(Outer Space Treaty)	외기권 조약, 우주 조약(또는 항공 자유화 조약)
PAROS(Prevention of Arms Race in Outer Space)	외기권에서의 군비경쟁 금지조약
PIF(Pacific Islands Forum)	태평양 도서국 포럼
PNET(Peaceful Nuclear Explosions Treaty)	핵폭발 규모를 150 KT 이하로 제한하는 조약
PoA(Program of Action)	소형무기 행동계획
political verification	정치적 검증
PSI(Proliferation Security Initiative)	WMD 확산 방지 구상
QDR(Quadrennial Defense Review)	4개년 국방검토 보고서
RAA(Reciprocal Access Agreement)	상호접근 협정(원활화 협정)
RCEP(Regional Comprehensive Economic Partnership Agreement)	역내 포괄적 경제 동반자 협정
regular inspection	정기방문 사찰(routine inspection-일반 사찰과 유사)
Residential OSI	고정배치 사찰
Limited OSI	제한 사찰
RMA(Revolution in Military Affairs)	군사혁신
SALT(Strategic Arms Limitation Talks)	전략무기 제한협정
SALW(Small Arms and Light Weapons)	소형무기와 경(輕)화기
SC(Stockholm Convention 또는 Convention of Stockholm)	스톡홀름 협약
SCO(Shanghai Cooperation Organization)	상하이 협력기구
SDI(Strategic Defence Initiative)	전략방위구상
SLV(Space Launch Vehicle 또는 Launch Vehicle)	우주발사체
SPF(South Pacific Forum)	남태평양 포럼
SRBM(Short Range Ballistic Missile)	단거리 탄도미사일
START(Strategic Arms Reduction Treaties)	전략무기 감축협상
Structural Arms Control	구조적 군비통제
Symbolic Verification	상징적 검증
tacit bargaining	암묵적 상호 감축
TLE(Treaty Limited Equipment)	감축대상 군사 장비
TDS(Tailored Deterrence Strategy)	맞춤형 억제전략
TLI(Treaty Limited Item)	감축대상 무기(TLE와 큰 차이 없음)
TPNW(Treaty on the Prohibition of Nuclear Weapons)	핵무기 금지조약
TPP(Trans-Pacific Partnership)	환태평양 경제 동반자 협정

TSR(Trans-Siberian Railway)	시베리아 횡단 철도
Two-Level Game Theory	양면 게임이론
UNDC(UN Disarmament Commission)	UN 군축위원회
Unilateral Arms Control	일방적 군비통제
Unlimited OSI	무제한 사찰
UNODA(UN Office for Disarmament Affairs)	UN 군축사무국
UNROCA(UN Register of Conventional Arms)	UN 재래식 무기 등록부
UNSCOM(United Nations Special Commission)	UN 특별위원회
UVM(Unilateral Verification Measures)	독자 검증 수단
VC(Vienna Convention 또는 convention of Vienna)	비엔나(빈) 협약
verification through inspection	사찰을 통한 검증
WA(Wassenaar Arrangement)	바세나르 체제(또는 바세나르 협정)
War Potentials	잠재전력
WNT(Washington Naval Treaty)	워싱턴 해군 군축 조약
ZC(Zangger Committee)	쟁거위원회
ZOPFAN(Zone of Peace, Freedom and Neutrality)	동남아 평화, 자유 및 중립지대

참고문헌

김강녕, 『남북한 관계와 군비통제』, 경주:신지서원, 2008.

김석용 편저, 『국가안보의 한국화』, 서울:도서출판 오름, 2012.

김성진, 『군사혁신론』, 서울:백산서당, 2023.

______, 『군사전략론』, 서울:백산서당, 2022.

______, 『국가위기관리론』, 서울:백산서당, 2021b.

______, 『세계전쟁사』, 서울:백산서당, 2021a.

______, 『전쟁사와 무기체계론』, 서울:백산서당, 2020b.

______, 『군사협상론』, 서울:백산서당, 2020a.

김우상 외 編譯, 『국제관계론 강의 I』, 서울:한울 아카데미, 1990.

남만권, 『군비통제의 이론과 실제』, 서울:한국국방연구원, 2006.

노태우, 『노태우 회고록 下卷:전환기의 大戰略』, 서울:조선 뉴스 프레스, 2011,

이상우, 『국제관계이론: 국가 간의 갈등원인과 질서 유지』, 서울:박영사, 2001.

정성장, "한반도 비핵·평화의 길: 북한의 협상 수용 배경과 한국의 전략" 『세종정책총서』 2018-10., 서울:세종연구소, 2018.

조성렬, 『한반도 비핵화 리포트: 포괄적 안보-안보교환론』, 서울:백산서당, 2019.

존 키건 著, 류한수 譯, 『2차 세계대전사-The Second World War』, 서울:청어람미디어, 2016.

한용섭, 『한반도 평화와 군비통제』, 서울:박영사, 2015.

황준헌, 『조선책략』, 파주:범우사, 2007.

O. Keohane Robert and S. Nye Jr. Joseph 著, 이호철 譯, "현실주의와 복합상호의존," 김우상 외 編譯, 『국제관계론 강의 I』 (서울:한울 아카데미, 1990.

Philippe Sands 著, 정철승·황문주 譯, 『인간의 정의는 어떻게 탄생했는가』, 서울:더봄, 2019.

UN 군축연구소(UNIDIRF), 『군비통제, 군축 및 신뢰구축 편람』, 제네바:UNIDIRF, 2003.

Arms Control Association, "Arms Control Today," Vol. 21, No 1., Washington D.C.:Arms Control Association, January/February, 1991.

A. Kissinger Henry, "Years of Upheaval," Boston:Little, Brown, 1982.

A. Sheehan Michael, "Arms Control: Theory and Practice." New York:Basil Blackwell, 1998.

Tulliuy Steve & Schmalberger Thommas 著, 신동익·이충면 譯, 『군비통제, 군축 및 신뢰구축 편람』, 스위스:UN 군축연구소(UNIDIR), 2003.

Bueno de Mesquita Bruce, "Principles of International Politics:People's Power, Preferences and Perception," Washington D.C.:Congressional Quarterly Press, 2000.

Bueno de Mesquita Bruce and H. Riker William, "An Assessment of the Merits of Selective Nuclear Proliferation," 『Journal of Conflict Resolution』 Vol. 26., June, 1982.

Buzan Barry, "Introduction to Strategic Studies:Military Technology and International Relations," London:Macmillan Press, 1987.

Carl C. Krebbiel, "Confidence and Security Building Measures in Europe:The Stockholm Conference," New York:Praeger Publishers, 1989.

Cha Young-koo and Choi Kang, "Land-based Confidence-Building Measures in Northeast Asia:A South Korean Perspective," 『Korean Journal of Defense Analysis』, Winter. 1994.

Clark Grenville & B. Sohn Louis, "World Peace through World Law," Cambridge, Mass.:Harvard University Press, 1958.

Collins Alan, "Introduction:What is Security Studies?" in Alan Collins(ed.), 『Contemporary Security Stuides』, New York:Oxforg University Press Inc., 2007.

D. McCausland Jeffrey, "Conventional Arms Control and European Security," 『ADELPHI paper』 No. 301., June, 1996.

D. Morrow James, "A Twist of Truth: A Reexamination of the Effects of Arms Races on the Occurrence of War," 『Journal of Conflict Resolution』 Vol. 33, No. 3., September, 1989.

D. Putnam Robert, "Diplomacy and Domestic Politics: The Logic of Two-Level Games," 『International Organization』 Vol. 42, No. 3., Summer, 1988.

D. Rotfeld Adam, "Applicability of European Arms Control Model to the Korean Peninsula," 『Arms Control on the Korean Peninsula: What Lessons Can We Learn from European Experiences?』, Seoul:Institute of Foreign Affairs and National Security, 1990.

Darilek Richard, "The Future of Conventional Arms Control in Europe: A Tale of Two Cities, Stockholm and Vienna," 『Survival』 Vol. 29, No. 1., January/February, 1987.

Etcheson Craig, "Arms Race Theory: Strategy and Structure of Behavior," New York:Greenwood Press, 1989.

E. Dougherty James and L. Pfaltzgraff, Jr. Robert, "Contending Theories of International Relations," New York:Harper & Row, 1981.

E. Dougherty James, "How to Think Arms Control and Disarmament," New York:Crane,Russak,andCompany, 1973.

E. Wirth Timothy. "Confidence and Security Building Measures," in Robert D. Blackwill, F. S. Larrabee(eds.), "Conventional Arms Control East-West Security," Durham:Duke University Press, 1989.

Ededahl and Goodman, "Gorbachev's New Directions in Asia," p. 6.; James Clay Moltz, "From Military Adversaries to Economic Partners:Russia and China in the New Asia," 『The Journal East Asian Affairs』, Winter/Spring, 1995.

F. Diehl Paul and J. Kingston John, "Messenger or Message? Military Build-ups and the Initiation of Conflict," 『Journal of Politics』 Vol. 49., 1987.

F. Richardson Lewis, "Arms and Insecurity: A Mathematical Study of the Causes and Origins of War," Pittsburgh, PA:Boxwood, 1960.

Gayler Noel, “Verification, Compliance, and Intelligence Process,” in Arms Control Verification:The Technologies That Make It Possible, Kosta Tsipis, et al., eds., N.Y.:Peragamon-Brassey's Publishers, 1986.

Gelman Henry, “Outlook for Sino-Soviet Relation,” 『Problerms of Communism』, September and December, 1979.

Ginsburg George, “The End of the Sino-Russian Territoria Disputes?,” 『The Journal of East Asian Affairs』, Winter/Spring, 1993.

Goldblat Jozef, “Arms Control:A Guide to Negotiations and Agreements,” Oslo:International Peace ReachInstitute, 1994.

Graham, gr. Thomas, “The CFE Story: Tales from the Negotiating Table,” 『Arms Control Today』 Vol. 21., Jan/Feb, 1991.

Hong-bo Huang, “A Study of Sino-Russian Relations in the Post Cold War Era,” 『Studies in Communism 21:9』, September. 1995.

Huichuan Li, “Where Lies the Root of Deadlock in the Sino-Soviet Frontier Talks?,” 『Journal of International Studies』, July, 1981.

J. Schmidt Hand, “NATO and Arms Control: Alliance Enlargement and the CFE Treaty,” 『PRIT Report』 No. 42., 1996.

Karniol Robert, “Beijing Faces Challenge from Reawakened Ethnic Interest,” 『Jane's Defense Weekly』, Octover. 1993.

M. Kennedy Paul, “The Rise and Fall of the Great Powers,” New York:Random House, 1987.

M. Kennedy Paul, “Arms Races and the Causes of War, 1850~1945,” 『Strategy and Diplomacy, 1870~1945』, London:Allen & Unwin, 1983.

Malleret Thierry, “Conversion of The Defense Industry in the Former Soviet Union. Occasional Paper Series 23,” New York:Institute for East-West Security Studies, 1992.

Menon Rajan, “The Strategic Conversion Between Russia and China,” 『Survival』, Summer 1997.

M. Morgen Patric, “Elements of a General Theory of Arms Control,” in Paul R. Viotti, 3rd. ed., Conflict and Arms Control: An Uncertain Agenda, Boulder:Westview Press, 1986.

M. Tsipis Kosta, “Arms Control Verification:The Technologies That Make it Possibile,” New York:Pergamon, 1986.

Macintosh James, “Confidence Building in the Arms Control Process: A Transformation View,” Toronto:Ottawa, 1996.

Morris Ellis, “Comparision of United States and Sovet Approach to Verification, in John O'Manique(ed.),” 『A Proxy for Trust, Carleton University』, Ottawa, Canada, 1985.

Noel-Baker Pilip, “The Arms Race: A Programm for World Disarmament,” London:John Calder, 1958.

Nye Joseph, “Arms Control and International Politics, in Emanuel Adler, ed., The International Practice of Arms Control,” Baltimore:The Johns Hopkins University, 1992.

P. Bloomfield Lincoln, “Arms Control, in Walter R. Fisher and Richard Dean Bums, (eds.), Armament and

Disarmamemt:the Continuing Dispute," California, Belmont:Wadsworth Publishing Company, Inc., 1962.
P. Huntington Samuel, "Arms Races: Prerequisites and Results," 『Public Policy』 Vol. 18., 1958.
Piying-Hsien, "The Dynamics of Sino-Russian Relations," 『Issues & Studies』, January. 1996.
Prince Gwyn, "Arms Control: Lessons Learned and the Future," R. Avenhaus, R. K. Huber and J. D. Kettle, (eds,), 『Modelling and Analysis in Arms Control』, New York:Nato Asi Series, 1986.
R. Schelling Thomas & H. Halperin Morton, "Strategy and Arms Control 2nded," Washington D.C.:A Pergamon-Brassey, 1985.
Ranger Robin and S. Zakheim Dov, "More Than Ever, Arms Control Demands Compliance," ORBIS, Spring. 1990.
Ranger Robin, "Arms and Politics 1958~1978: Arms Control in a Changing Political Context," Toronto:Gage Publishing Limited, 1979.
S. Crass Allan, "Verification: How Much Is Enough?," 『SIPRI』, London: Taylor and Francis, 1985.
S. Gray Colin, "The Arms Race Phenomenon," 『Journal of Conflict Resolution』 Vol. 24, No. 1., October. 1971.
S. Fisher Cathleen and B. Seabright Jefferson, "Divided States and Confidence Building Measures: The German and Korean Experiences," Washington, D.C.:The Henry L. Stimson Center, 1992.
The Hoover Institute on War, Revolution and Peace, "Arms Control Arrangements for the Far East," CA:Stanford University Press, 1967.
United Nations Centre for Disarmament, "Study on All the Aspects of Regional Disarmament," A/35/416., New York:UN Publication, 1981.
Von Riekhoff Harald, "Compliance and confirmation," 『Carleton University』, Ottawa, Canada, 1985.
W. Garver John, "The New Type of Sino-Soviet Relations," 『Asian Survey』, Dec. 1989.
Weede Erich, "Extended Deterrence by Superpower Alliance," 『Journal of Conflict Resolution』 Vol. 27., June. 1983.
Chang Ya-chun, "Current Peiking-Moscow Relations," 『Mainland China Studies』, Dec, 1993.

기타 자료

강의 연구와 탐구 과정에서 축적한 자료
언론 뉴스 및 각종 매체와 인터넷 자료
강석율 외, 『2024 국방정책 환경 전망과 과제』, 서울:한국국방연구원, 2023년 12월.
구갑우, "급변하는 세계질서 속 한반도: 북한의 정세 인식과 남북관계 전망," 『IFES 통일전략포럼 자료집:2023년 한반도 정세평가 및 2024년 전망』 No. 72., 서울:경남대학교 극동문제연구소, 2023년 12월.
국가안보실, 『윤석열 정부의 국가안보전략: 자유, 평화, 번영의 글로벌 중추국가』, 2023년 6월.
국방부, 『군비통제 업무관리 규정(안)』, 서울:국방부, 2008.
국방부 군비통제관실, <국방부 군비통제 국제 조약집>, 서울:국방부, 1993.

국방부 정책기획관실, 『2022 국방백서』, 서울:(주)다나기획, 2022년 12월.
__________________, 『2020 국방백서』, 서울:(주)다나기획, 2020년 12월.
국정홍보처, 『참여정부 국정운영 백서:통일・외교・안보』, 서울:국정홍보처, 2008.
_________, 『국민의 정부 5년 국정자료집 제1권: 정치・외교・통일・국방』, 서울:국정홍보처, 2003.
전략물자관리원, 『수출통제총람 2020』, 서울:전략물자관리원, 2020.
한국국방연구원, 『2024 국방정책 환경 전망과 과제』, 서울:KIDA, 2023년 12월.
한반도미래전략연구원, 『제33회 한반도 미래비전과 동북아 평화구축 전문가 정책포럼』, 2020.11.21.
합동참모본부, 합동교범 10-2 『합동・연합작전 군사용어사전』, 서울:합동참모본부, 2014.
김동성, "새로운 남북관계의 현실과 군비통제," 『한반도 군비통제』 군비통제자료 32., 서울:국방부, 2002년 12월.
김상기 외, "한반도 외교 안보 환경변화와 평화・비핵 체제 모색:한반도 평화・비핵체제 주요 사안의 재검토-한반도 비핵화와 평화협정," 『KINU 연구총서』 22-13., 서울:통일연구원, 2022.12.30.
민족통일연구원 정책연구실, "韓半島 軍備統制方案 硏究:유럽 軍備統制條約의 示唆點과 關聯하여," 『연구보고서』 93-16., 서울:민족통일연구원, 1993년 12월.
대통령기록관, 『제17대 대통령 청와대』, 서울:국정홍보처, 2013.
통일부, <2018 남북관계 주요성과 설명자료>, 2018.11.29.
______, 『독일 통일총서 19: 외교분야 II』, 서울:통일부, 2016년 12월.
______, 『2024년 주요업무 추진계획』, 서울:통일부, 2024.03.08.
______, <유럽에서의 재래식 무기통제 및 안보협상>, 서울:통일원 남북회담사무국, 1996년 9월.
전성훈, "한반도 군비통제 방안 연구: 유럽 군비통제조약의 시준점과 관련하여," 『연구보고서』 93-16., 서울:통일연구원, 1993년 12월.
박정호 외, "미・중・러 전략경쟁 시기 러시아의 대중국 관계 발전과 정책 시사점," 『KIEP 연구보고서』 22-14., 서울:대외경제정책연구원, 2022.12.30.
박주화 외, "한국인의 통일인식," 『KINU 통일의식조사 2022』 연구총서 22-20., 서울:통일연구원, 2022.12.30.
안성배 외, "2021 국가 의제와 미래전략," 『협동 연구총서』 21-38-01. (세종:경제・인문사회연구회 (https://www.nrc.re.kr/index.es?sid=a1), 2021.
양갑용, "중국의 '신시대' 변화 논리와 함의," 『INSS 전략보고』 No. 65., 서울:국가안보전략연구원, 2020년 2월.
외교부 군축 비확산담당관실, 『2021 군축・비확산 편람』, 서울:외교부, 2021년 1월.
육군 군사연구소, 『1129일간의 전쟁 6・25』, 대전:육군본부, 2014.
이성훈, "2022 핵확산금지조약(NPT) 평가 회의의 개최 의미와 시사점," 『이슈브리프』 제377호, 서울:국가안보전략연구원, 2022.08.05.
이수훈, "한미동맹 70주년, 전환기 한미동맹 국방협력: 한미일 안보협력," 『한미 공동 국제학술회의 2023』, 서울:한국국방연구원, 2023년 9월.
이호근, "유럽의 안보・경제협력의 사례," 『동북아 안보・경제 협력체제 형성방안』 연구총서 03-17., 서울:통일연구원, 2003.
장철운 외, "한반도 군비경쟁과 평화정착," 『KINU 연구총서』 21-27., 서울:통일연구원, 2021.12.30.
전성훈, "동북아의 새로운 핵질서와 비핵지대화 가능성," 『2017 동아시아 평화와 협력을 위한 구상』 연구총서

41., 서울:제주평화연구원, 2017.12.31.

조한범 외, "신남방정책・신북방정책 근미래 전략과 주요사업 추진방안," 『KINU 연구총서』 21-34., 서울:통일연구원, 2021.12.30.

조한범 외, "신한반도체제 추진 종합연구(1): 신한반도체제의 개념과 추진 전략," 『합동연구총서』 20-50-01., 세종:경제・인문사회연구회, 2020년 10월.

주(駐)제네바 대한민국 대표부, 『군비통제, 군축 및 신뢰구축 편람』, 제네바:유엔군축연구소(UNIDIR), 2003.

장철운, "북한의 미사일 개발 전략 변화와 남북한 미사일 개발 경쟁," 『통일연구원 Online Series』 CO 21-11., 서울:통일연구원, 2021.03.31.

정욱식, "새로운 길, 한반도 비핵지대," 『제33회 한반도 미래비전과 동북아 평화구축 전문가 정책포럼』, 서울:한반도미래전략연구원, 2020.11.21.

황병덕, "동북아지역 질서 변화와 우리의 대응방안: 미・중 관계를 중심으로," 『동북아 안보・경제 협력체제 형성방안』 연구총서 03-17., 서울:통일연구원, 2003.

강석율・권보람, "바이든 행정부 국방전략서의 주요 내용과 시사점," 『동북아 안보정세 분석』, 서울:한국국방연구원, 2022.11.03.

권혁철, "북한 핵미사일 대비 방향: 3축 체계 중심으로," 『월간 KIMA』 Vol. 51., 성남:한국군사문제연구원, 2022.05.02.

김강녕, "군비통제의 이론적 고찰: 전쟁 방지・억지 논의를 중심으로," 『군사논단』 제98호, 서울:한국군사학회, 2019.

김기원・박대광, "바이든 행정부 미사일 방어 검토보고서의 주요 내용과 시사점," 『동북아 안보정세 분석』, 서울:한국국방연구원, 2022.11.03.

김동수, "미・중 갈등 대응전략 연구," 『NRC POLICY BRIEF』 2023 ISSUE 63., 세종:경제・인문사회연구회, 2023.12.18.

김범수 외, "제1장 통일에 대한 인식," 『2022 통일의식조사』, 서울:서울대학교 통일평화연구원, 2022.12.21.

김성배, "지정학 전통과 한국의 지역 구상 검토: 인도태평양 전략의 지정학적 해석을 중심으로," 『INSS 전략보고』 No. 223., 서울:국가안보전략연구원, 2023년 10월.

김성진, "2024 러시아의 대외정책 전망과 한반도의 대비 방향," 『글로벌국방』, 서울:글로벌국방연구포럼, 2024년 1월.

______, " 하마스의 침공 방식과 이스라엘의 초기 대응, 한반도의 대비 수준은?," 『KONAS』 안보전략논단, 2024.02.01.

______, "강대국의 지정학적 충돌과 패권(霸權) 추구, 한반도의 지향점"," 『통일원코리아』, 서울:대한민국ROTC통일정신문화원, 2023.12.20.

______, "하마스의 이스라엘 기습침공과 한반도 대비태세의 현실," 『글로벌국방』, 서울:글로벌국방연구포럼, 2023년 10월.

______, "북한 급변사태와 한국군의 민군작전(CMO)에 관한 제언," 『월간 KIMA』 Vol. 67., 성남:한국군사문제연구원, 2023년 9월.

______, "한・미 동맹 70주년과 6・25전쟁, 북한의 핵・미사일 위협," 『글로벌 국방』, 서울:글로벌국방

연구포럼, 2023년 6월.

______, “러-우크라이나 전쟁의 전략적 · 작전적 추세와 한국군의 인식 전환,” 『월간 KIMA』 Vol. 62., 성남:한국군사문제연구원, 2023년 3월.

______, “한반도의 역학 관계와 지정학(地政學), <국방혁신 4.0>의 현주소,” 『KONAS』 안보전략논단, 2023.01.02.

김소정, “유엔 정보 안보 개방형 워킹그룹(OEWG) 회의결과와 한국에의 시사점,” 『이슈브리프』 제381호, 서울:국가안보전략연구원, 2022.08.24.

김영윤 · 양현모 編, “독일, 통일에서 통합으로: 문답으로 알아보는 독일 통일,” 『통일부』, 서울: 통일부, 2009년 12월.

김주원 외, 『SIPRI YEARBOOK 2018』, 서울:피스모모(PEACEMOMO), 2018.

김진호 · 박병광 · 주재우, “중국의 제3기 시진핑 체제와 국제질서 그리고 한반도,” 『KDI 북한 경제 리뷰』 제25권 제3호 Vol. 25./No. 3., 서울:한국개발연구원, 2023.04.04.

김태현, “남북한 재래식 군비통제: 평가와 발전방향,” 『한국군사』 제4호, 성남:한국군사문제연구원, 2018.

김학성, “유럽재래식무기감축(CFE) 협상 분석과 한반도에 대한 시사점,” 『안보학술논집』 제15집 제1호, 서울:국방대학교 안보문제연구소, 2004.

문성묵, “NATO의 핵 공유 협정과 전술핵무기,” 『국가안보전략』 Vol. 05., 서울:한국국가전략연구원, 2016.03.09.

문장렬, “한반도 비핵화와 군비통제: 평가와 과제,” 『통일정책연구』 제28권 1호., 서울:통일연구원, 2019.

박만준 · 마민호, “중러 국경 분계선 분쟁의 해결 과정에서 나타난 역사적 동인연구: 시대별 설명변수들의 통시적 상호연계성을 중심으로,” 『中蘇硏究』 제43권 제3호, 서울:한양대학교 아태지역연구센터, 2019.

손기웅, “동북아 평화번영을 위한 다자안보 협력 추진방안: CSCE/OSCE가 주는 시사점,” 『한국평화연구학회 학술회의』, 서울:한국평화연구학회, 2006.

손효종, “우크라이나 상황의 대북 시사점과 한국의 고려사항,” 『동북아 안보정세 분석』, 서울:한국국방연구원, 2022.03.03.

송대성, 『한반도 평화체제 구축과 군비통제: 2000년대 초 장애 요소와 극복방안』, 서울:세종연구소, 2001년 6월.

신성호 외, “우리나라의 군축 · 비확산 외교 강화방안,”, 서울:서울대학교, 2009년 12월.

신동민, “OSCE의 군사적 신뢰 구축조치(CSBM) 검토: 정책적 합의,” 『통합유럽연구』, 서울:서강대 국제지역문화원, 2018.

양욱, “2023년 북한 핵개발 현황 및 평가: 국방력 강화 속에 지속된 2024년 도발,” 『ISSUE BRIEF』, 서울:아산정책연구원, 2023.12.28.

이병철, “핵무기금지조약(TPNW)과 세계 핵 비확산체제에 대한 소고(小考),” 『IFES 정책보고서』 2021-09, 서울:경남대학교 극동문제연구소, 2021년 9월.

이수석, “러북정상회담 이후 중국의 입장,” 『ISSUE BRIEF』 제489호, 서울:국가안보전략연구원, 2023.11.23.

이인화 · 이서진, 『수출통제총람 2020: 국제 수출통제 및 우리나라 제도』, 서울:전략물자관리원, 2021년

6월.
이진욱, “유럽 재래식군사력 감축(CFE) 협상 사례분석을 통한 한반도 군비통제 적용방안 연구,” 『한국군사학논총』 제12집 제1권, 대전:미래군사학회. 2023.
전재우, “2023년 중국 ‘양회’의 주요 이슈와 시사점,” 『동북아안보정세분석』, 서울:한국국방연구원, 2023.03.17.
정경영, “9・19 남북군사합의 이행 진단과 군비통제 추진 방향,” 『군사논단』 통권 제96호, 서울:한국군사학회, 2018.
정성장, “한반도 비핵・평화의 길: 북한의 협상 수용 배경과 한국의 전략” 『세종정책총서』 2018-10., 서울:세종연구소, 2018.
정영철, “급변하는 세계 질서 속 한반도: 북한정세 변화와 남북 관계 전망,” 『IFES 통일전략포럼 자료집:2023년 한반도 정세평가 및 2024년 전망』 No. 72., 서울:경남대학교 극동문제연구소(IFES), 2023년 12월.
조은일・이미숙, “한국 군비통제 정책의 시대적 변화 연구,” 『국방정책연구』 통권 제128호., 서울:한국국방연구원, 2020.
차두현・한기범, “북한 노동당 제8기 9차 전원회의 분석: ‘획기적인 성과’와 대남 적대노선의 강조” 『이슈브리프』, 서울:아산정책연구원, 2023년 10월.
최관장, “中蘇關係 정상화의 전개과정과 그 영향,” 『슬라브 연구』 제6호, 용인:한국외국어대학교 러시아연구소, 1990.
최용환・정영철, “북한의 정세 인식과 남북 관계 전망,” 『통일전략포럼 자료집:2023년 한반도 정세평가 및 2024년 전망』, 서울:경남대학교 극동문제연구소, 2023년 12월.
최지영・김갑식, “북한 최고인민회의 제14기 제10차 회의 분석과 함의: 대남정책 전환과 예산・경제정책을 중심으로,” 『Online Series』 CO 24-08., 서울:통일연구원, 2024.01.16.
한반도미래전략연구원, 『제33회 한반도 미래비전과 동북아 평화구축 전문가 정책포럼』, 2020.11.21.
홍기준, “헬싱키 프로세스의 초기조건과 동북아 다자안보협력,” 『통일문제연구』 제52호, 2009.
CISTP, “The Bordeaux Protocol of the Limited Nuclear Weapons Free Zone for North-East Asia,” 『A Report Prepared by CISTP』, Atlanta:CISTP, 1997.
Rovshan Ibrahimov, “러시아 외교정책의 새 기조와 ‘신동방정책(Turn to the East)’: 기대와 현실,” 『EMERiCs』 탈 전문가 오피니언, 서울:대외경제정책연구원, 2023.11.20.
Karkoszka Andrzej, “Strategic Disarmament, Verification and National Security,” 『SIPRI』, 1977.
國家安全保障戰略について, 國家安全保障會議 決定・閣議 決定, 令和 4年(2022년) 12月 16日.

찾아보기

저자소개

김성진(金成珍)

"길이 아니면 가지 않고, 알지 못하면 말하지 않는다."라는 통관(洞觀)적 인식을 추구하는 저자는 경북 김천에서 태어나 초・중・고등학교를 마쳤다. 이후 동국대학교 무역학과를 졸업하고 육군 대령(ROTC #21)으로 예편하였다. 국립 경상대학교 경영행정대학원에서 '정치학석사(국가안보전공)'를, 국민대학교 일반대학원 정치외교학과에서 '정치학박사(안보전략전공)' 학위를 취득하였다.

〈주요 경력〉

-현) (사)통일협력연합 자문위원
-현) (사)대한민국ROTC통일정신문화원 통일정책연구실장 / 논설위원
-현) (재)한국군사문제연구원 객원연구위원
-현) 재향군인회 안보전략연구원 연구위원
-현) 경기북부보훈지청 멘토, 국방・안보 칼럼니스트
'2021~2022년, 대한민국을 이끄는 오피니언 혁신리더상(안보부문)' 수상
-(사)한국유권자총연맹 국방정책포럼위원장 / 부총재
-(사)국민정책평가원 사무총장, 국민정책평가신문 책임논설위원
-한국외대 안보협력연구센터 선임연구위원, (사)글로벌전략협력연구원 국방전략연구센터장, 극동대 군사학과 외래교수, (사)한국융합안보연구원 위기관리연구센터장
-충남대학교 국가안보융합학부 국토안보학전공 초빙교수
-국민대학교 정치대학원 강사, 대전지방보훈청 교수・교육분야 멘토
-대한민국 ROTC 중앙회 후보생제도발전위원회 위원장 외
'2014 국방부 최우수대학교/학군단', '2012~2014 종합우수 학군단',
'2008 합참지 최우수 원고상' 수상

〈주요 저서 및 연구 논문〉

-『군사혁신론』, 서울: 백산서당, 2023.

-『군사전략론』, 서울: 백산서당, 2022.

-『국가위기관리론』, 서울: 백산서당, 2021b.

-『세계전쟁사』, 서울: 백산서당, 2021a.

-『초급장교 선발 면접 특강: ROTC 후보생, 학사・예비장교, 군장학생(共著)』, 서울: 백산서당, 2021.

-『전쟁사와 무기체계론』, 서울: 백산서당, 2020b.

-『군사협상론』, 서울: 백산서당, 2020a.

-『한국 육군의 장교단 충원제도와 직업 안정성』, 서울: 백산서당, 2016.

* "북한 급변사태 시 자유화 지역에서의 민군작전(CMO)의 수행방안: 안정화사단의 수행절차 및 방법을 중심으로"
* "비전통적 안보위협과 한국 국가위기관리체계의 효율성 증대방안: 통합방위체계를 중심으로"
* "한국의 위기관리 체계와 군사 대응기구의 효율성 고찰: 법령체계와 구조, 운영 기능을 중심으로"
* "한국 국가위기관리체계의 효율성 제고 방안 고찰: 국가위기관리체계와 통합방위체계와의 연계를 중심으로"
* "테러 발생 시 軍 테러 대응체계의 실효성 증대방안 고찰: 軍의 합동조사반(팀) 활동을 중심으로"
* "급조폭발물(IED) 테러와 한국군 대응체계의 효율성 증대방안 고찰" 외

〈보유 자격증〉

-중등 정교사(2급), 재난관리사, 인성지도사, 심리상담사, 리더십 강사, CS 강사, CS Leaders, 한자 1급, 문서실무사 1급 등 16종(種).

군사학 총서 제7권

군비통제론

초판 제1쇄 펴낸날 : 2024. 5. 20.

지은이 : 김 성 진
펴낸이 : 김 철 미
표지디자인 : 권 은 경
펴낸곳 : 백산서당

등록 : 제10-42(1979.12.29.)
주소 : 서울 은평구 통일로 885(갈현동, 준빌딩 3층)
전화 : 02)2268-0012(代)
팩스 : 02)2268-0048
이메일 : bshj@chol.com

값 39,000원

ISBN 978-89-7327-854-1 93390